Introduction To SET THEORY

집합론

Karel Hrbacek · Thomas Jech 지음

강태원 옮김

KM 경문사

Published in 1999 by CRC Press
Taylor & Francis Group
605 Third Avenue, 21st Floor
New York, NY 10145, USA

International Standard Book Number-10 : 0-8247-7915-0 (Hardcover)
International Standard Book Number-13 : 978-0-8247-7915-3 (Hardcover)

집합론(Introduction to Set Theory)

지은이 Karel Hrbacek · Thomas Jech
옮긴이 강태원
펴낸이 조경희
펴낸곳 경문사
펴낸날 2025년 7월 1일 3판 1쇄
등 록 1979년 11월 9일 제1979-000023호
주 소 04057, 서울특별시 마포구 와우산로 174
전 화 (02)332-2004 팩스 (02)336-5193
이메일 kyungmoon@kyungmoon.com

값 29,000원

ISBN 979-11-6073-273-3

옮긴이 서문

집합론은 수학의 기초를 이루는 분야 중에서도, 그 체계의 단단한 뼈대를 제공하는 가장 중요한 학문이다. 수학과 컴퓨터과학을 연구하고 컴퓨터공학을 가르치는 나에게 집합론은 단지 수학적 추상의 시작점일 뿐만 아니라, 컴퓨터과학과 논리학, 인공지능까지 관통하는 사고의 언어임을 몸소 느껴왔다. 이 책을 번역하게 된 것은 단순한 작업이 아니라, 오래도록 품어온 학문적 애정을 실천하는 기회이자, 의미 있는 지적 여행이다.

개인적으로 나는 수학의 여러 분야 중에서 집합론을 가장 좋아한다. 집합론이야말로 모든 수학 이론의 바탕을 이루며, 복잡한 개념들을 단순한 언어로 구조화하는 힘을 지니고 있기 때문이다. 이번 번역 작업에서는 컴퓨터과학에서 흔히 사용하는 '트리'로 최신 집합 이론을 체계화하고 있다는 점이 특히 인상 깊었다. 컴퓨터과학에서 트리는 제한된 그래프인데 그것이 집합론의 현대적 발전을 구성한다는 점이 신선하다.

이 책은 집합론을 처음 접하는 학부생에게도, 수학기초론에 관심 있는 대학원생이나 연구자에게도 유용한 안내서가 될 것이다. 엄밀한 수학적 정의와 정리를 제공하면서도 독자의 이해를 돕는 예제와 설명이 잘 갖추어져 있어, 학문적으로 깊이가 있는 동시에 스스로 배우기에 적합한 책이라 할 수 있다. 나 역시 번역 과정에서 여러 차례 감탄과 깨달음을 경험하였다. 이 책은 다른 책과 다르게 집합 이론이 수학의 다른 분야에 응용된 사례를 듬뿍 담고 있다. 집합론에서 $\epsilon - \delta$를 만나다니 얼마나 즐거운가! 왜 집합론을 수학기초론이라 하는지 저절로 느낄 수 있다.

이 책의 원서에는 and, or가 너무나 많이 나온다. 각각을 "그리고"와 "또는"으로 번역하였는데, 이는 영어식 표현에 충실하기 위함이다. 무슨 말이냐고 하면 책을 읽다가 "그리고"와 "또는"을 만나면 그 자리에 and와 or가 있다고 생각하면 이해가 빠르다는 것이다. 이번 작업을 하면서 영어가 더 간결하게 수식을 표현하는 언어임을 알았다. 물론 영어권에서 발전해 온 학문이니 그럴 수밖에 없으리라. 아무튼 문학 작품이 아닌 이상 영어식으로 번역하는 것이 이해하는 데 더 유리하다고 판단하였다.

두 번의 방학이 지나 번역을 마친 후 또다시 두 번의 방학이 지났다. 수식과 특수 문자가 가득한 책을 펴내는 일이 얼마나 어려운지 말하고자 한다. 이 어려운 일을 묵묵히 해 주신 경문사 편집부 박종인님께 고개 숙여 감사한다. 그런데도 부족한 부분은 모두 옮긴이의 책임이며, 독자들의 의견과 비판을 겸허히 받아들이겠다.

이 책이 수학적 사유의 즐거움과 깊이를 경험하는 계기가 되기를 바라는 마음뿐이다.

2025년 6월

강태원

제3판 서문

1978년 이 책의 초판이 출판된 무렵 현대 집합론은 엄청난 발전을 이루었으며, 1984년에 두 번째 판이 나온 이후 한층 더 진보하였다. 당시 집합론 연구의 최전선에 있던 많은 아이디어가 지금은 수학의 여러 분야에서 중요한 도구로 활용되고 있다. 예를 들어, 다이아몬드 원리와 마틴의 공리와 같은 조합 원리는 일반 위상수학과 추상 대수의 필수 불가결한 도구임이 입증되었다. 비정초 집합은 프로그래밍 언어 같은 인공 언어와 사람이 사용하는 자연 언어의 의미론을 다루는데 편의를 제공하고 있다. 초필터 구조에 기반을 둔 비표준적인 분석은 독립적인 방법론으로 발전하여 많은 흥미로운 분야에 응용되고 있다. 따라서 해당 주제에 깔린 집합론의 기본 개념을 소개하는 것이 적절해 보인다. 이를 위해 두 번째 판 11장의 주제를 대폭 확장하고, 세 개의 새로운 장(12장부터 14장)을 추가하였다. 11장은 필터와 초필터를 소개하며, 닫히고 유계가 아닌 집합 및 정상 집합의 기본 속성을 살펴보고 실버 정리를 증명하는 것으로 마친다. 12장의 처음 두 절에서 분할 계산법을 알아보고, 다음 두 절은 트리를 살펴본 후 그것과 수슬린 문제의 관계에 대해 전개한다. 12장의 5번째 절은 조합 원리를 소개한다. 13장은 측도 문제와 가측 기수를 집중해서 다루며, 마지막 14장의 주제는 정초 집합과 비정초 집합에 대해 상세하게 살펴본다.

두 번째 판의 1장에서 10장까지는 철저하게 재조직하여 개정하였다. 유리수와 실수에 관한 내용은 집합론을 적합하게 전개하는데 방해되지 않도록 10장에 통합하였다. 연속성을 유지하기 위해 4장에 데데킨트 컷에 대한 절을 추가하였으며, 표준형 및 굿스타인 수열에 관한 새로운 내용을 6장에 추가하였다.

순수한 집합론을 구성하는 기본 과정은 주로 1장부터 9장에서 다루며, 10장부터 14장에서 다루는 내용은 추가로 제공하는 것으로 대부분 서로 독립적이다(다만 12장 5절과 13장은 앞장에서 살펴본 몇 가지 개념을 사용한다).

카렐 흐르바첵

토마스 예흐

제2판 서문

체코어로 쓴 이 책의 첫 번째 판은 1968년 봄에 “Uvod do teorie mnozin”(영어로 Introduction to Set Theory)라는 제목으로 프라하의 아카데미아에서 출판을 승인받았다. 그러나 같은 해에 우리가 체코슬로바키아를 떠나게 되면서, 그 책은 결국 출판되지 않았다. 그 후 몇 년 동안 우리는 미국의 여러 대학에서 집합론 입문 과정을 가르쳤는데, 그때 이 교육 과정에 사용할 교재를 선택하는 일이 쉽지 않았다. 기존의 책 중 일부는 공리적 접근이 아닌 (요즘 고등학생이 배우는) “소박한” 접근을 기반으로 한 집합론이었다. 우리는 집합론적 “모순”에 대한 이해나 연속체 가설 같은 결정 불가능한 명제를 이 과정에서 다뤄야 할 중요한 목표 중 하나로 보았지만, “소박한” 접근으로는 이들 중 어떤 주제로 제대로 다룰 수 없다. 게다가, 집합론은 학생들이 수학이라는 학문의 공리적 전개를 처음으로 접할 수 있는 최상의 교육 과정이다. 한편, 시중의 모든 공리적 집합론 서적은 논리와 논리 형식에 지나치게 중점을 두고 있었는데, 그 내용 대부분이 논리라는 작은 과정으로 시작되는 반면 학생들이 종종 논리 강의를 수강하기 전에 집합론 강의를 수강한다는 것도 알 수 있었다. 더 중요한 것은 형식화에 중점을 두다 보면 공리적 방법의 본질이 흐려질 수 있다는 점이다. 이 때문에 수학을 전공하는 학부생 수준에 딱 맞춘, 공리적 집합론을 소개하는 교재가 필요하다고 느꼈다. 그래서 체코어로 집필했던 책을 다시 쓰기로 했다. 원래의 집필 의도는 유지했지만, 미국 대학에 적합한 교재를 만들다 보니 완전히 새로운 작품으로 거듭났다.

이 책의 특징은 다음과 같다 :

1. 집합론을 공리론으로 전개한다. 직관과 수학적 실제로부터 유도한, 각각의 공리를 채택한 이유를 신중하게 언급한다. 선택 공리와 같이 논란의 여지가 있는 경우는 상세한 설명을 제공한다.
2. 형식론에 얽매이지 않는다. 논리적 접근은 최소화하고 논리적 형식론을 완전히 회피한다.
3. 공리적 집합론이 수학의 기본 프레임일 만큼 강력하다는 걸 보여주기 위해 자연수, 유리수 및 실수 이론을 전개한다. 물론 일반적인 아이디어를 이해하고 (서수 및 그 연산과 같은) 일부 개념의 집합론적 일반화를 동기화하는 데 필요한 만큼만 다룬다. 통상적인 산술 법칙의 증명과 같이 지루하고 반복적인 세부 사항은 연습문제로 남긴다.
4. 책의 상당 부분이 순서수 및 기수를 다룬다.
5. 각 절은 다양한 난이도의 많은 연습문제를 포함한다.
6. 마지막 장은 집합론의 최근 발전에 대한 비형식적 요약으로 이것이 수학의 다른 영역에 미치는 중요성을 다룬다: 일관성 및 독립성 문제, 그리고 큰 기수와 관련한 구성가능성

공리가 그것이다. 증명 없이 비전문가가 집합론의 기초에서 발생하는 문제, 해결에 사용되는 방법 및 일반적으로 수학에 미치는 영향에 대한 어떤 생각을 가지게 될 만큼 아주 상세하게 설명한다.

이 책의 초판은 학부와 대학원 입문 강의의 집합론 교재로 널리 사용되었다. 저자의 경험, 많은 동료의 경험, 그리고 검토자들의 제안과 비평에 따라 두 번째 판에서 내용을 변경하고 개선하였다. 이러한 수정은 원래 의도보다 훨씬 광범위해서, 결과적으로 초판의 상당 부분이 다시 쓰이고 확장되었다. 주요한 새로운 특징은 다음과 같다.

1. 3장의 자연수를 간략하게 정리했다. 자연수의 집합을 수학적 귀납법과 최소 귀납 집합으로 정의한다. 추이 집합을 도입하고 자연수의 특성을 $\in$로 순서–정렬된 그리고 역으로 순서–정렬된 추이 집합으로 다루는 내용은 순서수에 대한 장(7장)으로 옮겼다.
2. 정수 및 유리수에 관한 내용(초판에서는 별도의 장)을 하나의 절(5장 1절)로 압축하였다. 학생 대부분은 이 주제를 다른 수업(추상 대수학)에서 배우기 때문이다.
3. 일련의 새로운 절(5장 3, 6, 9절)에서 실수의 집합론적 속성(열림, 닫힘, 완전 집합 등)을 다루며, 실해석에 추상 집합론을 적용하는 흥미로운 응용 사례를 제시한다.
4. "셀 수 없는 집합"이라는 새로운 장(11장)을 추가하였다. 여기서 현대 집합론의 기본적인 몇 가지 개념을 소개한다 : 초필터, 닫히고 유계가 아닌 집합, 트리 및 분할, 그리고 큰 기수. 이러한 주제는 통상적인 한 학기 과정(보통 1–10장의 내용 대부분)을 풍부하게 만들 수 있다.
5. 선형 순서에 관한 내용을 확장하여서 한 곳에 모았다(4장 4절).
6. 전체적으로 많은 내용을 추가, 변경 및 수정을 진행하였다.
7. 마지막으로, 12장의 3절의 집합론의 현황에 대한 논의를 개선하였다.

카렐 흐르바첵
토마스 예흐

차 례

제 1 장 집합 **1**

1. 집합 개요 1
2. 속성 3
3. 공리 8
4. 집합의 기본 연산 15

제 2 장 관계, 함수, 순서 **21**

1. 순서쌍 21
2. 관계 23
3. 함수 29
4. 동치와 분할 37
5. 순서 41

제 3 장 자연수 **51**

1. 자연수 개요 51
2. 자연수의 속성 55
3. 순환 정리 61
4. 자연수 연산 69
5. 연산 그리고 구조 73

제 4 장 유한, 셀 수 있는, 셀 수 없는 집합 **85**

1. 집합의 기수 85
2. 유한집합 91
3. 셀 수 있는 집합 96
4. 선형 순서 104
5. 완전 선형 순서 114
6. 셀 수 없는 집합 119

제 5 장 기수 **123**

1. 기수 연산 123
2. 연속체의 기수 129

제 6 장 순서수 **137**

1. 순서–정렬 집합 137
2. 순서수 142
3. 치환 공리 147
4. 초한 귀납과 순환 153
5. 순서수 연산 159
6. 정규형 165

제 7 장 알레프 **171**

1. 초기 순서수 171
2. 알레프 덧셈과 곱셈 176

제 8 장 선택 공리 **181**

1. 선택 공리와 등가물 181
2. 선택 공리의 활용 191

제 9 장 기수의 산술 **203**

1. 기수의 무한 합과 곱 203
2. 정칙 기수 그리고 특이 기수 210
3. 기수의 지수 215

제 10 장 실수 집합 **223**

1. 정수와 유리수 223
2. 실수 228
3. 실선의 위상 233
4. 실수 집합 245
5. 보렐집합 254

제 11 장 필터, 초필터 **263**

1. 필터, 아이디얼 263
2. 초필터 268
3. 닫히고 유계가 아닌 집합과 정상 집합 272
4. 실버 정리 279

제 12 장 조합 집합론 **283**

1. 램지 정리 283
2. 셀 수 없는 기수에 대한 분할 계산법 289
3. 트리 293
4. 수슬린 가설 299
5. 조합 원리 304

제 13 장 큰 기수 **313**

1. 측도 문제 313
2. 큰 기수 319

제 14 장 정규성 공리 **327**

1. 정초 관계 327
2. 정초 집합 333
3. 정초가 아닌 집합 339

제 15 장 공리론적 집합론 **349**

1. 선택공리가 있는 체르멜로–프렝켈 집합론 349
2. 무모순성과 독립성 352
3. 집합론의 우주 360

참고문헌 **367**

찾아보기 **369**

제 1 장

집합

1. 집합 개요

이 책의 중심 개념인 **집합**은 표면적으로는 아주 단순하다. 집합은 어떤 모임, 그룹 또는 묶음이다. 따라서 1998년 2월 뉴욕 시립대학에 등록한 모든 학생의 집합, 모든 짝수인 자연수의 집합, 평면 π의 주어진 점 P로부터 정확히 2인치 떨어진 모든 점의 집합, 모든 분홍 코끼리의 집합 등을 취할 수 있다.

집합은 탁자나 별과 같은 실제 세계의 객체가 아니다; 집합은 손으로 만드는 것이 아니라 우리의 마음으로 만드는 것이다. 감자 더미는 감자의 집합이 아니다. 물방울을 구성하는 모든 분자의 집합은 그 물방울 자체가 아닌 다른 객체다. 인간의 이성은 추상화를 통해서, 어떤 공통적인 특성이 있는 다양한 다른 객체를 생각할 수 있으므로, 특정한 속성을 가진 객체들의 집합을 구성할 수 있다. 문제의 그 속성이란 이들 객체를 같은 것으로 생각할 수 있는 능력일 수도 있다. 따라서 $\mathbf{2,\ 7,\ 12,\ 13,\ 29,\ 34,\ 11,000}$이라는 숫자들로 이루어진 집합을 만들 수는 있지만, 이 집합은 마음으로 만들었다는 사실 이외에, 어떤 기준이나 조건으로 이들을 묶었는지 정확하게 알 수는 없다. 19세기 후반에 일련의 논문을 발표하여 집합론을 창시한 독일 수학자 게오르크 칸토어는 다음과 같이 말했다 : “Unter einer Menge verstehen wir jede Zusammenfassung M von bestimmten wohlunterschiedenen Objekten in unserer Anschauung oder unseres Denkens (welche die Elemente von M genannt werden) zu einem ganzen.” [집합은 우리의 직관 또는 생각이 명확하게 구분한 객체들을 하나로 모은 것이다. 이 객체들을 집합의 원소 또는 구성원이라고 부른다.]

주어진 집합을 구성하는 객체를 그 집합의 **원소** 또는 **구성원**이라고 한다. 또한 그것이 그 집합에 **속한다**고 말한다.

이 책에서는, 다른 여러 수학 분야의 기초로서 집합론을 펼쳐 나가려 한다. 따라서 사람이나 분자의 집합 등에 관해서는 관심이 없고, 오직 숫자, 공간상의 점, 함수 또는 집합과 같은 **수학적** 객체들의 집합에만 관심이 있다. 사실, 처음 세 가지 개념은 특정 속성을 가진 집합으로 집합론의 범주에서 정의할 수 있으며, 다음 장에서 다룬다. 따라서 이제부터 다루게 될 객체는 마지막 객체 즉 집합이다. 설명의 편의를 위해, 숫자나 점에 대한 정확한 정의를 내리기 전이지만, 그것을 원소로 하는 집합을 언급하겠다. 다만, 예제와 연습문제에서만 사용하고 이론을 다루는 본문에서는 사용하지 않는다. 수학적 객체의 집합에는 다음과 같은 것이 있다 :

예제 1.1

(a) 324의 모든 소인수의 집합.

(b) 0으로 나눌 수 있는 모든 숫자의 집합.

(c) 구간 $[0, 1]$에서 정의된 모든 연속인 실함수의 집합.

(d) 주축이 5이고 편심률이 3인 모든 타원의 집합.

(e) 20보다 작은 자연수를 원소로 하는 모든 집합의 집합.

이 예제와 다른 많은 예제를 살펴보면 수학자들이 다루는 집합이 상대적으로 단순하다는 것을 알 수 있다. 예를 들어 자연수의 집합이라던가 (모든 소수의 집합 같은) 여러 부분집합이 포함되어 있으며, 순서쌍, 트리플, 그리고 $n-$튜플의 집합도 있다. 뒤에서 다루겠지만 정수와 유리수는 이러한 집합으로만 정의할 수 있다. 그리고 실수는 유리수 또는 수열의 집합으로 정의할 수 있다. 실해석은 실수와 실수에 대한 함수의 집합 (실수 순서쌍의 집합), 그리고 때에 따라서 함수의 집합 또는 함수의 집합의 집합을 다룬다. 다행스럽게 보통의 수학자가 이보다 더 복잡한 객체를 다루는 일은 거의 없다. "일상 경험"에서 멀리 떨어진 "집합"을 무분별하게 사용하는 것이 모순으로 이어질 수 있다는 것은 그리 놀라운 게 아니다.

예를 들어, "자기 자신이 원소가 아닌 모든 집합"을 모은 "집합" R을 생각해 보자. 다시 말하면, R은 $x \notin x$인 모든 집합 x의 집합이다($\in$는 "속한다," $\notin$는 "속하지 않는다"라고 읽는다). 이제 $R \in R$인지 살펴보자. 만약 $R \in R$이면 (R의 원소는 어느 것도 자기 자신에 속하지 않기 때문에) R은 원소가 아니므로, $R \notin R$이다; 즉, 모순이다. 따라서 반드시 $R \notin R$이다. 그러나 이 경우 R은 자기 자신이 원소가 아닌 집합이며, 그런 집합은 모두 R에 속한다. 결국 $R \in R$이다; 이 또한 모순이다.

이 논증은 다음과 같이 간략하게 요약할 수 있다 : R을 $x \in R$ 이면 그리고 그때만 $x \notin x$로 정의하자. 이제 $x = R$로 놓으면 R의 정의에 의해 $R \in R$ 이면 그리고 그때만 $R \notin R$; 모순.

이 논증에 대한 (버트런드 러셀의 견해에 따른) 몇 가지 해설이 이 상황에 도움이 될 수 있겠다. 첫째, R이 집합의 집합이면 아무 문제가 없다. 수학에서 집합의 원소가 집합인 경우를 정당하게 사용할 수 있으며 – 예제 1.1 참조 – 이때 아무런 모순이 발생하지 않는다. 둘째, R의 원소 사례를 쉽게 제시할 수 있다; 예를 들어, x가 모든 자연수의 집합이라면 (자연수의 집합은 자연수가 아니므로) $x \notin x$이므로 $x \in R$이다. 셋째, R에 속하지 않는 집합 사례를 제시하기는 쉽지 않지만, 그것은 중요하지 않다. 앞에서 언급한 논증에 의하면 자기 자신이 원소인 집합이 전혀 없어도 모순이 발생한다. (자기 자신이 원소인 집합으로 가능한 사례는 "모든 집합의 집합"인 V이다; 분명히 $V \in V$이다. 그러나 "모든 집합의 집합"은 미묘한 방식으로 자체로 모순을 초래한다. 연습문제 3.3 및 3.6 참조.)

이 모순을 어떻게 해결할 수 있을까? 자기 자신이 원소가 아닌 모든 집합의 집합으로 정의된 집합 R이 있다고 가정하면, R의 정의로부터 바로 모순이 유도된다. 그렇다면 이것은 R의 정의를 만족하는 집합이 없음을 의미할 수밖에 없다. 즉 이 논증은 자기 자신이 원소가 아닌 집합들의 집합으로 정의할 수 있는 집합이 존재하지 않음을 증명한 셈이다. 러셀의 역설을 포함해서 유사한 다른 사례에서 얻을 수 있는 교훈은 단순히 집합을 정의하는 것이 그 집합의 존재까지 증명하는 것이 아니라는 점이다(유니콘을 정의하는 것이 실제로 유니콘이 존재한다는 것을 증명하지 않는 것과 마찬가지). 집합을 정의하지 못하는 속성이 있다; 즉 해당 속성을 가진 모든 객체를 하나의 집합으로 모을 수 없다. 이러한 논증에 따라 집합론자들이 집합을 정의하는 데 사용할 수 있는 속성을 결정해야 하는 숙제가 생겼다. 불행히도 그 방법은 알려지지 않았으며, 논리학의 연구 결과(특히 쿠르트 괴델에 의해 발견된 불확정성 원리)에 따르면 완전한 답을 찾는 게 어쩌면 불가능해 보인다.

그러니, 목표를 조금 낮게 설정하자. 수학자들이 사용하는 상대적으로 간단한 집합의 속성 중 일부를 공리로 형식화하고, 그 공리에서 모든 정리가 논리적으로 유도되는지 확인한다. 공리는 명백히 참이고 정리는 그 공리에서 논리적으로 유도되므로 정리 또한 참이다(필연적으로 명백하지는 않음). 결과적으로 자연수, 유리수, 실수, 함수, 순서 등의 기본적인 성질을 포함하는 집합에 대한 진리를, 모순 없이, 구성할 수 있다. 실제로 현대 수학에서 사용되는 모든 개념을 이러한 공리체계로 정의하고, 그것의 수학적 속성을 유도할 수 있음이 경험적으로 입증되었다. 이런 의미에서, 공리론적 집합론은 다른 수학 분야에 대한 만족스러운 기초 역할을 한다.

그렇다고, 제시한 공리체계로부터 집합에 대한 모든 참인 사실을 유도할 수 있다고 말하는 것은 아니다. 이런 의미에서, 공리적 집합론은 완전하지 않으며 이 책의 마지막 장에서 완전성에 대해 다시 논의한다.

2. 속성

앞에서 집합을 몇 가지 공통된 속성을 갖는 개체의 모임으로 소개했다. 속성의 개념을 조금 분석할 필요가 있다. 일상생활에서 흔히 사용하는 어떤 속성은 너무 모호해서 수학 이론에서는 거의 사용할 수가 없다. 예를 들어, "모든 위대한 20세기 미국 소설 모음집"을 생각해 보자.

무엇이 위대한 문학 작품인지에 대한 사람들의 판단 기준이 너무 달라서 특정 작품이 이 "집합"의 원소인지 아닌지를 결정하는 일반적인 방법을 정할 수 없다.

훨씬 더 놀라운 예로, "10진수 표기법으로 나타낼 수 있는 자연수의 집합"을 생각해 보자(여기서 "나타낼 수 있는"은 실제로 연필로 종이에 쓸 수 있다는 것을 의미). 분명히 0은 그렇게 쓸 수 있다. 숫자 n을 쓸 수 있다면 숫자 $n+1$도 쓸 수 있다(남보다 더 빠르게 n을 쓰는 작가나 일반인이 있다고 상상해 보자). 그렇다면, 잘 알려진 귀납법에 따라, 모든 자연수 n을 쓸 수 있다. 그러나 이것은 명백히 터무니없는 일이다. $10^{10^{10}}$을 십진수 표기법으로 쓰려면 1 뒤에 0을 10^{10}번 써야 하는데, 그러려면 초당 0을 한번 쓴다고 할 때 300년 이상이 걸린다.

문제는 "나타낼 수 있다"라는 모호한 의미에서 발생한다. 이러한 어려움을 회피하기 위해 이제 속성의 의미를 명시적으로 설정한다. 집합을 정의할 때는 명확한 수학적 속성만 허용한다; 다행스럽게, 이렇게 제한한 속성으로 모든 수학적 사실을 충분히 표현할 수 있다.

물론 지금의 설명이 형식적이지는 않다. 이 주제를 좀 더 엄격하게 연구하고 싶은 독자는 수리 논리에 관한 책을 참조할 수 있다.

기본적인 집합론적 속성은 **소속 속성**이다 : $\in$로 나타내는, "$\cdots$ 은 $\cdots$ 의 원소". 따라서 "$X \in Y$"는 "X는 Y의 원소이다" 또는 "X는 Y의 구성원이다" 또는 "X는 Y에 속한다"라고 읽는다.

위 식의 문자 X와 Y는 **변수**다; 변수는 정해지지 않은 임의의 집합을 나타낸다. 명제 "$X \in Y$"는 X와 Y로 나타낸 집합에 따라 참일 수도 있고 아닐 수도 있다. "때로 $X \in Y$"를 집합 X와 Y의 **속성**으로 부르기도 한다. 수학의 다른 분야에서 사용되는 이러한 비형식적인 표현 방식에 익숙한 독자도 확실히 있겠다. 예를 들어, "m은 n보다 작다"는 m과 n의 **속성**이다. 여기서 문자 m과 n은 정해지지 않은 숫자를 나타낸다. 어떤 m과 n은 (예를 들어 "2는 4보다 작다"는 참) 이 속성을 만족하고 다른 어떤 것은 (예를 들어, "3은 2보다 작다"는 거짓) 만족하지 않는다.

다른 모든 집합론적 속성 역시 논리적 개념을 사용해서 소속으로 기술할 수 있다; 항등식, 논리 연산자, 수량 한정사

때로 서로 다른 맥락에서 동일한 하나의 집합을 다른 변수로 나타내는 것이 편리하다. 두 변수가 같은 집합임을 나타내기 위해 기호 "="를 사용한다. 따라서 ***X*는 *Y*와 동일한 집합**[***X*는 *Y*와 같은 집합** 또는 ***X*는 *Y*와 동치**]이면 $X = Y$라고 쓴다.

다음은 집합의 동치에 대한 몇 가지 명백한 사실을 나열한다.

예제 2.1

(a) $X = X$.	(X와 X는 같다.)
(b) $X = Y$이면 $Y = X$이다.	(X와 Y가 같으면 Y와 X도 같다.)
(c) $X = Y$이고 $Y = Z$이면 $X = Z$이다.	(X와 Y가 같고 Y와 X도 같으면 X와 Z도 같다.)
(d) $X = Y$이고 $X \in Z$이면 $Y \in Z$이다.	(X와 Y가 같고 X가 Z에 속하면 Y도 Z에 속한다.)
(e) $X = Y$이고 $Z \in X$이면 $Z \in Y$이다.	(X와 Y가 같고 Z가 X에 속하면 Z는 Y에 속한다.)

논리 연산자를 사용해서 단순한 속성으로부터 복잡한 속성을 생성할 수 있다. 예를 들어, "... 아니다," "... 그리고...," "... 이면 ... 이다," "... 이면 그리고 그때만..." 같이 나타낸다.

예제 2.2

(a) "$X \in Y$ 또는 $Y \in X$"는 X와 Y의 속성이다.

(b) "$X \in Y$가 아니고 $Y \in X$도 아니다" 또는 더 구체적으로 "X는 Y의 원소가 아니고 Y도 X의 원소가 아니다"는 X와 Y의 속성이다.

(c) "$X = Y$이면, $X \in Z$이다면 그리고 그때만 $Y \in Z$이다" 는 X, Y, 그리고 Z의 속성이다.

(d) "X는 X의 원소가 아니다" (또는 "$X \in X$가 아니다")는 X의 속성이다.

"$X \in Y$가 아니다"는 $X \notin Y$로 "$X = Y$가 아니다"는 $X \neq Y$ 로 나타낸다.

다른 논리 연산자로 **한정 수량사** "모든"("각각의")과 "있다"("존재한다")가 있다. 현실의 수학 세계는 지금까지 설명한 매우 제한된 언어로 모든 수학적 사실을 표현할 수 있으며, 이 절의 시작 부분에서 언급한 것 같은 모호한 표현을 생성하지도 않는다.

한정 수량사와 관련된 몇 가지 속성의 사례를 살펴보자.

예제 2.3

(a) "$Y \in X$가 존재한다."

(b) "모든 $Y \in X$에 대해 $Z \in X$이고 $Z \in Y$인 Z가 존재한다."

(c) "$Z \in X$이고 $Z \notin Y$인 Z가 존재한다."

(a)의 진리값 즉 참 또는 거짓 여부는 변수로 표시된 집합 X에 따라 달라진다. 예를 들어, X가 1789년 이후의 모든 미국 대통령의 집합이라면 (a)는 참이다. X가 1789년 이전의 모든 미국 대통령의 집합이면 (a)는 거짓이다. [일반적으로 X에 어떤 원소가 있으면 (a)는 참이고 X가 비어 있으면 즉, 공집합이면 거짓이다.] (a)는 X의 속성이다 또는 (a)는 매개변수 **X에 종속된다**고 말한다. 마찬가지로, (b)는 X의 속성이고 (c)는 X 그리고 Y의 속성이다. 이때 (a)가 특정 집합 Y에 대해 참인지 여부를 따지는 게 아니므로 Y는 (a)의 매개변수가 아님에 주의하자; 편의상 한정 수량사에 문자 Y를 사용한 것이며, "$W \in X$가 있다," "X에 어떤 원소가 있다"라 쓸 수도 있는 것이다. 마찬가지로, (b)는 Y 또는 Z의 속성이 아니며, (c)는 Z의 속성이 아니다.

주어진 속성의 매개변수를 결정하는 엄밀한 규칙을 쉽게 형식화할 수 있지만 상식에 맡기기로 하고, 마지막 예제를 살펴보자.

예제 2.4

(a) "$Y \in X$."

(b) "$Y \in X$가 존재한다."

(c) "모든 X에 대해, $Y \in X$가 존재한다."

(d) "$X \in Y$ 또는 $X = Y$ 또는 $Y \in X$."

여기서 (a)는 X와 Y의 속성이다; 이것은 어떤 X, Y쌍에 대해 참일 수 있고 아닐 수 있다. (b)는 X의 속성이지만 (Y의 속성은 아님), (c)에는 매개변수가 없다. 따라서, (c)는 참이거나 또는 거짓일 수 있는데 실제로 거짓이다. 매개변수가 없는 (따라서, 참이거나 또는 거짓인) 속성을 **명제**라고 한다; 모든 수학 정리는 (참인) 명제이다. 가끔 임의의 정해지지 않은 속성을 언급해야 할 때가 있다. 이때 명제와 속성은 진한 대문자로 나타내고, 편의에 따라, 해당 매개변수 일부 또는 전체를 괄호 안에 나열한다. 따라서 $\mathrm{A}(X)$는 예제 2.3의 (a), (b) 또는 (c)와 같이 매개변수 X의 모든 속성을 나타낸다. $\mathrm{E}(X.Y)$는 매개변수 X 및 Y의 속성이다. 예를 들어 예제 2.3의 (c) 또는 예제 2.4의 (a) 또는 (d).

일반적으로, $\mathbf{P}(X, Y, \ldots, Z)$는 매개변수 $X, Y, \ldots, Z$ (또는 다른 숨은 매개변수)에 의해 진리값이 정해지는 속성을 나타낸다.

지금까지 모든 집합론적 속성을 소속 속성과 논리 연산자로 구성된 제한된 언어로 표현할 수 있다고 반복해서 말해왔다. 하지만 이론을 전개하고 점점 더 복잡한 정리를 증명함에 따라 실용적으로 여러 가지 특정한 속성에 이름을 부여, 즉 새로운 속성을 **정의**하게 된다. 그런 다음 그 속성을 나타내는 새로운 기호를 도입, 즉 정의한다; 명시적 형식화를 축약해서 나타내는 것으로 볼 수 있다. 예를 들어 **부분집합**이라는 속성을 다음처럼 정의한다.

2.5 $X \subseteq Y$ 이면 그리고 그때만 X의 모든 원소가 Y의 원소이다.

"X는 Y의 부분집합이다" ($X \subseteq Y$)는 X와 Y의 속성이다. 필요한 경우 언제나, 복잡한 공식에 포함된 $X \subseteq Y$를 정의에 따라 바꿔쓸 수 있다. 예를 들어, 다음의 명시적 정의

"$X \subseteq Y$ 이고 $Y \subseteq$ 이면 $X \subseteq Z$ 이다."

는 다음과 같이 다시 쓸 수 있다.

"X의 모든 원소가 Y의 원소이고 Y의 모든 원소가 Z의 원소이면 X의 모든 원소도 Z의 원소이다."

정의를 내리지 않는 수학이 가능한 건 분명하지만, 엄청나게 투박하고 다루기 힘들 것이다. 다른 유형의 정의 속성 $\mathbf{P}(X)$를 생각해 보자 :

"$X \in Y$가 존재하지 않는다."

3절에서 다음을 증명한다.

(a) $\mathbf{P}(X)$를 만족하는 집합 X가 존재한다(원소가 없는 집합 X가 존재한다).

(b) $\mathbf{P}(X)$를 만족하는 집합 X는 많아야 하나 존재한다. 즉 $\mathbf{P}(X)$이고 $\mathbf{P}(X')$이면, $X = X'$이다(X가 원소를 갖지 않고 X'도 원소를 갖지 않으면 X와 X'는 같다).

(a)와 (b)는 속성 $\mathbf{P}(X)$를 갖는 집합 X가 유일하다는 사실을 나타낸다. 그러면 이 집합에, 예를 들어 $\varnothing$(공집합)이라는 이름을 지정할 수 있고 이제부터 더 복잡한 다른 식에도 사용할 수 있다.

"$\varnothing \in Z$"의 온전한 의미는 "원소가 없는 집합 X는 Z의 부분집합이다."이다. 보통 $\varnothing$을 속성 **P**에 의해 정의된 **상수**로 간주한다. 정의에 관한 마지막 예로 X, Y 및 Z의 속성 Q(X, Y, Z)에 대해 생각해 보자.

"모든 U에 대해 $U \in Z$이면 그리고 그때만 $U \in X$ 그리고 $U \in Y$이다."

마찬가지로 3절에서 다음을 보인다.

(a) 모든 X와 Y에 대해 $\mathbf{Q}(X,\ Y,\ Z)$를 만족하는 Z가 있다.

(b) 모든 X와 Y에 대해 $\mathbf{Q}(X,\ Y,\ Z)$와 $\mathbf{Q}(X,\ Y,\ Z')$이면 $Z = Z'$이다. [모든 X와 Y에 대해, $\mathbf{Q}(X,\ Y,\ Z)$를 만족하는 Z는 많아야 하나만 존재한다.]

조건 (a)와 (b)(이 유형의 정의를 사용할 때마다 증명해야 함)은 모든 X와 Y에 대해 $\mathbf{Q}(X, Y, Z)$를 만족하는 집합 Z가 유일하게 존재함을 보장한다. 그러면 이 고유한집합 Z에 대해 $X \cap Y$라는 이름을 붙일 수 있고 X와 Y의 **교집합**이라고 부른다. 이제 $\mathbf{Q}(X, Y, X \cap Y)$가 성립한다. $\cap$을 속성 $\mathbf{Q}$에 의해 정의된 **연산**이라고 부른다.

3. 공리

이제 공리체계를 설정하고 공리 각각의 직관적인 의미를 명확하게 알아보자. 사실인 것으로 받아들일 첫 번째 원칙은 우리가 "다루려는 세계"가 빈 곳이 아니라는 것, 즉 어떤 집합이 존재한다는 가정이다. 구체적으로 특정한 집합 즉, 공집합의 존재를 가정한다.

존재 공리The Axiom of Existence

원소가 없는 집합이 있다.

원소가 없는 집합은 직관적으로 다양하게 설명할 수 있다. 예를 들어, 1945년 이전의 대한민국의 모든 대통령의 집합, $x^2 = -1$을 만족하는 모든 실수 x의 집합 등이다. 이러한 모든 사례는 하나의 같은 집합 즉, 텅빈 공집합이다. 직관적으로 공집합은 하나만 존재한다. 그러나 아직 그러한 주장을 증명할 수 없다.

각각의 집합은 원소에 의해 결정된다는 사실을 표현하려면 또 다른 가정이 필요하다. 다른 사례를 살펴보자 :

- X는 정확하게 숫자 2, 3, 5로 구성된 집합이다.
- Y는 1보다 크고 7보다 작은 모든 소수의 집합이다.
- Z는 방정식 $x^3 - 10x^2 + 31x - 30 = 0$의 모든 해집합이다.

여기서 $X = Y$, $X = Z$, $Y = Z$이고 결국 같은 집합을 세 가지로 다르게 설명한 셈이다. 이로부터 외연성 공리가 등장한다.

외연성 공리The Axiom of Extensionality

X의 모든 원소가 Y의 원소이고 Y의 모든 원소가 X의 원소이면, $X = Y$이다.

간단하게, 두 집합이 동일한 원소를 가지면, 두 집합은 같다. 이로부터 보조정리 3.1을 증명할 수 있다.

보조정리 3.1

원소가 없는 집합은 유일하다.

증명

A와 B를 원소가 없는 집합이라고 가정하자. 그러면 A의 모든 원소는 B의 원소이다 (A에는 원소가 없으므로, "$a \in A$이면 $a \in B$이다"라는 명제는 전제가 거짓이고 자동으로 참인 주장이다). 마찬가지로 B의 모든 원소는 A의 원소이다(B에도 원소가 없다). 따라서, 외연성 공리에 따라 $A = B$이다. □

정의 3.2

원소가 없는 (유일한) 집합은 **공집합**이라 부르고 $\varnothing$으로 나타낸다.

상수 $\varnothing$의 정의는 존재 공리와 보조정리 3.1에 의해 정당화된다.

직관적으로, 집합은 속성을 공유하는 객체의 모임이므로, 이 사실을 나타내는 공리가 필요할 것으로 예상할 수 있다. 그러나 1절에서 다룬 역설에서 알 수 있듯이 모든 속성이 집합을 구성하는 것은 아니다. "$X \notin X$" "$X = X$" 같은 속성이 전형적인 사례이다.

두 경우 모두, 그러한 속성을 가진 모든 객체를 하나의 집합으로 모으기 위해서는 우선 모든 집합을 인식할 수 있어야만 한다는 점이 문제인 것 같다. 객체를 모두 포함하는 집합이 이미 존재하는 경우에만 주어진 속성을 가진 모든 객체의 집합이 존재한다고 가정하면 그러한 어려움을 피할 수 있다.

구성 공리 스키마The Axiom Schema of Comprehension

$\mathbf{P}(x)$가 x의 속성이라 하자. 임의의 집합 A에 대해, $x \in B$인 집합 B가 존재하면 그리고 그때만 $x \in A$이고 $\mathbf{P}(x)$이다.

이것은 하나의 공리가 아니고 공리 스키마이다. 즉, 각 속성 $\mathbf{P}$에 대해 대응하는 공리가 정해진다.

예를 들어, $\mathbf{P}(x)$가 "$x = x$"인 경우 이 공리는 다음과 같다 :

임의의 집합 A에 대해 $x \in B$인 집합 B가 존재하면 그리고 그때만 $x \in A$이고 $x = x$이다 (이 경우 $B = A$이다).

$\mathbf{P}(x)$가 "$x \notin x$"인 경우 이 공리는 다음을 가정한다 :

임의의 집합 A에 대해 $x \in B$인 집합 B가 존재하면 그리고 그때만 $x \in A$이고 $x \notin x$이다.

공리가 무제한 생성되지만, 제시된 명제가 공리인지 아닌지는 인식하기가 쉬우며, 모든 증명은 유한한 수의 공리만을 사용하기 때문에, 문제가 되지 않는다.

속성 $\mathbf{P}(x)$는 다른 매개변수 $p, \ldots, q$에 종속된다; 그 경우 대응하는 공리는, 임의의 집합 $p, \ldots, q$ 및 임의의 A에 대해, 정확하게 $\mathbf{P}(x, p, \ldots, q)$를 만족하는 모든 $x \in A$로 구성된 집합 ($p, \ldots, q$는 물론 A에 종속된) B 가 있다고 가정한다.

예제 3.3

P와 Q가 집합일 때 $x \in R$ 이면 그리고 그때만 $x \in P$이고 $x \in Q$인 집합 R이 존재한다.

증명

x와 Q의 속성 $\mathbf{P}(x, Q)$를 "$x \in Q$"라 하자. 그러면 구성 공리 스키마에 의해, 모든 Q와 P에 대해, $x \in R$이면 그리고 그때만 $x \in P$이고 $\mathbf{P}(x, Q)$인, 즉, 그리고 그때만 $x \in P$이고 $x \in Q$인 집합 R이 존재한다. (P가 A 역할하고, Q는 매개변수.) □

보조정리 3.4

모든 A에 대해, $x \in B$이면 그리고 그때만 $x \in A$이고 $\mathbf{P}(x)$인 집합 B가 유일하게 존재한다.

증명

B'가 $x \in B'$이면 그리고 그때만 $x \in A$이고 $\mathbf{P}(x)$를 만족하는 또 다른 집합이면, $x \in B$이면 그리고 그때만 $x \in B'$이므로 외연성 공리에 의해 $B = B'$이다. □

이제 유일하게 결정된다는 용어를 정당하게 사용할 수 있게 되었다.

정의 3.5

$\{x \in A \mid \mathbf{P}(x)\}$은 속성 $\mathbf{P}(x)$를 만족하는 모든 $x \in A$의 집합이다.

예제 3.6

예제 3.3의 집합은 $\{x \in P \mid x \in Q\}$로 나타낼 수 있다.

지금까지 공리체계는 아직 매우 강력하지는 않다; 존재를 증명한 집합은 공집합이 유일하고, 이 공집합에 구성 스키마를 적용하면 다시 공집합이 생성된다 : 어떤 $\mathbf{P}$에 대해서도

$\{x \in \varnothing \mid \mathbf{P}(x)\} = \varnothing$이다. (증명하라.) 다음 세 가지 원리는 수학에서 자주 사용되는 집합을 구성하는 공리이다.

무순서쌍 공리The Axiom of Pair

임의의 A와 B에 대해, $x \in C$이면 그리고 그때만 $x = A$ 또는 $x = B$를 만족하는 집합 C가 있다.

공리에 의해 $A \in C,\ B \in C$이고, 이것이 C의 고유한 두 원소다. 집합 C 역시 유일하다(증명하라); 이렇게, A와 B를 고유한 원소로 갖는 A와 B의 **무순서쌍** 집합을 정의하였다. 이제 A와 B의 무순서쌍은 $\{A,\ B\}$로 나타내기로 한다. 특히, $A = B$인 경우 $\{A,\ A\}$ 대신 $\{A\}$로 나타낸다.

예제 3.7

(a) $A = \varnothing,\ B = \varnothing$이면; $\{\varnothing\} = \{\varnothing,\ \varnothing\}$은 $\varnothing \in \{\varnothing\}$인 집합이고, $x \in \{\varnothing\}$이면, $x = \varnothing$이다. 따라서 $\{\varnothing\}$은 유일한 원소 $\varnothing$를 갖는다. $\varnothing \in \{\varnothing\}$이지만 $\varnothing \notin \varnothing$이므로 $\{\varnothing\} \neq \varnothing$임에 주의하자.

(b) $A = \varnothing$이고 $B = \{\varnothing\}$이면; $\varnothing \in \{\varnothing,\ \{\varnothing\}\}$이고 $\{\varnothing\} \in \{\varnothing,\ \{\varnothing\}\}$이므로 $\varnothing$과 $\{\varnothing\}$은 $\{\varnothing, \{\varnothing\}\}$의 고유한 두 원소이다.

$\varnothing \neq \{\varnothing,\ \{\varnothing\}\}$이고 $\{\varnothing\} \neq \{\varnothing,\ \{\varnothing\}\}$임에 주의하자.

합집합 공리The Axiom of Union

임의의 집합 S에 대해, $x \in U$이면 그리고 그때만 어떤 $A \in S$에 대해 $x \in A$를 만족하는 집합 U가 존재한다.

마찬가지로, 집합 U는 유일하다(증명하라); 이 집합을 S의 **합집합**이라 부르고 $\cup S$로 나타낸다. S의 원소가 집합이라는 점을 강조해서 S를 **집합 시스템** 또는 **집합의 모임**이라고도 부른다(물론 이는 항상 참이다 – 모든 객체는 집합이다 – 따라서 "집합"과 "집합 시스템"은 같은 의미이다). 집합 시스템으로서 합집합 S는, 정확하게 말하자면, 집합 시스템 S의 어떤 집합에 속하는 x의 집합이다.

예제 3.8

(a) $S = \{\varnothing, \{\varnothing\}\}$이면; $x \in \bigcup S$이면 그리고 그때만 어떤 $A \in S$에 대해 $x \in A$, 즉, 그리고 그때만 $x \in \varnothing$ 또는 $x \in \{\varnothing\}$이다. 따라서, $x \in \bigcup S$이면 그리고 그때만 $x = \varnothing$; $\bigcup S = \{\varnothing\}$.

(b) $\bigcup \varnothing = \varnothing$.

(c) M, N이 집합이면; $x \in \bigcup\{M,\ N\}$이면 그리고 그때만 $x \in M$ 또는 $x \in N$.

집합 $\bigcup\{M,\ N\}$을 M과 N의 합집합이라 부르고 $M \cup N$으로 나타낸다.

이렇게 해서 모두가 익히 잘 알고 있는 간단한 집합론 연산 중 하나를 소개했다. **무순서쌍 공리**와 **합집합 공리**는 두 집합의 합집합을 정의하는 데 필요하다(그리고 그것이 유일하다는 것을 보장하려면 **외연성 공리**가 필요하다). 두 집합의 합집합은 일반적으로 생각하는 의미를 갖는다: $x \in M \cup N$이면 그리고 그때만 $x \in M$ 또는 $x \in N$.

예제 3.9

$$\{\{\varnothing\}\} \cup \{\varnothing,\ \{\varnothing\}\} = \{\varnothing,\ \{\varnothing\}\}.$$

물론 합집합 공리는 훨씬 더 강력하다; 이 공리로 단지 두 집합이 아니라 임의의 개수, 나아가 무한한 집합의 모임에 대한 합집합을 구성할 수 있다.

이제 $A,\ B,\ C$가 집합이면 원소가 $A,\ B,\ C$인 집합 P가 유일하게 존재한다는 걸 증명할 수 있다(연습문제 3.5). P는 $\{A,\ B,\ C\}$로 나타내며 $A,\ B,\ C$의 **무순서 삼중쌍**이라 부른다. 마찬가지로 무순서 사중쌍 또는 17중쌍을 정의할 수 있다.

이 절의 마지막 공리를 소개하기 전에 다른 간단한 개념을 정의한다.

정의 3.10

A가 B의 **부분집합**이면 그리고 그때만 A의 모든 원소가 B에 속한다. 즉, 모든 x에 대해서, $x \in A$가 $x \in B$를 함의하면, A는 B의 부분집합이다.

A가 B의 부분집합임을 $A \subseteq B$로 나타낸다.

예제 3.11

(a) $\{\varnothing\} \subseteq \{\varnothing, \{\varnothing\}\}$ 그리고 $\{\{\varnothing\}\} \subseteq \{\varnothing, \{\varnothing\}\}$.

(b) 모든 집합 A에 대해, $\varnothing \subseteq A$ 그리고 $A \subseteq A$이다.

(c) $\{x \in A \mid \mathbf{P}(x)\} \subseteq A$.

(d) $A \in S$이면 $A \subseteq \bigcup S$.

다음 공리는 주어진 집합의 모든 부분집합을 하나의 집합으로 모을 수 있다는 가정이다.

멱집합 공리The Axiom of Power Set

의의 집합 S에 대해, $X \in P$이면 그리고 그때만 $X \subseteq S$를 만족하는 집합 P가 존재한다.

집합 P 역시 유일하게 결정할 수 있으므로, S의 모든 부분집합의 집합을 S의 **멱집합**이라 부르고 $P(S)$로 나타낸다.

예제 3.12

(a) $P(\varnothing) = \{\varnothing\}$.

(b) $P(\{a\}) = \{\varnothing, \{a\}\}$.

(c) $P(\{a, b\})$의 원소는 $\varnothing$, $\{a\}$, $\{b\}$, 그리고 $\{a, b\}$이다.

또 다른 표기법을 소개하는 것으로 이 절을 마치겠다. $\mathbf{P}(x)$를 x(또는 가능한 다른 어떤 매개변수)의 속성이라 하자.

모든 x에 대해, $\mathbf{P}(x)$가 $x \in A$를 함의하면 $\{x \in A \mid P(x)\}$가 존재하고, 게다가 그 속성이 A에 종속되지 않는, 집합 A가 있다. 즉, A'가 모든 x에 대해, $\mathbf{P}(x)$가 $x \in A'$을 함의하는 다른 집합이라고 가정하면. $\{x \in A' \mid P(x)\} = \{x \in A \mid P(x)\}$이다. (증명하라.)

이제 $\{x \mid P(x)\}$를 집합 $\{x \in A \mid P(x)\}$으로 정의할 수 있고, 여기서 A는 모든 x에 대해, $\mathbf{P}(x)$가 $x \in A$를 함의하는 임의의 집합이다(A가 어떤 집합이어도 되기 때문에). 이 집합$\{x \mid P(x)\}$은 속성 $\mathbf{P}(x)$를 **만족하는 모든 x의 집합**이다. 이 표기법은 어떤 A가 속성 $\mathbf{P}$를 만족하는 모든 x를 포함한다는 것이 증명된 후에만 사용할 수 있다는 점을 다시 한번 강조한다.

예제 3.13

(a) $\{x \mid x \in P$ 이고 $x \in Q\}$ 가 존재한다.

증명

$P(x,\ P,\ Q)$ 가 속성 "$x \in P$ 이고 $x \in Q$ 라 하자"; $A = P$ 이면 $\mathbf{P}(x,\ P,\ Q)$ 는 $x \in A$ 를 함의한다. 따라서 $\{x \mid x \in P$ 이고 $x \in Q\} = \{x \in P \mid x \in P$ 이고 $x \in Q\} = \{x \in P \mid x \in Q\}$ 은 예제 3.3에 의해 집합 R 이다. □

(b) $\{x \mid x = a$ 또는 $x = b\}$ 이 존재한다; 증명을 위해 $A = \{a,\ b\}$ 로 놓으면; 마찬가지로 $\{x \mid x = a$ 또는 $x = b\} = \{a,\ b\}$.

(c) $\{x \mid x \notin x\}$ 은 존재하지 않는다(러셀의 역설) : 따라서 이 보기의 경우 표기 $\{x \mid P(x)\}$ 가 허용되지 않는다.

아직 공리체계가 완전하지 않지만, 나머지 공리는 그것이 필요할 때까지 미루어 둔다. 극소수의 공리에 대해 개념을 소개했고, 그 공리들로부터 정리 몇 가지를 증명하여 사용할 수 있게 되었다. 무한집합의 존재를 아직 보장하지 않았다는 것을 알아차린 독자도 있을 것이다. 이 문제는 3장에서 해결한다. 또 다른 공리는 6장과 8장에서 다루게 되며, 전체 공리 목록은 15장 1절에 있다. 이 공리체계는 본질적으로 1908년에 어니스트 체르멜로Ernst Zermelo에 의해 공식화되었으며 흔히 집합론에 대한 **체르멜로–프렝켈**Zermelo–Fraenkel **공리체계**라 부른다.

연습문제

3.1 $x \in A$ 이고 $x \notin B$ 를 만족하는 모든 x의 집합이 존재한다는 것을 보여라.

3.2 존재 공리를 다음의 약한 가정으로 대체한다 :

- **약한 존재 공리** 어떤 집합이 존재한다.

약한 존재 공리와 구성 스키마를 사용해서 존재 공리를 증명하라. [힌트 : A 가 존재하는 집합이라고 가정한다 : 그리고 집합 $\{x \in A \mid x \neq x\}$ 에 대해 생각해 보라.]

3.3 (a) "모든 집합의 집합" 존재하지 않음을 증명하라. [힌트 : 모든 집합의 집합 V 에 대해, $\{x \in V \mid x \notin x\}$ 을 생각해 보라.]

(b) 임의의 집합 A에 대해 $x \notin A$가 존재함을 증명하라.

3.4 A와 B가 집합이라 하자. $x \in C$이면 그리고 그때만 $x \in A$이고 $x \notin B$이거나 $x \in B$이고 $x \notin A$를 만족하는 유일한 집합 C가 존재함을 증명하라.

3.5 (a) 주어진 A, B, C에 대해, $x \in P$이면 그리고 그때만 $x = A$ 또는 $x = B$ 또는 $x = C$를 만족하는 집합 P가 존재한다.

(b) 원소가 4개인 경우로 일반화하라.

3.6 임의의 X에 대해 $P(X) \subseteq X$가 거짓임을 보여라. 특히, 임의의 X에 대해 $P(X) \neq X$이다. 이 사실은 다시 "모든 집합의 집합"이 존재하지 않음을 증명한다. [힌트 : $Y = \{u \in X \mid u \notin u\}$로 놓으면; $Y \in P(X)$이지만 $Y \notin X$.]

3.7 무순서쌍 공리, 합집합 공리 그리고 멱집합 공리는 다음과 같은 약한 버전으로 대체할 수 있다.

- **약한 무순서쌍 공리Weak Axiom of Pair** : 임의의 A와 B에 대해, $A \in C$이고 $B \in C$를 만족하는 집합 C가 존재한다.
- **약한 합집합 공리Weak Axiom of Union** : 임의의 S에 대해, $X \in A$이고 $A \in S$이면, $X \in U$를 만족하는 집합 U가 존재한다.
- **약한 멱집합 공리Weak Axiom of Power Set** : 임의의 S에 대해, $X \subseteq S$가 $X \in P$를 함의하는 집합 P가 존재한다.

약한 버전으로 무순서쌍 공리, 합집합 공리 그리고 멱집합 공리를 증명하라. [힌트 : 구성 스키마 공리를 사용하라.]

4. 집합의 기본 연산

이 절은 앞에서 소개한 개념을 다소 정교하게 하려는 목적을 지닌다. 특히, (합집합, 교집합, 차이 등의) 단순한 집합론 연산을 소개하고 그것의 기본 속성 중 일부를 증명한다. 어느 정도는 확실히 잘 알고 있는 내용이므로 세부 사항은 대부분 생략한다.

정의 3.10으로 A가 B의 부분집합(B에 포함됨), $A \subseteq B$이 무엇인지 알 수 있다. 속성 $\subseteq$을 포함이라 부르며, 임의의 집합 A, B, C에 대해 다음을 쉽게 증명할 수 있다.

(a) $A \subseteq A$.

(b) $A \subseteq B$이고 $B \subseteq A$이면, $A = B$.

(c) $A \subseteq B$이고 $B \subseteq C$이면, $A \subseteq C$.

예를 들어, (c)를 증명하려면 다음을 증명해야 한다 : $x \in A$이면, $x \in C$이다. 그런데 $A \subseteq B$이므로 $x \in A$이면. $x \in B$이다, 또한 $B \subseteq C$이므로 $x \in B$가 $x \in C$를 함의하므로, $x \in A$는 $x \in C$를 함의한다.

$A \subseteq B$이고 $A \neq B$이면, A를 B의 **진부분집합(A가 B에 완전하게 포함)**이라 부르고 $A \subset B$로 나타낸다. 그리고 $B \supseteq A$ 대신 $A \subseteq B$, $B \supset A$ 대신 $A \subset B$라고 쓴다.

앞으로 다룰 집합 연산은 대부분 앞에서 언급되었다. 또한 그것을 벤 다이어그램으로 어떻게 시각화하는지 대부분 알고 있을 것이다(그림 1).

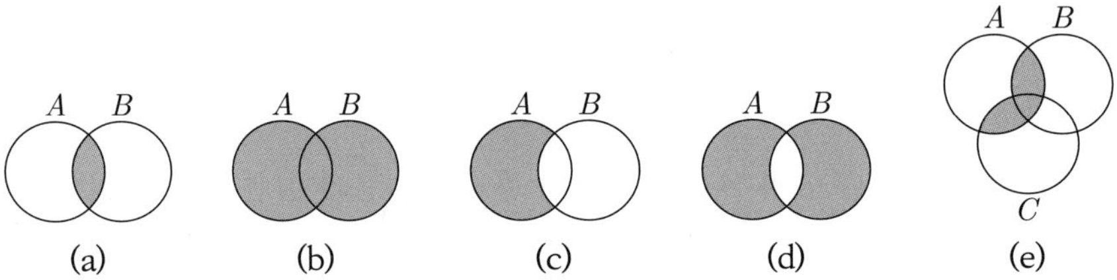

그림 1 : 벤 다이어그램

(a) **교집합** : 짙은 색 부분이 $A \cap B$.

(b) **합집합** : 짙은 색 부분이 $A \cup B$.

(c) **차집합** : 짙은 색 부분이 $A - B$.

(d) **대칭차집합** : 짙은 색 부분이 $A \triangle B$.

(e) **분배법칙** : 짙은 색 부분이 $A \cap (B \cup C)$와 $(A \cap B) \cup (A \cap C)$.

정의 4.1

A와 B의 **교집합** $A \cap B$ 는 A와 B에 모두 속하는 모든 x의 집합이다. A와 B의 **합집합** $A \cup B$는 A 또는 B(또는 둘 다)에 속하는 모든 x의 집합이다. A와 B의 **차집합** $A - B$ 는 A에 속하지만 B에는 속하지 않는 모든 x의 집합이다. A와 B의 **대칭차집합** $A \triangle B$ 는 $A \triangle B = (A - B) \cup (B - A)$로 정의된다. (예제 3.3과 3.8 그리고 존재와 유일성 증명을 위한 연습문제 3.1과 3.4.)

연습 삼아, 이 연산의 몇 가지 속성을 증명해 볼 수 있다.

- **교환법칙**

$$A \cap B = B \cap A$$

$$A \cup B = B \cup A$$

- **결합법칙**

$$(A \cap B) \cap C = A \cap (B \cap C)$$
$$(A \cup B) \cup C = A \cup (B \cup C)$$

이 법칙에 따라 집합 A, B, C의 교집합은 괄호를 사용하지 않고 간단하게 $A \cap B \cap C$ 로 나타낼 수 있다. 유사하게, 세 개 이상의 집합에 대한 합집합 역시 괄호를 사용하지 않는다.

- **분배법칙**

$$A \cap (B \cup C) = (A \cap B) \cup (A \cap C)$$
$$A \cup (B \cap C) = (A \cup B) \cap (A \cup C)$$

- **드 모르간의법칙**

$$C - (A \cap B) = (C - A) \cup (C - B)$$
$$C - (A \cup B) = (C - A) \cap (C - B)$$

차집합과 대칭차집합에 관한 일련의 속성은

$$A \cap (B - C) = (A \cap B) - C$$
$$A - B = \varnothing \text{ 이면 그리고 그때만 } A \subseteq B$$
$$A \triangle A = \varnothing$$
$$A \triangle B = B \triangle A$$
$$(A \triangle B) \triangle C = A \triangle (B \triangle C)$$

벤 다이어그램은 위와 같은 또는 유사한 관계를 유도하고 증명하는 데 도움이 된다. 예를 들어, 그림 1(e)는 분배법칙 $A \cap (B \cup C) = (A \cap B) \cup (A \cap C)$를 나타낸다. 엄밀한 증명은 다음과 같다 : 집합 $A \cap (B \cup C)$와 $(A \cap B) \cup (A \cap C)$가 같은 원소를 갖는다는 것을 보여야 한다.

즉, 다음 두 가지 사실을 보여야 한다 :

(a) $A \cap (B \cup C)$의 모든 원소가 $(A \cap B) \cup (A \cap C)$에 속한다.

(b) $(A \cap B) \cup (A \cap C)$의 모든 원소가 $A \cap (B \cup C)$에 속한다.

(a)를 증명하기 위해, $a \in A \cap (B \cup C)$라 하자. 그러면 $a \in A$이고 또한 $a \in B \cup C$. 따라서, $a \in B$ 또는 $a \in C$. 그러므로 $a \in A$이고 $a \in B$ 이거나 $a \in A$이고 $a \in C$. 즉, $a \in A \cap B$ 또는 $a \in A \cap C$; 그러므로, 결국, $a \in (A \cap B) \cup (A \cap C)$.

(b)를 증명하기 위해, $a \in (A \cap B) \cup (A \cap C)$라 하자. 그러면 $a \in A \cap B$ 또는 $a \in A \cap C$. 첫 번째 경우, $a \in A$이고$a \in B$, 그러므로 $a \in A$이고 $a \in B \cup C$. 그리고 $a \in A \cap (B \cup C)$. 두 번째 경우, $a \in A$이고 $a \in C$, 따라서 다시 $a \in A$이고 $a \in B \cup C$. 그리고 결국, $a \in A \cap (B \cup C)$.

집합에 관한 유사한 기본 논증을 익히는 데 충분한 예제가 연습문제에 있다.

집합 계의 합집합은 앞 절에서 정의하였다. 이제 공집합이 아닌 집합 시스템 S의 교집합 $\bigcap S$를 정의한다 : $x \in \bigcap S$이면 그리고 그때만 모든 $A \in S$에 대해 $x \in A$. 그러면 두 집합의 교집합은 다음과 같은 일반 연산의 특별한 경우에 해당한다 : $A \cap B = \bigcap\{A, B\}$. $\bigcap\varnothing$은 정의하지 않았다는 것에 유의하자; 모든 x가 (그러한 A가 없으므로) 모든 $A \in \varnothing$에 속한다, 따라서 $\bigcap\varnothing$는 모든 집합의 집합이다. 일반적인 합집합과 교집합에 대해서는 더 사용하기 쉬운 표기법과 함께 2장에서 한층 자세하게 탐구한다.

마지막으로, $A \cap B = \varnothing$이면, 집합 A와 B는 **서로소**라고 한다. 더 일반적으로, $A \neq B$인 모든 $A, B \in S$에 대해 $A \cap B = \varnothing$이면, S는 **서로소인 집합 시스템**이다.

연습문제

4.1 이 절의 모든 공식을 증명하고 그것을 벤 다이어그램으로 시각화하라.

4.2 다음을 증명하라 :

(a) $A \subseteq B$이면 그리고 그때만 $A \cap B =A$이면 그리고 그때만 $A \cup B = B$이면 그리고 그때만 $A - B = \varnothing$.

(b) $A \subseteq B \cap C$이면 그리고 그때만 $A \subseteq B$ 그리고 $A \subseteq C$.

(c) $B \cup C \subseteq A$이면 그리고 그때만 $B \subseteq A$ 그리고 $C \subseteq A$.

(d) $A - B = (A \cup B) - B = A - (A \cap B)$.

(e) $A \cap B = A - (A - B)$.

(f) $A - (B - C) = (A - B) \cup (A \cap C)$.

(g) $A = B$이면 그리고 그때만 $A \triangle B = \varnothing$.

4.3 벤 다이어그램으로 (틀린) 명제의 잘못된 경우를 시각화하라 :

(a) $A - B = B - A$.

(b) $A \cap B \subset A$.

(c) $A \subseteq B \cup C$는 $A \subseteq B$ 또는 $A \subseteq C$를 함의한다.

(d) $B \cap C \subseteq A$는 $B \subseteq A$ 또는 $C \subseteq A$를 함의한다.

4.4 A가 집합일 때; A의 "여집합"이 존재하지 않음을 보여라. (A의 "여집합"은 모든 $x \notin A$ 인 집합이다.)

4.5 $S \neq \varnothing$이고 A가 집합이라 하자.

(a) $T_1 = \{Y \in P(A) \mid Y = A \cap X,$ 어떤 $X \in S$ 에 대해$\}$일 때, 다음을 증명하라. $A \cap \bigcup S = \bigcup T_1$ (일반화된 분배법칙).

(b) $T_2 = \{Y \in P(A) \mid Y = A - X,$ 어떤$X \in S$ 에 대해$\}$일 때, 다음을 증명하라.

$$A - \bigcup S = \bigcap T_2$$
$$A - \bigcap S = \bigcup T_2$$

(일반화된 드 모르간의 법칙).

4.6 모든 $S \neq \varnothing$에 대해 $\bigcap S$가 존재함을 증명하라. 증명에서 가정 $S \neq \varnothing$는 언제 사용되는가?

제 2 장

관계, 함수, 순서

1. 순서쌍

이 장에서 관계, 함수, 순서와 같은 여러 가지 일반적인 수학적 개념을 집합으로 표현하는 방법을 보여줌으로써 수학의 기초로서 집합론을 전개하기 시작한다.

순서쌍의 개념을 소개하는 것으로 시작해 본다. a 그리고 b가 집합이면, 원소의 순서가 없는 **무순서쌍** $\{a,\ b\}$는 원소가 정확히 a 그리고 b인 집합이다. 여기서 a 그리고 b가 나타나는 "순서"는 아무런 역할을 하지 않는다; $\{a,\ b\} = \{b,\ a\}$. 많은 응용에서, 어떤 집합이 "첫 번째"이고 어떤 집합이 "두 번째"인지 "구분"할 수 있도록 a 그리고 b를 쌍으로 연결해야 할 필요가 있다. 이러한 a 그리고 b의 **순서쌍**을$(a,\ b)$로 표시한다; a는 순서쌍 $(a,\ b)$의 **첫 번째 좌표**, b는 **두 번째 좌표**이다.

우리의 연구 대상인, 순서쌍은 반드시 집합이어야 한다. 첫 번째 좌표가 같고 두 번째 좌표도 같으면 그리고 그때만 두 순서쌍이 같도록 정의하여야 한다. 그래야, 특히, $a \neq b$이면 $(a,\ b) \neq (b,\ a)$가 보장된다. (연습문제 1.3.)

앞의 조건을 만족하도록 $(a,\ b)$를 정의하는 방법에는 여러 가지가 있다. 여기서는 가능한 정의 중 하나를 제시하고 다른 대안은 연습문제 1.6을 참조하도록 남긴다.

정의 1.1

$$(a,\ b) = \{\{a\},\ \{a,\ b\}\}.$$

만일 $a \neq b$이면, $(a,\ b)$는 하나의 단일 집합 $\{a\}$ 그리고 무순서쌍 $\{a,\ b\}$ 두 원소를 포함한다. 순서쌍의 첫 번째 좌표는 원소 $\{a\}$에서 발견할 수 있다. 다음으로 두 번째 좌표는 다른 원소인 $\{a,\ b\}$에 있다. $a = b$이면 $(a,\ a) = \{\{a\},\ \{a,\ a\}\} = \{\{a\}\}$는 원소를 한 개만 포함한다.

어떤 경우든, (a, b)에서 두 좌표는 분명히 유일하게 "구분"할 수 있다. 이 명제를 다음 정리로 정확하게 나타낼 수 있다.

정리 1.2

$(a, b) = (a', b')$이면 그리고 그때만 $a = a'$ 그리고 $b = b'$.

증명

$a = a'$이고 $b = b'$이면, 물론, $(a, b) = \{\{a\}, \{a, b\}\} = \{\{a'\}, \{a', b'\}\} = (a', b')$이다. 다른 방향의 함의는 다소 복잡하다. $\{\{a\}, \{a, b\}\} = \{\{a'\}, \{a', b'\}\}$라고 가정하자. $a \neq b$, $\{a\} = \{a'\}$ 그리고 $\{a, b\} = \{a', b'\}$이면, 먼저, $a = a'$이고 따라서 $\{a, b\} = \{a, b'\}$는 $b = b'$를 함의한다. $a = b$, $\{\{a\}, \{a, a\}\} = \{\{a\}\}$이면, $\{a\} = \{a'\}$, $\{a\} = \{a', b'\}$이므로, $a = a' = b'$이고, 결국 $a = a'$ 그리고 $b = b'$이므로 이 경우도 역시 성립한다. □

앞에서 제안한 순서쌍의 정의에 따라, 순서 트리플

$$(a, b, c) = ((a, b), c),$$

순서 쿼드러플

$$(a, b, c, d) = ((a, b, c), d),$$

등을 차례로 정의할 수 있다. 또한, "단일 튜플"도 정의할 수 있다.

$$(a) = a.$$

그러나, 순서 n튜플에 대한 일반적인 정의는 자연수를 정의하는 3장까지 미룰 수밖에 없다.

연습문제

1.1 $(a, b) \in P(P(\{a, b\}))$ 그리고 $a, b \in \cup(a, b)$임을 증명하라. $a \in A$ 그리고 $b \in A$이면 $(a, b) \in P(P(A))$.

1.2 모든 a, b, c, d에 대해, (a, b), (a, b, c), (a, b, c, d)가 존재함을 증명하라.

1.3 증명하라 : $(a, b) = (b, a)$이면 $a = b$이다.

1.4 $(a, b, c) = (a', b', c')$이면 $a = a'$, $b = b'$, $c = c'$임을 증명하라. 마찬가지로 쿼드러플에 대한 식을 쓰고 증명하라.

1.5 $((a,\ b),\ c) \neq (a,\ (b,\ c))$를 만족하는 $a,\ b,\ c$를 찾아라. 물론 순서 트리플을 정의할 때 두 번째 집합을 사용할 수 있고, 같은 결과를 얻을 수 있다.

1.6 순서쌍을 다르게 정의하기 위해, 다른 두 집합 $\square$와 $\triangle$ (예를 들어, $\square = \varnothing,\ \triangle = \varnothing$)를 선택하고, 다음과 같이 정의하자.

$$\langle a,\ b\rangle = \{\{a,\ \square\},\ \{b,\ \triangle\}\}.$$

이렇게 정의한 순서쌍에 대해 정리 1.2처럼 나타낸 후 증명하라. 순서 트리플과 쿼드러플을 정의하라.

2. 관계

수학자들은 종종 수학적 객체 사이의 관계를 연구한다. 두 종류의 객체 사이의 관계가 가장 자주 관심의 대상이 된다; 이런 걸 **이항관계**라고 부른다. 예를 들어, 선 l이 점 P를 통과할 때 선 l이 점 P와 R_1 관계에 있다고 한다. 이 경우 R_1은 선이라는 객체와 점이라는 객체 사이의 이항관계이다. 마찬가지로, 만약 m이 n을 (나머지 없이) 나누면 양의 정수 m이 양의 정수 n과 관계 R_2에 있다고 말함으로써 양의 정수와 양의 정수 사이의 이항관계 R_2를 정의한다.

점 P가 선 l 위에 있을 때, 선 l이 점 P와 R_1'의 관계에 있는, 선과 점 사이의 관계 R_1'에 대해 생각해 보자. 명백하게 선 l은 l이 P와 R_1'의 관계에 있을 때, l은 점 P와 R_1의 관계에 있게 된다. R_1과 R_1'를 서술하는데 서로 다른 속성을 사용하였지만, 일반적으로 R_1과 R_1'은 하나의 동일한 관계로 간주한다. 즉, $R_1 = R_1'$. 마찬가지로, 양의 정수 n이 양의 정수 m의 배수인 경우, m이 n과 R_2' 관계에 있다고 말한다. 또한, 대응하는 순서쌍 $(m,\ n)$은 $R_2,\ R_2'$ 관계에 있으며, 따라서 R_2와 R_2'를 동일한 관계로 간주할 수 있다.

따라서 이항관계는, 해당 관계에 있는 객체의 모든 순서쌍으로 결정된다: 이러한 순서쌍 집합이 어떤 속성으로 서술되는지는 중요하지 않다. 따라서 다음과 같은 정의를 내릴 수 있다.

정의 2.1

R의 모든 원소가 순서쌍이면, R은 **이항관계**다. 즉, 모든 $z \in R$에 대해, $z = (x,\ y)$인 x 그리고 y가 존재한다.

예제 2.2

관계 R_2는 집합 $\{z \mid z = (m,\ n)$이고 m이 n을 나누는 양의 정수 $m,\ n$이 존재$\}$

이다. R_2의 원소는 순서쌍 들이다.

$$(1,\ 1),\ (1,\ 2),\ (1,\ 3),\ \ldots$$
$$(2,\ 2),\ (2,\ 4),\ (2,\ 6),\ \ldots$$
$$(3,\ 3),\ (3,\ 6),\ (3,\ 9),\ \ldots$$

관례적으로 $(x,\ y) \in R$ 대신 xRy로 쓴다. xRy가 성립하면 x는 y와 **R의 관계에 있다고 말한다**. 이제 관계와 관련된 몇 가지 용어를 소개한다.

정의 2.3

R이 이항관계라 하자.

(a) 어떤 y와 R의 관계에 있는 모든 x를 R의 **정의역**이라 부르고 dom$R$로 나타낸다. 따라서 dom$R = \{x \mid xRy$인 y가 존재$\}$. dom$R$은 R에 속하는 순서쌍의 모든 첫 번째 좌표의 집합이다.

(b) 어떤 x에 대해, x가 y와 R 관계에 있는 모든 y의 집합을 R의 **치역**이라 부르고 ran$R$로 나타낸다. 따라서 ran$R = \{y \mid xRy$인 x가 존재$\}$. dom$R$은 R에 속하는 순서쌍의 모든 두 번째 좌표의 집합이다. 모든 관계 R에 대해 dom$R$ 그리고 ran$R$이 존재 한다. (증명하라. 연습문제 2.1).

(c) 집합 dom$R \cup$ran$R$을 R의 **필드**라 부르고 field$R$로 나타낸다.

(d) field$R \subseteq X$이면, R을 X에서의 관계 또는 X의 원소 **사이의** 관계라고 부른다.

예제 2.4

R_2를 예제 2.2의 관계라 하자.

$$\text{dom}R_2 = \{m \mid m\text{이 } n\text{을 나누는 } n\text{이 존재}\}$$
$$= \text{모든 양의 정수의 집합}$$

모든 양의 정수 m은 어떤 정수 n을 나누므로, 예를 들어, $n = m$;

$$\text{ran}R_2 = \{n \mid m\text{이 } n\text{을 나누는 } m\text{이 존재}\}$$
$$= \text{모든 양의 정수의 집합}$$

모든 양의 정수 n은 어떤 정수 m으로 나누어지므로, 예를 들어, $m = n$;

$$\begin{aligned}\text{field}R_2 &= \text{dom}R_2 \cup \text{ran}R_2 \\ &= \text{모든 양의 정수의 집합}\end{aligned}$$

R_2는 양의 정수 사이의 관계이다.

다음으로 정의 2.3을 일반화한다.

정의 2.5

(a) R의 **상image** A는 A의 어떤 원소와 R의 관계에 있는 치역의 모든 y의 집합이다; $R[A]$로 나타낸다. 따라서

$$R[A] = \{y \in \text{ran}R \mid xRy\text{인, } x \in A\text{가 존재}\}.$$

(b) R의 **역상inverse image** B는 B의 어떤 원소와 R의 관계에 있는 정의역의 모든 x의 집합이다; $R^{-1}[B]$로 나타낸다. 따라서

$$R^{-1}[B] = \{x \in \text{dom}R \mid xRy\text{인, } y \in B\text{가 존재}\}.$$

예제 2.6

$R_2^{-1}[\{3,\ 8,\ 9,\ 12\}] = \{1,\ 2,\ 3,\ 4,\ 6,\ 8,\ 9,\ 12\}$; $R_2[\{2\}] =$ 모든 양의 짝수의 집합.

정의 2.7

R이 이항관계라 하자. R의 **역(관계)**은 다음과 같은 집합이다.

$$R^{-1} = \{z \mid z = (x,\ y),\ (y,\ x) \in R\text{인 어떤 } x,\ y\text{에 대해서}\}$$

예제 2.8

$R_2 = \{z \mid z = (m,\ n),\ m,\ n\text{은 양의 정수, } m\text{은 } n\text{을 나눔}\}$; 그러면

$$\begin{aligned}R_2^{-1} &= \{w \mid w = (n,\ m),\ (m,\ n) \in R_2\} \\ &= \{w \mid w = (n,\ m),\ m,\ n\text{은 양의 정수, } m\text{은 } n\text{을 나눔}\}\end{aligned}$$

R_2에 대한 서술에서, 첫 번째 좌표에 변수 m을 사용하고 두 번째 좌표에 변수 n을 사용했다; 또한 R_2의 속성을 나타낼 때도 변수 m을 먼저 언급했다. R_2^{-1}을 서술할 때도 (필수는 아니지만) 관례로 같은 방식으로 서술한다. 문자 n 대신 m을, 문자 m 대신 문자 n을 사용해서 문구를

변경하면 된다.

$$\begin{aligned} R_2^{-1} &= \{w \mid w = (m,\ n),\ n,\ m\text{은 양의 정수, } n\text{은 } m\text{을 나눔}\} \\ &= \{w \mid w = (m,\ n),\ m,\ n\text{은 양의 정수, } m\text{은 } n\text{의 배수}\}. \end{aligned}$$

이제 R_2와 R_2^{-1}를 같은 방식으로 서술했다. 이런 점에서, "나누기" 관계의 역은 "배수" 관계이다.

정의 2.5(b)의 R의 B에 대한 역상을 나타내는 기호 $R^{-1}[B]$이 R^{-1}의 B에 대한 상을 나타낸다는 것을 알아챘을 것이다. 다행스럽게도 두 집합은 같다.

보조정리 2.9

R의 B에 대한 역상은 R^{-1}의 B에 대한 상과 같다.

증명

먼저 $\mathrm{dom}R = \mathrm{ran}R^{-1}$(연습문제 2.4)에 주목하자. 이제 $x \in \mathrm{dom}R$이 R의 B에 대한 역상에 속하면 그리고 그때만 어떤 $y \in B$에 대해 $(x,\ y) \in R$이다. 하지만 $(x,\ y) \in R$이면 그리고 그때만 $(y,\ x) \in R^{-1}$이다. 그러므로, x가 R의 B에 대한 역상에 속하면 그리고 그때만 어떤 $y \in B$에 대해 $(y,\ x) \in R^{-1}$이다, 즉, x가 R^{-1}의 B에 대한 상에 속한다. □

이 책의 나머지 부분에서 다양한 관계를 정의한다, 즉, 순서쌍의 집합은 어떤 특별한 속성을 갖는다. 다음과 같은 관례적 표기법을 사용해서 개념을 단순하게 표현하도록 하자.

$$\{w \mid w = (x,\ y), P(x,\ y)\text{를 만족하는 어떤 } x\text{와 } y\text{에 대해서}\},$$

대신 다음처럼 간단하게 나타낸다.

$$\{(x,\ y) \mid P(x,\ y)\}.$$

예를 들어, R의 역은 $\{(x,\ y) \mid (y,\ x) \in R\}$로 나타낼 수 있다. [일반적으로, 이러한 표기법은 모든 x와 y에 대해서 $\mathbf{P}(x,\ y)$가 $(x,\ y) \in A$를 함의하는 어떤 집합 A가 존재함을 증명했을 때만 사용할 수 있다.]

정의 2.10

R과 S가 이항관계라 하자. R과 S의 **합성composition**은 다음과 같은 관계이다.

$$S \circ R = \{(x,\ z) \mid (x,\ y) \in R \text{ 그리고 } (y,\ z) \in S\text{인 } y\text{가 존재}\}.$$

따라서 $(x,\ z) \in S \circ R$은 어떤 y에 대해, xRy 그리고 ySz을 의미한다. $x \in S \circ R$인 객체를

찾으려면, 먼저 x와 R의 관계에 있는 y를 찾은 다음 y와 S의 관계에 있는 객체를 찾으면 된다. S보다 R 먼저 처리한다는 점에 주목하고, 그러나 관례로 $S \circ R$로 표기한다(최소한 함수의 경우; 3절). 몇 가지 유형의 관계가 특히 흥미로운데, 이 절에서 조금 다루고 나머지는 이 장의 나머지에서 소개한다.

정의 2.11

A의 **포함관계membership relation**는 다음처럼 정의한다.

$$\in_A = \{(a,\ b) \mid a \in A,\ b \in A,\ a \in b\}.$$

A의 **항등관계identity relation**는 다음처럼 정의한다.

$$\mathrm{Id}_A = \{(a,\ b) \mid a \in A,\ b \in A,\ a = b\}.$$

정의 2.12

A, B를 집합이라 하자. 첫 번째 좌표가 A의 원소, 두 번째 좌표가 B의 원소인 모든 순서쌍의 집합을 A, B의 **카테시안 곱Cartesian product**이라 부르고 $A \times B$. 즉,

$$A \times B = \{(a,\ b) \mid a \in A,\ b \in B\}.$$

따라서 $A \times B$는 A의 모든 원소가 B의 모든 원소와 관계가 있는 관계다.

집합 $A \times B$가 존재한다는 걸 증명하는 게 완전히 자명한 것은 아니다. 하지만 연습문제 1.1로부터 $a \in A$ 그리고 $b \in B$이면, $(a,\ b) \in P(P(A \cup B))$임을 알 수 있다. 그러므로

$$A \times B = \{(a,\ b) \in P(P(A \cup B)) \mid a \in A,\ b \in B\}.$$

$P(P(A \cup B))$의 존재를 증명했으므로, 구성 공리체계에 따라 $A \times B$가 존재한다. [완전한 형태로 나타내자면, 다음처럼 쓸 수 있다,

$$A \times B = \{w \in P(P(A \cup B)) \mid w = (a,\ b),\ \text{어떤 } a \in A,\ b \in B\text{에 대해}\}.]$$

$A \times A$는 A^2로 나타낸다. 세 집합의 카테시안 곱은 쉽게 도입할 수 있다 :

$$A \times B \times C = (A \times B) \times C.$$

다음과 같다.

$$A \times B \times C = \{(a,\ b,\ c) \mid a \in A,\ b \in B,\ c \in C\}$$

(표기법을 쉽게 확장해서 사용한다). $A \times A \times A$은 보통 A^3으로 나타낸다.

삼항관계 역시 정의할 수 있다.

정의 2.13

삼항관계는 순서 없는 트리플의 집합이다. 더 명시적으로, 모든 $u \in S$에 대해 $u = (x,\ y,\ z)$를 만족하는 $x,\ y,\ z$가 존재하면 S는 **삼항관계ternary relation**이다. 만일 $S \subseteq A^3$이면 S를 A의 삼항관계라고 부른다. (R이 A의 이항관계이면 그리고 그때만 $R \subseteq A^2$이다.)

이 절에서 다룬 개념을 삼항 관계로 확장하는 것은 물론, 4항 또는 17항 관계를 정의할 수도 있다. 이러한 일은 자연수를 사용할 수 있게 되는 3장의 5절까지 미루는데, 일반적으로 n항 관계까지 정의할 수 있다. 지금은, 기술적인 이유로, **단항관계unary relation**만 정의한다. 단항관계는 임의의 집합이다. A의 **단항관계**는 A의 부분집합이다. 이것은 A의 단항관계가 A에 속한 원소의 1－튜플의 집합이어야 한다는 일반적인 생각, 그리고 1절의 정의 $(x) = x$와 일치한다.

연습문제

2.1 R이 이항관계라 하자; $A = \bigcup(\bigcup R)$로 놓는다. $(x,\ y) \in R$이면 $x \in A$ 그리고 $y \in A$임을 증명하라. 이것으로부터 $\text{dom}R$ 그리고 $\text{ran}R$이 존재한다는 결론을 내려라.

2.2 (a) R^{-1} 그리고 $S \circ R$이 존재함을 보여라.

[힌트 : $R^{-1} \subseteq (\text{ran}R) \times (\text{dom}R),\ S \circ R \subseteq (\text{dom}R) \times (\text{ran}S)$.]

(b) $A \times B \times C$가 존재함을 보여라.

2.3 R이 이항관계이고 A 그리고 B가 집합이라고 하자. 다음을 증명하라 :

(a) $R[A \cup B] = R[A] \cup R[B]$.

(b) $R[A \cap B] \subseteq R[A] \cap R[B]$.

(c) $R[A - B] \supseteq R[A] - R[B]$.

(d) (b) 그리고 (c)의 $\subseteq$ 그리고 $\supseteq$자리가 $=$ 일 수 없는 사례를 보여라.

(e) R 대신 R^{-1}에 대해 (a)–(d)를 증명하라.

(f) $R^{-1}[R[A]] \supseteq A \cap \text{dom}R$ 그리고 $R[R^{-1}[B]] \supseteq B \cap \text{ran}R$; 두 식의 등식이 성립하지 않는 사례를 제시하라.

2.4 $R \subseteq X \times Y$이라고 하자. 다음을 증명하라 :

(a) $R[X] = \text{ran}R$ 그리고 $R^{-1}[Y] = \text{dom}R$.

(b) $a \notin \text{dom}R$이면 $R[\{a\}] = \varnothing$; $b \notin \text{ran}R$이면 $R^{-1}[\{b\}] = \varnothing$.

(c) $\text{dom}R = \text{ran}R^{-1}$; $\text{ran}R = \text{dom}R^{-1}$.

(d) $(R^{-1})^{-1} = R$.

(e) $R^{-1} \circ R \supseteq \text{Id}_{domR}$; $R \circ R^{-1} \supseteq \text{Id}_{\text{ran}R}$.

2.5 $X = \{\varnothing, \{\varnothing\}\}$, $Y = P(X)$이라고 하자. 다음을 서술하라.

(a) $\in_Y$, (b) Id_Y.

두 관계의 정의역, 치역, 그리고 필드를 정하라.

2.6 이항관계 R, S, T에 대해 다음을 증명하라.

$$T \circ (S \circ R) = (T \circ S) \circ R.$$

(연산 $\circ$ 는 결합법칙을 따른다.)

2.7 다음을 만족하는 집합 X, Y, Z의 사례를 제시하라.

(a) $X \times Y \neq Y \times X$.

(b) $X \times (Y \times Z) \neq (X \times Y) \times Z$.

(c) $X_3 \neq X \times X^2$ [즉, $(X \times X) \times X \neq X \times (X \times X)$].

[(c)의 힌트 : $X = \{a\}$.]

2.8 다음을 증명하라 :

(a) $A \times B = \varnothing$이면 그리고 그때만 $A = \varnothing$ 또는 $B = \varnothing$.

(b) $(A_1 \cup A_2) \times B = (A_1 \times B) \cup (A_2 \times B)$;

$$A \times (B_1 \cup B_2) = (A \times B_1) \cup (A \times B_2).$$

(c) (b)에 대하여, $\cup$을 $\cap$, $-$, $\triangle$으로 대체하여 증명하라.

3. 함수

수학에서 이해하는 함수는 정의역의 어떤 객체 a에 유일한 객체 b(a에서의 함수값)를 할당하는 절차, 규칙이다. 그러므로, 함수는 특별한 형태의 관계, 즉 정의역의 모든 객체 a가 치역에 있는 정확히 하나의 객체, 즉 a에서의 함수값과 관련되는 관계를 나타낸다.

정의 3.1

이항관계 F가 어떤 a, b_1, 그리고 b_2에 대해 aFb_1 그리고 aFb_2이면 $b_1 = b_2$일 때 F를 **함수**(또는 **매핑**, **대응correspondence**)라고 부른다. 다시 말해서, 이항관계 F가 함수이면 그리고 그때만 $\text{dom}F$의 모든 a에 대해 aFb인 b가 단 하나 존재한다. 이 유일한 b를 a에서 F의 값이라 부르고 $F(a)$ 또는 F_a로 나타낸다. [$a \notin \text{dom}F$ 이면 $F(a)$를 정의할 수 없다.] F 가 $\text{dom}F = A$ 그리고 $\text{ran}F \subseteq B$인 함수이면, 관례로 함수 F를 $F : A \to B$, $\langle F(a) \mid a \in A\rangle$, $\langle F_a \mid a \in A\rangle$, $\langle F_a\rangle_{a\in A}$로 나타낸다. 그리고 함수 F의 치역은 $\{F(a) \mid a \in A\}$ 또는 $\{F_a\}_{a\in A}$로 나타낸다.

함수에 외연의 공리를 다음처럼 적용할 수 있다.

보조정리 3.2

F, G가 함수라고 하자. $F = G$이면 그리고 그때만 $\text{dom}F = \text{dom}G$ 그리고 모든 $x \in \text{dom}F$에 대해 $F(x) = G(x)$이다.

증명은 독자에게 맡긴다. 함수가 이항관계이기 때문에, 정의역, 치역, 상, 역상, 역, 그리고 합성의 개념을 함수에 적용할 수 있다. 몇 가지 정의를 추가로 소개한다.

정의 3.3

F는 함수, A, B를 집합이라 하자.

(a) $\text{dom}F = A$이면 F는 A에서 정의된 함수이다.

(b) $\text{ran}F \subseteq B$이면 F는 B로의 함수이다.

(c) $\text{ran}F = B$이면 F는 B로의 전사함수이다.

(d) 함수 F를 A로 제한한 함수는 다음과 같다.

$$F \restriction A = \{(a,\ b) \in F \mid a \in A\}.$$

G가 어떤 A에 대한 F의 제한일 때, F를 G의 **확장**이라고 부른다.

예제 3.4

$F = \{(x,\ 1/x^2) \mid x \neq 0,\ x\text{는 실수}\}$라고 하자. F는 함수이다 : aFb_1, aFb_2이면 $b_1 = 1/a^2$, $b_2 = 1/a^2$이므로 $b_1 = b_2$이다.

표기법을 조금 확장해 보자. $F = \langle 1/x^2 \mid x$는 실수, $x \neq 0\rangle$로 나타낼 수 있다. x에서 F의 값 $F(x)$는 $1/x^2$이다. 이것은 A에서 정의된 함수이고, 여기서 $A = \{x \mid x$는 실수, $x \neq 0\} = \mathrm{dom}F$이다. F는 모든 실수로의 함수이지만, 모든 실수로의 전사함수는 아니다. 만일 $B = \{x \mid x$는 실수, $x > 0\}$이면, F는 B로의 전사함수가 된다. 만일 $C = \{x \mid 0 < x \leq 1\}$이면, $f[C] = \{x \mid x > 0\}$ 그리고 $f^{-1}[C] = \{x \mid x \leq -1$ 또는 $x \geq 1\}$이다.

합성함수 $f \circ f$를 찾아보자 :

$$\begin{aligned} f \circ f &= \{(x,\ z) \mid (x,\ y) \in f,\ (y,\ z) \in f \text{인 } y\text{가 존재}\} \\ &= \{(x,\ z) \mid x \neq 0,\ y = 1/x^2, \text{ 그리고 } y \neq 0,\ z = 1/y^2 \text{ 인 } y\text{가 존재}\} \\ &= \{(x,\ z) \mid x \neq 0,\ z = x^4\} \\ &= \langle x^4 \mid x \neq 0\rangle. \end{aligned}$$

$f \circ f$가 함수임에 주목하자. 우연이 아니다.

정리 3.5

$f,\ g$가 함수라고 하자. 그러면 $g \circ f$도 함수이다. $g \circ f$가 x에서 정의되면 그리고 그때만 f는 x에서 정의되고, g는 $f(x)$에서 정의된다, 즉,

$$\mathrm{dom}(g \circ f) = \mathrm{dom}f \cap f^{-1}\ [\mathrm{dom}g].$$

물론, 모든 $x \in \mathrm{dom}(g \circ f)$에 대해서, $(g \circ f)(x) = g(f(x))$이다.

증명

먼저 $g \circ f$가 함수임을 증명한다. $x(g \circ f)z_1,\ x(g \circ f)z_2$이면, $xfy_1,\ y_1gz_1$, 그리고 $xfy_2,\ y_2gz_2$인 $y_1,\ y_2$가 존재한다. f가 함수이므로, $y_1 = y_2$이다. 따라서 g 또한 함수이므로 $y_1gz_1,\ y_1gz_2$, 그리고 $z_1 = z_2$를 얻는다.

이제 $g \circ f$의 정의역을 살펴보자. $x \in \mathrm{dom}(g \circ f)$이면 그리고 그때만 $x(g \circ f)z$인 어떤 z가 존재한다, 즉, 그리고 그때만 xfy 그리고 ygz인 어떤 z와 y가 존재한다. 그러나 이 일이 일어나면 그리고 그때만 $x \in \mathrm{dom}f$ 그리고 $y = f(x) \in \mathrm{dom}g$이다. 마지막 문장은 $x \in \mathrm{dom}f$ 그리고 $x \in f^{-1}[\mathrm{dom}g]$와 같다. □

이 정리는 미적분학에서 합성함수의 정의역을 찾는 데 사용된다.
대표적인 예를 하나 살펴보자.

예제 3.6

$f = \langle x^2 - 1 \mid x$는 실수.$\rangle$, $g = \langle \sqrt{x} \mid x \geq 0\rangle$라고 하자. 합성함수 $g \circ f$를 찾아라.

먼저 $g \circ f$의 정의역을 정한다. $\text{dom}f$는 모든 실수이고 $\text{dom}g = \{x \mid x \geq 0\}$이다. $f^{-1}[\text{dom}g] = \{x \mid f(x) \in \text{dom}g\} = \{x \mid x^2 - 1 \geq 0\} = \{x \mid x \geq 1$ 또는 $x \leq -1\}$이므로, $\text{dom}(g \circ f) = (\text{dom}f) \cap f^{-1}[\text{dom}g] = \{x \mid x \geq 1$ 또는 $x \leq -1\}$이고 $g \circ f = \{(x,\ z) \mid x \geq 1$ 또는 $x \leq -1$이고, 어떤 y에 대해, $x^2 - 1 = y$이고 $\sqrt{y} = z\} = \langle \sqrt{x^2 - 1} \mid x \geq 1$ 또는 $x \leq -1 \rangle$.

f가 함수이면 그것의 역 f^{-1}은 관계이지만, 함수는 아닐 수 있다. f^{-1}가 함수인 경우 f를 **가역함수invertible function**라고 부른다.

어떤 함수가 역함수를 가질 필요 충분 조건을 찾는 게 중요하다.

정의 3.7

$a_1 \in \text{dom}f,\ a_2 \in \text{dom}f$이고 $a_1 \neq a_2$이면 $f(a_i) \neq f(a_2)$일 때 함수 f를 **일대일** **또는 전사함수**라 부른다. 다르게 말해서, $a_1 \in \text{dom}f,\ a_2 \in \text{dom}f$이고 $f(a_1) = f(a_2)$이면 $a_1 = a_2$이다. 따라서 일대일 함수는 정의역의 다른 원소가 다른 값을 갖는다.

정리 3.8

어떤 함수가 역함수를 가지면 그리고 그때만 일대일이다. f가 역함수를 가지면 f^{-1} 역시 역함수를 가지며, $(f^{-1})^{-1} = f$이다.

증명

(a) f가 역함수를 갖는다고 하자; 그러면 f^{-1}는 함수이고 모든 $a \in \text{dom}f$에 대해서 $f^{-1}(f(a)) = a$이 성립한다. $a_1,\ a_2 \in \text{dom}f$ 그리고 $f(a_1) = f(a_2)$이면, $f^{-1}(f(a_1)) = f^{-1}(f(a_2))$ 그리고 $a_1 = a_2$이다. 따라서 f는 일대일이다.

(b) f가 일대일이라고 하자. $af^{-1}b_1$ 그리고 $af^{-1}b_2$이면, $b_1 fa$ 그리고 $b_2 fa$이다. 그러므로, $b_1 = b_2$, 따라서 f^{-1}가 함수임이 증명된다.

(c) 연습문제 2.4(d)에 의해서 $(f^{-1})^{-1} = f$이므로, f^{-1} 역시 역함수를 갖는다(결과적으로, f^{-1} 역시 일대일). □

예제 3.9

(a) $f = \langle 1/x^2 \mid x \neq 0 \rangle$라고 하자; f^{-1}를 찾아라. $f = \{(x,\ 1/x^2) \mid x \neq 0\}$이므로, $f^{-1} = \{(1/x^2,\ x) \mid x \neq 0\}$이다. $(1,\ -1) \in f^{-1}$, $(1,\ 1) \in f^{-1}$이므로 f^{-1}는 함수가 아니다. 그러므로, f는 일대일이 아니다; $(1,\ 1) \in f$, $(-1,\ 1) \in f$.

(b) $g = \langle 2x - 1 \mid x$ 는 실수$\rangle$; g^{-1}를 찾아라. g는 일대일이다 : $2x_1 - 1 = 2x_2 - 1$

이면, $2x_1 = 2x_2$이고 $x_1 = x_2$이다. $g = \{(x,\ y) \mid y = 2x - 1,\ x\text{는 실수}\}$, 그러므로 $g^{-1} = \{(y,\ x) \mid y = 2x - 1,\ x\text{는 실수}\}$.

관례로 함수를 서술할 때, 두 번째 좌표 (함수 값)을 첫 번째 좌표로 나타낸다 :

$$g^{-1} = \left\{(y,\ x) \;\middle|\; x = \frac{y+1}{2},\ y\text{는 실수}\right\}.$$

마지막으로, 보통 첫 번째 ("독립") 변수는 x, 두 번째 ("종속") 변수는 y로 나타낸다. 따라서 다음처럼 바꾸어 쓴다 :

$$g^{-1} = \left\{(x,\ y) \;\middle|\; x = \frac{x+1}{2},\ x\text{는 실수}\right\} = \left\langle \frac{x+1}{2} \;\middle|\; x\text{는 실수}\right\rangle$$

정의 3.10

(a) 모든 $x \in \mathrm{dom}f \cap \mathrm{dom}g$에 대해 $f(x) = g(x)$이면 함수 f와 g를 **양립가능compatible**이라고 부른다.

(b) 함수 집합 F의 어떤 f와 g도 양립가능하면 F를 **양립가능 시스템**이라고 부른다.

보조정리 3.11

(a) 함수 f와 g가 양립가능하면 그리고 그때만 $f \cup g$는 함수다.

(b) 함수 f와 g가 양립가능하면 그리고 그때만 $f \restriction (\mathrm{dom}f \cap \mathrm{dom}g) = g \restriction (\mathrm{dom}f \cap \mathrm{dom}g)$.

쉬운 증명은 연습으로 맡기고, 다음을 증명한다.

정리 3.12

함수 집합 F가 양립가능 시스템이면, $\bigcup F$는 $\mathrm{dom}(\bigcup F) = \bigcup\{\mathrm{dom}f \mid f \in F\}$인 함수이다. 함수 $\bigcup F$는 모든 $f \in F$를 확장한다. 양립가능 시스템의 모든 함수가 그것을 모두 확장하여 하나의 함수를 형성할 수 있다.

증명

명백하게, $\bigcup F$는 관계이다; 이제 그것이 함수임을 증명한다. $(a,\ b_1) \in \bigcup F$ 그리고 $(a,\ b_2) \in \bigcup F$이면, $(a,\ b_1) \in f_1$ 그리고 $(a,\ b_2) \in f_2$인 함수 $f_1,\ f_2 \in F$가 존재한다. 그런데 f_1 그리고 f_2는 호환가능이고, $a \in \mathrm{dom}f_1 \cap \mathrm{dom}f_2$이다; 따라서 $b_1 = f(a_1) = f(a_2) = b_2$이다.

$x \in \mathrm{dom}(\bigcup F)$이면 그리고 그때만 어떤 $f \in F$에 대해 $x \in \mathrm{dom} f$임을 보이는 건 자명한 일이다. □

정의 3.13

A 그리고 B를 함수라고 하자. A에서 B로의 모든 함수의 집합을 B^A로 나타낸다. 물론, B^A가 존재함을 증명해야만 한다; 연습문제 3.9에서 그 일을 한다.

집합의 곱에 대한 더 일반적인 개념을, 함수를 사용해서 정의하면 쓸모가 있다.

$S = \langle S_i \mid i \in I \rangle$를 정의역이 I인 함수라고 하자. 보통 함수가 주로 수치값을 처리한다고 생각할 것이다; 하지만 여기서, S_i 값은 임의의 집합이다. S 값이 집합인 것을 강조할 필요가 있을 때, 함수 l$\langle S_i \mid i \in I \rangle$를 **색인된indexed 집합시스템**이라고 부른다.

이제 $S = \langle S_i \mid i \in I \rangle$를 색인된 집합시스템이라 하자. 색인된 집합시스템의 곱을 다음의 집합으로 정의한다.

$$\prod S = \{f \mid f\text{는 } I\text{의 함수이고, 모든 } i \in I\text{에 대해 } f_i \in S_i\}.$$

가끔은 다른 표기법을 사용한다.

$$\prod \langle S(i) \mid i \in I \rangle, \ \prod_{i \in I} S(i), \ \prod_{i \in I} S_i.$$

어떤 색인된 집합시스템의 곱이 존재함은 연습문제 3.9에서 정의한다.

이렇게 정의한 곱이 앞에서 정의한 개념 $A \times B$ 그리고 $A \times B \times C$와 어떻게 관련되는지 궁금할 수 있다. 3장 5절에서 이러한 기술적인 문제를 살펴본다. 지금은, 색인된 집합시스템 S가 모든 $i \in I$에 대해 $S_i = B$이면, 다음이 성립한다는 것만 주목하자.

$$\prod_{i \in I} S_i = B^I.$$

집합의 "지수"는 숫자에 대한 거듭제곱 연산과 같은 방식으로 집합의 "곱셈"과 관련된다.

표기법에 대해 두 가지를 언급하면서 이 절은 마친다.

$\bigcup A$ 그리고 $\bigcap A$은 어떤 집합시스템 A에 대한 정의 (교집합의 경우 $A \neq \varnothing$)이다. 종종 집합시스템 A는 어떤 함수의 치역으로 주어진다. 즉, 어떤 색인된 집합시스템의 치역이다. (어떤 계 A의 존재 증명은, 원한다면, 연습문제 3.8을 보라.)

다음의 경우 A가 S로 **색인되었다**고 부른다.

$$A = \{S_i \mid i \in I\} = \mathrm{ran} S,$$

여기서 S는 I에서 정의된 함수이다. 관례로 다음처럼 쓴다.

$$\bigcup A = \bigcup \{S_i \mid i \in I\} = \bigcup_{i \in I} S_i,$$

그리고, 교집합도 마찬가지로 표기한다. 앞으로 표현력이 더 좋은 이 표기법을 사용한다.

f를 곱 $A \times B$의 부분집합에서 정의된 함수라고 하자. 관례로 $(x,\ y) \in A \times B$에서 f의 값은 $f((x,\ y))$ 대신 $f(x,\ y)$로 나타내고 f를 두 변수 $x,\ y$의 함수로 간주한다.

연습문제

3.1 다음을 증명하라 : $\mathrm{ran} f \subseteq \mathrm{dom} g$이면, $\mathrm{dom}(g \circ f) = \mathrm{dom} f$이다.

3.2 함수 $f_i : i = 1,\ 2,\ 3$이 다음과 같다 :

$$f_1 = \langle 2x - 1 \mid x\text{는 실수} \rangle,$$

$$f_2 = \left\langle \sqrt{x} \mid x > 0 \right\rangle,$$

$$f_3 = \langle 1/x \mid x\text{는 실수},\ x \neq 0 \rangle.$$

다음 함수를 서술하고, 정의역과 치역을 결정하라 : $f_2 \circ f_1$, $f_1 \circ f_2$, $f_3 \circ f_1$, $f_1 \circ f_3$.

3.3 연습문제 3.2의 함수 f_1, f_2, f_3가 일대일임을 보이고, 역함수를 구하라. 각각의 경우, $\mathrm{dom} f_i = \mathrm{ran}(f_i^{-1})$, $\mathrm{ran} f_i = \mathrm{dom}(f_i^{-1})$인지 검증하라.

3.4 다음을 증명하라 :

(a) f가 역함수를 가지면, $f^{-1} \circ f = \mathrm{Id}_{\mathrm{dom} f}$, $f \circ f^{-1} = \mathrm{Id}_{\mathrm{ran} f}$.

(b) f가 함수라고 하자. $g \circ f = \mathrm{Id}_{\mathrm{dom} f}$인 함수 g가 존재하면, f는 역함수를 가지며 $f^{-1} = g \restriction \mathrm{ran} f$이다. $f \circ h = \mathrm{Id}_{\mathrm{ran} f}$를 만족하는 함수 f가 존재하면, f는 역함수를 갖지 않는다.

3.5 다음을 증명하라 : $f,\ g$가 일대일 함수이면, $g \circ f$ 역시 일대일 함수이고, $(g \circ f)^{-1} = f^{-1} \circ g^{-1}$이다.

3.6 연습문제 2.3의, 함수의 상과 역상 집합에 대한 성질에서 부등식을 등식으로 바꿀 수 있다. 다음을 증명하라 :

(a) f가 함수이면, $f^{-1}[A \cap B] = f^{-1}[A] \cap f^{-1}[B]$.

(b) f가 함수이면, $f^{-1}[A - B] = f^{-1}[A] - f^{-1}[B]$.

3.7 $f \cap A^2 \neq f \restriction A$을 만족하는 함수 f와 집합 A의 예를 제시하라.

3.8 모든 A의 집합시스템은 어떤 함수로 색인될 수 있음을 보여라.

[힌트 : $I = A$, 모든 $i \in A$에 대해 $S_i = i$로 놓는다.]

3.9 (a) 집합 B^A가 존재함을 보여라. [힌트 : $B^A \subseteq P(A \times B)$.]

(b) $\langle S(i) \mid i \in I \rangle$가 집합의 색인된 시스템이라 하자; $\prod_{i \in I} S_i$가 존재함을 보여라.

[힌트 : [$\prod_{i \in I} S_i \subseteq P(I \times \bigcup_{i \in I} S_i)$.]]

3.10 합집합과 교집합이 다음처럼 결합법칙의 일반식을 만족함을 보여라 :

$$\bigcup_{a \in \cup S} F_a = \bigcup_{C \in S} (\bigcup_{a \in C} F_a),$$

$$\bigcap_{a \in \cup S} F_a = \bigcap_{C \in S} (\bigcap_{a \in C} F_a).$$

S는 공집합이 아닌 집합의 공집합이 아니 시스템.

3.11 마찬가지로 합집합과 교집합에 대한 다른 성질도 일반식으로 나타낼 수 있다.

드 모르간의 법칙 :

$$B - \bigcup_{a \in A} F_a = \bigcap_{a \in A} (B - F_a),$$

$$B - \bigcap_{a \in A} F_a = \bigcup_{a \in A} (B - F_a).$$

분배 법칙 :

$$(\bigcup_{a \in A} F_a) \cap (\bigcup_{b \in B} G_b) = \bigcup_{(a,\ b) \in A \times B} (F_a \cap G_b),$$

$$(\bigcap_{a \in A} F_a) \cup (\bigcap_{b \in B} G_b) = \bigcap_{(a,\ b) \in A \times B} (F_a \cup G_b).$$

3.12 f를 함수라고 하자. 그러면

$$f[\bigcup_{a \in A} F_a] = \bigcup_{a \in A} f[F_a],$$

$$f^{-1}[\bigcup_{a \in A} F_a] = \bigcup_{a \in A} f^{-1}[F_a],$$

$$f[\bigcap_{a \in A} F_a] = \bigcap_{a \in A} f[F_a],$$

$$f^{-1}[\bigcap_{a \in A} F_a] = \bigcap_{a \in A} f^{-1}[F_a].$$

f가 일대일이면, 세 번째 식의 $\subseteq$을 $=$로 바꿀 수 있다.

3.13 다음 형태의 분배법칙을 증명하라 :

$$\bigcap_{a\in A}(\bigcup_{b\in B} F_{a,\ b}) = \bigcup_{f\in B^A}(\bigcap_{a\in A} F_{a,\ f(a)}),$$

모든 $a \in A,\ b_1,\ b_2 \in B,\ b_1 \neq b_2$에 대해 $F_{a,\ b_1} \cap F_{a,\ b_2} = \varnothing$이라고 가정한다.

[힌트 : L을 왼쪽, R을 오른쪽 집합이라고 하자. $F_{a,\ f(a)} \subseteq \bigcup_{b\in B} F_{a,\ b}$; $\bigcap_{a\in A} F_{a,\ f(a)} \subseteq \bigcap_{a\in A}(\bigcup_{b\in B} F_{a,\ b}) = L$이므로, 결국, $R \subseteq L$이다. $L \subseteq R$을 증명하기 위해, 어떤 $x \in L$를 취한다. $(a,\ b) \in f$이면 그리고 그때만 $x \in F_{a,\ b}$로 놓고, $x \in \bigcap_{a\in A} F_{a,\ f(a)}$에 대해 f가 A에서 B로의 함수임을 증명한다; 따라서 $x \in R$.]

4. 동치와 분할

더 자주 관심의 대상이 되는 몇 가지 특별한 형태의 이항관계가 있다.

정의 4.1

정의 R을 A에서 이항관계라고 하자.

(a) 모든 $a \in A$에 대해, aRa이면, R은 A에서 **반사**라고 부른다.

(b) 모든 $a,\ b \in A$에 대해, aRb이면, bRa일 때, R은 A에서 **대칭**이라고 부른다.

(c) 모든 $a,\ b,\ c \in A$에 대해, $aRb,\ bRc$이면, aRc일 때, R은 A에서 **추이**라고 부른다.

(d) 반사, 대칭, 추이이면, R은 A에서 **동치**라고 부른다.

예제 4.2

(a) 지구상에 사는 모든 사람의 집합을 P라고 하자. p와 q가 같은 나라에 살 때 두 사람은 동치$(p \equiv q)$라고 부른다. 당연하게, $\equiv$는 P에서 반사, 대칭, 추이이다. 집합 P를 서로 동치인 원소의 클래스로 나눌 수 있다. 미국에 사는 모든 사람은 하나의 클래스가 되고, 프랑스에 사는 모든 사람은 또 다른 클래스가 된다. 같은 클래스의 모든 원소는 서로 동치이다. 다른 클래스의 원소는 결코 동치일 수 없다. 동치 클래스는 서로 다른 국가와 정확히 일치한다.

(b) 다음과 같이 모든 정수의 집합 Z에 대한 동치 E를 정의한다 : xEy이면 그리고 그때만 $x-y$가 2로 나누어진다. (두 숫자의 차이가 짝수이면 동치이다.) 4.1(a)–(c)를 확인하라. 또한, 집합 Z는 동치 E(또는 관례로 모듈로)에 의한 동치 클래스로

나눌 수 있다. 이 경우 짝수인 정수 집합과 홀수인 정수 집합이라는 두 개의 동치 클래스가 된다. 두 짝수인 정수는 동치이다. 두 홀수인 정수도 마찬가지이다. 그러나 짝수와 홀수는 동치일 수 없다.

앞에서 접한 상황은 매우 일반적이다. A의 모든 동치관계는 A를 동치 클래스로 분할한다. 반대로, A의 적절한 분할이 주어지면 그에 의해 결정되는 A의 동치관계가 존재한다. 다음 정의와 정리는 이러한 대응을 나타낸다.

정의 4.3

정의 E가 A에서의 동치관계이고 $a \in A$라고 하자. 모듈로 E에 대한 동치집합은 다음과 같다.

$$[a]_E = \{x \in A \mid xEa\}$$

보조정리 4.4

$a,\ b \in A$이면,

(a) a와 b가 모듈로 E에 대해 동치이면 그리고 그때만 $[a]_E = [b]_E$.

(b) a와 b가 모듈로 E에 대해 동치가 아니면 그리고 그때만 $[a]_E \cap [b]_E = \varnothing$.

증명

(a) (1) aEb라고 가정하자. $x \in [a]_E$, 즉, xEa로 놓는다. 추이에 의해서, xEa, aEb이면 xEb, 즉, $x \in [b]_E$이다. 마찬가지로, $x \in [b]_E$이면 $x \in [a]_E$이다. (E가 대칭이므로 bEa는 참이다.) 따라서 $[a]_E = [b]_E$.

(2) $[a]_E = [b]_E$라고 가정하자. E가 반사이므로, aEa이고, 따라서 $a \in [a]_E$이다. 그러면 $a \in [b]_E$이고, 즉, aEb이다.

(b) (1) aEb는 참이 아니다; $[a]_E \cap [b]_E = \varnothing$임을 증명해야 한다. 만일 아니라면, $x \in [a]_E \cap [b]_E$가 존재한다; 따라서 xEa 그리고 xEb이다. 그러나 그러면, 먼저 대칭을 다음으로 추이를 적용하면 aEx 그리고 xEb이므로, 따라서 aEb이고, 모순이다.

(2) 마지막으로 $[a]_E \cap [b]_E = \varnothing$이라고 가정하자. a와 b가 모듈로 E에 대해 동치이면, aEb가 성립하고, 따라서 $a \in [b]_E$. 또한, $a \in [a]_E$이면, $[a]_E \cap [b]_E \neq \varnothing$

이고, 이는 모순이다. □

정의 4.5

공집합이 아닌 집합 시스템 S가 다음을 만족하면 A의 **분할partition**이라 부른다.

(a) S는 서로소인 집합 시스템, 즉, $C \in S,\ D \in S,\ C \neq D$이면, $C \cap D = \varnothing$이고,

(b) S의 합집합은 A, 즉, $\bigcup S = A$이다.

정의 4.6

E가 A위의 동치관계라고 하자. 모듈로 E에 대한 모든 동치 클래스의 계는 A/E로 나타낸다; 따라서 $A/E = \{[a]_E \mid a \in A\}$.

정리 4.7

E가 A위의 동치관계라고 하자; 그러면 A/E는 A의 분할이다.

증명

조건 (a)는 보조정리 4.4에 따라 성립한다 : $[a]_E \neq [b]_E$이면, a 그리고 b는 E–동치가 아니다, 따라서 $[a]_E \cap [b]_E = \varnothing$. (b)의 증명은, $a \in [a]_E$이므로 $\bigcup A/E = A$에 주목하자. 또한 어떤 동치 클래스도 공집합이 아니다; 따라서 최소한 $a \in [a]_E$임이 명백하다. □

이제 반대로, 각 분할에 대응하는 동치관계가 있다는 것을 확인해 본다. 예를 들어, 거주국가에 따른 사람들의 분할은 예제 4.2의 (a)에서 언급한 동치관계를 낳는다.

정의 4.8

S를 A의 분할이라고 하자. A위의 관계 E_S는 다음과 같이 정의한다.

$$E_S = \{(a,\ b) \in A \times A \mid a \in C \text{ 그리고 } b \in C\text{를 만족하는 } C \in S\text{가 존재}\}.$$

객체 a 그리고 b가 E_S 관계에 있으면 그리고 그때만 그들은 분할 S의 같은 집합에 속한다.

정리 4.9

S를 A의 분할이라고 하자; 그러면 E_S는 A 위 동치관계이다.

증명

(a) **반사.** $a \in A$라고 하자; $A = \bigcup S$이므로, $a \in C$인 $C \in S$가 존재한다, 따라서 $(a,\ a) \in E_S$.

(b) **대칭.** aE_Sb라고 가정하자; 그러면 $a \in C$ 그리고 $b \in C$인 $C \in S$가 존재한다. 그렇다면, $b \in C$ 그리고 $a \in C$이고, 따라서 bE_Sa.

(c) **추이.** aE_Sb 그리고 bE_Sc라고 가정하자; 그러면 $a \in C$이고 $b \in C$이고 $b \in D$이고 $c \in D$ 인 $C \in S$ 그리고 $D \in S$가 존재한다. $b \in C \cap D$이므로, $C \cap D \neq \varnothing$이다. 그런데 S는 서로소인 집합의 시스템이므로, $C = D$이다. 이제 $a \in C,\ c \in C$를 얻었고, 따라서 aE_Sc. □

다음 정리는 동치관계와 분할 사이의 관계를 더욱 명확하게 해 줄 것이다. 정리의 증명은 독자의 몫으로 남긴다.

정리 4.10

(a) E가 A위의 동치관계이고 $S = A/E$이면, $E_S = E$.

(b) S가 A의 분할이고 E_S가 대응하는 동치관계이면, $A/E_S = S$.

따라서 동치관계와 분할은 같은 "수학적 실체"에 대한 두 가지 다른 서술이다. 모든 동치관계 E로부터 분할 $S = A/E$를 결정할 수 있다. 이 분할 S로 결정된 동치관계 E_S는 원래의 E와 같다. 반대로, 각 분할 S로부터 동치관계 E_S를 결정할 수 있다; 모듈로 E_S의 동치 클래스를 구성하면 원래의 분할 S를 복원할 수 있다.

동치관계나 분할을 다룰 때 각 동치 클래스에서 단 하나의 "대표"를 포함하는 집합을 사용하는 것이 보통 매우 편리하다.

정의 4.11

모든 $C \in S$에 대해서, 어떤 $a \in C$에 대해 $X \cap C = \{a\}$이면, 집합 $X \subseteq A$를 동치관계 E_S(또는 A의 분할 S)의 **대표representative 집합**이라 부른다.

예제 4.2로 돌아가 보면 특히 (a)에서는 모든 국가의 (대통령이나 총리 같은) 대표로 구성된 집합 X는 거주 국가에 기반한 분할의 대표 집합이다. 마찬가지로, 집합 $X = \{0,\ 1\}$은 정수를 짝수와 홀수로 나누는 분할의 대표 집합일 수 있다.

그렇다면 모든 분할이 반드시 대표 집합을 가질까? 직관적으로는 그렇다고 생각할 수 있겠지만, 지금까지의 공리만으로 모든 분할에 대해 그러한 집합이 존재한다는 것을 증명하는 것은 불가능하다. 이 문제에 대해서는 선택 공리를 다룰 때 다시 언급한다. 현재로서는 수학적으로 흥미로운 많은 동치관계에 대해, 자연스럽게 떠오르는 대표 집합을 선택하는 것이 가능하면서도 유용하다고 할 수 있다.

연습문제

4.1 다음 관계에 대해서, 반사, 대칭, 추이인지 결정하라 :

(a) 정수 x가 정수 y보다 크다.

(b) 정수 n이 정수 m을 나눈다.

(c) $x \neq y$인 모든 자연수.

(d) $P(A)$위의 관계 $\subseteq$ 그리고 $\subset$.

(e) $\varnothing$위의 관계 $\varnothing$.

(f) 공집합이 아닌 A위의 관계 $\varnothing$.

4.2 f가 A에서 B로의 전사함수라고 하자. A위의 관계 E가 다음과 같다: aEb이면 그리고 그때만 $f(a) = f(b)$.

(a) E가 A위의 동치관계임을 보여라.

(b) A/E에서 B로의 전사함수 $\varphi(\varphi([a]_E) = f(a))$를 정의하라. ($[a]_E = [a']_E$이면 $\varphi([a]_E) = \varphi([a']_E)$임을 보여라).

(c) j를 $j(a) = [a]_E$인 A에서 A/E로의 전사함수라고 하자. $\varphi \circ j = f$임을 보여라.

4.3 $P = \{(r,\ \gamma) \in R \times R \mid r > 0\}$이고, 여기서 R은 모든 실수의 집합이라고 하자. P의 원소를 평면 위의 점에 대한 극좌표로 보고, P위의 관계를 다음처럼 정의한다 : $(r,\ \gamma) \sim (r',\ \gamma')$이면 그리고 그때만 $r = r'$ 그리고 $\gamma - \gamma'$ 은 2π의 정수배이다. 관계 $\sim$가 P위의 동치관계임을 보여라. 각 동치 클래스가 유일한 쌍 $(r,\ \gamma)$, $0 \leq \gamma < 2\pi$을 포함함을 보여라. 결국 그런 모든 쌍의 집합이 $\sim$의 대표 집합이다.

5. 순서

순서는 자주 접하는 또 다른 유형의 관계이다.

정의 5.1

모든 $a,\ b \in A$에 대해 aRb이고 bRa이면 $a = b$일 때, A의 이항관계 R을 **반대칭 antisymmetric**이라고 부른다.

정의 5.2

A의 이항관계 R이 반사, 반대칭, 추이이면 R은 A의 **(부분) 순서**이다. 쌍 $(A,\ R)$를 **순서 집합**이라고 부른다.

---

aRb는 (순서 R에서) "a는 b보다 작거나 같다" 또는 "b는 a보다 크거나 같다"로 읽을 수 있다. 따라서 A의 모든 원소는 자기 자신보다 작거나 같다. a가 b보다 작거나 같고 동시에 b가 a보다 작거나 같으면 $a = b$이다. 마지막으로, a가 b보다 작거나 같고 b가 c보다 작거나 같으면 a는 c보다 작거나 같아야 한다.

예제 5.3

(a) $\leq$는 모든 (자연수, 유리수, 실수) 집합에 대한 순서이다.

(b) A의 관계 $\subseteq_A$를 다음처럼 정의한다 : $x \subseteq_A y$이면 그리고 그때만 $x \subseteq y$ 그리고 $x,\ y \in A$. 그러면 $\subseteq_A$는 A의 순서이다.

(c) A의 관계 $\supseteq_A$를 다음처럼 정의한다 : $x \supseteq_A y$이면 그리고 그때만 $x \supseteq y$ 그리고 $x,\ y \in A$. 그러면 $\supseteq_A$는 A의 순서이다.

(d) 관계 $|$를 다음처럼 정의한다 : $n \mid m$이면 그리고 그때만 n은 m을 나눈다. 그러면 $|$는 모든 양의 정수 집합의 순서이다.

(e) 관계 Id_A은 A의 순서이다.

기호 $\leq$ 또는 $\preccurlyeq$는 종종 순서를 나타낼 때 사용한다. 다른 순서 관계를 사용하는 게 때로는 편리하다. 예를 들어, 숫자 사이의 관계 $\leq$ 대신에 관계 $<$ (작다)를 사용하는 것이 필요할 때가 있다. 마찬가지로, $\subseteq_A$ 대신 $\subset_A$ (진부분 집합)이 필요할 수 있다. 순서는 두 가지 중 하나로 바꾸어 사용할 수 있다.

정의 5.4

어떤 $a,\ b \in A$에 대해, aSb이면 bSa이다가 성립하지 않을 때, 즉 aSb 그리고 bSa 둘 중 하나는 거짓일 때, A의 관계 S를 **비대칭asymmetric**이라고 한다.

정의 5.5

A의 관계 S가 비대칭이고 추이이면 **엄격한strict** 순서라고 부른다.

이제 순서와 엄격한 순서 사이의 관계를 설정한다.

정리 5.6

(a) R을 A에서의 순서라고 하자; 그러면 A에서 정의된 다음 관계 S는

$$aSb\text{이면 그리고 그때만 } aRb \text{ 그리고 } a \neq b$$

A의 엄격한 순서이다.

(b) S가 A의 엄격한 순서이면; 그러면 A에서 정의된 다음 관계 R은

$$aRb\text{이면 그리고 그때만 } aSb \text{ 또는 } a = b$$

A의 순서이다.

엄격한 순서 S는 순서 R에 **대응**하고 그 반대도 마찬가지이다.

증명

(a) S가 비대칭임을 보이자 : 어떤 $a,\ b \in A$에 대해 aSb와 bSa가 성립한다고 가정한다. 그러면 (R은 반대칭이기 때문에) aRb이고 bRa이므로 $a = b$이다. 이는 aSb의 정의와 모순된다. S의 추이성 증명은 독자에게 맡긴다.

(b) R이 반대칭임을 보이자 : aRb 그리고 bRa라고 가정하자. S가 비대칭이므로 aSb 그리고 bSa가 동시에 성립할 수 없고, 따라서 $a = b$이다. R의 반사성과 대칭성도 비슷하게 증명할 수 있다. □

정의 5.7

$a,\ b \in A$이고, $\leq$가 A의 순서라고 하자. $a \leq b$ 또는 $b \leq a$이면 a와 b를 순서 $\leq$에서 **비교가능**하다고 말한다. 비교가능하지 않으면 a와 b를 **비교불가능**하다고 말한다. (즉, $a \leq b$도 아니고 $b \leq a$도 아니면 비교불가능하다.) 두 정의는 대응하는 엄격한 연산 $<$에 대해서 다시 서술할 수 있다; 예를 들어, $a \neq b$이고 또한 $a < b$도 아니고 $b < a$도 아니면, a와 b는 $<$에서 비교불가능하다.

예제 5.8

(a) 임의의 두 실수는 순서 $\leq$에서 비교가능하다.

(b) 2 그리고 3은 순서 $|$에서 비교불가능하다.

(c) 임의의 서로서인 $a,\ b \in A$는 Id_A에서 비교불가능하다.

(d) 집합 A가 최소한 두 원소를 가지면, 순서 집합 $(P(A),\ \subseteq_{P(A)})$에서 비교불가능한 원소가 존재한다.

정의 5.9

A의 어떤 두 원소도 비교가능하면, A의 순서 $\le$ (또는 $<$)를 **선형 순서** 또는 **전순서**라고 부른다. 그리고 쌍 $(A, \le)$를 **선형 순서 집합**이라고 부른다.

따라서 양의 정수의 $\le$는 전순서이고, $|$는 아니다.

정의 5.10

$B \subseteq A$, 여기서 $\le$가 A의 순서라고 하자. B의 어떤 두 원소도 비교가능하면, B는 A의 **체인**이다.

예를 들어, 2의 모든 거듭제곱의 집합(즉, $\{2^0, 2^1, 2^2, 2^3, \ldots\}$)은 순서 $|$를 갖는 모든 양의 정수에 대한 체인이다. 순서 집합에 속한 원소 중에서 최소 또는 최대원소를 찾아야 하는 경우가 자주 있다. 꼼꼼하게 살펴보면 "최소"이나 "최대"에 대한 몇 가지 다른 개념이 있음을 알 수 있다.

정의 5.11

$\le$가 A의 순서이고, $B \subseteq A$라고 하자.

(a) 모든 $x \in B$에 대해 $b \le x$이면, $b \in B$는 순서 $\le$에 의한 B의 **최소원소**이다.

(b) $x \le b$ 그리고 $x \ne b$인 $x \in B$가 존재하지 않으면, $b \in B$는 순서 $\le$에 의한 S의 **극소원소**이다.

(a′) 비슷하게, 모든 $x \in B$에 대해 $x \le b$이면, $b \in B$는 순서 $\le$에 의한 B의 **최대원소**이다.

(b′) $b \le x$ 그리고 $x \ne b$인 $x \in B$가 존재하지 않으면, $b \in B$는 순서 $\le$에 의한 S의 **극대원소**이다.

예제 5.12

N을 나누어짐 관계 $|$를 순서로 하는 양의 정수 집합이라고 하자. 그러면 1은 N의 최소원소이고, N의 최대원소는 없다. B를 1보다 큰 모든 양의 정수의 집합 $B = \{2, 3, 4, \ldots\}$이라고 하자. 그러면 B는 $|$에 의한 최소원소를 갖지 않지만(예를 들어, $2 \mid 3$이 아니므로 2는 최소원소가 아님), 무한히 많은 극소원소를 갖는다: 2, 3, 5 등 정확하게 모든 소수가 극소이다. B는 최대원소, 극대원소를 모두 갖지 않는다.

정리 5.13에 최소 및 극소원소의 일부 속성을 나열하였다. 증명은 연습문제로 남겨놓는다.

정리 5.13

$\leq$를 A의 순서, $B \subseteq A$라고 하자.

(a) B는 기껏해야 하나의 최소원소를 갖는다.

(b) B의 최소원소가 있다면, 그것은 또한 극소이다.

(c) B가 체인이면, B의 모든 극소원소는 또한 최소이다.

위 정리의 "최소" 그리고 "극소"를 각각 "최대" 그리고 "극대"로 바꿔도 성립한다.

정의 5.14

S를 A의 순서, $B \subseteq A$라고 하자.

(a) 모든 $x \in B$에 대해 $a \leq x$이면, $a \in A$는 순서 집합 $(A, \leq)$에서 **하계lower bound**이다.

(b) $a \in A$가 $(A, \leq)$에서 B의 모든 하계 집합 내의 최대원소이면, $a \in A$를 $(A, \leq)$에서 B의 **하한infimum** [또는 $(A, \leq)$에서 B의 **최대하계least upper bound**]라고 부른다.

마찬가지로,

(a′) 모든 $x \in B$에 대해 $x \leq a$이면, $a \in A$는 순서 집합 $(A, \leq)$에서 **상계upper bound**이다.

(b′) $a \in A$가 $(A, \leq)$에서 B의 모든 상계 집합 내의 최대원소이면, $a \in A$를 $(A, \leq)$에서 B의 **상한supremum** [또는 $(A, \leq)$에서 B의 **최소상계greatest lower bound**]라고 부른다.

하한은 $b \in B$일 필요가 없다는 점에서 B의 최소원소와 하한이 다르다는 것에 주목하자. 하나의 집합은 많은 하한을 가질 수 있다. 그러나 B의 모든 하한 집합은 많아야 하나의 최대원소를 가질 수 있으므로 B는 기껏해야 하나의 하한을 가질 수 있다.

이제 상한과 하한의 몇 가지 속성을 요약한다.

정리 5.15

$(A, \leq)$가 순서 집합이고 $B \subseteq A$라고 하자.

(a) B는 많아야 하나의 하계를 갖는다.

(b) b가 B의 최소원소이면, b는 B의 하한이다.

(c) b가 B의 하한이고 $b \in B$이면, b는 B의 최소원소이다.

(d) $b \in A$가 $(A, \leq)$에서 B의 하한이면 그리고 그때만

(i) 모든 $x \in B$에 대해서 $b \leq x$.

(ii) 모든 $x \in B$에 대해서 $b' \leq x$이면, $b' \leq b$.

위 정리 (i)과 (ii)의 "최소" 그리고 "극소"를 각각 "최대" 그리고 "극대"로, 그리고 "$\leq$"를 "$\geq$"로 바꿔도 성립한다.

증명

(a) 정리에 앞서서 언급했다.

(b) B의 최소원소 b는 확실히 B의 하계이다. b'가 B의 어떤 하계이면, $b \in B$이므로 $b' \leq b$이다. 따라서 b는 B의 모든 하계 집합의 최대원소이다.

(c) 명확하다.

(d) 하한의 정의를 다시 형식화한 것에 지나지 않는다. □

B의 하한과 상한이 존재하면 각각 $\inf(B)$ 그리고 $\sup(B)$으로 나타낸다. B가 선형 순서 집합이고, 극소 (최소) 원소와 극대 (최대) 원소가 존재하면 각각 $\min(B)$ 그리고 $\max(B)$로 나타낸다.

예제 5.16

$\leq$를 실수 집합의 순서라 하자; $B_1 = \{x \mid 0 < x < 1\}$, $B_2 = \{x \mid 0 \leq x < 1\}$, $B_3 = \{x \mid x > 0\}$, 그리고 $B_4 = \{x \mid x < 0\}$이면 B_1은 최소원소와 최대원소를 갖지 않지만, 어떤 $b \leq 0$이든 B_1의 하계이므로, 0이 B_1의 최대 하계이다; 즉, $0 = \inf(B_1)$. 비슷하게, 어떤 $b \geq 1$이든 B_1의 상계이므로, $1 = \sup(B_1)$. 집합 B_2는 최소원소를 갖는다; 따라서 $0 = \min(B_2) = \inf(B_2)$; 그러나 최대원소를 갖지 않는다. 그런데도, $\sup(B_2) = 1$이다. 집합 B_3는 최대원소도 상한도 갖지 않는다(실제로 B_3는 $\leq$에서의 상계를 갖지 않는다); 물론 $\inf(B_3) = 0$. 비슷하게, B_4는 하계를 갖지 않으며, 따라서 하한도 없다.

정의 5.17

두 순서 집합 $(P, <)$와 $(Q, \prec)$ 사이의 **동형사상**isomorphism은 다음을 만족하는 정의역 P에서 치역 Q로의 일대일 함수이다.

모든 $p_1, p_2 \in P$에 대해서 $p_1 < p_2$이면 그리고 그때만 $h(p_1) \prec h(p_2)$.

$(P, <)$와 $(Q, \prec)$ 사이에 동형사상이 존재하면, $(P, <)$와 $(Q, \prec)$는 동형이다.

3장에서 보다 일반적으로 동형사상을 살펴본다. 여기서는 다음을 확인해 보자.

보조정리 5.18

$(P, <)$ 그리고 $(Q, \prec)$가 선형 순서 집합이고, h가 $p_1 < p_2$이면 $h(p_1) < h(p_2)$인 정의역 P에서 Q로의 일대일 함수라 하자. 그러면 h는 $(P, <)$와 $(Q, \prec)$ 사이의 동형사상이다.

증명

$p_1, p_2 \in P$가 $h(p_1) < h(p_2)$를 만족하면 $p_1 < p_2$임을 보여야 한다. 하지만 p_1이 p_2보다 작지 않으면, $<$가 P의 선형 순서이므로, $p_1 = p_2$ 또는 $p_2 < p_1$이다. 만일 $p_1 = p_2$이면, $h(p_1) = h(p_2)$이고, $p_2 < p_1$이면, 가정에 의해서 $h(p_2) < h(p_1)$이다. 어떤 경우든 $h(p_1) \prec h(p_2)$와 모순이다. □

연습문제

5.1 (a) R은 A의 순서, S는 대응하는 A의 엄격한 순서, R^*는 S에 대응하는 순서라고 하자. $R^* = R$임을 보여라.

(b) S는 A의 엄격한 순서, R은 대응하는 순서, S^*는 R에 대응하는 엄격한 순서라고 하자. $S^* = S$임을 보여라.

5.2 엄격한 순서를 사용해서, 비교불가능한 원소, 극대, 극소, 최대와 최소, 상한과 하한의 정의를 서술하라.

5.3 R이 A의 순서라고 하자. R^{-1} 또한 A의 순서임을 증명하고, $B \subseteq A$에 대해서,

(a) a가 R^{-1}에서 B의 최소원소이면 그리고 그때만 a는 B에서 R의 최대원소임을 증명하고;

(b) 비슷하게 극대와 극소, 상한과 하한에 대해서도 같은 관계가 성립함을 증명하라.

5.4 R은 A의 순서이고 $B \subseteq A$라고 하자. $R \cap B^2$이 B의 순서임을 증명하라.

5.5 유한 순서 집합 $(A, \leq)$와 A의 부분집합 B에 다음이 성립하는 예를 제시하라.

(a) B가 최대원소를 갖지 않는다.

(b) B가 최소원소를 갖지 않는다.

(c) B가 최대원소를 갖지 않지만, 상한은 갖는다.

(d) B가 상한를 갖지 않는다.

5.6 (a) $(A, <)$는 엄격한 순서 집합이고 $b \notin A$이라고 하자. $B = A \cup \{b\}$에서 관계 $\prec$를 다음처럼 정의한다 :

$$x \prec y\text{이면 그리고 그때만 } (x,\ y \in A \text{ 그리고 } x < y) \text{ 또는 } (x \in A \text{ 그리고 } y = b).$$

$\prec$가 B의 엄격한 순서이고 $\prec \cap A^2 = <$임을 보여라. (직관적으로, $\prec$는 A의 $<$에 의한 순서를 유지하고, b는 A의 어떤 원소보다 크다.)

(b) (a)를 일반화하라 : $(A_1, <_1)$ 그리고 $(A_2, <_2)$가 엄격한 순서이고, $A_1 \cap A_2 = \varnothing$이라고 하자. $B = A_1 \cup A_2$의 순서 $<$를 다음처럼 정의한다 :

$$\begin{aligned} x \prec y\text{이면 그리고 그때만 } & x,\ y \in A_1 \text{ 그리고 } x <_1 y \\ \text{또는 } & x,\ y \in A_2 \text{ 그리고 } x <_2 y \\ \text{또는 } & x \in A_1 \text{ 그리고 } y \in A_2. \end{aligned}$$

$\prec$가 B의 엄격한 순서이고 $\prec \cap A_1^2 = <_1$, $\prec \cap A_2^2 = <_2$임을 보여라 (직관적으로, $\prec$에 의해 A_1의 모든 원소가 A_2의 모든 원소에 앞서고, A_1 그리고 A_2의 원래 순서는 유지된다).

5.7 R이 A에서의 반사 및 추이 관계라고 하자 (R을 A의 **선순서preordering**라고 부른다). A의 관계 E를 다음처럼 정의한다.

$$aEb\text{이면 그리고 그때만 } aRb\text{이고 } bRa\text{이다.}$$

E가 A에서 동치관계임을 보여라. A/E의 관계 R/E를 다음처럼 정의하자.

$$[a]_E R/E [b]_E \text{ 이면 그리고 그때만 } aRb.$$

이 정의가 $[a]_E$ 그리고 $[b]_E$ 의 대표 원소를 어떤 것으로 선택하느냐에 독립임을 보여라. R/E가 A/E의 순서임을 증명하라.

5.8 $A = P(X),\ X \neq \varnothing$라고 하자. 다음을 증명하라 :

(a) 모든 $S \subseteq A$가 순서 $\subseteq_A$ 에서의 상한을 갖는다; $\sup S = \bigcup S$.

(b) 모든 $S \subseteq A$가 순서 $\subseteq_A$ 에서의 하한을 갖는다; $S \neq \varnothing$이면 $\inf S = \bigcap S$이고 $\inf\varnothing = X$이다.

5.9 $Fn(X,\ Y)$를 X에서 Y로의 모든 함수의 집합이라고 하자. [즉, $Fn(X,\ Y) = \bigcup_{z \subseteq X} Y^Z$]. $Fn(X,\ Y)$의 관계 S를 다음처럼 정의한다.

$$f \leq g \text{이면 그리고 그때만 } f \subseteq g.$$

(a) $\leq$가 $Fn(X,\ Y)$의 순서임을 증명하라.

(b) $F \subseteq Fn(X,\ Y)$라고 하자. $\sup F$가 존재하면 그리고 그때만 F가 양립하는 함수의 집합임을 보여라; 그리고 $\sup F = \bigcup F$이다.

5.10 $A \neq \varnothing$이고; $Pt(A)$는 A의 모든 분할의 집합이라고 하자. $Pt(A)$의 관계 $\preccurlyeq$를 다음처럼 정의한다.

$$S_1 \preccurlyeq S_2 \text{이면 그리고 그때만 모든 } C \in S_1 \text{에 대해 } C \preccurlyeq D \text{인 } D \in S_2 \text{가 존재한다.}$$

($S_1 \preccurlyeq S_2$가 성립하면 분할 S_1은 S_2를 **세분화**했다고 말한다.)

(a) $\preccurlyeq$이 순서임을 보여라.

(b) $S_1,\ S_2 \in Pt(A)$라고 하자. $\{S_1,\ S_2\}$가 하한을 가짐을 보여라. [힌트 : $S = \{C \cap D \mid C \in S_1 \text{ 그리고 } D \in S_2\}$를 정의하라.] 동치관계 E_S가 동치 E_{S_1} 그리고 E_{S_2}와 어떻게 관계되는가?

(c) $T \subseteq Pt(A)$라고 하자. $\inf T$가 존재함을 보여라.

(d) $T \subseteq Pt(A)$라고 하자. $\sup T$가 존재함을 보여라. [힌트 : T'가, T의 모든 분할이 S의 세분화라는 성질을 갖는 모든 분할 S의 집합이라고 놓고, $\sup T' = \inf T$ 임을 보인다.]

5.11 $(P,\ <)$ 그리고 $(Q,\ \prec)$가 동형인 엄격한 순서 집합이고 $<$가 선형 순서이면, $\prec$도 선형 순서임을 보여라.

5.12 P에서 정의된 항등함수는 $(P,\ <)$ 그리고 $(P,\ <)$ 사이의 동형사상이다.

5.13 h가 $(P,\ <)$ 그리고 $(Q,\ \prec)$사이의 동형사상이면, h^{-1}은 $(Q,\ \prec)$과 $(P,\ <)$ 사이의 동형사상이다.

5.14 f가 $(P_1,\ <_1)$ 그리고 $(P_2,\ <_2)$사이의 동형사상이고, g가 $(P_2,\ <_2)$ 그리고 $(P_3,\ <_3)$ 사이의 동형사상이면, $g \circ f$는 $(P_1,\ <_1)$ 그리고 $(P_3,\ <_3)$ 사이의 동형사상이다.

제 3 장

자연수

1. 자연수 개요

공리적 집합론의 틀 안에서 수학을 발전시키기 위해서는 자연수를 정의할 필요가 있다. 우리 모두 직관적으로 자연수를 알고 있다 : $0, 1, 2, 3, \ldots, 17, \ldots, 324, 5768$ 등등, 그리고 쉽게 원소가 $0, 1, 2$ 또는 3개인 집합의 예를 들 수 있다 :

- $\varnothing$은 원소가 0개이다.
- $\{\varnothing\}$ 또는, 일반적으로, 임의의 a에 대해서 $\{a\}$는 원소가 한 개이다.
- $\{\varnothing, \{\varnothing\}\}$, 또는 $\{\{\{\varnothing\}\}\}, \{\{\{\varnothing\}\}\}$, 또는 일반적으로 $a \neq b$인 $\{a, b\}$는 원소가 2개이다, 등등.

엄격한 정의를 통해서 이러한 직관적인 이해를 보완하려는 것이 이 절의 연구 목적이다.

0을 정의하기 위해 원소가 하나도 없는 모든 집합의 대표를 선택해야 한다. 그런데 그런 집합이 단 하나뿐이기 때문에 그 일이 쉽게 선택할 수 있다. $0 = \varnothing$으로 정의한다. 원소가 하나인 (단일집합) 집합에 대해 계속해보자 : $\{\varnothing\}, \{\{\varnothing\}\}, \{\{\varnothing, \{\varnothing\}\}\}$; 일반적으로 $\{x\}$. 대표원소를 어떻게 정할까? 이미 0이라는 특별한 객체를 정의했으니, 자연스럽게 $\{0\}$을 선택할 수 있다. 따라서 다음을 정의한다.

$$1 = \{0\} = \{\varnothing\}.$$

다음은 원소가 두 개인 집합이다 : $\{\varnothing, \{\varnothing, \}\}, \{\{0\}, 0\}, \{0\}, \{\{0\}, \{\{0\}\}\}$, 등등. 지금까지, 0과 1 그리고 $0 \neq 1$을 정의했다. 앞에서 정의한 수 0과 1을 원소로 하는 특별한 두 원소 집합을 하나 골라낸다 :

$$2 = \{0, 1\} = \{\varnothing, \{\varnothing\}\}.$$

절차가 어떻게 계속되는지 분명하게 보이기 시작해야 한다.

$$3 = \{0,\ 1,\ 2\} = \{\varnothing,\ \{\varnothing\},\ \{\varnothing,\ \{\varnothing\}\}\}$$
$$4 = \{0,\ 1,\ 2,\ 3\} = \{0,\ \{0\},\ \{0,\ \{0\}\},\ \{0,\ \{0\},\ \{0,\ \{0\}\}\}\}$$
$$5 = \{0,\ 1,\ 2,\ 3,\ 4\} \text{ 등등.}$$

단순하게, 자연수 n을 그것보다 더 작은 모든 자연수를 이용해서 정의하자는 발상이다 : $\{0,\ 1,\ \ldots,\ n-1\}$. 이런 식으로, n은 원소가 n개인 특별한 집합이다.

그러나 이 생각에는 여전히 근본적인 결함이 있다. 지금까지 0, 1, 2, 3, 4, 5를 정의했으며 아마도 17까지 쉽게 정의할 수 있고, 쉽지 않겠지만 324도 정의할 수 있다. 그러나 이렇게 정의한 자연수 목록은 자연수의 일반적인 정의를 알려주지 않는다. 우리에게 다음과 같은 형식의 문장이 필요하다 : 만일 $\cdots$ 이면 집합 n은 자연수다. 집합 n의 원소가 자신보다 더 작은 자연수일 때 그 집합 n은 자연수라고 말할 수도 없다. 왜냐하면 그러한 "정의"에는 정의되는 바로 그 개념이 포함되기 때문이다.

처음 숫자 몇 개를 만들었던 과정을 다시 살펴보자. $2 = \{0,\ 1\}$로 정의했다. 2에 세 번째 원소 즉, 2 자체를 붙여서 3을 얻었다 :

$$3 = 2 \cup \{2\} = \{0,\ 1\} \cup \{2\}.$$

비슷하게,

$$4 = 3 \cup \{3\} = \{0,\ 1,\ 2\} \cup \{3\},$$
$$5 = 4 \cup \{4\}, \text{ 등등.}$$

자연수 n이 주어지면, n에 하나의 원소, 즉 n 자체를 추가해서 "다음" 숫자를 얻는다. 이 절차는 1과 2에도 적용된다 : $1 = 0 \cup \{0\}$, $2 = 1 \cup \{1\}$, 물론, 최소 자연수인 0은 아니다.

이런 생각으로부터 다음처럼 정의할 수 있다.

정의 1.1

집합 x의 **다음수successor**는 집합 $S(x) = x \cup \{x\}$이다.

직관적으로, 자연수 n의 다음수 $S(n)$은 "하나 더 큰" 숫자 $n+1$이다. 앞으로 $S(n)$보다 더 암시적인 표기법 $n+1$을 사용한다. 뒤에서 $n+1$이 실제로 n과 1의 합이라는 방식으로 (다음수 개념을 사용해서) 자연수의 덧셈을 정의한다. 그때까지는 단지 표기법으로 사용하고, 덧셈의 속성을 가정하거나 유도하지 않는다.

이제 자연수에 대한 직관적인 이해를 다음처럼 요약할 수 있다 :

(a) 0은 자연수이다.

(b) n이 자연수이면, 다음수 $n+1$ 또한 자연수이다.

(c) 모든 자연수는 (a) 그리고 (b)를 적용해서 만든다, 즉, 0에서 시작하고 다음수 연산을 반복적으로 적용한다: $0,\ 0+1=1,\ 1+1=2,\ 2+1=3,\ 3+1=4,\ 4+1=5,\ \ldots$ 등등.

정의 1.2

다음을 만족하는 집합 I를 **귀납적inductive**이라고 부른다.

(a) $0 \in I$.

(b) $n \in I$이면, $(n+1) \in I$이다.

귀납적 집합은 0을 포함하고, 모든 원소의 다음수를 포함한다. (c)에 따라, 귀납적 집합은 모든 자연수를 포함해야 한다. (c)의 정확한 의미는, 자연수 집합은 자연수 이외에 다른 원소를 포함하지 않는 귀납적 집합, 즉 **가장 작은** 귀납적 집합이다. 이는 다음과 같은 정의로 이어진다.

정의 1.3

모든 자연수의 집합은 다음과 같은 집합이다.

$$N = \{x \mid x \in I,\ \text{모든 귀납적 집합 } I\text{에 대해}\}.$$

N의 원소를 **자연수**라고 부른다. 따라서 집합 x가 자연수이면 그리고 그때만 x는 모든 귀납적 집합에 속한다.

구성 공리(1장 예제 3.12에 부연한 설명 참조)에 따라 N의 존재를 검증해야 하는데, 이것이 아주 쉽다. A를 임의의 특정한 귀납적 집합이라고 가정하자; 그러면 명백하게 다음과 같다.

$$N = \{x \in A \mid x \in I,\ \text{모든 귀납적 집합 } I\text{에 대해}\}.$$

하나 남은 질문은 어떤 귀납적 집합이 존재하기는 하는지이다. 물론 직관적인 대답은, "그렇다"이다 : 자연수 집합이 대표적인 예이다. 그러나 지금까지 도입한 공리를 주의 깊게 살펴보면 (N과 같은) 무한집합의 존재를 그 공리들로 증명할 수 없다. 대략, 그 이유는 공리들의 일반적인 형태가 다음과 같기 때문이다 :

"모든 집합 X에 대해, $\cdots$를 만족하는 집합 Y가 존재한다."

여기서 집합 X가 유한하면 집합 Y도 유한하다. 공리를 통해서 존재를 가정한 유일한 집합은 공집합이고 유한집합이므로, 공리를 통해서 존재를 확보해야 하는 다른 모든 집합도 역시 유한하다. (이러한 해설에 대한 더 엄격한 설명은 4장 2절 참조) 결국 요점은 또 다른 공리가 필요하다는 것이다.

무한 공리The Axiom of Infinity

귀납적 집합이 존재한다.

일부 수학자들은 무한한 절차에 의해 생성된 객체 집합(예 : N)을 완성된 개체로 취급해서는 안 된다는 이유를 들어 무한 공리에 반대한다. 그러나 어느 정도 수학적 교육을 받은 사람이라면 이런 식으로 구성한 자연수 집합을 이해하는 데 어려움이 없다. 무한집합은 현대 수학의 기본 도구이자 집합론의 핵심이다. 무한집합에 기초한 엄청나게 많은 양의 연구에도 불구하고 그것의 사용으로 인한 어떤 모순도 발견되지 않았다. 그러므로 무한의 공리를 다른 공리와 동등하게 취급한다.

이제 마음대로 사용할 수 있는 자연수 집합 N을 갖게 되었다. 더 진행하기 전에 집합 N이 실제로 귀납적인지 확인해 보자.

보조정리 1.4

N은 귀납적이다. 모든 귀납 집합 I에 대해, $N \subseteq I$.

증명

모든 귀납 집합 I에 대해, $0 \in I$이므로 $0 \in N$이다. 모든 귀납 집합 I에 대해 $n \in N$이면 $n \in I$이므로 $(n+1) \in I$이고 결과적으로 $(n+1) \in N$이다. 즉, N은 귀납적이다. 보조정리의 두 번째 부분은 N의 정의에 따라 자명하다. □

다음 단계는 크기를 기준으로 자연수의 순서를 정의하는 일이다. 각 자연수를 더 작은 자연수의 집합으로 정의하는 것이 기본 생각이므로 다음에 이른다.

정의 1.5

N의 관계 $<$는 다음처럼 정의한다 : $m < n$이면 그리고 그때만 $m \in n$이다.

물론 실제로 $<$가 선형 순서이고 순서 집합 $(N, <)$이 자연수가 가지는 속성을 그대로 가지고 있음을 증명할 필요가 있다. 이에 관련된 이론이 이 장의 나머지 부분에서 전개된다.

연습문제

1.1 $x \subseteq S(x)$이고 $x \subset z \subset S(x)$인 z는 존재하지 않는다.

2. 자연수의 속성

앞 절에서 자연수의 집합 N을 (a) $0 \in N$이고 (b) $n \in N$이면 $(n+1) \in N$인 최소 집합으로 정의했다. 그리고 $m < n$을 $m \in n$인 것으로 정의했다. 이 절의 목표는 앞에서 언급한 개념들이 실제로 익숙한 방식으로 작동하는 것을 보여주는 것이다.

수학적 귀납에 따른 증명 원리로 잘 알려진, 자연수 연구를 위한 근본적인 도구부터 시작해 보자.

수학적 귀납법

$\mathbf{P}(x)$를 (보통 매개변수를 갖는) 어떤 속성이라고 하자.
다음을 만족하면,

(a) $\mathbf{P}(0)$가 성립.

(b) 모든 $\in N$에 대해서, $\mathbf{P}(n)$이면 $\mathbf{P}(n+1)$이 성립.

모든 자연수 n에 대해서 $\mathbf{P}$가 성립한다.

증명

N의 정의에 따라 자명하다. 조건 (a) 그리고 (b)는 단순하게 집합 $A = \{n \in N \mid \mathbf{P}(n)\}$가 귀납적임을 나타낸다. 따라서 $N \subseteq A$. □

다음 보조정리는 자연수의 두 가지 간단한 속성을 설정하고 귀납에 의한 증명의 간단한 예를 보여준다.

보조정리 2.1

(i) 모든 $n \in N$에 대해서 $0 \leq n$이다.

(ii) 모든 $k,\ n \in N$에 대해서 $k < n+1$이면 그리고 그때만 $k < n$ 또는 $k = n$이다.

증명

(i) $\mathbf{P}(x)$를 "$0 \leq x$"라는 속성으로 놓고, 귀납법의 조건 부분을 구성한다.

(a) $\mathbf{P}(0)$가 성립. $\mathbf{P}(0)$는 명제 "$0 \leq 0$"이고, 분명히 참이다($0 = 0$.)

(b) $\mathbf{P}(n)$이면 $\mathbf{P}(n+1)$이 성립. $\mathbf{P}(n)$이 성립한다고 가정하자. 즉, $0 \leq n$이다. $<$의 정의에 따라서, $0 = n$ 또는 $0 \in n$이다. 어떤 경우든, $0 \in n \cup \{n\} = n+1$이고, 따라서 $0 < (n+1)$이고 $\mathbf{P}(n+1)$이 성립한다.

(a) 그리고 (b)를 증명했으므로 수학적 귀납법에 따라 모든 $n \in N$에 대해서 $\mathbf{P}(n)$이 성립한다. 즉, 모든 $n \in N$에 대해서 $0 \leq n$이다.

(ii) 이 증명은 귀납이 필요 없다. $k \in n \cup \{n\}$이면 그리고 그때만 $k \in n$ 또는 $k = n$에 의해 성립한다. □

다음 정리의 증명은 귀납적 증명의 좀 더 복잡한 몇 가지 다른 예를 포함한다.

정리 2.2

$(N, <)$은 선형 순서 집합이다.

증명

(i) 관계 $<$은 N에서 추이이다.

모든 $k, m, n \in N$에 대해서, $k < m$ 그리고 $m < n$이면 $k < n$임을 증명해야 한다. n에 대한 귀납을 적용하기로 한다; 즉, 속성 $\mathbf{P}(x)$는 "모든 $k, m \in N$에 대해서, $k < m$ 그리고 $m < x$이면, $k < x$이다."

(a) $\mathbf{P}(0)$가 성립. $\mathbf{P}(0)$는 다음과 같다 : 모든 $k, m \in N$에 대해서, $k < m$ 그리고 $m < 0$이면, $k < 0$이다. 보조정리 2.1 (i)에 의해서, $m < 0$인 $m \in N$이 존재하지 않으므로, $\mathbf{P}(0)$는 자명하게 참이다.

(b) $\mathbf{P}(n)$이 참이라고 가정하자, 즉, 모든 $k, m \in N$에 대해서, $k < m$ 그리고 $m < n$이면, $k < n$이라고 가정한다. 이제 $\mathbf{P}(n+1)$이 참임을 증명해야 한다. 즉, $k < m$ 그리고 $m < (n+1)$이면, $k < (n+1)$를 증명해야 한다. 그런데, $k < m$ 그리고 $m < (n+1)$이면, 보조정리 2.1 (ii)에 의해서 $m < n$ 또는 $m = n$이다. $m < n$이면, $\mathbf{P}(n)$의 귀납 가정에 의해서 $k < n$이다. 만일 $m = n$이면, $k < m$로부터 $k < n$를 얻는다. 보조정리 2.1 (ii)에 의해서 어떤 경우든 $k < (n+1)$이다. 따라서 $\mathbf{P}(n+1)$이 참이다.

수학적 귀납법에 따라서 모든 $n \in N$에 대해서 $\mathbf{P}(n)$이 참임이 입증되었다; 이것은 정확하게 $(N, <)$의 추이성에 관한 서술과 같다.

(ii) 관계 $<$은 N에서 반대칭이다.

$n < k$ 그리고 $k < n$이라고 가정하자. 추이라면, $n < n$이어야 한다. 따라서 그것이 불가능하다는 것을 보이면 된다. 귀납을 수행하자. 분명히, $0 < 0$은 불가능하다(이것은 $0 \in 0$을 의미한다). $n < n$이 거짓이라고 가정하고 $(n+1) < (n+1)$ 역시 거짓임을 증명한다. 만일 $(n+1) < (n+1)$가 참이면, $n+1 < n$ 또는 $n+1 = n$ [보조정리 2.1 (ii)]. 보조정리 2.1 (ii)에 의해서 $n < n+1$이 성립하고 앞에서 $<$이 추이임을 증명했으므로, 결론적으로 $n < n$이고, 따라서 귀납 가정에 모순이 있다(즉, $n < n$은 거짓이다). [$\mathbf{P}(x)$를 "$x < x$는 거짓이다"로 놓고] 수학적 귀납법의 (a) 그리고 (b)를 증명했다. 따라서 모든 $n \in N$에 대해서 $n < n$은 불가능하다고 결론 내릴 수 있다. 이제 $<$이 N의 (엄격한) 순서임을 알았다.

다음을 증명하는 일만 남았다.

(iii) $<$은 N의 선형 순서이다.

모든 $m, n \in N$에 대해서, $m < n$ 또는 $m = n$ 또는 $n < m$임을 증명해야 한다. n에 대해서 귀납해 보자.

(a) 모든 $m \in N$, $m < 0$ 또는 $m = 0$ 또는 $0 < m$이다. 보조정리 2.1 (i)에 의해서 바로 성립한다.

(b) 모든 $m \in N$에 대해서, $m < n$ 또는 $m = n$ 또는 $n < m$라고 가정하자. n을 $(n+1)$로 바꾼 비슷한 명제를 증명해야 한다. 보조정리 2.1 (ii)와 추이성에 의해서, $m < n$이면 $m < (n+1)$이다. 비슷하게, $m = n$이면 $m < (n+1)$이다. 마지막으로, $n < m$이면, $n+1 \le m$이라는 결론을 얻을 수 있다. 이것은, 모든 $m \in N$에 대해서, $m < (n+1)$ 또는 $m = (n+1)$ 또는 $(n+1) < m$이라는 의미이고, 귀납 가정 (b)가 성립하므로, 증명이 끝난다. 따라서 m에 대한 귀납으로, 모든 $m \in N$에 대해서 $n < m$이면, $(n+1) \le m$가 성립함을 증명한다 [n은 매개변수이다; 즉, 속성 $\mathbf{P}(x)$: "$n < x$이면, $n+1 \le x$이다"에 수학적 귀납법을 적용한다]. 만일 $m = 0$이면, 명제 "$n < 0$이면, $n+1 \le 0$이다"은 참이다(가정이 명백히 거짓이므로). $\mathbf{P}(m)$이 참이라고 하자, 즉, $n < m$이면, $(n+1) \le m$이다. $\mathbf{P}(m+1)$이 참임을 증명하기 위해, $n < m+1$라고 가정하면; $n < m$ 또는 $n = m$. 만일 $n < m$이면, 귀납 가정에 의해서 $n+1 \le m$이고,

따라서 $n+1 < m+1$이다. 만일 $n = m$이면 물론 $n+1 = m+1$이다. 어떤 경우든 $\mathbf{P}(m+1)$이 증명된다.$\mathbf{P}(m)$이 모든 $m \in N$에 대해서 성립한다는 원하는 결론을 얻었다.

마지막으로, 수학적 귀납법의 가정 (a) 그리고 (b)가 성립하는 것을 확인하면서 (iii)의 증명을 마친다. □

귀납법의 다양한 적용 방법을 이해하기 위해서 앞선 증명을 주의 깊게 익혀야 한다. 특히, (iii)의 증명은 "이중 귀납법"의 한 사례이다 : 두 변수 m과 n에 종속된 명제를 증명하기 위해서, 그중 하나 (n)에 대한 귀납을 수행한다; 다음으로 귀납 가정 (b)의 증명은 (고정된 n에 대해) 다른 변수 m에 대한 귀납을 해야 한다. 연습문제 2.13을 보라.

더 나아가기 전에, 때로 사용하기에 더 편리한 수학적 귀납법의 다른 버전을 서술하고 증명한다.

수학적 귀납법, 두 번째 버전

$\mathbf{P}(x)$를 (보통 매개변수를 갖는) 어떤 속성이라고 하자.
모든 $n \in N$에 대해 다음을 만족하면,

(∗) 모든 $k < n$에 대해서, $\mathbf{P}(k)$가 성립하면, $\mathbf{P}(n)$도 성립한다.

모든 자연수 n에 대해서 $\mathbf{P}$가 성립한다.

다시 말해서, 모든 $n \in N$에 대해서 $\mathbf{P}(n)$을 증명하려면 모든 더 작은 자연수에 대해 성립한다는 가정하에서(모든 $n \in N$에 대해서) $\mathbf{P}(n)$을 증명하면 충분하다.

증명

(∗)이 참이라고 가정하고, 속성 $\mathrm{Q}(n)$에 대해 생각해 보자 : 모든 $k < n$에 대해서 $\mathbf{P}(k)$가 성립한다. 명백하게 $\mathrm{Q}(0)$는 참이다($k < 0$는 존재하지 않는다). $\mathrm{Q}(n)$이 성립하면 $\mathrm{Q}(n+1)$도 성립 : $\mathrm{Q}(n)$이 성립하면, 모든 $k < n$에 대해서 $\mathbf{P}(k)$도 성립하고, (∗)에 의해서 결과적으로 $k = n$에 대해서도 성립한다. 보조정리 2.1(ii)에 의해서 모든 $k < n+1$에 대해서 $\mathbf{P}(k)$가 성립한고 결론을 내릴 수 있고, 그러므로 $\mathrm{Q}(n+1)$이 성립한다. 귀납법에 의해서 모든 $n \in N$에 대해서 $\mathrm{Q}(n)$이 참이다; $k \in N$에 대해서 어떤 $n > k$(즉, $n = k+1$)가 존재하므로, 모든 $k \in N$에 대해서 $\mathbf{P}(k)$가 참이라는 원하는 결과를 얻는다. □

크기를 기준으로 자연수를 정렬하는 것은, 예를 들어, 크기를 기준으로 정수나 유리수를 정렬하는 것과 다른 추가적인 중요한 속성을 가지고 있다.

정의 2.3

A의 공집합이 아닌 모든 부분집합이 최소원소를 가지면, A의 선형 순서 $\prec$는 **순서–정렬well–ordering**이다. 이때 순서 집합 $(A, \prec)$를 **순서–정렬 집합well–ordered set**이라고 부른다.

정렬집합은 집합론의 뼈대를 형성하는 것으로 6장에서 광범위하게 다룬다. 지금은, 다음 정리만 증명한다 :

정리 2.4

$(N, <)$은 정렬집합이다.

증명

X가 N의 공집합이 아닌 부분집합이라고 하자; X에 최소원소가 있다는 것을 보여야 한다. 따라서 X에 최소원소가 없다고 가정하고 $N - X$에 대해 고려해 보자. 결정적인 단계는 모든 $k < n$에 대해서 $k \in N - X$이면 $n \in N - X$라는 것을 확인하는 순간이다; 그렇지 않으면 n은 X의 최소원소이다. 귀납법의 두 번째 버전에 의해서, 모든 자연수 n에 대해서$n \in N - X$이 성립한다는 결론을 내릴 수 있고 [$\mathbf{P}(x)$의 속성은 "$x \in N - X$"], 그러므로 $X = \varnothing$이고, 처음 가정과 모순이다. □

순서 $<$에 대한 또 다른 성질을 마지막으로 이 절의 결론을 맺는다.

정리 2.5

공집합이 아닌 자연수 집합이 순서 $<$에서 상계를 갖는 경우, 최대원소를 갖는다.

증명

$A \subseteq N$이고, $A \neq \varnothing$라고 하자; $B = \{k \in N \mid k$는 A의 상계$\}$; $B \neq \varnothing$이라고 가정할 수 있다.

정리 2.4에 의해서, B는 최소원소 n을 가지므로, $n = \sup(A)$이다. $n \notin A$임을 보이면 증명이 끝난다. [2장의 정리 5.15(c)에서 "하한"을 "상한" 등으로 바꾸어 보라]. 자명한 귀납으로 어떤 $k \in N$에 대해서 $n = 0$ 또는 $n = k + 1$임을 증명한다(연습문제

2.4). $n \notin A$이라고 가정하자; 모든 $m \in A$에 대해서 $n > m$을 얻을 수 있다. $A \neq \varnothing$ 이므로, $n \neq 0$이다. 그러므로, 어떤 $k \in N$에 대해서 $n = k+1$이고, 그것으로부터 모든 $m \in A$에 대해서 $n \geqq m$을 얻을 수 있다. [보조정리 2.1(ii)]. 따라서 k는 A의 상계이고 $k < n$, 즉, 모순이다. □

연습문제

2.1 $n \in N$이라고 하자. $n < k < n+1$인 $k \in N$가 없음을 증명하라.

2.2 연습문제 2.1을 이용해서 모든 $m,\ n \in N$에 대해서, $m < n$이면, $m+1 \leq n$임을 증명하라. 결론적으로 $m < n$이면 $m+1 < n+1$이고 그러므로 다음수 $S(n) = n+1$은 N의 일대일 함수를 정의한다.

2.3 N에서 N의 진부분집합으로의 일대일 대응 함수가 존재함을 증명하라. [힌트 : 연습문제 2.2 사용]

2.4 모든 $n \in N,\ n \neq 0$에 대해서, $n = k+1$인 유일한 $k \in N$가 존재함을 증명하라.

2.5 모든 $n \in N,\ n \neq 0,\ 1$에 대해서, $n = (k+1)+1$인 유일한 $k \in N$가 존재함을 증명하라.

2.6 모든 자연수가 더 작은 모든 자연수의 집합임을 증명하라. 즉,

$$n = \{m \in N \mid m < n\}.$$

[힌트 : 귀납법을 이용해서 자연수의 모든 원소가 자연수임을 증명하라.]

2.7 모든 $m,\ n \in N$에 대해서

$$m < n\text{이면 그리고 그때만 } m \subset n.$$

2.8 모든 $n \in N$에 대해서, $f(n) > f(n+1)$인 함수 $f : N \to N$가 존재하지 않음을 증명하라. (자연수에는 무한히 감소하는 수열이 없다.)

2.9 $X \subseteq N$이면, $\langle X,\ < \cap X^2 \rangle$은 정렬이다.

2.10 2장의 연습문제 5.6에서, $A = N,\ b = N$이라고 하자. $\prec$가 정의된 대로 $B = N \cup \{N\}$의 정렬이 존재함을 증명하라. $x \prec y$이면 그리고 그때만 모든 $x,\ y \in B$에 대해서 $x \in y$가 성립함에 주목하라.

2.11 $\mathbf{P}(x)$가 속성이라고 하자. $k \in N$이고 다음이 성립하면

(a) $\mathbf{P}(k)$가 성립.

(b) 모든 $n \geq k$에 대해서, $\mathbf{P}(n)$이면 $\mathbf{P}(n+1)$이다.

모든 $n \geq k$에 대해서 $\mathbf{P}(n)$이 성립한다.

2.12 (유한 귀납법) $\mathbf{P}(x)$가 속성이라고 하자. $k \in N$이고 다음이 성립하면

(a) $\mathbf{P}(0)$가 성립.

(b) 모든 $n < k$, $\mathbf{P}(n)$이면 $\mathbf{P}(n+1)$이다.

모든 $n \leq k$에 대해서 $\mathbf{P}(n)$이 성립한다.

2.13 (이중 귀납법) $\mathbf{P}(x,\ y)$가 속성이라고 하자. 다음이 성립하면

(**) $k < m$ 또는 ($k = m$ 그리고 $l < n$)인 모든 $k,\ l \in N$에 대해서 $\mathbf{P}(k,\ l)$이 성립하면 $\mathbf{P}(m,\ n)$이 성립한다.

따라서 모든 $m,\ n \in N$에 대해서 $\mathbf{P}(m,\ n)$이 성립한다고 결론을 내릴 수 있다.

3. 순환 정리

다음으로 덧셈, 곱셈 그리고 기타 자주 사용하는 산술 연산을 어떻게 정의하는지 살펴볼 차례이다. 이 일을 원활하게 하도록 N에서의 함수를 정의하는 중요한 일반적인 방법을 개발한다.

몇 가지 새로운 용어부터 시작한다. **수열sequence**은 정의역이 자연수 N인 함수이다. 어떤 자연수 $n \in N$을 정의역으로 하는 수열을 **길이 n인 유한수열**이라고 하고 다음처럼 나타낸다.

$$\langle a_i \mid i < n \rangle \text{ 또는 } \langle a_i \mid i = 0,\ 1,\ \ldots,\ n-1 \rangle \text{ 또는 } \langle a_0,\ a_1,\ \ldots,\ a_{n-1} \rangle$$

특별히, $\langle\rangle\ (= \varnothing)$은 길이가 0인 유일한 수열 즉, **빈 수열**이다. $\mathrm{Seq}(A) = \bigcup_{n \in N} A^n$은 A의 원소로 구성된 모든 유한수열의 집합이다(이 집합이 존재함을 증명해 보라!). 어떤 수열의 정의역이 N일 때, **무한수열**이라 부르고 다음처럼 나타낸다.

$$\langle a_i \mid i \in N \rangle \text{ 또는 } \langle a_i \mid i = 0,\ 1,\ 2 \ldots \rangle \text{ 또는 } \langle a_i \rangle_{i=0}^{\infty}$$

따라서 A의 원소로 구성된 무한수열은 A^N의 원소이다. 무한수열의 표기는 간단하게 정의역과 i에서의 값 a_i로 함수를 나타낸다. 수열 $\langle a_i \mid i \in N \rangle$의 치역은 $\{a_i \mid i \in N\}$, $\{a_i\}_{i=0}^{\infty}$ 등으로 나타낸다. 비슷하게, $\{a_i \mid i < n\}$ 또는 $\{a_0,\ a_1,\ \ldots,\ a_{n-1}\}$은 $\langle a_i \mid i < n \rangle$의 치역을 나타낸다.

이제 두 가지 무한수열의 사례를 살펴보자.

(a) 다음처럼 정의된 수열 $s: N \to N$

$$s_0 = 1;$$
$$\text{모든 } n \in N\text{에 대해 } s_{n+1} = n^2.$$

(b) 다음처럼 정의된 수열 $f: N \to N$

$$f_0 = 1;$$
$$\text{모든 } n \in N\text{에 대해 } f_{n+1} = f_n \times (n+1).$$

두 가지 정의는 겉으로 유사하지만, 결정적인 차이가 있다. s의 정의는 임의의 $x \in N$에 대해 s_x를 계산하는 방법을 **명시적**으로 포함한다. 더 정확하게 말하자면, 속성 $\mathbf{P}$를 다음처럼 형식화할 수 있다.

$$s_x = y\text{이면 그리고 그때만 } \mathbf{P}(x,\ y);$$

즉, P는 "$x = 0$ 그리고 $y = 1$이거나, 어떤 $n \in N$에 대해, $x = n + 1$ 그리고 $y = n^2$"이다. (a)를 만족하는 수열 s의 존재와 유일성은 공리로부터 바로 유도된다 :

$$s = \{(x,\ y) \in N \times N \mid \mathbf{P}(x,\ y)\}.$$

이와 다르게, f의 정의가 **제공**하는 서술은 더 작은 어떤 숫자(즉, $x - 1$)에 대한 f 값이 이미 계산되었을 때 f_x를 계산하는 방법만 포함한다. 이것은 정의되는 함수 f를 포함하지 않고 다음의 속성 $\mathbf{P}$를 형식화하는 방법이 언뜻 명확하지 않다.

$$f_x = y\text{이면 그리고 그때만 } \mathbf{P}(x,\ y).$$

대신 정의 (b)를 수열 f가 만족해야 하는 조건을 제시하는 것으로 볼 수 있다 : "f는'초기 조건': $f_0 = 1$ 그리고 '순환 조건' : 모든 $n \in N$에 대해, $f_{n+1}= f_n \times (n+1)$을 만족하는 N에서 N으로의 함수이다."

이런 정의가 수학에서 널리 사용된다; 이것을 미적분학의 음함수 정의와 비교하고 싶을 수 있다. 그러나 그러한 형태의 정의는 필요한 조건을 만족하는 함수가 존재하며, 그러한 함수가 유일함을 보일 수 있는 경우에만 정당화된다. 미적분학에서는 음함수 정리가 그것을 제공한다. 이제 우리 상황에 관해서 서술하고 유사한 결과를 증명하겠다.

순환 정리

임의의 집합 A와, 어떤 $a \in A$, 그리고 어떤 함수 $g : A \times N \to A$, 다음을 만족하는 무한수열 $f : N \to A$이 유일하게 존재한다.

(a) $f_0 = a;$

(b) $f_{n+1} = g(f_n,\ n)$, 모든 $n \in N$.

사례 (b)에서, $A = N$, $a = 1$, 그리고 $g(u,\ v) = u \times (v+1)$를 얻을 수 있다. 집합 a가 f의 "초기값"이다. g의 역할은 f_n이 이미 계산되었을 때 f_{n+1}을 계산하는 방법을 제공하는 것이다.

순환 정리의 증명은 f의 명시적인 정의를 만들어내는 일이다. 사례 (b)의 경우를 다시 관찰하면 f_n은 $n-$ 팩토리얼이고 따라서 f를 다음처럼 명시적으로 다시 쓸 수 있다 :

$$f_0 = 1 \text{ 그리고 } f_m = 1 \times 2 \times \cdots \times (m-1) \times m, \text{ 만일 } m \neq 0 \text{ 그리고 } m \in N.$$

이제 "$\cdots$"을 엄밀하게 만드는 게 남은 문제이다. 이것은 f_m을 **계산의 결과**로 서술해서 해결할 수 있다.

$$\begin{aligned}
&1\\
&1 \times 1\\
&[1 \times 1] \times 2\\
&[1 \times 1 \times 2] \times 3\\
&\vdots\\
&[1 \times 1 \times 2 \times \cdots \times (m-1)] \times m.
\end{aligned}$$

계산은 f의 "초기값"에서 시작해서 g를 반복해서 적용하는 유한수열이다. 위 사례에서, $m-$**단계 계산** t는 모든 $k < m,\ k \geq 0$에 대해, $t_0 = 1$이고 $t_{k+1} = t_k \times (k+1) = g(t_k,\ k)$인 길이 $m+1$짜리 유한수열이다. f를 명시적으로 엄밀하게 정의하면 다음과 같다 :

$$f_m = t_m, \text{ 여기서 } t\text{는 } m - \text{단계 계산 (기준은 } a = 1 \text{ 그리고 } g).$$

f의 존재와 유일성 문제는 각각의 $m \in N$에 대해서 정확하게 하나의 $m-$ 단계 계산이 있음을 보이는 문제로 축소된다.

이제 순환 정리를 형식적으로 증명한다. 이 정리와 이것의 일반화는 집합론의 가장 중요한 방법의 하나이므로, 앞선 직관적인 사례와 증명 자체를 주의 깊게 학습해야 한다.

증명

f의 존재. $t_0 = a$, 그리고 $0 \leq k < m$인 모든 k에 대해 $t_{k+1} = g(t_k,\ k)$일 때, 함수 $t : (m+1) \to A$를 a 그리고 g에 근거를 둔 $m-$ 단계 계산이라고 한다. $t \subseteq N \times A$임에 주목하라.

$$F = \{t \in P(N \times A) \mid t\text{는 어떤 자연수 } m\text{에 대한 } m - \text{단계 계산}\}\text{이고},$$

$f = \bigcup F$으로 놓자.

주장 3.1 f는 함수이다.

함수 시스템 F가 비교가능임을 보이면 충분하다(2장의 정리 3.12). 따라서 $t,\ u \in F$, $\mathrm{dom}t = n \in N$, $\mathrm{dom}u = m \in N$이라고 놓자. 예를 들어, $n \leq m$로 가정하면; $n \subseteq m$이고, 모든 $k < n$에 대해 $t_k = u_k$임을 보이면 충분하다. (연습문제 2.12 형태의) 귀납법으로 증명할 수 있다. $t_0 = a = u_0$임은 명백하다. 다음으로 k를 $k+1 < n$로 놓고, $t_k = u_k$라고, 가정하자. 그러면 $t_{k=1} = g(t_k,\ k) = g(u_k,\ k) = u_{k+1}$이다. 따라서 모든 $k < n$에 대해 $t_k = u_k$이다.

주장 3.2 $\mathbf{dom}f = N$; $\mathbf{ran}f \subseteq A$.

$\mathrm{dom}f \subseteq N$ 그리고 $\mathrm{ran}f \subseteq A$임은 바로 알 수 있다.$\mathrm{dom}f = N$의 증명은, 각각의 $n \in N$에 대해서 $n-$단계 계산이 있음을 보이는 것으로 충분하다. 귀납법을 사용한다. 분명히, $t = \{(0,\ a)\}$는 0-단계 계산이다. t가 $n-$단계 계산이라고 가정하자. 그러면 다음과 같은 $(n+1)+1$에서의 함수 t^+는 $(n+1)-$단계 계산이다 :

$$k \leq n\text{이면, } t_t^+ = t_k;$$
$$t_{n+1}^+ = g(t_n,\ n).$$

각각의 $n \in N$이 어떤 계산 $t \in F$의 정의역이라는 결론을 얻을 수 있고, 따라서

$$N \subseteq \bigcup_{t \in F} \mathrm{dom}t = \mathrm{dom}f$$

이다.

주장 3.3 f는 조건 (a) 그리고 (b)를 만족한다.

모든 $t \in F$에 대해 $t_0 = a$이므로, 분명히, $f_0 = a$이다. 임의의 $n \in N$에 대해 $f_{n+1} = g(f_n,\ n)$임을 보이기 위해, t를 $(n+1)-$단계 계산이라고 하자; 그러면 모든 $k \in \mathrm{dom}t$에 대해 $t_k = f_k$이다. 따라서

$$f_{n+1} = t_{n+1} = g(t_n,\ n) = g(f_n,\ n)$$

이다. 순환 정리가 요구하는 속성을 지닌 함수 f가 존재함이 주장 3.1, 3.2, 그리고 3.3에 따라 증명되었다. f의 유일성. $h : N \to A$가 다음과 같다고 하자.

(a′) $h_0 = a$;

(b′) $h_{n+1} = g(h_n,\ n)$, 모든 $n \in N$에 대해.

마찬가지로 귀납으로 모든 $n \in N$에 대해, $f_n = h_n$임을 보인다. 분명히, $f_0 = a = h_0$이다. 만일 $f_n = h_n$이면,

$$f_{n+I} = g(f_n,\ n) = g(h_n,\ n) = h_{n+1}$$

이다; 그러므로, 주장한대로 $f = h$이다. □

순환 정리를 사용하는 전형적인 예제로서, 앞 절에서 입증한 크기에 의한 자연수 순서의 속성이 순서 집합 $(N,\ <)$에 유일하게 특성을 부여한다는 것을 증명한다.

정리 3.4

$(A,\ \prec)$가 다음 속성을 갖는 공집합이 아닌 선형 순서 집합이라고 하자 :

(a) 모든 $p \in A$에 대해, $q \prec p$인 $q \in A$가 존재한다.

(b) A의 모든 공집합이 아닌 부분집합은 $\prec -$최소원소를 갖는다.

(c) A의 모든 공집합이 아닌 상계를 갖는 부분집합은 $\prec -$최대원소를 갖는다.

그러면 $(A,\ \prec)$는 $(N,\ <)$와 동형이다.

증명

순환 정리를 이용해서 동형사상 f를 구성한다. a가 A의 최소원소이고, $g(x,\ n)$이 (임의의 n에 대해) x보다 큰, A의 최소원소라고 하자. 그러면 $a \in A$ 그리고 g는 $A \times N$에서 A로의 함수이다; 정리 3.4의 가정 (a) 그리고 (b)에 의해 $g(x,\ n)$이 임의의

$x \in A$에 대해 정의되었고, n과 독립임에 주목하자. 순환 정리에 따라 다음과 같은 함수 $f : N \to A$가 존재함이 보장된다.

(i) $f_0 = a = A$의 최소원소.

(ii) $f_{n+1} = g(f_n,\ n) = f_n$보다 큰 A의 최소원소.

각각의 $n \in N$에 대해 $f_n \prec f_{n+1}$임이 분명하다. 귀납으로, $n < m$이면 $f_n \prec f_m$이다(연습문제 3.1). 결과적으로, f는 일대일 함수이다. f의 치역이 A임을 보이는 일이 남았다.

만일 아니라면, $A - \text{ran}f \neq \varnothing$; p가 $A - \text{ran}f$의 최소원소라고 하자. 집합 $B = \{q \in A \mid q \prec p\}$는 상계 p를 포함하고, 공집합도 아니다(그렇지 않으면, p는 A의 최소원소인데, 그러면 $p = f_0$이다). q가 B의 최대원소라고 하자[이것은 정리 3.4의 가정 (c)에 의해서 존재한다]. $q \prec p$이므로, 어떤 $m \in N$에 대해 $q = f_m$이다. 그러나, 이제는 p가 q보다 큰 A의 최소원소임을 쉽게 알 수 있다. 그러므로, 순환 조건 (ii)에 의해 $p = f_{m+1}$이고, 결론적으로, $p \in \text{ran}f$, 즉, 모순이다. □

어떤 순환 정의에서는, f_{n+1}이 f_n뿐 아니라, $k < n$인 f_k에 종속되기도 한다. 피보나치수열이 대표적인 사례이다 :

$$1,\ 1,\ 2,\ 3,\ 5,\ 8,\ 13,\ 21,\ \ldots.$$

여기서 $f_0 = 1,\ f_1 = 1$ 그리고 $f_{n+1} = f_n + f_{n-1},\ n > 0$. 다음 정리는 더 일반적인 순환 정리의 형식화를 분명하게 보여준다.

정리 3.5

임의의 집합 S와 임의의 함수 $g : \text{Seq}(S) \to S$에 대해 다음과 같은 유일한 수열 $f : N \to S$이 존재한다.

$$f_n = g(f \restriction n) = g(\langle f_0,\ \ldots,\ f_{n-1} \rangle),\ \text{모든 } n \in N.$$

특히, $f_0 = g(f \restriction 0) = g(\langle\rangle) = g(\varnothing)$에 주목하라. 다음처럼 놓으면 피보나차수열을 얻을 수 있다.

$$g(t) = \begin{cases} 1 & t\text{의 길이가 } 0 \text{ 또는 } 1\text{인 경우} \\ t_{n-1} + t_{n-2} & t\text{의 길이가 } n > 1\text{인 경우} \end{cases}$$

증명

순환 정리를 이용해서 수열 $\langle F_n \mid n \in N \rangle = \langle f \restriction n \mid n \in N \rangle$을 얻자는 생각이다. 따라서, 다음을 정의한다.

$$F_0 = \langle\rangle\,;$$
$$F_{n+1} = F_n \cup \{\langle n,\ g(F_n)\rangle\},\ \text{모든 } n \in N.$$

다음처럼 놓으면 순환 정리에 따라 수열 $\langle F_n \mid n \in N \rangle$이 존재한다.

$$A = \mathrm{Seq}(S),\ a = \langle\rangle \text{ 그리고 다음과 같은 } G : A \times N \to A.$$

$$G(t,\ n) = \begin{cases} t \cup \{\langle n,\ g(t)\rangle\} & t\text{의 길이가 } n\text{인 경우;} \\ \langle\rangle & \text{아닌 경우.} \end{cases}$$

각각의 F_n이 S^n에 속하고, 모든 $n \in N$에 대해 $F_n \subseteq F_{n+1}$임은 귀납으로 쉽게 증명할 수 있다. 그러므로 (연습문제 3.1 참조), $\{F_n \mid n \in N\}$은 비교가능한 함수 시스템이다. $f = \bigcup_{n \in N} F_n$로 놓으면; 분명히 모든 $n \in N$에 대해 $f : N \to S$ 그리고 $f \restriction n = F_n$이다; 원하는 결론$f_n = F_{n+1}(n) = g(F_n) = g(f \restriction n)$을 얻었다. □

이 형식의 순환 정리를 사용하는 다른 사례는 4장에 있다. 지금은, 또 다른 것으로 "매개변수"를 갖는 형식을 설명한다. 이 형식의 순환을 사용해서 두 변수 함수를 정의할 수 있다.

정리 3.6

$a : P \to A$ 그리고 $g : P \times A \times N \to A$가 함수라 하자. 다음과 같은 함수 $f : P \times N \to A$가 유일하게 존재한다.

(a) $f(p,\ 0) = a(p)$, 모든 $p \in P$;

(b) $f(p,\ n+1) = g(p,\ f(p,\ n),\ n)$, 모든 $n \in N$ 그리고 $p \in P$.

$f(p,\ 0)$ 대신 $f_{p,\,0}$를 사용하는 것이 편할 수도 있다.

증명

이것은 순환 정리 증명의 "매개변수" 형식에 지나지 않는다. $m-$단계 계산을 다음과 같은 함수 $t : P \times (m+1) \to A$로 정의한다.

$$\text{모든 } p \in P\text{와 } 0 \le k < m\text{인 모든 } k\text{에 대해,}$$
$$t(p,\ 0) = a(p) \text{ 그리고 } t(p,\ k+1) = g(p,\ t(p,\ k),\ k)$$

그런 다음 항상 p에 대해, 순환 정리 증명의 단계를 따라 한다. 대안으로, 순환 정리에서 직접 매개변수 형식을 유도할 수 있다(연습 3.4 참조). □

이제 자연수 덧셈과 기타 산술 연산을 정의하는 데 필요한 모든 도구를 갖추었다. 다음 절에서 그 일을 한다.

연습문제

3.1 f가 A의 원소로 된 무한수열이고, A는 $\prec$로 정렬되었다고 하자. 모든 $n \in N$에 대해 $f_n \prec f_{n+1}$으로 가정한다. 모든 $n,\ m \in N$에 대해, $n < m$이면 $f_n \prec f_m$임을 증명하라. [힌트 : 연습문제 2.11의 형태로, $k = n + 1$로 놓고 m에 관해 귀납을 사용한다.]

3.2 $(A,\ \prec)$가 선형 순서 집합이고 $p,\ q \in A$라고 하자. 만일 $p \prec q$이고 $p \prec r \prec q$인 $r \in A$이 없으면, q를 p의 **다음수**라고 부른다. 각각의 $p \in A$가 많아야 하나의 다음수를 갖는 것에 주의한다. $(A,\ \prec)$가 공집합이 아니고 다음과 같은 속성을 갖는다고 가정하자:

(a) 모든 $p \in A$는 다음수를 갖는다.

(b) A의 모든 공집합이 아닌 부분집합은 $\prec -$최소원소를 갖는다.

(c) $p \in A$가 A의 $\prec -$최소원소가 아니면, p는 어떤 $q \in A$의 다음수이다.

$(A,\ \prec)$이 $(N,\ <)$와 동형임을 증명하라. 또한 조건 (a)–(c) 중 하나라도 없으면 결론이 성립할 필요가 없음을 보여라.

3.3 순환 정리의 증명과 유사한 방식으로 정리 3.5를 증명하라.

3.4 순환 정리로부터 "매개변수" 형식의 순환 정리(정리 3.6)를 유도하라.
[힌트 : 함수 $F : N \rightarrow A^P$를 다음처럼 순환으로 정의하라 :

$$F_0 = a \in A^P;$$

$$F_{n+l} = G(F_n,\ n)$$

여기서 $C : A^P \times N \rightarrow A^P$를 $x \in A^P,\ n \in N$에 대해 $G(x,\ n)(p) = g(p,\ x(p),\ n)$로 정의하고, $f(p,\ n) = F_n(p)$로 놓는다.]

3.5 다음 형식의 순환 정리를 증명하라 :

g가 $A \times N$의 부분집합에서 A로의 함수이고, $a \in A$이라고 하자. 그러면 다음과 같은, A의 원소로 된 유일한 무한수열 f가 존재한다.

(a) $f_0 = a$;

(b) $f_{n+1} = g(f_n,\ n)$, $(n+1) \in \mathrm{dom} f$ 인 모든 $n \in N$ 에 대해;

(c) f 는 무한수열 또는 길이가 $k+1$ 인 유한수열이고, $g(f_k,\ k)$ 는 정의되지 않음.

[힌트 : $\overline{A} = A \cup \{\overline{a}\}$ 로 놓는다. 여기서 $\overline{a} \notin A$. 다음처럼 $\overline{g} : \overline{A} \times N \to \overline{A}$ 를 정의한다.

$$\overline{g}(x,\ n) = \begin{cases} g(x,\ n) & \text{정의된 경우;} \\ \overline{a} & \text{아닌 경우.} \end{cases}$$

순환 정리를 사용해서 대응하는 무한수열 $\overline{f}$ 를 구한다. 어떤 $l \in N$ 에 대해 $\overline{f_l} = \overline{a}$ 이면, 그러한 최소의 l 에 대해 $\overline{f} \restriction l$ 에 대해 고려한다.]

3.6 다음을 증명하라 : $X \subseteq N$ 이면, $\mathrm{ran} f = X$ 인 일대일 (유한 또는 무한)수열 f 가 존재한다. [힌트 : 연습문제 3.5 사용.]

4. 자연수 연산

순환 정리의 응용으로서 이제 자연수의 덧셈을 어떻게 정의하는지 보여주고, 귀납법을 사용해서 덧셈의 기본 속성을 증명한다. 비슷한 함수로 다른 산술 연산을 도입할 수 있다(연습문제 참조).

정리 4.1

다음을 만족하는 유일한 함수 $+ : N \times N \to N$ 가 존재한다.

(a) $+(m,\ 0) = m$, 모든 $m \in N$;

(b) $+(m,\ n+1) = +(m,\ n) + 1$, 모든 $m,\ n \in N$.

증명

매개변수 순환 정리에서, $A = P = N$, 모든 $p \in N$ 에 대해 $a(p) = p$, 그리고 모든 $p,\ x,\ n \in N$ 에 대해 $g(p,\ x,\ n) = x + 1$ 로 놓는다. □

(b)에서 $n = 0$ 으로 놓으면 $+(m,\ 0+1) = +(m,\ 0) + 1$ 임에 주목한다 : 그러나 (a)에 의해 $+(m,\ 0) = m$ 이고, 숫자 1의 정의에 의해 $0 + 1 = S(0) = 1$ 이다. 따라서 $+(m,\ 1) = m + 1 = S(m)$ 를 얻고, 앞에서 주장했듯이 $m \in N$ 의 다음수는 m 과 1의 합이고, 그 표기법이 정당화된다. 물론, 앞으로 $+(m.n)$ 대신 $m + n$ 으로 쓴다.

덧셈의 속성에 대한 정의를 다시 쓰면 다음과 같다.

(4.2) $$m + 0 = m.$$

(4.3) $$m + (n + 1) = (m + n) + 1.$$

순환적으로 정의된 함수의 속성은 일반적으로 귀납으로 입증된다. 하나의 사례로, 덧셈의 교환법칙을 증명한다.

정리 4.4

덧셈은 교환 가능하다; 즉, 모든 $m,\ n \in N$에 대해,

(4.5) $$m + n = n + m.$$

증명

모든 $m,\ n \in N$에 대해 (4.5)가 성립할 때 n이 교환가능하다고 하자. n에 대한 귀납으로, 모든 $n \in N$이 교환가능함을 증명한다.

0이 교환가능함은, 모든 m에 대해 $0+m = m$을 보이면 된다[4.2에 의해 $0+m = m+0$이므로]. 분명히 $0 + 0 = 0$이고, $0 + m = m$이면 $0 + (m + 1) = (0 + m) + 1 = m + 1$이고, 따라서 m에 대한 귀납으로 주장이 성립한다.

이제 n이 교환가능하면 $n + 1$도 교환가능함을 보이자. m에 대한 귀납으로 다음을 증명한다.

(4.6) $$m + (n + 1) = (n + 1) + m,\ \text{모든}\ m \in N.$$

만일 $m = 0$이면, 이미 보인 것처럼 (4.6)이 성립한다. 따라서 m에 대해 (4.6)이 성립하고, 다음을 증명하자.

(4.7) $$(m + 1) + (n + 1) = (n + 1) + (m + 1)$$

다음처럼 (4.7)을 유도할 수 있다 :

$$\begin{aligned}
(m + 1) + (n + 1) &= ((m + 1) + n) + 1 && [4.3] \\
&= (n + (m + 1)) + 1 && [n\text{이 교환가능}] \\
&= ((n + m) + 1) + 1 && [4.3] \\
&= ((m + n) + 1) + 1 && [n\text{이 교환가능}] \\
&= (m + (n + 1)) + 1 && [4.3] \\
&= ((n + 1) + m) + 1 && [m\text{에 대해 (4.6) 성립}] \\
&= (n + 1) + (m + 1) && [4.3].
\end{aligned}$$

□

자연수의 산술에 대한 상세한 전개는 이 책의 범위를 벗어난다. 관심이 있다면 이 절의 마지막에 있는 연습문제를 통해 계속 학습할 수 있으며, 그럼으로써 공리론적 집합론이 모든 일반적인 산술 법칙을 엄격하게 확립하는 힘을 가지고 있음을 스스로 확신할 수 있겠다. 연습문제를 통해서 나눗셈과 소수의 개념을 정의하고, 자연수를 소수의 곱으로 유일하게 분해하는 것 같은 기초정수론의 기본적인 결과물을 증명할 수 있다.

자연수와 그 산술을 확립한 후에는, 먼저 정수 집합 Z, 다음으로 유리수 집합 Q를 엄격하게 정의하고 그것의 산술 법칙을 도출할 수 있다. 그러한 법칙의 생성은 대수학에서 잘 알려져 있으며 대부분은 아마도 그것을 대수학으로 접했을 것이다. 완전성을 위해, 이 시점에서 학습할 수 있는 정도를, 10장 1절에서 이에 대해 자세하게 설명한다. 어쨌든, 이제부터 정수와 유리수의 산술이 엄격하게 확립된 것으로 인정한다.

자연수의 공리론적 산술에 대한 설명으로 이 절을 마무리한다. 자연수의 산술 이론을 공리적으로 전개할 수 있다. 여기서는 주세페 페아노 공리계를 사용한다. 페아노 산술에서 사용하는 무정의 개념은 상수 0, 단항 연산 S, 이항연산 $+$와 $\cdot$이다. 페아노 산술의 공리는 다음과 같다 :

(P1) $S(n) = S(m)$이면, $n = m$이다.

(P2) $S(n) \neq 0$.

(P3) $n + 0 = n$.

(P4) $n + S(m) = S(n + m)$.

(P5) $n \cdot 0 = 0$.

(P6) $n \cdot S(m) = (n \cdot m) + n$.

(P7) $n \neq 0$이면, 어떤 k에 대해 $n = S(k)$이다.

(P8) 귀납 스키마. $\mathbf{A}$를 산술의 속성이라고 하자(즉, $+$, $\cdot$, S, 0으로 표현되는 속성). 만일 0이 속성 $\mathbf{A}$를 갖고, 모든 k에 대해 $\mathbf{A}(k)$이면 $\mathbf{A}(S(k))$가 성립하면, 모든 숫자가 속성 $\mathbf{A}$를 갖는다.

앞에서 정의한 자연수와 산술 연산이 페아노 공리를 모두 만족하는지 검증하는 것은 어렵지 않다(연습문제 4.8). 증명에 필요한 사실의 대부분이 이미 입증되었다.

연습문제

4.1 덧셈의 결합법칙을 증명하라 :

$$(k+m)+n=k+(m+n),\ \text{모든}\ k,\ m,\ n\in N.$$

4.2 만일 $m,\ n,\ k\in N$ 이면, $m<n$ 이면 그리고 그때만 $m+k<n+k$.

4.3 $m,\ n\in N$ 이면 $m\leq n$ 이면 그리고 그때만 $n=m+k$ 인 $k\in N$ 이 존재한다. 이 k 는 유일하므로 그것을 n 과 m 의 차 $n-m$ 으로 나타낸다. 자연수의 뺄셈을 이렇게 정의한다.

4.4 다음을 만족하는 $N\times N$ 에서 N 으로의 유일한 함수 $\cdot$ (곱셈)이 존재한다.

$$m\cdot 0=0,\ \text{모든}\ m\in N;$$

$$m\cdot(n+1)=m\cdot n+m,\ \text{모든}\ m,\ n\in N.$$

4.5 곱셈이 교환법칙, 결합법칙, 덧셈에 대한 분배법칙을 따름을 증명하라.

4.6 $m,\ n,\ k\in N$ 그리고 $k>0$ 이면 $m<n$ 이면 그리고 그때만 $m\cdot k<n\cdot k$.

4.7 자연수의 거듭제곱을 다음처럼 정의한다 :

$$m^0=1,\ \text{모든}\ m\in N\ (\text{특히},\ 0^0=1);$$

$$m^{n+1}=m^n\cdot m,\ \text{모든}\ m,\ n\in N\ (\text{특히},\ n>0\text{에 대해}\ 0^n=0.)$$

보통의 지수법칙을 증명하라.

4.8 페아노 산술의 공리를 검증하라. 본문과 연습문제에서 필요한 결과를 찾을 수 있다.

4.9 자연수의 유한수열 $\langle k_i\mid 0\leq i<n\rangle$ 에 대해, 다음과 같도록 $\sum\langle k_i\mid 0\leq i<n\rangle$ 을 정의하라($\sum_{0\leq i<n} k_i$ 또는 $\sum_{i=0}^{n-1} k_i$ 로 더 많이 나타낸다).

$$\sum\langle\rangle=0;$$

$$\sum\langle k_0\rangle=k_0;$$

$$\sum\langle k_0,\ \ldots,\ k_n\rangle=\sum\langle k_0,\ \ldots,\ k_{n-1}\rangle+k_n,\ n\geq 1.$$

5. 연산 그리고 구조

함수 $+$, $\cdot$ 등을 일반적으로 연산이라고 한다. 이 절의 목적은 연산의 일반적인 개념을 정의하고 그 특성을 연구하는 것이다. 앞서 언급한 각 연산은 한 쌍의 객체(숫자, 집합)에 같은 종류의 세 번째 객체(그들의 합, 차, 합집합 등등)를 할당한다. 순서에 따라 차이가 있을 수 있다. 예를 들어 $7-2$와 $2-7$은 서로 다른 두 객체이다. 그러므로 다음과 같이 정의할 수 있다.

정의 5.1

S의 **이항연산**은 S^2의 부분집합에서 S로 대응하는 함수이다.

연산을 나타낼 때 보통 $+$, $\times$, $*$, $\triangle$, 등등 글자가 아닌 기호를 사용한다. $(x,\ y)$에서의 연산 $*$의 (연산 결과)값은 $*(x,\ y)$ 대신 x^*y으로 나타낸다.

또한 한 쌍의 객체가 아니라, 제곱근이나 도함수같이, 하나의 객체에 적용되는 연산도 있다. 다음과 같이 정의한다.

정의 5.2

S의 **단항연산**은 S의 부분집합에서 S로 대응하는 함수이다. S의 **삼항연산**은 S^3의 부분집합에서 S로 대응하는 함수이다.

정의 5.3

f가 S의 이항연산이고 $A \subseteq S$라고 하자. $f(x,\ y)$가 정의된 모든 $x,\ y \in A$에 대해 $f(x,\ y) \in A$를 만족하면, A는 **연산 f 아래 닫혀있다**.

단항 또는 삼항연산의 경우에도 비슷한 정의를 내릴 수 있다.

예제 5.4

(a) $+$를 모든 실수 집합에서 정의된 덧셈 연산이라고 하자. 그러면 모든 실수 a와 b에 대해 $+$가 정의된다. 모든 실수의 집합, 모든 유리수의 집합, 모든 정수의 집합은 $+$ 아래 닫혀있다. 짝수인 자연수 집합은 $+$ 아래 닫혀있지만, 홀수인 자연수 집합은 아니다.

(b) $\div$를 모든 실수 집합에서 정의된 나눗셈 연산이라고 하자. $\div$는 $b=0$인 $(a,\ b)$에 대해서는 정의되지 않는다. 모든 유리수 집합은 $\div$ 아래 닫혀있지만, 모든 정수의 집합은 아니다.

(c) S를 집합이라고 하자; S의 이항연산 $\cup_S$ 그리고 $\cap_S$를 다음처럼 정의한다,

(i) $x,\ y \in S$ 그리고 $x \cup y \in S$이면, $x \cup_S y = x \cup y$이다.

(ii) $x,\ y \in S$ 그리고 $x \cap y \in S$이면, $x \cap_S y = x \cap y$이다.

어떤 A에 대해 $S = P(A)$로 놓으면, 모든 쌍 $(x,\ y) \in S^2$에 대해 $\cup_S$ 그리고 $\cap_S$이 정의된다.

수학의 특정 분야를 개발할 때는, 일반적으로 객체 집합과 그 집합에 속한 객체 사이의 관계와 연산에 관심이 있다. 예를 들어, 정수론이나 해석학에서는 모든 자연수 또는 실수의 집합과 함께 덧셈, 곱셈, 더 작다 같은 관계 등의 연산을 연구한다. 기하학에서는 모든 점과 선과 함께 결합 구조, 두 점 사이의 관계, 교차점 연산 등을 연구한다. 이러한 상황을 추상적으로 설명하기 위해 **구조structure**라는 개념을 도입한다.

일반적으로, **구조**는 집합 A와 몇 가지 관계, 그리고 A의 연산으로 구성된다. 예를 들어, 이항관계 두 개와 이항연산 두 개(이를테면, 단항연산 하나와 이항연산 하나)를 포함하는 구조를 생각할 수 있다. A를 집합으로 두고, R_1과 R_2를 A의 이항관계, f를 A의 단항연산, g를 A의 이항연산이라고 하자. 이렇게 정의된 구조를 $5-$튜플 $(A,\ R_1,\ R_2,\ f,\ g)$ 표기를 사용해서 정의한다.

예제 5.5

(a) 모든 순서 집합은 하나의 이항관계를 갖는 구조이다.

(b) $(A,\ \cup_A,\ \cap_A,\ \subseteq_A)$은 두 개의 이항연산과 한 개의 이항관계를 갖는 구조이다.

(c) R을 모든 실수의 집합이라고 하자. $(R,\ +,\ -,\ \times,\ \div)$은 4개의 이항연산을 갖는 구조이다.

이제 구조를 일반적으로 정의해 보겠다. 2장에서 단항($1-$항), 이항($2-$항), 삼항($3-$항) 관계를 소개했다. 거기서 임의의 n에 대한 $n-$항 관계에 대해 언급하지 않은 이유는 간단하다. 그러면 임의의 자연수를 다룰 수 없기 때문이다. 이 장애물은 이제 제거되었으며, 이 절에서는 모든 자연수 n에 대해 $n-$튜플, $n-$항 관계 및 연산, $n-$겹 데카르트 곱의 정확한 정의를 내린다.

순서가 있는 순서 $n-$튜플 정의부터 시작한다. 2장 1절에서 순서쌍 $(a_0,\ a_1)$을 두 좌표 a_0 그리고 a_1을 유일하게 결정하는 집합으로 정의했음을 기억하자; 즉,

$$(a_0,\ a_1) = (b_0,\ b_1)\text{이면 그리고 그때만 } a_0 = b_0 \text{ 그리고 } a_1 = b_1.$$

a_0를 $(a_0,\ a_1)$의 첫 번째 좌표, a_1을 두 번째 좌표라고 부른다. 마찬가지로, $\boldsymbol{n}-$**튜플**

$(a_0, a_1, \ldots, a_{n-1})$은 n개의 좌표 $a_0, a_1, \ldots, a_{n-1}$으로 유일하게 결정되는 집합이다; 즉, 다음과 같아야 한다.

$(*)$ $(a_0, \ldots, a_{n-1}) = (b_0, \ldots, b_{n-1})$이면 그리고 그때만 $a_i = b_i$, 모든 $i = 0, \ldots, n-1$.

그러나 $(*)$을 만족하는 개념을 이미 소개했다 : 바로 **길이 n인 수열** $\langle a_0, a_1, \ldots, a_{n-1}\rangle$이다. 따라서 다음의 명제는, 2장의 보조정리 3.2처럼, 함수의 동치에 대한 재형식화이다.

$$\langle a_0, \ldots, a_{n-1}\rangle = \langle b_0, \ldots, b_{n-1}\rangle \text{ 이면 그리고 그때만 } a_i = b_i \text{ 모든 } i = 0, \ldots, n-1.$$

그러므로 **n–튜플**을 길이 n인 수열로 정의한 셈이다. 각각의 i, $0 \le i < n$에 대해, a_i를 $\langle a_0, a_1, \ldots, a_{n-1}\rangle$의 $(i+1)$**번째 좌표**라고 부른다. 따라서 a_0는 첫 번째 좌표, a_1은 두 번째 좌표, $\cdots$, a_{n-1}은 n번째 좌표이다. [사실, 더 일관성 있는 용어는 영 번째, 첫 번째, $\cdots$, $n-1$번째 좌표일 것이나, 평면 위에 있는 점에 대해 첫 번째, 두 번째 좌표라고 부르는 관례를 따른다.]

0–튜플은 좌표가 없는 **빈 수열** $\langle\rangle = \varnothing$이 유일함에 주목하자. 1–튜플은 $\langle a_0\rangle$ 형태이다. [즉, $\{(0, a_0)\}$ 형태의 집합이다.]; 1–튜플 $\langle a_0\rangle$를 원소 a_0로 생각하면 별문제 없다.

만일 $\langle A_i \mid 0 \le i < n\rangle$이 집합의 유한수열이면, n–겹 데카르트 곱 $\prod_{0\le i<n} A_i$은, 2장 3절에서 정의한 것처럼, $a_0 \in A_0$, $a_1 \in A_1$, $\ldots$, $a_{n-1} \in A_{n-1}$을 만족하는 모든 n–튜플 $a = \langle a_0, a_1, \ldots, a_{n-1}\rangle$의 집합이다. 만일 모든 i, $0 \le i < n$에 대해 $A_i = A$이면 $\prod_{0\le i<n} A_i = A^n$은 모든 좌표가 A에 속하는 모든 n–튜플의 집합이다.

$A^0 = \{\langle\rangle\}$이고 A^1은 A와 같은 것으로 본다는 점에 주의하라. **A에서 n-항 관계 R**은 A^n의 부분집합이다. 그리고 $\langle a_0, a_1, \ldots, a_{n-1}\rangle \in R$ 대신 $R(a_0, a_1, \ldots, a_{n-1})$로 쓴다. 비슷하게, **$A$ 위 n-항 연산 F**는 A^n의 부분집합에서 A로 가는 함수이다; $F(\langle a_0, a_1, \ldots, a_{n-1}\rangle)$ 대신 $F(a_0, a_1, \ldots, a_{n-1})$로 쓴다. 마지막으로, 순서쌍과 삼중쌍에서 이미 소개한 표기법을 일반화한다. $\mathbf{P}(x_0, x_1, \ldots, x_{n-1})$가 매개변수 $x_0, x_1, \ldots, x_{n-1}$를 갖는 속성일 때, 다음은

$$\{\langle a_0, a_1, \ldots, a_{n-1}\rangle \mid a_0 \in A_0, a_1 \in A_1, \ldots, a_{n-1} \in A_{n-1} \text{ 그리고 } P(a_0, a_1, \ldots, a_{n-1})\}$$

다음 집합을 나타낸다.

$$\{a \in \prod_{0\le i<n} A_i \mid \text{어떤 } a_0, a_1, \ldots, a_{n-1}\text{에 대해,}$$
$$a = \langle a_0, a_1, \ldots, a_{n-1}\rangle \text{ 그리고 } \mathbf{P}(a_0, a_1, \ldots, a_{n-1})\}.$$

1–항 관계는 A의 부분집합과 다르지 않고, 1–항 연산은 A의 부분집합에서 A로 가는 함수로 생각하면 된다. 0–항 관계 ($\varnothing$ 그리고 $\{\langle\rangle\}$)는 거의 사용하지 않지만, 공집합이 아닌 0–항 연산은 아주 유용하다. 이것은 $\{(\langle\rangle, a)\}$ 형태의 객체이고, 여기서 $a \in A$이다. 이것을 상수라고 부르고 앞으로 A의 원소로 취급한다[즉, $\{(\langle\rangle, a)\}$와 a는 같다].

이 절 끝의 연습문제에 이것이 관련된 개념에 대한 더 많은 정보가 포함되어 있다.

이러한 접근 방법의 문제점은 2장의 **순서쌍** $(a_0,\ a_1) = \{\{a_0\},\ \{a_0,\ a_1\}\}$이 지금 정의한 2-**튜플** $\langle a_0,\ a_1\rangle = \{(0,\ a_0),\ (1,\ a_1)\}$과 일반적으로 다르다는 것이다. 결국, 두 개의 데카르트 곱에 대한 정의 $A_0 \times A_1$ 그리고 $\prod_{0\le i<2} A_i$와 두 개의 이항관계, 이항연산 등등에 대한 정의를 갖게 되었다. 하지만 순서쌍과 2−튜플 사이에는, 좌표의 순서를 유지하는 정규화된 일대일 대응 관계가 있다. $\delta((a_0,\ a_1)) = \langle a_0,\ a_1\rangle$라고 정의하자; 그러면 δ는 $A_0 \times A_1$에서 $\prod_{0\le i<2} A_i$로의 일대일 대응 함수이고, x가 $(a_0,\ a_1)$의 첫 번째 (두 번째, 각각) 좌표이면 그리고 그때만 x는 $\langle a_0,\ a_1\rangle$의 첫 번째 (두 번째, 각각) 좌표이다. 거의 모든 경우에, 어떤 정의를 사용하든 아무런 차이가 없다. 따라서 앞으로는 순서쌍과 2−튜플을 구분하지 않는다. 삼중쌍과 3−튜플 사이의 관계 등등도 마찬가지이다. 사실, 2장의 맥락에 따라 임의의 자연수 n에 대해 $n-$튜플을 정의할 수 있다. 다음처럼 순환으로 정의한다.

$$(a_0) = a_0;$$

$$(a_0,\ a_1,\ \ldots,\ a_n) = ((a_0,\ a_1,\ \ldots,\ a_{n-1}),\ a_n),\ \text{모든 } n \in N,\ n \ge 1\text{에 대해.}$$

그러나, 정확하게는 해결할 어떤 기술적인 문제가 있다. 순환 정리가 아직 이러한 유형의 정의를 포괄할 만큼 충분히 일반적이지 않다(6장 연습문제 4.2 참조). 지금은 $n-$튜플을 다르게 정의할 필요는 없으므로, 관심 있으면 연습문제 5.17을 참조하기를 바란다. 이제부터 $\langle a_0,\ a_1,\ \ldots,\ a_{n-1}\rangle$와 $(a_0,\ a_1,\ \ldots,\ a_{n-1})$를 구분하지 않고 사용한다.

계속해서 구조의 개념을 일반화한다. 먼저, **유형** τ는 자연수의 유한수열의 순서쌍

$$(\langle r_0,\ \ldots,\ r_{m-1}\rangle,\ \langle f_0,\ \ldots,\ f_{n-1}\rangle)$$

인데, 여기서 모든 $i \le m-1,\ i \ge 0$에 대해 $r_i > 0$이다. **유형 $\boldsymbol{\tau}$의 구조**는 다음과 같은 삼중쌍이다.

$$\mathfrak{A} = (A,\ \langle R_0,\ \ldots,\ R_{m-1}\rangle,\ \langle F_0,\ \ldots,\ F_{n-1}\rangle)$$

여기서 R_i는 각각의 $i \le m-1$에 대해 A 위 r_i-항 관계이고 F_j는 각각의 $j \le n-1$에 대해 A에서 f_j-항 연산이다; 단, $f_j = 0$이면 $F_j \ne \varnothing$이어야 한다. $f_j = 0$이면, F_j는 A 위 $0-$항 연산임을 기억하라. 앞에서 언급했듯이 F_j는 상수이다, 즉, A의 한 특정한 원소이다. 예를 들어, $\mathfrak{H} = (N,\ \langle<\rangle,\ \langle 0,\ +,\ \cdot\rangle)$은 $(\langle 2\rangle,\ \langle 0,\ 2,\ 2\rangle)$ 유형의 구조이다; 하나의 이항관계, 하나의 상수 그리고 두 개의 이항연산을 수반한다. $\mathfrak{R} = (R,\ \langle\rangle,\ \langle 0,\ 1,\ +,\ -,\ \times,\ \div\rangle)$은 $(\langle\rangle,\ \langle 0,\ 0,\ 2,\ 2,\ 2,\ 2\rangle)$ 유형의 구조이다. 관계 또는 연산을 나타내는 기호를 잘 알 수 있을 때는, 흔히 구조를 $(1+m+n)-$튜플, 예를 들어 $(N,\ <,\ 0,\ +,\ \cdot)$으로 나타낸다. 집합 A를 구조 $\mathfrak{A}$의 **정의역universe**이라고 부른다.

이제 구조 이론의 아주 중요한 개념을 소개한다. (순서 집합에 관한 특정한 사례인, 2장의 정의 5.17과 비교해 보아라.)

정의 5.6

같은 τ 유형의 두 구조 $\mathfrak{A}$와 $\mathfrak{A}' = (A', \langle R'_0, \ldots, R'_{m-1}\rangle, \langle F'_0, \ldots, F'_{n-1}\rangle)$ 사이의 **동형사상**은 다음을 만족하는 A에서 A'로의 일대일 대응 함수 h이다.

(a) 모든 $a_0, \ldots, a_{r_i-1} \in A$ 그리고 $i \le m-1$에 대해 $R_i(a_0, \ldots, a_{r_i-1})$이면 그리고 그때만 $R'_i(h(a_0), \ldots, h(a_{r_i-1}))$이 성립한다.

(b) 다음 식의 양변이 모두 정의되는 경우, 모든 $a_0, \ldots, a_{f_j-1} \in A$ 그리고 $j \le n-1$에 대해 $h(F_j(a_0, \ldots, a_{f_j-1})) = F'_j(h(a_0), \ldots, h(a_{f_j-1}))$이 성립한다.

예를 들어, (A, R_1, R_2, f, g) 그리고 (A', R'_1, R'_2, f', g')가 두 개의 이항관계, 하나의 단항 연산과 하나의 이항연산을 가진 구조라고 하자. 만일 다음 모든 조건을 만족하면 h는 (A, R_1, R_2, f, g) 그리고 (A', R'_1, R'_2, f', g')의 동형사상이다 :

(a) h는 A에서 A'로의 일대일 대응 함수이다.

(b) 모든 $a, b \in A$에 대해, aR_1b 이면 그리고 그때만 $h(a)R'_1h(b)$이다.

(c) 모든 $a, b \in A$에 대해, aR_2b 이면 그리고 그때만 $h(a)R'_2h(b)$이다.

(d) 모든 $a \in A$에 대해, $f(a)$가 정의되면 그리고 그때만 $f'(h(a))$가 정의되고 $h(f(a)) = f'(h(a))$이다.

(e) 모든 $a, b \in A$에 대해, $g(a, b)$가 정의되면 그리고 그때만 $g'(h(a), h(b))$가 정의되고 $h(g(a, b)) = g'(h(a), h(b))$이다.

구조 사이에 동형사상이 존재하면 두 구조를 동형이라고 부른다.

예제 5.7

A가 모든 실수의 집합이고, $\le_A$ 는 보통의 실수 순서이며, $+$는 A의 덧셈 연산이라고 하자. A'는 모든 양의 실수의 집합이고, $\le_{A'}$ 는 보통의 양의 실수 순서이며, $\times$는 A'의 곱셈 연산이라고 하자. 두 구조 $(A, \le_A, +)$ 그리고 $(A', \le_{A'}, \times)$가 동형임을 보이자. 그러기 위해, h를 다음과 같은 함수라고 하자.

$$h(x) = e^x, \ x \in A.$$

h가 $(A, \le_A, +)$ 그리고 $(A', \le_{A'}, \times)$의 동형사상임을 증명하자. 다음을 증명해야

한다 :

(a) h는 A에서 A'로의 일대일 대응 함수이다. 그런데, h는 명백히 함수이고, $\mathrm{dom}h =$ A, 그리고 $\mathrm{ran}h = A'$이다. 또한, 만일 $x_1 \neq x_2$이면, $e^{x_1} \neq e^{x_2}$, 따라서 h는 일대일 대응 함수이다. (이 예제에서, 기초 미분적분학의 기초지식을 사용했다.)

(b) $x_1,\ x_2 \in A$이면; $x_1 \leq_A x_2$이면 그리고 그때만 $h(x_1) \leq_{A'} h(x_2)$이다. 그런데 함수 e^x는 증가함수이므로, 따라서 $x_1 \leq x_2$이면 그리고 그때만 $e^{x_1} \leq e^{x_2}$이 실제로 참이다.

(c) $x_1,\ x_2 \in A$이면; $x_1 + x_2$가 정의되면 그리고 그때만 $h(x_i) \times h(x_2)$가 정의되고 $h(x_1 + x_2) = h(x_i) \times h(x_2)$이다. 먼저, A에서 정의된 $+$, A'에서 정의된 $\times$ 모두 모든 순서쌍에 대해서 정의됨에 주목하자. 그리고, $h(x_1 + x_2) = e^{x_1+x_2} =$ $e^{x_1} \times e^{x_2} = h(x_1) \times h(x_2)$이다.

동형인 구조는, 관련된 구조의 관계와 연산에 대해 정확하게 같은 속성을 갖는다는 점 때문에 두 구조 사이의 동형사상을 설정하는 일이 중요하다. 그러므로 어떤 관계와 연산의 속성이 유일한 관심이라면 어떤 동형 구조인지는 문제가 되지 않는다.

예제 5.8

$(A,\ R)$ 그리고 $(B,\ S)$가 동형이라고 하자(R 그리고 S는 이항관계). R이 A의 순서이면 그리고 그때만 S는 B의 순서이다. A가 R의 최소원소를 가지면 그리고 그때만 B도 S의 최소원소를 갖는다.

증명

h가 $(A,\ R)$이고 $(B,\ S)$의 동형사상이라고 놓는다. R이 A의 순서라고 가정하자. S가 B의 순서임을 증명한다. 따라서, $b_1,\ b_2,\ b_3 \in B$ 그리고 $b_1Sb_2,\ b_2Sb_3$로 놓는다. h가 B로 전사함수이므로, $b_1 = h(a_1),\ b_2 = h(a_2)$ 그리고 $b_3 = h(a_3)$인 $a_1,\ a_2,\ a_3 \in A$가 존재한다. a_1Ra_2가 성립하면 그리고 그때만 $h(a_1)Sh(a_2)$ 즉 b_1Sb_2가 성립하기 때문에, a_1Ra_2 그리고 비슷하게 a_2Ra_3라고 결론 맺을 수 있다. 그러나 R이 A에서 추이이므로 a_1Ra_3이다. 그렇다면 $h(a_1)Sh(a_3)$, 즉, b_1Sb_1이다. 반사와 반대칭의 증명은 독자에 남긴다. 비슷하게, S가 B의 순서이면, R이 A의 순서임을 증명할 수 있다. 이제 A가 최소원소를 갖는다고 하자. B도 최소원소를 가짐을 보이자. A의 최소원소가 a이면, 즉, 모든 $x \in A$에 대해 aRx가 성립한다고 하자. 그러면 이어지는 논의에 의해서 $h(a)$

가 B의 최소원소이다. $y \in B$이면, (h가 B로 전사이므로) 어떤 $x \in A$에 대해 $y = h(x)$이다. 그렇다면, 이 x에 대해, aRx가 성립한다. 이에 대응해서, $h(a)Sh(x)$도 성립하고; 모든 $y \in B$에 대해 $h(a)Sy$가 성립함을 알았다. 따라서 $h(a)$는 B의 최소원소이다. □

구조 $\mathfrak{A}$에서 $\mathfrak{A}$로의 동형사상을 $\mathfrak{A}$의 **자기동형사상automorphism**이라고 한다. 정의역 $\mathfrak{A}$의 항등함수는 자명한 $\mathfrak{A}$의 자기동형사상이다. 구조 $(N, <)$이 자명하지 않은 자기동형사상을 갖지 않는다는 것은 쉽게 증명할 수 있다. 반면에, Z가 모든 정수의 집합일 때, 구조 $(Z, <)$는 자명하지 않은 자기동형사상을 갖는다. 실제로, $f_{h(x)} = x + h$인 함수 f_h, $h \in Z$가 그것이다. 자기동형사상의 몇 가지 다른 속성은 연습문제 5.12에 나열되어 있다.

고정된 구조 $\mathfrak{A} = (A, \langle R_0, \ldots, R_{m-1}\rangle, \langle F_0, \ldots, F_{n-1}\rangle)$에 대해 생각해 보자. 집합 $B \subseteq A$가 B의 원소에 어떤 연산을 적용했을 때 그 결과가 다시 B에 속하면, 즉, 모든 $j \le n-1$ 그리고 모든 $a_0, \ldots, a_{f_j-1} \in B$에 대해, F_j가 정의되고, $F_j(a_0, \ldots, a_{f_j-1}) \in B$일 때, 집합 B를 **닫혔다**고 부른다. 특히, $\mathfrak{A}$의 모든 상수가 B에 속한다. $C \subseteq A$라고 하자; $\overline{C}$로 나타내는 C의 **폐포closure**는 C의 모든 원소를 포함하는 최소 닫힌집합이다 :

$$\overline{C} = \bigcap\{B \subseteq A \mid C \subseteq B\text{이고 }B\text{는 닫힌집합}\}$$

A는 C를 포함하는 닫힌집합이므로, 교집합으로 정의하는 $\overline{C}$는 공집합이 아님에 주의하자. $\overline{C}$가 닫혔음을 보이기는 자명하다; 그러면 정의에 따라 $\overline{C}$는 실제로 C를 포함하는 최소 닫힌집합이다.

예제 5.9

(a) $\mathfrak{A}$가 연산을 포함하지 않으면, 모든 집합 $B \subseteq A$는 닫혔다.

(b) R이 모든 실수의 집합이고 $C = \{0\}$이라고 하자. 모든 자연수의 집합 N은 구조 (R, f)에서 C의 폐포이다. 여기서 f는 다음처럼 정의된 다음수 함수이다.

$$\text{모든 실수 }x\text{에 대해, } f(x) = x + 1.$$

(c) $C = \{0, 1\}$이라고 하자; 모든 정수의 집합 Z는 구조 $(R, +, -)$ 또는 $(R, +, -, \times)$에서 C의 폐포이다.

(d) 모든 유리수의 집합 Q는 $(R, 0, 1, +, -, \times, \div)$에서 $\varnothing$의 폐포이다.

닫힘은 대수학, 논리학 그리고 기타 수학 분야에서 중요한 개념이다. 다음 정리는 "아래서부터" 집합의 닫힘을 구성하는 방법을 보여준다.

정리 5.10

$\mathfrak{A} = (A, \langle R_0, \ldots, R_{m-1} \rangle, \langle F_0, \ldots, F_{n-1} \rangle)$는 구조이고 $C \subseteq A$라고 하자. 수열 $\langle C_i \mid i \in N \rangle$을 다음처럼 순환으로 정의하면

$$C_0 = C;$$
$$C_{i+1} = C_i \cup F_0[C_i^{f_0}] \cup \cdots \cup F_{n-1}[C_i^{f_{n-1}}],$$

$\overline{C} = \bigcup_{i=0}^{\infty} C_i$ 이다.

물론, 표기 $A_0 \cup \cdots A_{n-1}$은 $\bigcup_{0 \le i < n} A_i$을 풀어서 쓴 것이다. 모든 i에 대해 $\overline{C} \subseteq C_{i+1}$인 것을 고려하면, 수열 $\langle C_i \mid i \in N \rangle$은 비감소 수열이다(연습문제 3.1 참조).

증명

$\widetilde{C} = \bigcup_{i=0}^{\infty} C_i$라고 하자. $\overline{C} \subseteq \widetilde{C}$임을 증명해야 한다. 그런데, $\widetilde{C} \supseteq C_0 = C$이므로 $\widetilde{C}$가 닫혔음을 보이면 차례로 해결된다. 따라서 $j < n$ 그리고 $a_0, \ldots, a_{f_j - 1} \in \widetilde{C}$로 놓자. 합집합의 정의로부터 각각의 a_r이 [$0 \le r \le f_j - 1$에 대해] 어떤 C_i에 속함을 알 수 있다; i_r은 $a_r \in C_i$인 최소원소 $i \in N$이다.

자연수의 유한수열 $\langle i_r \mid 0 \le r \le f_j - 1 \rangle$의 치역은 최대원소 $\bar{i}$를 포함한다(이것은 귀납으로 쉽게 증명할 수 있다; 연습문제 5.13 참조). $\langle C_i \mid i \in N \rangle$이 비감소 수열이므로, 모든 $r \le f_j - 1$, $r \ge 0$에 대해, $a_r \in C_{i_r} \subseteq C_{\bar{i}}$를 얻는다. $F_j(a_0, \ldots, a_{f_j - 1})$이 정의되면, 그것이 $F_j[C_{\bar{i}}^{f_j}] \subseteq C_{\bar{i}+1} \subseteq \widetilde{C}$에 속한다는 결론을 얻으므로, 따라서 $\widetilde{C}$는 닫혔다.

이제 반대 방향의 포함관계 $\widetilde{C} \subseteq \overline{C}$를 증명하는 일이 남았다. 분명히, $C_0 = C \subseteq \overline{C}$이다. 만일 $C_i \subseteq \overline{C}$이면, C가 닫혔으므로 모든 $j \le n-1$에 대해 $F_j[C_i^{f_j}] \subseteq \overline{C}$이므로, 동시에 $C_{i+l} \subseteq \overline{C}$이다. 귀납법에 따라서 $i \in N$에 대해 $C_i \subseteq \overline{C}$이고, 마지막으로, 원하는 결과대로 $\widetilde{C} = \bigcup_{i=0}^{\infty} C_i \subseteq \overline{C}$이다. □

닫힘의 모든 원소가 어떤 속성 **P**를 가짐을 증명하는 데 자주 사용되는 정리로 이 절을 마무리한다. 이것은 귀납법의 일반화로 볼 수 있는데, 결국 구조 (N, S)(S는 다음수 연산) 그리고 $C = \{0\}$의 특별한 경우이다.

정리 5.11

$\mathbf{P}(x)$가 어떤 속성이라고 하자. 다음을 가정하면,

(a) 모든 $a \in C$에 대해, $\mathbf{P}(a)$가 성립한다.

(b) 모든 $j \leq n\ 1$에 대해, $\mathbf{P}(a_0),\ \ldots,\ \mathbf{P}(a_{f_j-1})$가 성립하고 $F_j(a_0,\ \ldots,\ a_{f_j-1})$가 정의되면, $\mathbf{P}(F_j((a_0,\ \ldots,\ a_{f_j-1})))$이 성립한다.

그러면 $x \in \overline{C}$에 대해 $\mathbf{P}(x)$가 성립한다.

증명

가정 (a) 그리고 (b)에 의해서 $B = \{x \in A \mid \mathbf{P}(x)\}$는 닫혀있고 $C \subseteq B$이다. □

연습문제

5.1 다음 중 실수의 덧셈, 뺄셈, 곱셈, 나눗셈 연산에서 닫혀있는 집합은 무엇인가?

(a) 모든 양의 정수의 집합.

(b) 모든 정수의 집합.

(c) 모든 유리수의 집합.

(d) 모든 음의 유리수의 집합.

(e) 공집합.

5.2 *가 A의 이항연산이라고 하자.

(a) 모든 $a,\ b \in A$에 대해, a^*b가 정의되면 b^*a도 정의되고 $a^*b = b^*a$일 때, $*$는 **교환법칙**이 성립한다고 부른다.

(b) 모든 $a,\ b,\ c \in A$에 대해 등식 $(a^*b)*c = a^*(b^*c)$의 한 변이 정의되면 (다른 한 변도 반드시 정의되고) 등식 또한 성립할 때, *는 **결합법칙**이 성립한다고 부른다.

이 절에서 언급한 연산 중에서 어떤 것이 교환법칙 또는 결합법칙이 성립하는가?

5.3 * 그리고 $\triangle$이 A의 연산이라고 하자. 모든 $a,\ b,\ c \in A$에 대해 등식 $a * (b\triangle c) = (a^*b)\triangle(a^*c)$의 한 변이 정의되면 (다른 한 변도 반드시 정의되고) 등식 또한 성립할 때, *는 $\triangle$에 대한 **분배법칙**이 성립한다고 부른다. 예를 들어, 실수의 곱셈은 덧셈에 대한 분배법칙이 성립하지만, 덧셈은 곱셈에 대한 분배법칙이 성립하지 않는다.

5.4 $A \neq \varnothing,\ B = P(A)$라고 하자. $(B,\ \cup_B,\ \cap_B)$ 그리고 $(B,\ \cap_B,\ \cup_B)$가 동형인 구조임을 보여라. [힌트 : $h(x) = B - x$로 놓는다; 첫 번째 구조의 $\cup_B$가 두 번째 구조의 $\cap_B$에

대응하고 역도 마찬가지임에 주목하라.]

5.5 표기법은 예제 5.7을 참조하라.

(a) $a+a=a$ (즉, $a=0$)인 실수 $a \in A$가 존재한다. $a' \times a' = a'$인 $a' \in A'$가 존재함을 증명하라. 그리고 그 a'를 찾아라.

(b) 모든 $a \in A$에 대해 $a+b=0$인 $b \in A$가 존재한다. 모든 $a' \in A'$에 대해 $a' \times b' = 1$인 $b' \in A'$가 존재함을 증명하라. 그리고 그 b'를 찾아라.

5.6 Z^+ 그리고 Z^-가 각각 모든 양의 정수 집합과 음의 정수 집합이라고 하자. $(Z^+, <, +)$가 $(Z^-, >, +)$와 동형임을 보여라(여기서 $<$는 정수의 보통 순서이다).

5.7 R을 모든 $n-$튜플을 원소로 하는 집합이라고 하자. 어떤 A에 대해 R이 A의 $n-$항 관계임을 증명하라.

5.8 A의 모든 $n-$항 연산 F에 대해 $F(a_0, \ldots, a_{n-1}) = a_n$인 유일한 $(n+1)-$항 관계 $R \in A$가 존재하면 그리고 그때만 $R(a_0, \ldots, a_{n-1}, a_n)$가 성립한다.

5.9 $B = \prod_{0 \le i < n} A_i$라고 하자; B에서 자신의 $(i+1)-$번째 좌표 집합 위로의 **정사영**은 함수 $\pi_i : B \to A$, $\pi_i(a) = a_i$이다. π_i가 A_i로의 전사함수이고 또한 $a = \langle \pi_0(a), \ldots, \pi_{n-1}(a) \rangle$임을 증명하라. 더 일반적으로,

(a) 어떤 $f : C \to B$에 대해, $f_i = \pi_i \circ f$, $0 \le i < n$이라고 하자. 그러면 $f_i : C \to A_i$이고, $f(c) = \langle f_0(c), \ldots, f_{n-1}(c) \rangle$이다.

(b) 주어진 $f_i : C \to A_i$, $0 \le i < n$에 대해, $f : C \to B$를 $f(c) = \langle f_0(c), \ldots, f_{n-1}(c) \rangle$로 정의하면. $f_i = \pi_i \circ f$이다.

5.10 $\displaystyle\prod_{0 \le i < n} A_i \ne \varnothing$이면 그리고 그때만 모든 $i \ge 0$, $i < n$에 대해 $A_i \ne \varnothing$이다. [힌트 : 귀납.]

5.11 $B = \mathrm{Seq}(A)$라 하자; B의 함수 $length : B \to N$, 그리고 연산 $head$, $tail$, $*$ (접합), $conv$ (역전)를 다음처럼 정의한다 :

$$length(\langle a_0, \ldots, a_{m-1} \rangle) = m;$$

$$head(\langle a_0, \ldots, a_{m-1} \rangle) = a_0 \ (m \ge 1);$$

$$tail((\langle a_0, \ldots, a_{m-1} \rangle)) = \langle a_0, \ldots, a_{m-1} \rangle \ (m \ge 1);$$

$$\langle a_0, \ldots, a_{m-1} \rangle * \langle b_0, \ldots, b_{m-1} \rangle = \langle c_0, \ldots, c_{m+n-1} \rangle$$

여기서 $0 \le i < m$에 대해서 $c_i = a_i$이고 $m \le i \le m+n-1$에 대해서 $c_i = b_{i-m}$;
$conv(\langle a_0, \ldots, a_{m-1} \rangle) = \langle b_0, \ldots, b_{m-1} \rangle$ 여기서 $0 \le i \le m-1$에 대해서 $b_i = a_{m-i-1}$.

$a,\ b,\ c \in B$에 대해 다음을 증명하라.

$$\begin{aligned} length(a^*b) &= length(a) + length(b); \\ length(tail(a)) &= length(a) - 1; \\ a &= head(a)^*tail(a); \\ head(a^*b) &= head(a); \\ tail(a^*b) &= tail(a)^*b; \\ a^*(b^*c) &= (a^*b)^*c; \\ conv(conv(a)) &= a; \\ conv(a) &= conv(tail(a))^*head(a). \end{aligned}$$

5.12 $\mathfrak{A}$, $\mathfrak{B}$, 그리고 $\mathfrak{C}$가 유형 τ 구조라고 하자. 다음을 증명하라.

(a) $\mathfrak{A}$는 $\mathfrak{A}$와 동형이다.

(b) $\mathfrak{A}$와 $\mathfrak{B}$가 동형이면 $\mathfrak{B}$와 $\mathfrak{A}$도 동형이다.

(c) $\mathfrak{A}$와 $\mathfrak{B}$가 동형이고 $\mathfrak{B}$와 $\mathfrak{C}$가 동형이면, $\mathfrak{A}$와 $\mathfrak{C}$도 동형이다.

계속해서 다음을 증명하라.

(d) 정의역이 $\mathfrak{A}$인 항등함수는 $\mathfrak{A}$의 자기동형사상이다.

(e) f 그리고 g가 $\mathfrak{A}$의 자기동형사상이면, $f \circ g$ 또한 $\mathfrak{A}$의 자기동형사상이다.

(f) f가 $f \circ g$의 자기동형사상이면,f^{-1} 또한 $\mathfrak{A}$의 자기동형사상이다.

5.13 $\langle k_0,\ \ldots,\ k_{n-1}\rangle$이 길이가 $n \geq 1$인, 자연수의 유한수열이라고 하자. 그러면 치역 $\{k_0,\ \ldots,\ k_{n-1}\}$은 (크기에 의한 자연수의 표준 순서에 따른) 최대원소를 갖는다. [힌트 : 수열의 길이에 대한 귀납 사용.]

5.14 다음에 대한 정리 5.10의 집합$C_0,\ C_1,\ C_2$, 그리고 C_3를 구성하라.

(a) $\mathfrak{A} = (R,\ S)$ 그리고 $C = \{0\}$.

(b) $\mathfrak{A} = (R,\ +,\ -)$ 그리고 $C = \{0,\ 1\}$.

5.15 $R \subseteq A^2$이 이항관계라고 하자. A^2 위의 이항연산 F_R을 다음처럼 정의한다.

$a_2 = b_1$ 이면 $F_R((a_1,\ a_2),\ (b_1,\ b_2)) = (a_1,\ b_2)$ (아닌 경우는 정의되지 않는다).

$(A^2,\ F_R)$의 폐포 R이 추이인 관계임을 보여라. 만일 R이 반사이고 대칭이면, 이 닫힌 집합이 동치관계임을 보여라.

5.16 $B = \text{Seq}(A)$이고 여기서 $A = \{a,\ b,\ c,\ \ldots,\ x,\ y,\ z\}$가 영문 알파벳의 모든 글자 집합이라고 하자. 연습문제 5.11을 참조하라. A의 원소로 된 길이 1인 수열을 확인하고, $A \subseteq B$임을 보여라. 이제 F가 다음처럼 정의된 이항관계라고 하자 :

$\overline{x},\ \overline{y} \in B$ 그리고 $\overline{y} \in A$ (즉, 길이 1)이면 $F(\overline{x},\ \overline{y}) = \overline{y} * \overline{x} * \overline{y}$ (아닌 경우는 F 정의되지 않는다).

C는 구조 $(B,\ F)$에서 A의 폐포이다. 모든 $c \in C$에 대해 $c = conv(c)$임을 증명하라. (C의 원소를 팰린드롬 또는 회문이라 부른다.)

[힌트 : 정리 5.11 사용.]

5.17 다음을 만족하는 $n-$튜플을 정의하라.

(a) $(a_0) = a_0$.

(b) 모든 $n \geq 1,\ (a_0,\ a_1,\ \ldots,\ a_n) = ((a_0,\ a_1,\ \ldots,\ a_{n-1}),\ a_n)$

[힌트 : 다음을 만족하는 유한수열 f 그리고 길이 n인$\langle a_0,\ a_1,\ \ldots,\ a_{n-1}\rangle$이 존재할 때, a를 $n-$튜플이라고 부른다.

(i) $f_0 = a_0$.

(ii) $f_{i+1} = (f_i,\ a_{i+1})$, 모든 $i < n-1,\ i \geq 0$에 대해.

(iii) $a = f_{n-1}$.

모든 $n-$튜플 a에 대해 (i), (ii), (iii)을 만족하는 유한수열 f와 길이 n인 $\langle a_0,\ a_1,\ \ldots,\ a_{n-1}\rangle$의 유일한 쌍이 존재함을 보여라; 그러면 $a = (a_0,\ a_1,\ \ldots,\ a_{n-1})$으로 쓸 수 있다. 모든 길이 n인 유한수열 $\langle a_0,\ a_1,\ \ldots,\ a_{n-1}\rangle$에 대해 유일한 $n-$튜플 $a = (a_0,\ a_1,\ \ldots,\ a_{n-1})$이 존재함을 보여라. 다음으로 (a) 그리고 (b)를 증명하라.]

제 4 장

유한, 셀 수 있는, 셀 수 없는 집합

1. 집합의 기수

순수 집합론의 관점에서, 어떤 집합에 관한 가장 기본적인 질문은 다음과 같다 : 그 집합에 포함된 원소가 몇 개인가? 숫자에 대해 아무것도 모르더라도 기본적으로 "집합 A와 B는 원소의 개수가 같다"는 주장을 정의할 수 있어 보인다.

어떻게 그러한지 확인하기 위해서, 어떤 연극 공연의 모든 관객 집합이 모든 좌석 집합과 같은 개수의 원소를 갖는지 아닌지를 결정하는 문제를 생각해 보자. 답을 찾기 위해 좌석 안내원이 관객이나 좌석의 개수를 셀 필요가 없다. 모든 관객이 단 하나의 좌석에 앉고, 각 좌석은 단 한 명의 관객이 자리를 차지하고 있는지 확인하는 것으로 충분하다.

정의 1.1

정의역 A, 치역 B인 일대일 대응 함수 f가 존재하면, 집합 A와 B는 **대등equipotent하다(기수가 같다)**. 대등한 집합은 $|A| = |B|$로 나타낸다.

예제 1.2

(a) $\{\varnothing, \{\varnothing\}\}$와 $\{\{\{\varnothing\}\}, \{\{\{\varnothing\}\}\{\{\{\varnothing\}\}\}\}\}$는 대등하다;
$f(\varnothing) = \{\{\varnothing\}\}$. $f(\{\varnothing\}) = \{\{\{\varnothing\}\}\}$로 놓는다.

(b) $\{\varnothing\}$와 $\{\varnothing, \{\varnothing\}\}$는 대등하지 않다.

(c) 모든 양의 실수 집합은 모든 음의 실수 집합과 대등하다; 모든 양의 실수 x에 대해 $f(x) = -x$로 놓는다.

정리 1.3

(a) A는 A와 대등하다.

(b) A가 B와 대등하면, B도 A와 대등하다.

(c) A가 B와 대등하고 B가 C와 대등하면, A도 C와 대등하다.

증명

(a) ld_A는 A에서 A로의 일대일 대응 함수이다.

(b) f가 A에서 B로의 일대일 대응 함수이면, f^{-1}는 B에서 A로의 일대일 대응 함수이다.

(c) f가 A에서 B로의 일대일 대응 함수이고 g가 B에서 C로의 일대일 대응 함수이면, $g \circ f$는 A에서 C로의 일대일 대응 함수이다. □

비슷하게, 다음 정의 역시 매우 직관적이다.

정의 1.4

A에서 B로의 일대일 함수가 존재하면, **A의 기수는 B의 기수보다 작거나 같다** : ($|A| \le |B|$.)

$|A| \le |B|$는, B의 어떤 부분집합 C에 대해서 $|A| = |C|$라는 것을 의미한다. 또한 $|A| \le |B|$는 $|A| \le |B|$이지만 $|A| = |B|$는 아니라는 것을 의미한다. 즉 A에서 B의 부분집합으로 가는 일대일 대응은 있지만, A에서 B로 가는 일대일 대응은 존재하지 않는다. 이 말이 A에서 B의 진부분집합으로 가는 일대일 대응 함수가 존재한다는 말과 같지 않다는 점에 주의해야 한다. 예를 들어 집합 N에서 N의 진부분집합으로 가는 일대일 대응 함수가 존재하지만(3장 연습문제 2.3), 물론 $|N| = |N|$이다.

정리 1.3에 의하면 $|A| = |B|$라는 속성이 동치관계처럼 작동한다는 것을 알 수 있다 : 기수는 반사, 대칭, 그리고 추이 성질을 가지고 있다. 다음으로 속성 $|A| \le |B|$가 대등에서 "동치 클래스"에 대한 순서처럼 작동한다는 것을 알아본다.

보조정리 1.5

(a) $|A| \le |B|$ 그리고 $|A| = |B|$이면, $|C| \le |B|$.

(b) $|A| \le |B|$ 그리고 $|B| = |C|$이면, $|A| \le |C|$.

(c) $|A| \le |A|$.

(d) $|A| \leq |B|$ 그리고 $|B| \leq |C|$이면, $|A| \leq |C|$.

증명

연습문제 1.1. □

$\leq$가 반사이고 추이임을 알았다. 그렇다면 반대칭에 대해 알아보는 일이 남았다. 다른 성질과 다르게 이것은 주요한 정리이다.

1.6 칸토어–베른슈타인Cantor–Bernstein 정리

$|X| \leq |Y|$ 그리고 $|Y| \leq |X|$이면, $|X| = |Y|$.

증명

만일 $|X| \leq |Y|$이면, X에서 Y로의 일대일 함수 f가 존재한다; 만일 $|Y| \leq |X|$이면, Y에서 X로의 일대일 함수 g가 존재한다. $|X| = |Y|$를 보이기 위해서, X에서 Y로의 일대일 대응 함수를 찾아야 한다.

먼저 f를 적용한 후 g를 적용한다; 함수 $g \circ f$에서 X에 X로의 함수이고 일대일이다. 명백히, $g[f[X]] \subseteq g[Y] \subseteq X$; 게다가, f 그리고 g가 일대일이므로, $|X| = |g[f[X]]|$ 그리고 $|Y| = |g[Y]|$이다. 그러므로 다음 보조정리 1.7($A = X,\ B = g[Y],\ A_1 = g[f[X]]$)에 의해서 정리가 성립한다. □

보조정리 1.7

$A_1 \subseteq B \subseteq A$ 그리고 $|A_1| = |A|$이면, $|B| = |A|$.

증명은 다음 그림을 참고하여 진행한다 :

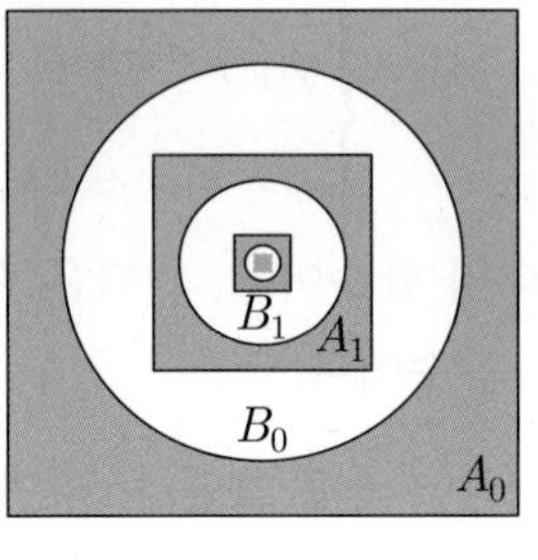

증명

f가 A에서 A_1으로의 일대일 대응 함수라고 하자. 귀납으로, 수열의 집합 두 개를 정의한다 :

$$A_0,\ A_1,\ \ldots,\ A_n,\ \ldots$$

그리고

$$B_0,\ B_1,\ \ldots,\ B_n,\ \ldots$$

(그림에서, A_n은 사각형, B_n은 원형이다.) 다음으로 놓고

$$A_0 = A,\ B_0 = B,$$

각각의 n에 대해,

$$(*) \quad A_{n+1} = f[A_n],\ B_{n+1} = f[B_n].$$

$A_0 \supseteq B_0 \supseteq A_1$이므로, (*)와 귀납에 의해, 각각의 n에 대해, $A_n \supset A_{n+1}$. 각각의 n에 대해, 다음으로 놓으면

$$C_n = A_n - B_n,$$

그리고

$$C = \bigcup_{n=0}^{\infty} C_n,\ D = A - C.$$

(C는 그림의 회색 영역) (*)에 의해, $f[C_n] = C_{n+1}$이므로, 따라서

$$f[C] = \bigcup_{n=1}^{\infty} C_n.$$

이제 A에서 B로의 일대일 대응 함수 g를 정의할 준비가 되었다 :

$$g(x) = \begin{cases} f(x) & x \in C; \\ x & x \in D. \end{cases}$$

$g \restriction C$ 그리고 $g \restriction D$ 모두 일대일 함수이고, 치역은 서로소이다. 따라서 g는 A에서 $f[C] \cup D = B$로의 일대일 대응 함수이다. □

이제 $\leq$가 순서의 모든 속성을 가졌다는 것을 알았다. 자연스럽게 그것이 선형인지 즉, 다음이 성립하는지 논의해 보자.

(e) 모든 A 그리고 B에 대해, $|A| \leq |B|$ 또는 $|B| \leq |A|$.

(e)를 증명하는데 선택 공리가 필요한 것으로 알려져 있다. 이 주제는 8장에서 다시 다루기로

한다; 그때까지, 어떤 증명에도 (e)를 사용하지 않는다.

지금까지, 기수가 실제로 무엇인지 정의하지 않고 기수의 기본 속성을 설정했다. 원칙적으로, $|A|$를 정의하지 않고, 이러한 맥락에서 $|A| = |B|$ 그리고 $|A| \leq |B|$라는 속성에 관해서 계속 연구하는 것이 가능하다; $|A| = |B|$를 "A가 B와 대등하다"라는 등의 속성을 간단히 줄인 것으로 볼 수 있다. 그러나 $|A|$를 "집합 A의 원소 개수"를 집합론의 실제 객체, 즉 어떤 집합으로 정의하는 것이 개념적으로 그리고 표기를 하는 데도 유용하다. 따라서 다음과 같이 가정한다.

가정 1.8

다음 성질을 만족하는 **기수cardinal number**(또는 **카디널 수**)라 부르는 집합이 존재한다 : 모든 집합 X에 대해 유일한 기수 $|X|$ (**X의 기수** 또는 **X의 카디널리티**)가 존재하며, 집합 X 그리고 Y가 대등하면 그리고 그때만 $|X|$와 $|Y|$가 같다.

실제로, 서로 대등한 집합의 각 클래스에 대해 유일한 "대표"가 존재한다고 가정한다. 이 가정은 편의를 위해서만 사용하고, 이것 없이도 모든 정리를 형식화하고 증명할 수 있다는 점에서 해롭지 않다. 이 가정은 실제로 선택 공리의 도움으로 증명될 수 있고, 8장에서 그 일을 한다. 더욱이, 어떤 특정한 유형의 집합에 대해서는 선택 공리 없이도 기수를 정의하고 이 가정을 증명할 수 있다. 가장 중요한 경우가 바로 유한집합이다.

다음 절에서 유한집합과 그 기수를 자세히 연구한다.

연습문제

1.1 보조정리 1.5를 증명하라.

1.2 다음을 증명하라 :

(a) $|A| < |B|$ 그리고 $|B| \leq |C|$이면, $|A| < |C|$.

(b) $|A| \leq |B|$ 그리고 $|B| < |C|$이면, $|A| < |C|$.

1.3 $A \subseteq B$이면, $|A| \leq |B|$.

1.4 다음을 증명하라 :

(a) $|A \times B| = |B \times A|$.

(b) $|(A \times B) \times C| = |A \times (B \times C)|$.

(c) $B \neq \varnothing$이면, $|A| \leq |A \times B|$.

1.5 $|S| \le |P(S)|$임을 보여라. [힌트 : $|S| = |\{\{a\} \mid a \in S\}|$.]

1.6 임의의 A 그리고 $S \neq \varnothing$에 대해, $|A| \le |A^S|$. [힌트 : 상수함수 사용.]

1.7 $S \subseteq T$, then $|A^S| \le |A^T|$; 특히, $n \le m$이면 $|A^n| \le |A^m|$. [힌트 : $T - S$에서 정의된 고정된 상수값을 갖는 함수를 사용.]

1.8 $|S| \ge 2$이면 $|T| \le |S^T|$. [힌트 : $u,\ v \in S,\ u \neq v$로 놓고, 각각의 $t \in T$에 대해서 $f_t(t) = u$ 아니면 $f_t(x) = v$인 함수 $f_t : T \to S$를 사용.]

1.9 $|A| \le |B|$이고 A가 공집합이 아니면 B에서 A로 가는 전사함수 f가 존재한다.

칸토어–베른슈타인 정리와 같은 근본적이고 일반적인 결과의 증명에 자연수와 같은 특정 집합을 사용해야 한다는 점은 다소 특이해 보이나, 사실 그렇지 않다. 다음 일련의 연습문제는 대체 증명으로 이어지는데, 그 과정에서, 그 자체로 중요한 결과인, 단조함수의 고정점이라는 속성을 알게 된다.

F가 $P(A)$에서 $P(A)$로의 함수라고 하자. $F(X) = X$인 집합 $X \subseteq A$를 F의 **고정점**이라고 부른다. $X \subseteq Y \subseteq A$이면 $F(X) \subseteq F(Y)$일 때 함수 F를 **단조monotone**라고 부른다.

1.10 $F : P(A) \to P(A)$가 단조함수라고 하자. F는 고정점을 갖는다. [힌트 : $T = \{X \subseteq A \mid F(X) \subseteq X\}$놓는다. $T \neq \varnothing$임에 주목하자. $\overline{X} = \cap T$로 놓고 $\overline{X} \in T,\ F(\overline{X}) \in T$임을 증명한다. 그러므로, $F(\overline{X}) \subset \overline{X}$일 수 없다.)

1.11 연습문제 1.10을 사용해서 칸토어–베른슈타인 정리를 다른 방법으로 증명하라. [힌트 : 다음에 따라 보조정리 1.7을 증명하라: $F : P(A) \to P(A),\ F(X) = (A - B) \cup f[X]$로 놓고, F가 단조임을 보인다. C를 F의 고정점 즉, $C = (A - B) \cup f[C]$로, $D = A - C$로 놓는다. g를 본래 증명처럼 정의하고, 이 함수가 B로 일대일 대응임을 보인다.]

1.12 연습문제 1.10의 $\overline{X}$가 F의 최소 고정점임을 증명한다. 즉, 어떤 $X \subseteq A$에 대해 $F(X) = X$이면 $X \subseteq X$ 임을 보인다.

나머지 연습문제는 두 증명이 결국 크게 다르지 않다는 것을 보여준다.

A의 부분집합의 모든 비감소 수열에 대해 $F(\bigcup_{i \in N} X_i) = \bigcup_{i \in N} F(X_i)$가 성립하면 함수 $F : P(A) \to P(A)$는 연속이다. (모든 $i \le j$에 대해 $X_i \subseteq X_j$가 성립하면, $\langle X_i \mid i \in N \rangle$는 비감소이다.)

1.13 연습문제 1.11의 함수 F는 연속이다. [힌트 : 2장 연습문제 3.12 참조.]

1.14 $\overline{X}$가 연속인 단조 함수 $F : P(A) \to P(A)$의 최소 고정점이면, $\overline{X} = \bigcup_{i \in N} X_i$이다. 여기서 귀납적으로 $X_0 = \varnothing,\ X_{i+1} = F(X_i)$로 정의된다.

연습문제 1.14의 $F(X) = (A - B) \cup f[X]$에 대한 최소 고정점 생성과 보조정리 1.7을 반드시 비교해 보아라.

2. 유한집합

유한집합은 크기가 자연수인 집합으로 정의할 수 있다.

정의 2.1

집합 S가 어떤 자연수 $n \in N$과 대등하면 **유한**하다. 그 경우 $|S| = n$으로 정의하고 S는 **n개의 원소를 갖는다**고 말한다. 유한하지 않은 집합이 무한집합이다.

정의에 따르면, 유한집합의 기수는 자연수이다. 명백히, 하나의 자연수는 그 자체가 유한집합이고 모든 $n \in N$에 대해 $|n| = n$이다. 그러나 유한집합의 기수가 유일한지 확인해야 한다. 보조정리 2.2가 그것이다.

보조정리 2.2

$n \in N$이면 n에서 진부분집합 $X \subset n$로 가는 일대일 대응 함수는 존재하지 않는다.

증명

n에 관한 귀납법을 사용한다. $n = 0$에 대해, 가정은 자명하게 참이다. n에 대해 참이라고 가정하고, $n+1$에 대해 증명한다. 만일 $n+1$에 대해 가정이 거짓이면, $n+1$에서 어떤 $X \subset n+1$로 가는 일대일 대응 함수 f가 존재한다. 두 가지 경우가 가능하다: $n \notin X$ 또는 $n \notin X$. 만일 $n \notin X$이면, $X \subseteq n$이고 $f \restriction n$은 n에서 n의 진부분집합 $X - \{f(n)\}$으로 가는 전사함수이고, 이는 가정에 모순된다. 만일 $n \notin X$이면, 어떤 $k \le n$에 대해 $n = f(k)$이다. n위의 함수 g를 다음처럼 정의해 보자 :

$$g(i) = \begin{cases} f(i) & \text{모든 } i \neq k,\ i < n; \\ f(n) & i = k < n\text{인 경우.} \end{cases}$$

이 함수 g는 n에서 n의 진부분집합 $X - \{n\}$으로 가는 일대일 대응 함수이고, 이 역시 가정에 모순된다. □

따름정리 2.3

(a) $n \neq m$이면, n에서 m으로 가는 일대일 대응 함수는 존재하지 않는다.

(b) $|S| = n$ 그리고 $|S| = m$이면, $n = m$이다.

(c) N은 무한집합이다.

증명

(a) 만일 $n \neq m$이면, 3장 연습문제 2.7에 의해, $n \subset m$ 또는 $m \subset n$이고, 따라서 n에서 m으로 가는 일대일 대응 함수는 존재하지 않는다.

(b) (a)에 따라 성립한다.

(c) 3장 연습문제 2.7에 의해, 다음수 함수는 N에서 N의 진부분집합 $N - \{0\}$으로 가는 일대일 대응 함수이다. □

또 다른 주목할 만한 사실로, 만일 $m,\ n \in N$ 그리고 $m < n$(3장에서 정의한 자연수의 크기에 의한 보통의 순서) 이면, $m \subset n$이고, 따라서 $m = |m| < |n| = n$이다. 여기서 $<$는 앞 절에서 정의한 기수의 순서이다. 그러므로, 두 가지 순서를 구분할 필요가 없고, 둘 다 $<$로 나타내기로 한다.

이 절의 나머지 부분에서 유한집합과 기수의 속성을 더 자세히 연구한다.

정리 2.4

만일 X가 유한집합이고 $Y \subseteq X$이면 Y도 유한집합이다. 또한 $|Y| \leq |X|$이다.

증명

$X = \{x_0,\ \ldots,\ x_{n-1}\}$이라고 가정하자, 여기서 $\langle x_0,\ \ldots,\ x_{n-1}\rangle$은 일대일 수열이고, Y는 공집합이 아니다. Y가 유한임을 보이기 위해서, 치역이 Y인 일대일 유한수열을 생성한다. 3장 연습문제 3.5 버전의 순환 정리를 사용한다. 다음과 같이 놓는다.

$k_0 = x_k \in Y$인 최소 k;

$k_{i+1} = k > k_i,\ k < n,$ 그리고 $x_k \in Y$ (이러한k가 있는 경우)인 최소 k.

이 정의가 3장 연습문제 3.5 형식을 따른다는 것을 입증하는 일은 연습으로 남긴다. [힌트 : $A = n = \{0,\ 1,\ \ldots,\ n-1\}$; $a = \min\{k \in n \mid x_k \in Y\}$; $g(t,\ i) = \min\{k \in n \mid k > t$ 그리고 $x_k \in Y\}$ 이러한 k가 있는 경우; 그 외에는 정의되지 않음.] 이것은 수열 $\langle k_0,\ \ldots,\ k_{n-1}\rangle$을 정의한다. $i < m$에 대해 $y_i = x_k$로 놓으면, $Y = \{y_i \mid i < m\}$

이다. $m \leq n$임을 스스로 증명해 보기 바란다. (귀납으로, 정의되기만 하면 $k_i \geq i$이고, 따라서 특히 $m-1 \leq k_{m-1} \leq n-1$이다). □

정리 2.5

만일 X가 유한집합이고 f가 함수이면 $f[X]$는 유한이다. 또한 $|f[X]| \leq |X|$이다.

증명

$X = \{x_0, \ldots, x_{n-1}\}$이라고 하자. 마찬가지로, 순환 정리를 사용해서 치역이 $f[X]$인 유한 일대일 수열을 생성한다. 실제로, 여기서는 $f(n+1) = g(f \restriction n)$을 사용한다. 세부 사항은 스스로 완성하기를 바란다; 수열의 생성은 다음을 따른다 :

$$k_0 = 0,$$

k_{i+1}이, ($k < n$이고, 모든 $j \leq i$ (이러한 것이 있는 경우)에 대해 $f(x_k) \neq f(x_{k_j})$이며, $y_i = f(x_{k_i})$를 만족하는), 최소의 $k > k_i$이면, 어떤 $m \leq n$에 대해 $[X] = \{y_0, \ldots, y_{m-1}\}$. □

결과적으로, 만일 $\langle a_i \mid i < n \rangle$이 어떤 유한수열이면 (반복하든 안 하든), 집합 $\{a_i \mid i < n\}$은 유한이다.

유한집합에 구성 공리를 적용해서 생성한 것은 모두 유한집합이다. 이제 X가 유한하면 $P(X)$도 유한하고, X가 유한집합의 유한한 모임이면 $\bigcup X$도 유한하다는 것을 보인다. 이런 이유로 무한집합을 얻으려면 무한 공리를 추가해야 한다.

보조정리 2.6

X 그리고 Y가 유한하면, $X \cup Y$도 유한하다. 더불어, $|X \cup Y| \leq |X| + |Y|$이고, 특히 X 그리고 Y가 서로소이면, $|X \cup Y| = |X| + |Y|$.

증명

$X = \{x_0, \ldots, x_{n-1}\}$이고 $Y = \{y_0, \ldots, y_{m-1}\}$일 때, 여기서 $\langle x_0, \ldots, x_{n-1} \rangle$ 그리고 $\langle y_0, \ldots, y_{m-1} \rangle$은 일대일 유한수열, 길이 $n+m$인 유한수열 $z = \langle x_0, \ldots, x_{n-1}, \rangle \langle y_0, \ldots, y_{m-1} \rangle$를 생각해 보자. (정확하게, $z =$

$\langle z_i \mid 0 \leq i < n+m \rangle$은 다음과 같이 정의한다.

$$z_i = x_i,\ 0 \leq i < n,$$
$$z_i = y_{i-n},\ n \leq i < n+m.)$$

분명히, z는 $n+m$에서 $X \cup Y$로의 전사함수이고, 따라서 $X \cup Y$는 유한하고 정리 2.5에 의해 $|X \cup Y| \leq n+m$이다. X 그리고 Y가 서로소이면, z는 일대일이고 $|X \cup Y| = n+m$이다. □

정리 2.7

S가 유한이고 모든 $X \in S$도 유한이면, $\bigcup S$도 유한이다.

증명

S의 원소의 개수에 대해 귀납한다. $|S| = 0$이면 정리는 참이다. 그러니 $|S| = n$인 모든 S에 대해 참이라 가정하고, $S = \{X_0,\ \ldots,\ X_{n-1},\ X_n\}$가 $n+1$개의 원소를 갖는 집합이라고 놓자. 여기서 모든 $X_i \in S$는 유한이다. 귀납 가정에 의해, $\bigcup_{i=0}^{n-1} X_i$는 유한이고, 다음을 얻는다.

$$\bigcup S = \left(\bigcup_{i=0}^{n-1} X_i \right) \cup X_n,$$

그러므로, 보조정리 2.6에 의해 이것은 유한이다. □

정리 2.8

X가 유한이면, $P(X)$도 유한이다.

증명

$|X|$에 대해 귀납한다. 만일 $|X| = 0$, 즉, $X = \varnothing$이면 $P(X) = \{\varnothing\}$은 유한이다. 모든 $|X| = n$에 대해 $P(X)$가 유한이고, Y는 원소가 $n+1$개인 집합이라고 하자 : $Y = \{y_0,\ \ldots,\ y_n\}$. $X = \{y_0,\ \ldots,\ y_{n-1}\}$로 놓는다. $P(Y) = P(X) \cup U$이고, 여기서 $U = \{u \mid u \subseteq Y,\ y_n \in u\}$이다. 그러면 U에서 $P(X)$로의 일대일 대응 함수가 존재하기 때문에 $|U| = |P(X)|$임을 알 수 있다 : 모든 $u \in U$에 대해 $f(u) = u - \{y_n\}$. 이런 이유로 $P(Y)$는 두 유한집합의 합집합이고, 결과적으로 유한이다. □

이 절의 마지막 정리는 무한집합이 실제로 유한집합보다 더 많은 원소를 갖는다는 것을 보여준다.

정리 2.9

X가 무한이면, 모든 $n \in N$에 대해 $|X| > n$.

증명

모든 $n \in N$에 대해 $|X| \geq n$을 보이는 것으로 충분하다. 귀납으로 그 일을 할 수 있다. 확실히 $0 < |X|$이다. $|X| \geq n$으로 가정하자 : 그러면 일대일 함수 $f : n \to X$가 존재한다. X가 무한이므로, $x \in (X - \mathrm{ran} f)$가 존재한다. $g = f \cup \{(n,\ x)\}$로 정의하자; g는 $n+1$에 X로의 일대일 함수이다. $|X| \geq n+1$로 결론을 맺을 수 있다. □

유한성에 대한 다른 접근 방식을 간략하게 논의하면서 이 절을 마친다. 유한집합에 대한 이어지는 정의는 자연수를 사용하지 않는다 : 어떤 집합 X가 유한이면 그리고 그때만 다음과 같은 관계 $\prec$가 존재한다.

(a) $\prec$는 X의 선형 순서이다.

(b) X의 모든 공집합이 아닌 부분집합은 $\prec$에서 최소원소와 최대원소를 갖는다.

유한성에 대한 이 개념은 유한수열을 사용해서 정의한 개념과 일치한다 : 만일 $X = \{x_0,\ \ldots,\ x_{n-1}\}$이면, $x_0 \prec \cdots \prec x_{n-1}$은 앞의 속성을 따르는 X의 선형 순서를 나타낸다. 한편, $(X,\ \prec)$가 (a) 그리고 (b)를 만족하면, 3장의 정리 3.4에서처럼 순환으로 수열 $\langle f_0,\ f_1,\ \ldots \rangle$을 생성한다. 해당 정리에서처럼, 이 수열은 X의 모든 원소를 소진하고, 유한한 횟수의 단계를 거친 후에는 생성이 종료된다. 그렇지 않은, 무한집합 $\{f_0,\ f_1,\ f_2,\ \ldots\}$은 $(X,\ \prec)$에서 최대원소를 갖지 않는다.

자연수를 포함하지 않는 또 다른 유한성의 정의를 소개한다. 모든 공집합이 아닌 X의 부분집합의 계가 $\subseteq$-극대원소를 가질 때 X가 유한하다고 부른다; 즉, $\varnothing \neq U \subseteq P(X)$이면, $y \in U,\ z \subset y$가 아닌 $z \in U$가 존재한다. 연습문제 2.6은 이 정의와 정의 2.1이 동치임을 보인다.

마지막으로, 유한성에 대한 또 다른 가능한 접근 방식에 대해 고려해 보겠다. 보조정리 2.2에 따라, X가 유한집합이면 X에서 자신의 진부분집합으로 가는 일대일 대응이 존재하지 않는다. 한편, 모든 자연수 N의 집합과 같은 무한집합은 진부분집합으로의 일대일 대응이 존재한다(예를 들어 : $f(n) = n+1$.). 유한집합을 어떤 진부분집합과도 대등하지 않은 집합으로 정의하고 싶을 수 있다. 그러나 선택 공리를 사용하지 않고 이 정의와 정의 2.1이 같다는 것을 증명할 수 없다(8장 연습 1.9 참조).

연습문제

2.1 $S = \{X_0, \ldots, X_{n-1}\}$이고 S의 원소가 서로소이면, $|\bigcup S| = \sum_{i=0}^{n-1} |X_i|$이다.

2.2 X 그리고 Y가 유한이면, $X \times Y$도 유한이고 $X \times Y = |X| \cdot |Y|$이다.

2.3 X가 유한이면, $|P(X)| = 2^{|X|}$이다.

2.4 X 그리고 Y가 유한이면, X^Y의 원소 개수는 $|X|^{|Y|}$이다.

2.5 $|X| = n \geq k = |Y|$이면, 일대일 함수 $f : Y \to X$의 개수는 $n \cdot (n-1) \cdot \cdots \cdot (n-k+1)$이다.

2.6 X이면 그리고 그때만 모든 공집합이 아닌 X의 부분집합의 계가 $\subseteq$– 극대원소를 갖는다.
[힌트 : X가 유한이면, 어떤 n에 대해 $|X| = n$이다. 만일 $U \subseteq P(X)$이면, m을 $\{|Y| \mid Y \in U\}$의 최대원소로 놓는다. 만일 $Y \in U$이고 $|Y| = m$이면, Y가 극대이다. 한편, X가 무한이면, $U = \{Y \subseteq X \mid Y$는 유한$\}$으로 놓는다.]

2.7 보조정리 2.6 그리고 연습문제 2.2와 2.4를 사용해서, 자연수의 덧셈과 곱셈에 대한 교환법칙과 결합법칙, 덧셈에 대한 곱셈의 분배법칙, 지수에 대한 보통의 산술 속성이 성립함을 보이는 쉬운 증명을 제시하라.
[힌트 : 예를 들어, 곱셈의 교환법칙을 증명하려면, $|X| = m$, $|Y| = n$인 X 그리고 Y를 택한다. 연습문제 2.2에 의해, $m \cdot n = |X \times Y|$, $n \cdot m = |Y \times X|$. 그러나, $X \times Y$ 그리고 $Y \times X$는 대등하다.]

2.8 A, B가 유한이고 $X \subseteq A \times B$이면, $|X| = \sum_{a \in k} k_a$이다. 여기서 $k_a = |X \cap (\{a\} \times B)|$.

3. 셀 수 있는 집합

무한의 공리에 따라 하나의 무한집합, 즉 모든 자연수의 집합 N을 얻을 수 있었다. 이 절에서는 N의 기수를 살펴본다; 즉, 자연수 집합 N과 대등한 집합이 관심의 대상이다.

정의 3.1

$|S| = |N|$일 때, S는 **셀 수 있는** 집합이다. $|S| \leq |N|$이면 S는 **기껏해야**(즉, 원소가 아무리 많아도) 셀 수 있는 집합이다.

따라서 N에서 S로의 일대일 대응 함수가 존재하면 즉, S가 무한 일대일 수열의 치역이면, 집합 S는 셀 수 있다.

정리 3.2

셀 수 있는 집합의 무한 부분집합은 셀 수 있다.

증명

A가 셀 수 있는 집합이고, $B \subseteq A$가 무한이라고 하자. 치역이 A인 무한 일대일 수열$\langle a_n \rangle_{n=0}^{\infty}$가 존재한다. $b_0 = a_{k_0}$로 놓자, 여기서 k_0는 $a_k \in B$인 최소 k라고 하자. b_n을 구성하기 위해, $b_{n+1} = a_{k_{n+1}}$로 놓자, 여기서 k_{n+1}는 $a_k \in B$이고 모든 $i \le n$에 대해 $a_k \ne b_i$인 최소 k이다. B가 무한이므로 그러한 k가 존재한다. 3장 정리 3.5에서 언급한 순환 정리로부터 수열 $\langle b_n \rangle_{n=0}^{\infty}$가 존재함을 쉽게 유도할 수 있다. $B = \{b_n \mid n \in N\}$ 그리고 $\langle b_n \rangle_{n=0}^{\infty}$가 일대일임을 쉽게 보일 수 있다. 따라서 B는 셀 수 있다. □

집합 S의 원소가 아무리 많아도 기껏해야 셀 수 있는 경우, 이것은 셀 수 있는 집합의 부분집합과 대등하다; 정리 3.2에 따라, 이 집합은 유한하거나 셀 수 있다. 따라서 따름정리 3.3을 얻을 수 있다.

따름정리 3.3

어떤 집합의 (원소가 아무리 많아도) 기껏해야 셀 수 있다면 그리고 그때만 이 집합은 유한하거나 셀 수 있다.

무한 일대일 수열의 치역은 셀 수 있다. 만일 $\langle a_n \rangle_{n=0}^{\infty}$이 일대일이 아닌 무한수열이면, 집합 $\langle a_n \rangle_{n=0}^{\infty}$는 유한일 것이다(예를 들어, 상수 수열인 경우가 그렇다). 그러나, 치역이 무한이면 그것은 셀 수 있다.

정리 3.4

무한수열 $\langle a_n \rangle_{n=0}^{\infty}$의 치역은 기껏해야 셀 수 있다. 즉, 유한 또는 셀 수 있다. (다른 말로, 임의의 함수에 대한 셀 수 있는 집합의 상은 원소가 아무리 많아야 셀 수 있다.)

증명

귀납으로, $\langle a_n \rangle_{n=0}^{\infty}$와 일대일이고 같은 치역을 갖는 (정의역은 유한 또는 무한인) 수열 $\langle b_n \rangle$ 을 생성한다. $b_0 = a_0$로 놓고, b_n을 구성하기 위해, $b_{n+1} = a_{k_{n+1}}$로 놓는다, 여기서 k_{n+1}은 모든 $i \le n$에 대해 $a_k \ne b_i$인 최소 k이다. (만일 그런 k가 존재하지

않으면, 유한수열 $\langle b_i \mid i \leq n \rangle$을 생각하면 된다.) 따라서 $\langle b_i \rangle$는 일대일이고 이것의 치역은 $\{a_n\}_{n=0}^{\infty}$이다. □

유한집합에서 성립하는 크기 관련 속성이 무한집합에서도 모두 성립하는 건 아니라는 사실을 깨달아야 한다. 예를 들어, 셀 수 있는 집합 S를 $|A| = |B| = |S|$이고 서로소인 두 부분 A 그리고 B로 나눌 수 있다; S가 유한이라면($S = \varnothing$이 아닌 한) 상상할 수 없는 일이다.

즉, 모든 짝수의 집합 $E = \{2k \mid k \in N\}$, 그리고 모든 홀수의 집합 $O = \{2k+1 \mid k \in N\}$에 대해 생각해 보자. E 그리고 O 모두 무한이고, 그러므로 셀 수 있다; 따라서 $|N| = |E| = |O|$를 얻을 수 있는 반면에, $N = E \cup O$ 그리고 $E \cap O = \varnothing$이다.

더한 일도 할 수 있다. p_n을 n번째 소수라 하고(즉, $p_0 = 2$, $p_1 = 3$, 등등.), 다음으로 놓으면

$$S_0 = \{2^k \mid k \in N\},\ S_1 = \{3^k \mid k \in N\},\ \ldots,\ S_n = \{p_n^k \mid k \in N\},\ \ldots.$$

집합 $S_n (n \in N)$은 서로소이고 셀 수도 있는 N의 부분집합들이다. 그러므로 $N \supseteq \bigcup_{n=0}^{\infty} S_n$이고, 여기서 $|S_n| = |N|$이며 S_n은 서로소이다.

다음 두 정리는 셀 수 있는 집합에 보통의 연산을 적용하면 역시 셀 수 있는 집합을 얻을 수 있음을 보여준다.

정리 3.5

셀 수 있는 두 집합의 합집합은 셀 수 있는 집합이다.

증명

$A = \{a_n \mid n \in N\}$ 그리고 $B = \{b_n \mid n \in N\}$를 셀 수 있는 집합이라고 하자. 수열 $\langle c_n \rangle_{n=0}^{\infty}$를 다음처럼 구성한다 :

$$\text{모든 } k \in N\text{에 대해, } c_{2k} = a_k \text{ 그리고 } c_{2k+1} = b_k.$$

그러면 $A \cup B = \{c_n \mid n \in N\}$이고 이것은 무한이므로, 셀 수 있다. □

따름정리 3.6

셀 수 있는 집합의 유한 시스템의 합집합은 셀 수 있다.

증명

이 따름정리는 집합 시스템의 크기에 대한 귀납으로 증명할 수 있다. □

셀 수 있는 집합의 셀 수 있는 시스템의 합집합은 셀 수 있다고 결론짓고 싶은 유혹을 받을 수 있다. 그러나 선택 공리를 사용하는 경우에만 이것을 증명할 수 있다(8장 정리 1.7 참조). 선택 공리가 없으면, 다음 같은 "명백한" 정리를 증명할 수 없다 : 만일 $S = \{A_n \mid n \in N\}$이고 각각의 n에 대해 $|A_n| = 2$이면, $\bigcup_{n=0}^{\infty} A_n$은 셀 수 있다!

각각의 $n \in N$에 대해 A_n을 열거하는 유일한 수열을 선택하는 일이 어렵다. 만일 그러한 선택이 가능하다면, 정리 3.9에서 볼 수 있듯이 결과가 성립한다. 하지만 먼저 또 다른 중요한 사실을 확인해야 한다.

정리 3.7

만일 A 그리고 B가 셀 수 있으면, $A \times B$도 셀 수 있다.

증명

$|N| \times |N| = |N|$을 보이는 것으로 충분하다, 즉, $N \times N$에서 N으로의 일대일 대응 함수 또는 치역이 $N \times N$인 일대일 수열을 구성하면 된다. [연습문제 3.1(b).]

(a) 다음 함수를 생각하자.

$$f(k,\ n) = 2^k \cdot (2n+1) - 1.$$

함수 f가 일대일이고 f의 치역이 N임을 입증하는 일은 연습으로 남긴다.

(b) 다른 증명 : 그림과 같은 형태로 $N \times N$ 원소의 순서 열을 구성한다.

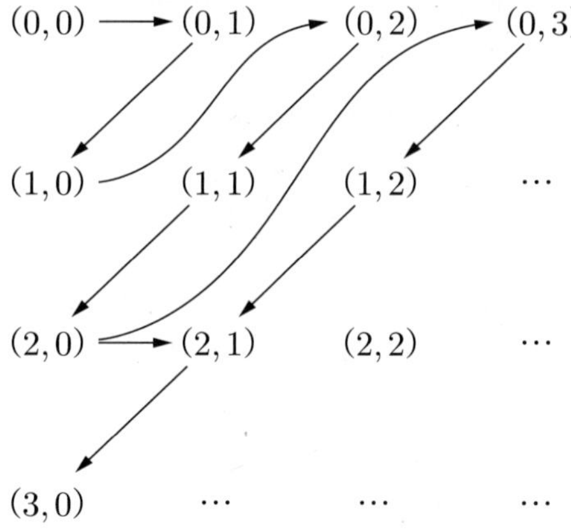

또 다른 증명 :

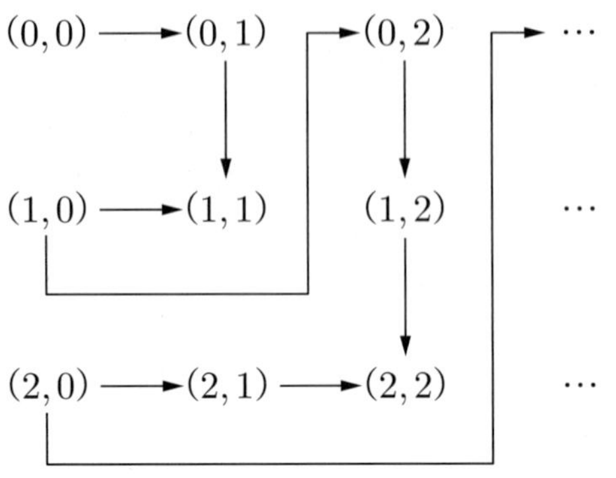

□

따름정리 3.8

셀 수 있는 집합의 유한 데카르트 곱은 셀 수 있다. 결과적으로, 모든 $m > 0$에 대해 N^m은 셀 수 있다.

증명

따름정리 3.8은 귀납으로 증명할 수 있다. □

정리 3.9

$\langle A_n \mid n \in N \rangle$이 기껏해야 셀 수 있는 집합의 셀 수 있는 시스템이라고 하고, $\langle a_n \mid n \in N \rangle$은 A_n의 열거 시스템; 즉, 각각의 $n \in N$에 대해, $a_n = \langle a_n(k) \mid k \in N \rangle$은 무한수열이고, $A_n = \{a_n(k) \mid k \in N\}$이면,

$$\bigcup_{n=0}^{\infty} A_n$$

은 기껏해야 셀 수 있는 집합이다.

증명

함수 $f : N \times N \to \bigcup_{n=0}^{\infty} A_n$를 $f(n,\ k) = a_n(k)$로 정의한다. f는 $N \times N$에서 $\bigcup_{n=0}^{\infty} A_n$으로의 전사함수이고, 따라서 정리 3.4 그리고 3.7에 의해서 후자는 기껏해야 셀 수 있는 집합이다. □

이 결과에 따라 이제 다음을 증명할 수 있다.

정리 3.10

만일 A가 셀 수 있으면, A 원소의 모든 유한수열의 집합 $\mathrm{Seq}(A)$은 셀 수 있다.

증명

$A = N$에 대해 정리를 증명하는 것으로 충분하다. $\mathrm{Seq}(N) = \bigcup_{n=0}^{\infty} N^n$이므로, N^n의 열거 수열 $\langle a_n \mid n \geq 1 \rangle$을 생성하면, 정리 3.9에 따라 정리가 성립한다. 순환으로 그것을 만든다. 함수 g가 N에서 $N \times N$으로의 일대일 대응이라고 하자. 다음처럼 순환으로 정의한다.

$$a_1(i) = \langle i \rangle, \text{ 모든 } i \in N;$$

$$a_{n+1}(i) = \langle b_0, \ldots, b_{n-1}, i_2 \rangle, \text{ 여기서 } g(i) = (i_1, i_2) \text{ 그리고}$$

$$\langle b_0, \ldots, b_{n-1} \rangle = a_n(i_1), \text{ 모든 } i \in N.$$

$a_{n+1}(i)$를 (앞서 만든 $n-$튜플의 열거 a_n의) (i_1)번째 $n-$튜플과 i_2를 접합해서 만든 $(n+1)-$튜플로 놓는다. 귀납에 의한 간단한 증명으로, 모든 $n \geq 1$에 대해 a_n이 N^n에 전사임을 알 수 있고, 그러므로 $\bigcup_{n=1}^{\infty} N^n$은 셀 수 있다. $N^0 = \{\langle\rangle\}$이므로, $\bigcup_{n=0}^{\infty} N^n$ 역시 셀 수 있다. □

따름정리 3.11

셀 수 있는 집합의 모든 유한 부분집합의 집합은 셀 수 있다.

증명

$F(\langle a_0, \ldots, a_{n-1} \rangle) = \{a_0, \ldots, a_{n-1}\}$로 정의된 함수 F는 셀 수 있는 집합 $\mathrm{Seq}(A)$에서 A의 모든 유한 부분집합의 집합으로의 전사함수이다. 정리 3.4에 따라서 결론을 맺을 수 있다. □

셀 수 있는 집합에 대한 다음 유용한 결과는 다음과 같다.

정리 3.12

모든 정수의 집합 Z 그리고 모든 유리수의 집합 Q는 셀 수 있다.

증명

Z는 셀 수 있는 두 집합의 합집합이므로 셀 수 있다 :

$$Z = \{0,\ 1,\ 2,\ 3,\ \ldots\} \cup \{-1,\ -2,\ -3,\ \ldots\}.$$

함수 $f : Z \times (Z - \{0\}) \to Q$를 $f(p,\ q) = p/q$로 정의하면 셀 수 있는 집합에서 Q로의 전사함수이므로 셀 수 있다. □

정리 3.13

셀 수 있는 집합의 동치관계는 아무리 많아도 셀 수 있을 만큼의 동치 클래스를 갖는다.

증명

E를 셀 수 있는 집합 A의 동치관계라고 하자. 함수 F를 $F(a) = [a]_E$로 정의하면 셀 수 있는 집합 A에서 집합 A/E로의 전사함수이다. 정리 3.4에 의해서, A/E는 원소가 아무리 많아도 기껏해야 셀 수 있다. □

정리 3.14

$\mathfrak{U}$가 정의역이 A인 구조이고, $C \subseteq A$가 기껏해야 셀 수 있는 집합이라고 하자. 그러면 C의 폐포 $\overline{C}$ 또한 원소가 아무리 많아도 셀 수 있다.

증명

3장 정리 5.10에 따라 $\overline{C} = \bigcup_{n=0}^{\infty} C_i$이고, 여기서 $C_0 = C$ 그리고 $C_{i+1} = C_i \cup F_0[C_i^{f_0}] \cup \cdots F_{n-1}[C_i^{f_{n-1}}]$이다. 그러므로 $\langle C_i \mid i \in N \rangle$의 열거 시스템을 생성하는 것으로 충분하다. $\langle c(k) \mid k \in N \rangle$을 C의 어떤 열거로 놓고, g를 N에서 셀 수 있는 집합 $(n+1) \times N \times N^{f_0} \times \cdots \times N^{f_{n-1}}$로의 전사함수라고 하자. $\langle a_i \mid i \in N \rangle$의 열거 시스템을 다음처럼 순환으로 정의할 수 있다 :

$$a_0(k) = c(k),\ \text{모든 } k \in N;$$

$$a_{i+1}(k) = \begin{cases} F_p(a_i(r_p^0),\ \ldots,\ a_i(r_p^{f_{p-1}})) & 0 \le p \le n-1; \\ a_i(q) & p = n, \end{cases}$$

$$\text{여기서 } g(k) = \left\langle p,\ q,\ \left\langle r_0^0,\ \ldots,\ r_0^{f_{n-1}} \right\rangle,\ \ldots,\ \left\langle r_{n-1}^0,\ \ldots,\ r_{n-1}^{f_{n-1}-1} \right\rangle \right\rangle.$$

만일 a_i가 C_i를 열거하면, a_{i+1}이 (많은 반복과 함께) C_{i+1}을 열거함을 투명하게 보일 수 있도록 고안해서 a_{i+1}을 정의했다. 귀납으로, 각각의 $i \in N$에 대해 a_i는 C_i를 열거하며 원하는 결과를 얻었다. □

셀 수 있는 집합의 기수를 정의하고 이 절을 마친다.

정의 3.15

모든 셀 수 있는 집합에 대해 $|A| = N$이다.

셀 수 있는 집합의 기수를 기호 $\aleph_0$(알레프-제로 또는 알레프-널)로 나타낸다. 즉, 기수로 사용될 때의 자연수 집합을 기호 $\aleph_0$로 나타낸다.

이 절에서 얻은 결과를 새 기호로 다시 형식화하면 다음과 같다.

3.16

(a) 모든 $n \in N$에 대해서 $\aleph_0 > n$;
어떤 기수 κ에 대해 $\aleph_0 \geq \kappa$이면 $\kappa = \aleph_0$ 또는, 어떤 $n \in N$에 대해 $\kappa = n$ (따름정리 3.3).

(b) $|A| = \aleph_0$, $|B| = \aleph_0$이면, $|A \cup B| = \aleph_0$, $|A \times B| = \aleph_0$ (정리 3.5 그리고 3.7).

(c) $|A| = \aleph_0$이면, $|\mathrm{Seq}(A)| = \aleph_0$ (정리 3.10).

연습문제

3.1 $|A_1| = |A_2|$, $|B_1| = |B_2|$일 때, 다음을 증명하라 :

(a) 만일 $A_1 \cap A_2 = \varnothing$, $B_1 \cap B_2 = \varnothing$이면, $|A_1 \cup A_2| = |B_1 \cup B_2|$이다.

(b) $|A_1 \times A_2| = |B_1 \times B_2|$.

(c) $|\mathrm{Seq}(A_1)| = |\mathrm{Seq}(A_2)|$.

3.2 유한집합과 셀 수 있는 집합의 합집합은 셀 수 있다.

3.3 $A \neq \varnothing$가 유한이고 B가 셀 수 있으면, $A \times B$도 셀 수 있다.

3.4 $A \neq \varnothing$가 유한이면, $\mathrm{Seq}(A)$도 셀 수 있다.

3.5 A를 셀 수 있다고 하자. 모든 $n \in N$, $n \neq 0$에 대해, 집합 $[A]^n = \{S \subseteq A \mid |S| = n\}$은 셀 수 있다.

3.6 모든 $n \geq n_0$에 대해 $s_n = s$인 $n_0 \in N,\ s \in N$이 존재하면, 자연수 수열 $\langle s_n \rangle_{n=0}^{\infty}$은 **결과적으로 일정eventually constant**하다. 자연수의 최종적으로 일정한 수열의 집합은 셀 수 있음을 보여라.

3.7 모든 $n \geq n_0$에 대해 $s_{n+p} = s$인 $n_0,\ p \in N,\ p \geq 1$가 존재하면, 자연수 수열 $\langle s_n \rangle_{n=0}^{\infty}$은 **결과적으로 주기적eventually periodic**이다. 자연수의 모든 주기적인 수열의 집합은 셀 수 있음을 보여라.

3.8 모든 $n \in N$에 대해 $s_{n+1} = s_n + d$인 $d \in N$가 존재할 때, 자연수 수열 $\langle s_n \rangle_{n=0}^{\infty}$을 **등차수열arithmetic progression**이라고 부른다. 모든 등차수열의 집합은 셀 수 있음을 증명하라.

3.9 모든 $s = \langle s_0,\ \ldots,\ s_{n-1} \rangle \in \mathrm{Seq}(N - \{0\})$에 대해, $f(s) = p_0^{s_0} \cdots p_{n-1}^{s_{n-1}}$으로 놓는다. 여기서 p_i는 i번째 소수이다. f가 일대일임을 보이고, 이 사실을 이용해서 $|\mathrm{Seq}(N)| = \aleph_0$에 대한 다른 증명을 제시하라.

3.10 $(S,\ <)$가 선형 순서 집합이고 $\langle A_n \mid n \in N \rangle$이 S의 유한 부분집합의 무한수열이라고 하자. 그러면 $\bigcup_{n}^{\infty} A_n$은 기껏해야 셀 수 있다.

[힌트 : 모든 $n \in N$에 대해 A_n의 유일한 오름차순 열거 $\langle a_n(k) \mid k < |A_n| \rangle$을 생각하라.]

3.11 기껏해야 셀 수 있는 집합의 어떤 분할도 대표 집합이 존재함을 보여라.

4. 선형 순서

앞 절에서 모든 정수 집합 Z 그리고 모든 유리수 집합 Q 같은 다양하고 친숙한 집합의 가산성을 증명했다. 순수하게 기수 관점으로만 보면 집합 $N,\ Z,$ 그리고 Q를 구별할 수 없다는 것이 중요하다; 그런데도 세 집합은 상당히 달라 "보인다."(실선을 그린 후 포함 관계를 그려보아라!) 이들의 차이를 포착하기 위해서 세 집합의 순서가 지정되는 방식을 생각해 보아야 한다. 그러면 크기에 따른 N의 순서가 Z의 일반적인 순서와 상당히 다르며(예를 들어, N은 최소원소를 갖고 Z는 그렇지 않음) 둘 다 Q의 일반적인 순서와 상당히 다르다(예를 들어, 임의의 서로 다른 두 유리수 사이에는 무한히 많은 유리수가 놓여 있지만, 임의의 서로 다른 두 정수 사이에는 유한한 개수의 정수만 놓여 있다)는 것이 명백해진다. 선형 순서는 집합의 속성을 심층적으로 연구하기 위한 중요한 도구이다; 그러므로 이 절에서 셀 수 있는 집합을 사용한 시각적 방법으로 선형 순서 집합 이론을 집중적으로 다룬다.

정의 4.1

선형 순서 집합 $(A, <)$ 그리고 $(B, \prec)$가 동형이면 즉, 모든 $a_1, a_2 \in A$에 대해 $a_1 < a_2$이면 그리고 그때만 $f(a_1) \prec f(a_2)$가 성립하는 A에서 B로의 일대일 대응 함수 f가 존재하면, 이때 두 집합은 **유사하다**(순서형이 같다). (2장 정의 5.17 그리고 이어지는 보조정리 참조.)

유사하게, 순서 집합은 "같아 보인다"; 순서가 같은 속성을 갖는다[3장 예제 5.8 참조]. $(N, <)$ 그리고 $(Z, <)$는 유사하지 않다; 마찬가지로, $(Z, <)$ 그리고 $(Q, <)$도 유사하지 않고, $(N, <)$ 그리고 $(Q, <)$도 마찬가지다. (여기서, $<$는 수의 통상적인 순서이다.)

유사성에 대한 속성이 동치 집합과 같다는 것은 자명한 일이다 :

(a) $(A, <)$는 $(A, <)$와 유사하다.

(b) $(A, <)$가 $(B, \prec)$와 유사하면, $(B, \prec)$도 $(A, <)$와 유사하다.

(c) $(A_1, <_1)$이 $(A_2, <_2)$와 유사하고, $(A_2, <_2)$가 $(A_3, <_3)$와 유사하면, $(A_1, <_1)$은 $(A_3, <_3)$와 유사하다.

기수와 마찬가지로, 각 선형 순서 집합에는 **순서형order type**이라고 부르는 어떤 것이 연관되어 유사한 순서 집합은 같은 순서형을 갖는다고 가정할 수 있다. 순서형의 형식적인 정의 같은 기술적인 문제를 회피하기 위해서 이것을 비유적인 표현으로만 사용하고, 대신 유사한 집합이라는 표현으로 피해 간다. 6장에서(가장 중요하고 특별한 경우인) 순서–정렬 집합의 순서형을 엄격하게 정의한다.

유한집합이 한 가지 방법으로만 선형으로 정렬될 수 있다는 사실을 나타내는 선형 정렬부터 동형사상까지 탐구한다.

보조정리 4.2

유한집합에 대한 모든 선형 정렬은 순서–정렬이다.

증명

선형으로 정렬된 집합 $(A, <)$의 모든 공집합이 아닌 유한 부분집합 B는 최소원소를 갖는다는 것을 B의 원소 개수에 대한 귀납으로 증명한다. B의 원소가 한 개인 경우, 주장은 명백하게 성립한다. 모든 원소가 n개인 집합에 대해 성립한다고 가정하고, B가 $n+1$개의 원소를 갖는다고 하자. 그러면 $B = \{b\} \cup B'$이고 B'는 n개의 원소를 가지며 $b \notin B'$라고 놓자. 귀납 가정에 의해, B'는 최소원소 b'을 갖는다. 만일 $b' < b$

이면, b'이 B의 최소원소이다; 아닌 경우, b가 B의 최소원소이다. 어떤 경우든, B는 최소원소를 갖는다. □

정리 4.3

만일 $(A_1, <_1)$ 그리고 $(A_2, <_2)$가 선형으로 정렬된 집합이고 $|A_1| = |A_2|$가 유한이면, $(A_1, <_1)$ 그리고 $(A_2, <_2)$는 유사하다.

증명

$n = |A_1| = |A_2|$에 대해 귀납을 수행한다. 만일 $n = 0$이면, $A_1 = A_2 = \varnothing$ 그리고 $(A_1, <_1)$, $(A_2, <_2)$는 분명히 동형이다. 모든 n 원소 집합의 선형 정렬에 대해, 주장이 참이라고 가정하자. $|A_1| = |A_2| = n+1$으로 놓는다. $<_1$ 그리고 $<_2$가 순서−정렬임을 증명했으므로, a_1 (a_2, 각각)이 $(A_1, <_1)$ [$(A_2, <_2)$, 각각]의 최소원소라고 놓자. 이제 $|A_1 - \{a_1\}| = |A_2 - \{a_2\}| = n$이므로, 귀납 가정에 의해, $(A_1 - \{a_1\}, <_1 \cap (A_1 - \{a_1\})^2)$ 그리고 $(A_2 - \{a_2\}, <_2 \cap (A_2 - \{a_2\})^2)$ 사이의 동형사상 g가 존재한다. $f : A_1 \to A_2$를 다음처럼 정의한다.

$$f(a_1) = a_2;$$
$$f(a) = g(a), \ a \in A_1 - \{a_1\}.$$

f가 $(A_1, <_1)$ 그리고 $(A_2, <_2)$ 사이의 동형사상임을 쉽게 확인할 수 있다. □

유한집합의 경우, 순서형이 기수에 대응한다고 결론을 내린다. 이 절 시작 부분에 있는 예제에서 알 수 있듯이, 무한집합의 선형 순서가 훨씬 더 흥미롭다. 다음으로 나중에 유용할 선형 순서를 생성하는 몇 가지 방법을 살펴본다.

보조정리 4.4

만일 $(A, <)$가 선형 순서이면, $(A, <^{-1})$ 또한 선형 순서이다.

증명

연습문제로 남긴다(2장 연습문제 5.3 참조). □

예를 들어, 순서 $(N, <)$의 역은 순서 $(N, <^{-1}) : \cdots 4 <^{-1} 3 <^{-1} 2 <^{-1} 1 <^{-1} 0$; 이 순서는 음의 정수를 크기로 정렬한 것과 유사함에 주목하라 :

$$\cdots -4 < -3 < -2 < -1$$

그리고 이것은 순서−정렬도 아니다.

보조정리 4.5

$(A_1, <_1)$ 그리고 $(A_2, <_2)$가 선형으로 정렬된 집합이고 $A_1 \cap A_2 = \varnothing$이라고 하자. 다음처럼 정의된 $A = A_1 \cup A_2$의 관계 $<$ 은 선형 순서이다. $a < b$이면 그리고 그때만

$$
\begin{aligned}
&a, b \in A_1 \text{ 그리고 } a <_1 b \\
\text{또는 } &a, b \in A_2 \text{ 그리고 } a <_2 b \\
\text{또는 } &a \in A_1, b \in A_2
\end{aligned}
$$

증명

이것은 2장 연습문제 5.6이다. □

집합 A는 A_1의 모든 원소가 A_2의 모든 원소보다 앞서도록 정렬되었다. 선형으로 정렬된 이 집합 $(A, <)$를 선형으로 정렬된 집합$(A_1, <_1)$ 그리고 $(A_2, <_2)$의 **합**이라고 부른다.

$(A_1, <_1)$ 그리고 $(A_2, <_2)$ 합의 순서형은 각각의 정렬에 의존하지 않고, 오직 합 자체의 유형으로 정해짐에 유의하자(연습문제 4.1 참조). 하나의 사례로써, 선형으로 정렬된 모든 정수 집합 $(Z, <)$는 선형으로 정렬된 집합 $(N, <^{-1})$ 그리고 $(N, <)$의 합과 유사하다($<$는 수를 크기로 정렬하는 통상적인 순서를 나타낸다).

다음으로, 데카르트 곱을 정렬하는 방법을 생각해 보자.

보조정리 4.6

$(A_1, <_1)$ 그리고 $(A_2, <_2)$를 선형으로 정렬된 집합이라고 하자. 다음처럼 정의된 $A = A_1 \times A_2$의 관계 $<$은 선형 순서이다.

$(a_1, a_2) < (b_1, b_2)$이면 그리고 그때만 $a_1 <_1 b_1$ 또는 ($a_1 = b_1$ 그리고 $a_2 <_2 b_2$)

증명

- **추이성** : 만일$(a_1, a_2) < (b_1, b_2)$ 그리고 $(b_1, b_2) < (c_1, c_2)$이면, $a_1 <_1 b_1$ 또는 ($a_1 = b_1$ 그리고 $a_2 <_2 b_2$)이다.

  첫 번째인 경우, $a_1 <_1 b_1$ 그리고 $b_1 \le_1 c_1$ 이므로 $a_1 <_1 c_1$이다. 두 번째인 경우, 역시 $b_1 \le_1 c_1$ 그리고 $a_1 <_1 c_1$, 또는 $b_1 = c_1$ 그리고 $b_1 \le_2 c_1$이므로, 따라서 $a_1 = c_1$ 그리고 $a_2 <_2 c_2$이다. 결론적으로 어느 경우이든 $(a_1, a_2) < (c_1, c_2)$이다.
- **비대칭성** : $<_1$ 그리고 $<_2$의 비대칭성에 따라 자명하다.

- **선형성** : 주어진 $(a_1,\ a_2)$ 그리고 $(b_1,\ b_2)$에 대해, 다음 중 하나에 해당한다:

  (a) $a_1 <_1 b_1$ [따라서 $(a_1,\ a_2) < (b_1,\ b_2)$].

  (b) $b_1 <_1 a_1$ [따라서 $(b_1,\ b_2) < (a_1,\ a_2)$].

  (c) $a_1 = b_1$ 그리고 $a_2 <_2 b_2$ [따라서 $(a_1,\ a_2) < (b_1,\ b_2)$].

  (d) $a_1 = b_1$ 그리고 $b_2 <_2 a_2$ [따라서 $(b_1,\ b_2) < (a_1,\ a_2)$].

  (e) $a_1 = b_1$ 그리고 $a_2 = b_2$ [따라서 $(a_1,\ a_2) = (b_1,\ b_2)$].

  각각의 경우 $(a_1,\ a_2)$ 그리고 $(b_1,\ b_2)$는 $<$에서 비교 가능하다. □

이 순서 $<$를 $A_1 \times A_2$의 **사전식 순서lexicographic ordering(사전식 곱)**이라고 부른다; 이 용어는 $A_1 = A_2 = \{a,\ b,\ \ldots,\ z\}$가 모든 알파벳 문자 집합이고 $<_1=<_2$가 알파벳 순서 $a <_1 b <_1 c <_1 \cdots <_1 z$이면, $<$이 $A_1 \times A_2$의 원소("두-문자-단어")를 사전식으로 정렬한다는 사실에서 나왔다.

선형으로 정렬된 집합의, 임의의 유한 또는 무한수열의 곱에 대한 사전식 정렬을 쉽게 일반화할 수 있다.

정리 4.7

$\langle (A_i,\ <_i) \mid i \in I \rangle$가 선형으로 정렬된 집합의 색인 시스템이고, $I \subseteq N$이라고 하자. 다음처럼 정의된 $\prod_{i \in I} A_i$의 관계 $\prec$는

$$f \prec g \text{이면 그리고 그때만 } \mathrm{diff}(f,\ g) = \{i \in I \mid f_i \neq g_i\} \neq \varnothing \text{ 그리고 } f_{i_0} <_{i_0} g_{i_0}$$

여기서 i_0는 $\mathrm{diff}(f,\ g)$의 최소원소이다.
(자연수의 통상적인 순서 $<$에 따른)

$\prod_{i \in I} A_i$의 선형 순서이다(이것을 사전식 순서라고 부른다).

증명

- **추이성** : $f \prec g$ 그리고 $g \prec h$이고 i_0 [j_0, 각각]이 $\mathrm{diff}(f,\ g)$ [$\mathrm{diff}(g,\ h)$, 각각]의 최소원소라고 하자. 만일 $i_0 < j_0$이면, $f_{i_0} < g_{i_0}$ 그리고 $g_{i_0} < h_{i_0}$이므로 $f_{i_0} < h_{i_0}$이고 i_0는 $\mathrm{diff}(f,\ h)$의 최소원소이다. 결국 $f \prec h$이다. $i_0 = j_0$ 그리고 $i_0 > j_0$의 경우도 마찬가지이다.
- **비대칭성** : $f < g$ 이면서 $g < h$일 수 없다. 만일 그렇다면 $f_{i_0} < g_{i_0}$ 그리고

$g_{i_0} < h_{i_0}$, $i_0 = \mathrm{diff}(f,\ g)$의 최소원소 $= \mathrm{diff}(g,\ f)$의 최소원소가 된다.

- **선형성** : 만일 $\mathrm{diff}(f,\ g) = 0$이면, $f = g$이다. 아니라면, i_0가 $\mathrm{diff}(f,\ g)$의 최소원소인 경우, $f_{i_0} < g_{i_0}$ 또는 $f_{i_0} > g_{i_0}$이고 결론적으로, $f \prec g$ 또는 $f \succ g$이다. □

특히, 모든 $i \in I = N$에 대해 $(A_i,\ <_i) = (A,\ <)$이면, $\prec$는 A 원소의 모든 무한수열 집합 A^N의 사전식 순서이다.

두 번째 좌표를 첫 번째 좌표보다 먼저 비교할 수도 있으며, 따라서 $A_1 \times A_2$의 반 사전식 순서 $\prec$을 정의할 수 있다 :

$$(a_1,\ a_2) < (b_1,\ b_2)\text{이면 그리고 그때만 } a_2 <_2 b_2 \text{ 또는 } (a_2 = b_2 \text{ 그리고 } a_1 <_1 b_1).$$

$\prec$가 선형 순서임은 사전식 순서의 경우와 완전히 유사하게 증명할 수 있다. 두 순서는 일반적으로 꽤 다르다; 예를 들어, 모두 크기로 정렬된 $A_1 = N = \{0,\ 1,\ 2,\ \ldots\}$ 그리고 $A_2 = \{0,\ 1\}$의 곱에 대한 사전식 순서와 반 사전식 순서를 비교해 보자 :

- 사전식 순서 :

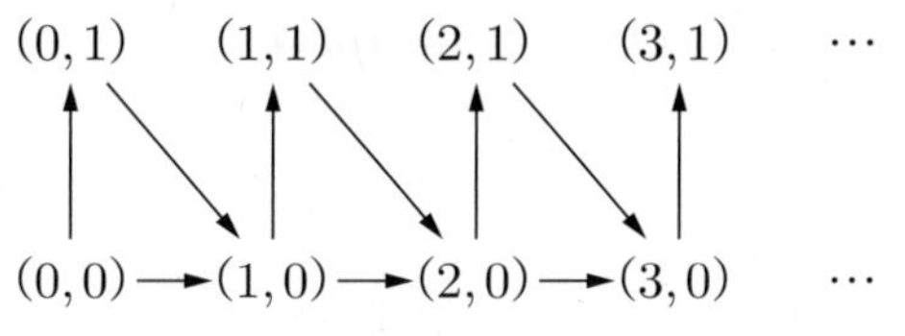

- 반 사전식 순서 :

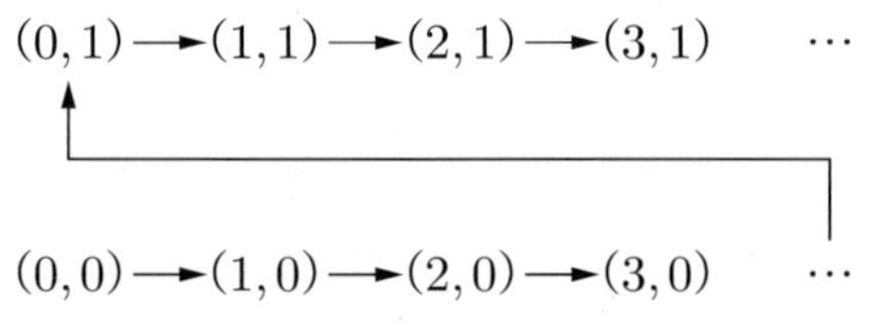

첫 번째 순서는 $(N,\ <)$과 유사하지만, 두 번째는 아니다[$(N,\ <)$의 복사본 두 개를 합한 것이다].

이러한 결과는 셀 수 있는 집합에 매우 다양한 유형의 선형 순서가 있음을 보여준다. 따라서 셀 수 있는 집합에 보편적인 선형 순서가 있다는 사실, 즉 모든 셀 수 있는 선형으로 정렬된 집합이 그것의 부분집합 중 하나와 유사하다는 사실은 다소 놀랍다. 이 절의 나머지 부분은 전적으로 이 중요한 결과를 증명한다.

정의 4.8

순서 집합 $(X, <)$가 최소한 원소 두 개를 갖고, 모든 $a, b \in X$에 대해 $a < b$이면 $a < x < b$인 $x \in X$가 존재하면, 이 순서 집합은 **조밀dense**하다.

선형으로 정렬된 집합의 최소원소와 최대원소를 (존재하는 경우) 집합의 **끝점end-point**이라고 부르기로 하자.

셀 수 있는 조밀한 선형으로 정렬된 집합의 가장 중요한 예는, 크기로 정렬된 모든 유리수의 집합 Q이다. 만일 r, s가 유리수이고 $r < s$이면, $x = (r+s)/2$ 또한 유리수이고, $r < x < s$이므로 이 순서는 조밀하다. 또한, $(Q, <)$는 끝점을 가지지 않는다($r \in Q$이면 $r+1, r-1 \in Q$ 그리고 $r-1 < r < r+1$이다). 셀 수 있으며 조밀한 선형으로 정렬된 집합의 다른 사례가 연습문제 4.6 그리고 4.7에 있다. 아무튼 이제, 끝점을 갖지 않는 모든 셀 수 있는 선형으로 정렬된 집합이 같은 순서형을 가짐을 증명한다.

정리 4.9

$(P, \prec)$ 그리고 $(Q, \prec)$가 끝점을 갖지 않는 셀 수 있는 조밀한 선형으로 정렬된 집합이라고 하자. $(P, \prec)$ 그리고 $(Q, \prec)$는 유사하다.

증명

$\langle p_n \mid n \in N \rangle$은 $P = \{p_n \mid n \in N\}$인 일대일 수열이고 $\langle p_n \mid n \in N \rangle$은 $Q = \{q_n \mid n \in N\}$인 일대일 수열이라고 하자. P의 부분집합에서 Q로의 함수 h에 대해, 만일 $p \prec p'$이면 그리고 그때만 모든 $p, p' \in \text{dom}h$에 대해 $h(p) \prec h(p')$이 성립하면, h를 P에서 Q로의 **부분 동형사상**이라고 부른다.

다음처럼 주장한다 : 만일 h는 $\text{dom}h$가 유한인 P에서 Q로의 부분 동형사상이고, $p \in P$ 그리고 $q \in Q$이면 $p \in \text{dom}h_{p,q}$, 그리고 $q \in \text{ran}h_{p,q}$인 부분 동형사상 $h_{p,q} \supseteq h$가 존재한다.

주장에 대한 증명

$h = \{(p_{i_1},\ q_{i_1}),\ \ldots,\ (p_{i_k},\ q_{i_k})\}$, 여기서 $p_{i_1} \prec p_{i_2} \prec \cdots \prec_{i_k}$로 놓으면, 또한 $q_{i_1} \prec q_{1_2} \prec \cdots \prec q_{i_k}$이다. 만일 $p \notin \mathrm{dom}h$이면, 어떤 $1 \leq e \leq k$에 대해 $p \prec p_{i_1}$ 또는 $p_{i_e} \prec p \prec p_{i_{e+1}}$이거나, 또는 $p_{i_k} < p$이다. p와 $p_{i_1},\ \ldots,\ p_{i_k}$ 관계처럼 q_n이 $q_{i_1},\ \ldots,\ q_{i_k}$와 동일한 관계에 있도록 하는 최소 자연수 n을 취한다; 더 정확하게, q_n은 다음과 같다 :

$$p \prec p_{i_1}\text{이면, } q_n < q_{i_1}\text{이다;}$$

$$p_{i_e} \prec p \prec p_{i_{e+1}}\text{이면, } q_{i_e} < q_n < q_{i_{e+1}}\text{이다; 그리고}$$

$$p_{i_k} \prec p\text{이면, } q_{i_k} < q_n\text{이다.}$$

이것이 될 가능성은 $(Q,\ <)$가 끝점이 없는 조밀한 선형으로 정렬된 순서라는 사실로부터 보장된다. $h' = h \cup \{(p,\ q_n)\}$는 분명히 부분 동형사상이다. 만일 $q \in \mathrm{ran}h'$이면, 증명 끝이다. 만일 $q \notin \mathrm{ran}h'$이면, 앞의 논증과 마찬가지로(P 그리고 Q의 역할이 바뀌어), $h' \cup \{(p_m,\ q)\}$이 부분 동형인 $p_m \in P$이 존재하고, 그러한 최소의 m을 취하고 $h_{p,\ q} = h' \cup \{(p_m,\ q)\}$로 놓는다. 이제 주장이 증명되었다. □

다음으로 순환을 사용해서 양립하는 부분 동형사상 수열을 구성한다 :

$$h_0 = \varnothing,$$

$$h_{n+1} = (h_n)_{p_n,\ q_n}$$

여기서 $(h_n)_{p_n,\ q_n}$는 $p_n \in \mathrm{dom}(h_n)_{p_n,\ q_n}$, $q_n \in \mathrm{ran}(h_n)_{p_n,\ q_n}$인(증명에서 제시한) h_n의 확장이다. $h = \bigcup_{n \in N} h_n$이라고 하자. $h : P \to Q$가 $(P,\ \prec)$ 그리고 $(Q,\ <)$ 사이의 동형사상임은 자명하게 입증할 수 있다. □

정리 4.10

모든 셀 수 있는 선형으로 정렬된 집합은 끝점이 없는 어떤 셀 수 있는 조밀한 선형으로 정렬된 집합과 동형으로 사상할 수 있다.

증명

정리 4.10은 앞선 증명의 일부분을 사용한다. $(P, \prec)$가 셀 수 있는 선형으로 정렬된 집합이고 $(Q, <)$는 끝점이 없는 셀 수 있는 조밀한 선형으로 정렬된 집합이라고 하자. $(P, \prec)$에서 Q로의 모든 부분 동형사상 h와 모든 $p \in P$에 대해, $p \in \mathrm{dom} h_p$인 부분 동형사상 $h_p \supseteq h$를 정의한다. 그리고 순환을 다시 사용한다. □

연습문제

4.1 $(A_1, <_1)$이 $(B_1, \prec_1)$과 유사하고 $(A_2, <_2)$가 $(B_2, \prec_2)$와 유사하다고 하자.

(a) $A_1 \cap A_2 = \varnothing = B_1 \cap B_2$라고 가정하면 $(A_1, <_1)$ 그리고 $(A_2, <_2)$의 합은 $(B_1, \prec_1)$ 그리고 $(B_2, \prec_2)$의 합과 유사하다.

(b) $(A_1, <_1)$ 그리고 $(A_2, <_2)$의 사전식 곱은 $(B_1, \prec_1)$ 그리고 $(B_2, \prec_2)$의 사전식 곱과 유사하다.

4.2 $(A_1, <_1)$ 그리고 $(A_2, <_2)$의 합이 $(A_2, <_2)$ 그리고 $(A_1, <_1)$의 합과 순서형이 다른 ("순서형의 합이 교환법칙을 따르지 않는") $(A_1, <_1)$ 그리고 $(A_2, <_2)$의 선형 순서 사례를 제시하라. 사전식 곱에 관해서도 마찬가지 사례를 제시하라.

4.3 두 순서－정렬의 합과 사전식 곱이 순서－정렬임을 증명하라.

4.4 만일 $\langle A_i \mid i \in N \rangle$이 자연수의 선형으로 정렬된 집합의 무한수열이고, 모든 $i \in N$에 대해 $|A_i| \geq 2$이면, $\prod_{i \in N} A_i$의 사전식 순서는 순서－정렬이 **아니다**.

4.5 $\langle (A_i, <_i) \mid i \in N \rangle$이 서로소인 선형으로 정렬된 집합의 색인 시스템이고, $I \subseteq N$라고 하자. $\bigcup_{i \in I} A_i$의 관계 $<$를 [$a \prec b$이면 그리고 그때만 (자연수 보통의 순서에서) 어떤 $i \in I$에 대해 $a, b \in A_i$ 그리고 $a <_i b$ 이거나 $a \in A_i$, $b \in A_j$ 그리고 $i < j$이다.]로 정의하면 관계 $\prec$는 선형 순서이다. 만일 모든 $<_i$가 순서－정렬이면, $\prec$도 순서－정렬이다.

4.6 $(Z, <)$가 보통의 선형 순서를 따르는 모든 정수 집합이라고 하자. $\prec$는 정리 4.7에서 정의한 Z^N의 사전식 순서라고 하자. 마지막으로, $FS \subseteq Z^N$는 Z^N의 모든 최종적으로 상수인 원소의 집합이다; 즉, $\langle a_i \mid i \in N \rangle \in FS$이면 그리고 그때만 모든 $i \geq n_0$에 대해 $a_i = a$인 $n_0 \in N$, $a \in Z$가 존재한다(연습문제 3.6과 비교하라). FS가 셀 수 있고 $(FS, \prec \cap FS^2)$는 끝점이 없는 조밀한 선형으로 정렬된 집합임을 증명하라.

4.7 $\prec$가 N^N의 사전식 순서(여기서 N은 보통의 방법으로 정렬)이고 $P \subseteq N^N$는 모든 최종적으로 주기적인, 그러나 최종적으로 상수는 아닌 자연 수열의 집합이라고 하자(연습문제 3.6 그리고 3.7의 정의 참조). $(P, \prec \cap P^2)$이 끝점이 없는 셀 수 있는 조밀한 선형으로 정렬된 집합임을 보여라.

4.8 $(A, <)$가 선형으로 정렬되었다고 하자. $\mathrm{Seq}(A)$ 위 $\prec$를 다음처럼 정의한다 : $\langle a_0, \ldots, a_{m-1} \rangle \prec \langle b_0, \ldots, b_{n-1} \rangle$이면 그리고 그때만 모든 $i < k$에 대해 $a_i = b_i$이고 $a_k < b_k$ 이거나 a_k가 정의되지 않는(즉, $k = m < n$) $k < n$이 존재 한다. $\prec$이 선형 순서임을 증명하라. 만일 $(A, <)$이 순서−정렬이면, $(\mathrm{Seq}(A), \prec)$ 또한 순서−정렬이다. (이 순서에서, 유한수열이 더 짧은 수열을 확장하는 경우, 더 짧은 수열이 더 긴 수열보다 먼저 나온다.)

4.9 $(A, <)$가 선형으로 정렬되었다고 하자. $\mathrm{Seq}(A)$ 위 $\prec$를 다음처럼 정의한다 : $\langle a_0, \ldots, a_{m-1} \rangle \prec \langle b_0, \ldots, b_{n-1} \rangle$이면 그리고 그때만 모든 $i < k$에 대해 $a_i = b_i$이고 $a_k < b_k$ 이거나 b_k가 정의되지 않는(즉, $k = n < m$) $k < m$이 존재 한다. $\prec$이 선형 순서임을 증명하라. 만일 $|A| \geq 2$이면, 이것은 순서−정렬이 아니다. (이 순서에서, 유한수열이 더 짧은 수열을 확장하는 경우, 더 긴 수열이 더 짧은 수열보다 먼저 나온다.) 만일 $A = N$이고 $<$가 자연수의 보통 순서이면, $\prec$를 $\mathrm{Seq}(N)$의 **브라우어르−클레이니Brouwer−Kleene** 순서라고 한다; 이것은 최소원소와 최대원소를 갖지 않는 조밀한 선형 순서이다.

4.10 $(A, <)$가 끝점이 없는 선형으로 정렬된 집합이고, $A \neq \varnothing$라고 하자. $a, b \in A$에 대한 **닫힌구간**은 $[a, b] = \{x \in A \mid a \leq x \leq b\}$로 정의한다. 각각의 닫힌구간 $[a, b]$, $a, b \in A$의 원소가 유한하다고 가정하자. 그러면 $(A, <)$는 보통 순서의 모든 정수 집합 Z와 유한하다.

4.11 $(A, <)$가 조밀한 선형으로 정렬된 집합이라고 하자. 모든 $a, b \in A$, $a < b$에 대해, 연습문제 4.10에서 정의한 닫힌구간 $[a, b]$가 무한히 많은 원소를 가짐을 보여라.

4.12 양 끝점을 갖는 모든 셀 수 있는 조밀한 선형으로 정렬된 집합은 유사하다.

4.13 $(Q, <)$가 보통 순서의 모든 유리수 집합이라고 하자. 다음과 유사한 Q의 부분집합을 찾아라.

(a) $(N, <)$의 두 복사본의 합;

(b) $(N, <)$ 그리고 $(N, <^{-1})$의 합;

(c) $(N, <)$과 $(N, <)$의 사전식 곱.

5. 완전 선형 순서

바로 앞 절에서 모든 유리수 집합 Q의 일반적인 순서 $<$가 셀 수 있는 선형 순서 중에서 보편적인 순서인 것을 알았다(정리 4.10). 그러나, Q에 대한 산술 연산을 생각해 보면 뭔가 빠진 것이 분명하다. 예를 들어, $x^2 = 2$가 되는 유리수 x는 없다(연습문제 5.1). 이 현상의 또 다른 예는 유리수의 십진수 표현을 고려할 때 나타난다. 모든 유리수는 유한(예 : $1/4 = 0.25$)하거나, 무한하지만 어떤 위치에서 주기적인(예 : $1/6 = 0.1666\cdots$) **소수전개decimal expansion**로 표현된다(10.1절 참조). 소수전개 $0.a_1a_2a_3\cdots$ 처럼(여기서 $\langle a_i \rangle_{i=1}^{\infty}$는 0과 9 사이 임의의 정수로 된 수열) 쓸 수 있지만, 수열이 유한하거나 최종적으로 주기적이 아니라면, $x = 0.a_1a_2a_3\cdots$ 인 유리수 x는 존재하지 않는다. (구체적인 예로 $0.1010010001\cdots$ 을 생각해 보아라.) 이러한 사실을 통해 순서 집합 $(Q, <)$에 **빈틈**이 있다는 것이 분명해졌다.

빈틈의 개념은 선형 순서만 포함하는 용어로 형식화할 수 있다.

정의 5.1

$(P, <)$가 선형으로 정렬된 집합이라고 하자. **빈틈gap**은 다음을 만족하는 집합의 쌍 (A, B)이다.

(a) A 그리고 B 는 $=P$의 공집합이 아니며 서로소인 부분집합이고 $A \cup B = P$이다.

(b) 만일 $a \in A$ 그리고 $b \in B$이면, $a < b$이다.

(c) A는 최대원소를 갖지 않고 B는 최소원소를 갖지 않는다.

예를 들어, $B = \{x \in Q \mid x > 0 \text{ 그리고 } x^2 > 2\}$이고 $A = Q - B = \{x \in Q \mid x \leq 0 \text{ 또는 } (x > 0 \text{ 이고 } x^2 < 2)\}$라고 하자. (A, B)가 Q의 빈틈임을 확인하기는 어렵지 않다(연습문제 5.2). 비슷하게, 최종적으로 주기적이지 않은 무한 소수전개는 빈틈을 만든다(연습문제 5.3).

이 시점에서, 2장에서 소개된 상한과 하한, 최소상계와 최대하계의 개념을 다시 한번 상기하기를 바란다. 선형으로 정렬된 집합 P의 공집합이 아닌 부분집합이 하한과 상한을 모두 갖는 경우 **유계**라고 부른다. 집합이 상한(하한)을 갖는 경우 **위로(아래로) 유계**라고 한다.

(A, B)가 선형으로 정렬된 집합의 빈틈이라고 하자. 어떤 $b \in B$가 A의 상한이므로 집합 A는 위로 유계이다. 하지만 A는 최소상계를 갖지 않는다. 하지만 A는 최소상계를 갖지 않는다. 만일 c가 A의 최소상계라면 c는 A의 최대원소이거나 B의 최소원소라는 사실로부터 쉽게 확인할 수 있다.

다른 한편, 집합 S가 공집합이 아닌, 위로 유계라고 하자. 집합 A 그리고 B를 다음처럼 놓자.

$$A = \{x \mid x \le s,\ \text{어떤 } s \in S\},$$
$$B = \{x \mid x > s,\ \text{어떤 } s \in S\}.$$

그러면, $(A,\ B)$가 빈틈의 정의에 나오는 처음 두 조건 (a) 그리고 (b)를 만족함을 증명할 수 있다. S가 최소상계를 갖지 않는다고 가정해 보자. 그러면 A의 최대원소 또는 B의 최소원소가 S의 최소상계가 되므로 $(A,\ B)$는 빈틈이다.

빈틈의 존재 여부가 유계 집합이 최소상계를 갖는지 아닌지와 밀접하게 관련되어 있음을 알 수 있다. 따라서 완전 순서 집합의 정의를 내릴 수 있게 되었다.

정의 5.2

$(P,\ <)$가 조밀한 선형으로 정렬된 집합이라고 하자. 만일 공집합이 아닌 모든 위로 유계 집합 $S \subseteq P$가 최소상계를 가지면 P는 **완전complete**하다. $(P,\ <)$가 완전하면 그리고 그때만 어떤 빈틈도 존재하지 않는다는 점에 주목하자.

조밀한 선형 순서 집합이 반드시 완전하지는 않다는 것을 알았다. 그러나 모든 조밀한 선형 순서 집합은 "빈틈을 채우는 것"으로 유일한 방법으로 **완전하게** 할 수 있다. 이것이 다음에 있는 중요한 정리의 내용이다.

정리 5.3

$(P,\ <)$가 끝점이 없는 조밀한 선형 순서 집합이라고 하자. 그러면 다음을 만족하는 완전 선형 순서 집합 $(C,\ \prec)$가 존재한다.

(a) $P \subseteq C$.

(b) 만일 $p,\ q \in P$이면, $p < q$이면 그리고 그때만 $p \prec q$이다(P 위에서는 $\prec$와 $<$이 같다).

(c) P는 C에서 조밀하다. 즉, $p < q$인 임의의 $p,\ q \in P$에 대해, $p \prec c \prec q$인 $c \in C$가 존재한다.

(d) C는 끝점을 갖지 않는다.

더욱이, 이 완전 선형 순서 집합은 P에 대한 동형까지 유일하다. 다시 말해서, 만일 $(C^*,\ \prec^*)$가 (a)–(d)를 만족하는 완전 선형 순서이면, 모든 $x \in P$에 대해 $h(x) = x$인 $(C,\ \prec)$ 그리고 $(C^*,\ \prec^*)$ 사이의 동형사상 h가 존재한다. 이러한 선형 순서 집합 $(C,\ \prec)$를 $(P,\ <)$의 **완비completion**라고 부른다.

이런 유형의 정리가 보통 그렇듯이, 정리의 유일성 부분의 증명이 상대적으로 쉽다. 그래서 이것을 먼저 증명한다.

완비의 유일성 증명

$(C, \prec)$ 그리고 $(C^*, \prec^*)$가 (a)–(d)를 만족하는 두 개의 완전 선형 순서 집합이라고 하자. 모든 $x \in P$에 대해 $h(x) = x$인 C에서 C^* 위로의 동형사상 h가 존재함을 보인다.

$c \in C$에 대해, $S_c = \{p \in P \mid p \preccurlyeq c\}$로 놓는다. 마찬가지로, $c^* \in C^*$에 대해, $S_{c^*} = \{p \in P \mid p \preccurlyeq^* c^*\}$로 놓는다. S가 P의 공집합이 아닌 부분집합이고 위로 유계일 때, $\sup S$를 $(C, \prec)$에서 S의 최소상계, 그리고 $\sup^* S$를 $(C^*, \prec^*)$에서 S의 최소상계라고 하자. 그러면 $\sup S_c = c$, $\sup^* S_{C^*} = c^*$이다.

함수 h를 다음처럼 정의한다 : $h(c) = \sup^* S_c$.

명백하게, h는 C에서 C^*로의 함수이다; 이 함수가 전사이고 다음이 성립함을 보여야 한다.

(a) $c \prec d$이면, $h(c) \prec^* h(d)$.

(b) 모든 $x \in P$에 대해 $h(x) = x$.

h가 전사임을 보이기 위해, 임의의 $c^* \in C^*$가 있다고 하자. 그러면 $c^* = \sup^* S_{C^*}$이고, 만일 $c = \sup S_{c^*}$로 놓으면 $S_c = S_{c^*}$ 그리고 $c^* = h(c)$이다. 만일 $c \prec d$이면, (P가 C에서 조밀하므로) $c \prec p \prec d$인 $p \in P$가 존재한다. 따라서 $\sup^* S_c \prec^* p \prec^* \sup^* S_d$이고 결국 $h(c) \prec^* h(d)$임을 쉽게 보일 수 있다. 이 사실로부터 2장의 보조정리 5.18을 이용해서 h가 동형사상이라고 결론을 내릴 수 있다. 마지막으로, $r \in P$이면, $x = \sup S_x = \sup^* S_x$이고 따라서 $h(x) = x$이다. □

완비의 존재를 증명하기 위해서, 데데킨트 컷 개념을 도입한다.

정의 5.4

컷cut은 다음을 만족하는 집합의 쌍 (A, B)이다.

(a) A 그리고 B는 공집합이 아니면서 서로소인 P의 부분집합이고 $A \cup B = P$이다.

(b) 만일 $a \in A$ 그리고 $b \in B$이면, $a < b$.

만일 A에 최대원소가 없고 B에 최소원소가 없는 경우, 컷은 빈틈과 같다는 것을 확인하자. $\boldsymbol{P}$는 조밀하므로 A가 최대원소를 갖고 B가 최소원소를 갖는 것은 불가능하다. 따라서 남은 가능성은 B가 최소원소를 갖고 A가 최대원소를 갖지 않거나, A

가 최대원소를 갖고 B가 최소원소를 갖지 않는 것이다. 두 경우 모두 A의 최소상계가 존재한다. 첫 번째 경우, B의 최소원소가 최소상계이고, 다른 경우, A의 최대원소가 최소상계이다. 따라서, 첫 번째 경우만 고려하고 A가 최대원소를 갖는 컷은 무시한다.

정의 5.5

A가 최대원소를 갖지 않는 경우 컷 $(A,\ B)$는 **데데킨트 컷Dedekind cut**이다.
데데킨트 컷 $(A,\ B)$에는 두 가지 유형이 있다 :

(a) 어떤 $p \in P$에 대해 $B = \{x \in P \mid x \geq p\}$인 경우; $(A,\ B) = [p]$로 나타낸다.

(b) 빈틈.

이제 $(P,\ <)$의 모든 데데킨트 컷 $(A,\ B)$의 집합 C와 다음을 따르는 C의 순서에 대해 생각해 본다 :

$$(A,\ B) \preccurlyeq (A',\ B')\text{이면 그리고 그때만 } A \subseteq A'.$$

$(C,\ \preccurlyeq)$가 선형 순서 집합임을 보이는 것은 연습으로 남긴다.

만일 $p,\ q \in P,\ p < q$이면, $[p] \prec [q]$이다. 따라서 선형 순서 집합 $(P',\ \prec)$은, 여기서 $P' = \{[p] \mid p \in P\}$, $(P,\ <)$와 동형이다. $(C,\ \prec)$가 $(P',\ \prec)$의 완비임을 보이려고 한다. $(P,\ <)$와 $(P',\ \prec)$가 동형이므로, $(P,\ <)$도 완비를 갖는다.

다음을 보이는 것으로 충분하다.

(c′) P'는 $(C,\ \prec)$에서 조밀하다,

(d′) C는 끝점을 갖지 않는다.

그리고, 당연히

(e) $(C,\ \prec)$는 완비이다.

P'가 C에서 조밀함을 보이기 위해, $c,\ d \in C,\ c \prec d$; 즉, $c = (A,\ B),\ d = (A',\ B')$, 그리고 $A \subset A'$이라고 놓는다. $p \in P,\ p \in A'$ 그리고 $p \notin A$라고 놓자. 또한, P는 B의 최소원소가 아니라고 가정한다. 그러면 $(A,\ B) \prec [p] \prec (A',\ B')$이고 따라서 P'는 C에서 조밀하다. [또한 $(C,\ \prec)$는 조밀한 순서 집합임을 알 수 있다.]

마찬가지로, 만일 $(A,\ B) \in C$이면, B의 최소원소가 아닌 $p \in B$가 존재하고, $(A,\ B) \prec [p]$임을 알 수 있다. 따라서 C는 최대원소를 갖지 않는다. 같은 논리에 의해 최소원소를 갖지 않는다.

C가 완비임을 보이기 위해, S가 C의 공집합이 아닌 부분집합이고, 위로 유계라고 하자. 그러므로, 모든 $(A,\ B) \in S$에 대해 $A \subseteq A_0$인 $(A_0,\ B_0) \in C$가 존재한다. S의 최소상계를 구하기 위해 다음으로 놓자.

$$A_S = \bigcup\{A \mid (A,\ B) \in S\} \text{ 그리고 } B_S = P - A_S = \bigcap\{B \mid (A,\ B) \in S\}.$$

쉽게 $(A_S,\ B_S)$가 컷임을 입증할 수 있다. ($B_0 \subseteq B_S$이므로 B_S는 공집합이 아님에 주목하자.) 실제로, $(A_S,\ B_S)$는 데데킨트 컷이다 : 어떤 A도 최대원소를 갖지 않으므로 A_S 역시 최대원소를 갖지 않는다.

각각의 $(A,\ B) \in S$에 대해 $A_S \supseteq A$이므로, $(A_S,\ B_S)$는 S의 상계이다; $(A_S,\ B_S)$가 S의 최소상계임을 보이자. 만일 $(\overline{A},\ \overline{B})$가 S의 어떤 상계이면, 모든 $(A,\ B) \in S$에 대해 $A \subseteq \overline{A}$이고, 따라서 $A_S = \bigcup\{A \mid (A,\ B) \in S\} \subseteq \overline{A}$; 즉 $(A_S,\ B_S) \preccurlyeq (\overline{A},\ \overline{B})$이다. 그러므로 $(A_S,\ B_S)$는 S의 최소상계이다. □

이제 정리 5.3이 증명되었다. 특히, 유리수의 순서 집합 $(Q,\ <)$는 (동형사상에 대해) 유일한 완비를 갖는다; 이것이 바로 실수의 순서 집합이다. 실수의 순서가 Q에서의 $<$와 같아서, 관례로 ($\prec$ 대신) 마찬가지로 기호 $<$를 사용한다.

정의 5.6

$(Q,\ <)$의 완비를 $(R,\ <)$로 나타낸다; R의 원소는 **실수**이다.

곧바로 $(R,\ <)$이 다음과 같은 특성을 가짐을 알 수 있다.

정리 5.7

$(R,\ <)$은 (동형사상에 대해) 끝점이 없는 유일한 완전 선형 순서 집합이고, 셀 수 있는 조밀한 부분집합을 갖는다.

증명

$(C,\ \prec)$가 끝점이 없는 완전 선형 순서 집합이고, P는 C에서 조밀한 C의 셀 수 있는 부분집합이라고 하자. 그러면 $(P,\ \prec)$는 $(Q,\ <)$와 동형이고 완비의 유일성(정리 5.3)에 의해, $(C,\ \prec)$는 $(Q,\ <)$의 완비와 동형이므로, 결국, $(R,\ <)$와 동형이다. □

실수 R에 대한 대수 연산을 정의하고 그것이 일반적인 대수 법칙을 따르고 유리수에 대해서 이전의 정의와 일치함을 보여주는 일이 남아 있다. 하지만 이 주제는 집합론보다 대수학과 해석학의 주된 관심 분야이므로 여기서는 다루지 않는다. 실수의 산술을 어떻게 엄격하게 정립할 수 있는지 배우고 싶으면 이 시점에서 10.2절을 읽어 보기 바란다.

연습문제

5.1 $x^2 = 2$인 $x \in Q$가 존재하지 않음을 증명하라. [힌트 : $x = p/q$, p, $q \in Z$는 소수로 놓고, $p^2 = 2q^2$를 이용해서 2가 P 그리고 q로 모두 나누어 짐을 보여라.]

5.2 $A = \{x \in Q \mid x > 0$ 또는 $(x > 0$이고 $x^2 < 2)\}$, $B = \{x \in Q \mid x > 0$ 이고 $x^2 > 2\}$일때, $(A,\ B)$는 $(Q,\ <)$에서 빈틈임을 보여라. [힌트 : 주어진 $x > 0$, $x^2 < 2$에 대해, $(x + \epsilon)^2 < 2$인 유리수 $\epsilon > 0$를 찾아서 A가 최대원소를 갖지 않음을 증명한다. $x^2 + 3x\epsilon < 2$인 $\epsilon < x$을 취하는 것으로 충분하다.]

5.3 $0.a_1a_2a_3\cdots$는 주기적이지 않은 무한 소수전개이고, $A = \{x \in Q \mid x \le 0.a_1a_2\cdots a_k$, 어떤 $k \in N - \{0\}\}$, $B = \{x \in Q \mid x \ge 0.a_1a_2\cdots a_k$, 모든$k \in N - \{0\}\}$라고 하자. $(A,\ B)$가 $(Q,\ <)$에서 빈틈임을 보여라.

5.4 조밀한 선형 순서 집합 $(P,\ <)$가 완전하면 그리고 그때만 아래로 유계인 모든 공집합이 아닌 $S \subseteq P$가 최대하계를 가짐을 보여라.

5.5 D가 $(P,\ <)$에서 조밀하고 E는 $(D,\ <)$에서 조밀하다고 하자. E는 $(P,\ <)$에서 조밀함을 보여라.

5.6 F가 오직 유한한 개수의 0이 아닌 숫자로 된 소수전개를 갖는 모든 유리수의 집합이라고 하자. $m/2^n$이 Q에서 조밀함을 보여라.

5.7 **(이진 유리수dyadic rationals)** D가 모든 수 $m/2^n$의 집합이라고 하자. 여기서 m은 정수 n은 자연수이다. D가 Q에서 조밀함을 보여라.

5.8 모든 무리수의 집합 $R - Q$가 R에서 조밀함을 증명하라. [힌트 : 주어진 $a < b$에 대해, 무리수는 $x = (a+b)/2$로 놓고, 유리수는 $x = (a+b)/\sqrt{2}$로 놓는다. 연습문제 5.1 사용.]

6. 셀 수 없는 집합

지금까지 기수를 산정한 모든 무한집합은 셀 수 있는 것이었다. 자연스럽게, 모든 무한집합은 셀 수 있는 것이 아닌가 하는 의문이 제기된다. 그러나 만일 그렇다면 이 책은 앞 절을 마지막으로 끝났었을 것이다. 게오르크 칸토어가 셀 수 없는 집합이, 실제로, 존재한다는 위대한 발견을 했다. 이 발견이야말로 집합론 발전의 원동력이며 집합론의 깊이와 풍부함의 원천이다.

정리 6.1

실수 집합 R은 셀 수 없다.

증명

$(R, <)$은 끝점이 없는 조밀한 선형 순서이다. 만일 R이 셀 수 있다면, 정리 4.9에 의해 $(R, <)$은 $(Q, <)$와 동형이다. 그러나 $(R, <)$은 완전하고 $(Q, <)$는 그렇지 않기 때문에 동형일 수 없다. □

이 증명은 4절에서 전개한 선형 정렬 이론에 의존한다. 칸토어의 독창적인 원래 증명은 그의 유명한 "대각화 논법"을 사용한다. 아래에 그것을 제시한다.

정리 6.1의 칸토어 증명

R을 셀 수 있는 집합이라고 가정하자. 즉, R이 어떤 무한수열 $\langle r_n \rangle_{n=1}^{\infty}$의 치역이라고 하자. $a_0^{(n)}.a_1^{(n)}a_2^{(n)}a_3^{(n)}\cdots$을 r_n의 소수전개라고 놓는다. (소수전개가 어떤 위치에 숫자 9만 포함하지 않는다고 가정하면, 각 실수는 유일한 소수전개를 갖는다. 10.1절을 참조하라. 예를 들어, $0.3 = 0.29999999\cdots$를 허용하지 않으면 유일하다는 뜻) 만일 $a_n^{(n)} = 0$이면 $b_n = 1$, 아니면 $b_n = 0$으로 놓고, r을 소수전개가 $0.b_1b_2b_3\cdots$인 실수라고 하자. 그러면 모든 $n = 1, 2, 3, \ldots$에 대해 $b_n \neq a_n^{(n)}$이고, 따라서 $r \neq r_n$이므로, 모순이다. □

(나중에 등장하는 러셀의 역설과 매우 유사한) 대각화 논법의 조합론적 핵심은 다음 정리에서 더욱 명확해진다.

정리 6.2

정리 모든 자연수 집합의 집합은 셀 수 없다; 실제로, $|P(N)| > |N|$이다.

증명

함수 $f : N \to P(N)$가 $f(n) = \{n\}$이면 일대일이고, $|N| \leq |P(N)|$이다. N의 부분집합의 모든 수열 $\langle S_n \mid n \in N \rangle$에 대해, 모든 $n \in N$에 대해 $S \neq S_n$인 어떤 $S \subseteq N$가 존재함을 증명한다. 그러면 N에서 $P(N)$ 위로의 전사함수가 없다는 것이고, 따라서 $|N| < |P(N)|$이다.

집합 $S \subseteq N$를 다음으로 정의한다: $S = \{n \in N \mid n \notin S_n\}$. 숫자 n은 S와 S_n을 구분하는 용도로 사용한다 : 만일 $n \in S_n$이면, $n \notin S$이고, $n \notin S_n$이면, $n \in S$이다.

어떤 경우든, 원하는 결과 $S \neq S_n$ 이다. □

셀 수 없는 집합에 관한 상세한 연구가 5장(과 이어지는 장)의 주제다. 여기서는 0과 1의 모든 무한수열의 집합 $2^N = \{0,\ 1\}^N$ 도 셀 수 없고, 실제로, $P(N)$ 그리고 R과 기수가 같다는 것만 증명한다.

정리 6.3

$|P(N)| = |2^N| = |R|$.

증명

각 $S \subseteq N$에 대해 S의 특성함수 $\chi_S : N \to \{0,\ 1\}$를 다음처럼 정의한다 :

$$\chi_S(n) \begin{cases} 0 & n \notin S; \\ 1 & n \notin S. \end{cases}$$

집합과 그것의 특성함수가 $P(N)$에서 $\{0,\ 1\}^N$ 위로의 일대일 대응 함수임은 쉽게 확인할 수 있다.

증명을 완성하기 위해서, $|R| \leq |P(N)|$이고 또한 $|2^N| \leq |R|$임을 보이고 칸토어–베른스타인 정리를 사용한다.

(a) 앞에서 실수를 모든 유리수의 집합 Q에서의 컷으로 구성했다. 각각의 실수 $r = (A,\ B)$을 집합 $A \subseteq Q$에 할당하는 R에서 $P(Q)$로의 일대일 함수이다. 그러므로 $|R| \leq |P(Q)|$이다. $|Q| = |N|$이므로, $|P(Q)| \leq |P(N)|$를 얻는다. (연습문제 6.3) 따라서 $|R| \leq |P(N)|$이다.

(b) $|2^N| \leq |R|$을 증명하기 위해 실수의 소수 표현을 사용한다. 각각의 0과 1의 무한수열 $\langle a_n \rangle_{n=0}^{\infty}$을 소수전개가가 $0.a_1a_2a_3\cdots$ 인 유일한 실수에 할당하는 함수는 2^N에서 R로의 일대일 함수이다. 그러므로 $|2^N| \leq |R|$이다. □

N의 기수를 나타내는 기호로 $\aleph_0$을 사용했다. 정리 6.3에 따라, R의 기수를 보통 $2^{\aleph_0}$로 나타낸다. 모든 실수 집합 R은 또한 "**연속체continuum**"라고 부른다; 이런 이유로, $2^{\aleph_0}$을 **연속체의 기수**라고 부른다. 이 표기법을 따르면, 정리 6.2는 $\aleph_0 < 2^{\aleph_0}$이라고 말한다.

연습문제

6.1 대각화 논법을 사용해서 N^N 이 셀 수 없음을 보여라.

[힌트 : $\langle a_n \mid n \in N \rangle$를 사용하라. 여기서 $a_n = \langle a_{nk} \mid k \in N \rangle$이다. $d \in N^N$를 $d_n = a_{nn} + 1$로 정의한다.]

6.2 $|N^N| = 2^{\aleph_0}$.

[힌트 : $2^N \subseteq N^N \subseteq P(N \times N)$.]

6.3 $|A| = |B|$이면 $|P(A)| = |P(B)|$이다.

제 5 장

기수

1. 기수 연산

기수는 4장에서 다루었다. 이 장은 연속체 $2^{\aleph_0}$의 기수에 특히 중점을 두고, 기수들의 일반적인 속성을 전적으로 연구한다. 이 절에서는 기수의 산술 연산(덧셈, 곱셈, 지수)을 정의하고 이러한 연산의 속성을 조사한다.

유한집합에서와 같은 방법을 사용해서, 두 기수 $\kappa + \lambda$의 합을 정의한다 : 만일 A가 a개의 원소를 갖고, B가 b개의 원소를 가지며, A 그리고 B가 서로소이면, $A \cup B$는 $a+b$개의 원소를 갖는다.

정의 1.1

$\kappa + \lambda = |A \cup B|$, 여기서 $|A| = \kappa$, $|B| = \lambda$, 그리고 $A \cap B = \varnothing$.

이 정의를 타당하게 만들기 위해서는 $\kappa + \lambda$가 집합 A 그리고 B가 어떤 것이냐에 의존하지 않는다는 것을 보여야 한다. 다음 보조정리의 내용이 그것이다.

보조정리 1.2

A, B, A', B'에 대해 $|A| = |A'|$, $|B| = |B'|$, 그리고 $A \cap B = \varnothing = A' \cap B'$이면, $|A \cup B| = |A' \cup B'|$이다.

증명

f 그리고 g가 각각 A에서 A' 위와 B에서 B' 위로의 일대일 대응 함수라고 하자. 그러면 $f \cup g$은 $A \cup B$에서 $A' \cup B'$ 위로의 일대일 대응 함수이다. □

기수 덧셈은 유한한 기수를 갖는 숫자의 일반적인 덧셈과 일치할 뿐 아니라, 다른 일반적인 덧셈 법칙도 여전히 유효하다. 예를 들어, 기수 덧셈은 교환법칙과 결합법칙이 성립한다 :

(a) $\kappa + \lambda = \lambda + \kappa$.

(b) $\kappa + (\lambda + \mu) = (\kappa + \lambda) + \mu$.

이 법칙은 정의로부터 바로 유도할 수 있다. 비슷하게, 다음 부등식도 쉽게 얻을 수 있다 :

(c) $\kappa \leq \kappa + \lambda$

(d) $\kappa_1 \leq \kappa_2$ 그리고 $\lambda_1 \leq \lambda_2$ 이면, $\kappa_1 + \lambda_1 \leq \kappa_2 + \lambda_2$ 이다.

그러나 숫자의 모든 덧셈 법칙이 기수 덧셈에도 적용되는 것은 아니다. 특히, 무한기수의 경우 등호 없는 부등식을 포함하는 공식은 거의 없으며, 나중에 논의되는 것처럼 (쾨니그 정리), 있다고 해도 찾아내기가 매우 어렵다. 예를 들어, $n \neq 0$ 이면, $n + n > n$ 이라는 간단한 사실을 취해보자. 만일 κ가 무한이면, 이것은 더 이상 참이 아니다 : $\aleph_0 + \aleph_0 = \aleph_0$ 임을 알고 있으며[4장 3.16(b) 참조], 선택 공리에 의해서 **모든** 무한인 κ에 대해 $\kappa + \kappa = \kappa$ 이다.

기수의 곱셈 역시 숫자의 곱셈 속성으로부터 성질을 유추할 수 있다. 만일 집합 A 그리고 B가 각각 a 그리고 b개의 원소를 가지면, 곱집합 $A \times B$은 $a \cdot b$개의 원소를 갖는다.

정의 1.3

$\kappa \cdot \lambda = |A \times B|$, 여기서 $|A| = \kappa$ 이고 $|B| = \lambda$. 이 정의는 보조정리 1.4에 따라 타당하다.

보조정리 1.4

$A,\ B,\ A',\ B'$ 에 대해 $|A| = |A'|,\ |B| = |B'|$ 이면, $|A \times B| = |A' \times B'|$ 이다.

증명

$f : A \to A',\ g : B \to B'$ 가 함수라고 하자. 함수 $h : A \times B \to A' \times B'$ 를 다음처럼 정의하면 :

$$h(a,\ b) = (f(a),\ g(b)).$$

분명히, f 그리고 g가 일대일 대응이면, h도 그렇다. □

마찬가지로, 곱셈도 예상하는 몇 가지 속성을 갖는다; 특히, 교환법칙과 결합법칙이 성립한다. 그리고 분배법칙도 성립한다.

(e) $\kappa \cdot \lambda = \lambda \cdot \kappa$.

(f) $\kappa \cdot (\lambda \cdot \mu) = (\kappa \cdot \lambda) \cdot \mu$.

(g) $\kappa \cdot (\lambda + \mu) = \kappa \cdot \lambda + \kappa \cdot \mu$.

마지막 속성은 다음 등식의 결과이다.

$$A \times (B \cup C) = (A \times B) \cup (A \times C),$$

이 식은 모든 집합 A, B, 그리고 C에 대해 성립한다.

또한, 다음도 성립한다.

(h) $\lambda > 0$이면, $\kappa \leq \kappa \cdot \lambda$.

(i) $\kappa_1 \leq \kappa_2$ 그리고 $\lambda_1 \leq \lambda_2$이면, $\kappa_1 \cdot \lambda_1 \leq \kappa_2 \cdot \lambda_2$이다.

다음을 증명해서, 기수의 곱셈과 숫자의 곱셈 사이의 유사성을 더욱 완전하게 해 보자.

(j) $\kappa + \kappa = 2 \cdot \kappa$.

증명

만일 $|A| = \kappa$이면, $2 \cdot \kappa$는 $\{0,\ 1\} \times A$의 기수이다. $\{0,\ 1\} \times A = (\{0\} \times A) \cup (\{1\} \times A)$이고, $|\{0\} \times A| = |\{1\} \times A| = \kappa$이며, 더하는 두 항이 서로소라는 사실로부터, $2 \cdot \kappa = \kappa + \kappa$임을 알 수 있다. □

(j)의 결과로부터, 다음을 얻는다.

(k) 모든 $\kappa \geq 2$에 대해 $\kappa + \kappa = \kappa \cdot \kappa$

덧셈과 마찬가지로, 무한기수의 곱셈은 유한한 숫자에서 성립하는 어떤 속성을 따르지 않는다. 예를 들어, $\aleph_0 \cdot \aleph_0 = \aleph_0$ [4장 3.16(b) 참조]. (그리고 선택 공리에 의해서 모든 무한인 κ에 대해 $\kappa \cdot \kappa = \kappa$이다.)

기수의 지수를 정의하기 위해, A 그리고 B가 각각 a 그리고 b개의 원소를 갖는 유한집합이면 a^b는 B에서 A로의 모든 함수의 개수임에 주목한다.

정의 1.5

$\kappa^\lambda = |A^B|$, 여기서 $|A| = \kappa$ 그리고 $|B| = \lambda$.

κ^λ의 정의는 임의의 A 그리고 B에 대해서 유효하다.

보조정리 1.6

만일 $|A| = |A'|$ 그리고 $|B| = |B'|$이면, $|A^B| = |A'^{B'}|$이다.

증명

$f : A \to A'$, $g : B \to B'$가 일대일 대응 함수라고 하자. $F : A^B \to A'^{B'}$를 다음처럼 정의하면 : $k \in A^B$이면, $F(k) = h$, 여기서 $h \in A'^{B'}$는 모든 $b \in B$에 대해 $h(g(b)) = f(k(b))$가 성립, 즉, $h = f \circ k \circ g^{-1}$이다.

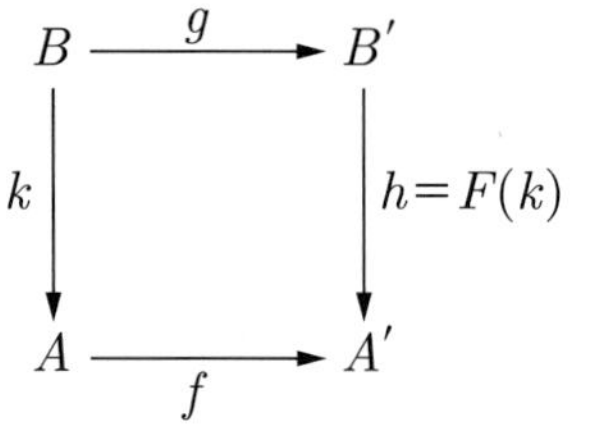

그러면 F는 A^B에서$A'^{B'}$ 위로 일대일 대응 함수이다. □

지수의 정의로부터 다음을 쉽게 알 수 있다.

(l) $\lambda > 0$이면, $\kappa \le \kappa^\lambda$이다.

(m) $\kappa > 1$이면, $\lambda \le \kappa^\lambda$이다.

(n) $\kappa_1 \le \kappa_2$ 그리고 $\lambda_1 \le \lambda_2$이면, $\kappa_1^{\lambda_1} \le \kappa_2^{\lambda_2}$이다.

또한 다음을 얻는다.

(o) $\kappa \cdot \kappa = \kappa^2$.

(o)의 증명은, $A \times A$, 즉 $a,\ b \in A$에 대한 모든 쌍 $(a,\ b)$의 집합과, $\{0,\ 1\}$에서 A로의 모든 함수의 집합 사이에 일대일 대응 관계가 있음을 보이면 된다. 이러한 대응 관계는 3장 5절에서 구성하였다.

다음 정리는 지수에 관한 추가의 속성을 보여준다.

정리 1.7

(a) $\kappa^{(\lambda+\mu)} = \kappa^\lambda \cdot \kappa^\mu$. (b) $(\kappa^\lambda)^\mu = \kappa^{\lambda \cdot \mu}$. (c) $(\kappa \cdot \lambda)^\mu = \kappa^\mu \cdot \lambda^\mu$.

증명

$\kappa = |K|,\ \lambda = |L|,\ \mu = |M|$이라고 하자. (a)를 보이기 위해, L 그리고 M이 서로소라 가정한다. 이제 $K^L \times K^M$에서 $K^{L \cup M}$으로의 일대일 함수 F를 생성한다.

$(f,\ g) \in K^L \times K^M$에 대해, $F(f,\ g) = f \cup g$로 놓는다. $f \cup g$가 함수임에 주목하자, 실제로 $K^{L \cup M}$의 원소와, 모든 $h \in K^{L \cup M}$는 어떤 $(f,\ g) \in K^L \times K^M$에 대해 $F(f,\ g)$와 같다(즉, $f = h \upharpoonright L,\ g = h \upharpoonright M$). F가 일대일임은 쉽게 보일 수 있다.

(b)를 증명하기 위해, $K^{L \times M}$에서 $(K^L)^M$으로의 일대일 대응 함수 F를 찾는다. $K^{L \times M}$의 원소는 전형적으로 함수 $f : L \times M \to K$이다. F가 f를 다음처럼 정의된 함수 $g : M \to K^L$에 대응시키는 함수로 놓자 : 모든 $m \in M$에 대해, $g(m) = h \in K^L$ 여기서 $h(l) = f(l,\ m)$ (모든 $l \in L$.) F가 일대일 대응임을 증명하는 일은 연습으로 남긴다.

(c)를 증명하려면 $K^M \times L^M$에서 $(K \times L)^M$으로의 일대일 대응 함수 F가 필요하다. 각각의 $(f_1,\ f_2) \in K^M \times L^M$에 대해, $F(f_1,\ f_2)d = g : M \to (K \times L)$로 놓는데 여기서 모든 $m \in M$에 대해 $g(m) = (f_1(m),\ f_2(m))$이다. 틀에 박힌 과정으로 F가 일대일 대응임을 확인할 수 있다. □

이제 기수에 관한 쓸모가 있는 한 묶음의 일반적인 속성을 갖게 되었지만, 지금까지 접한 유일한 기수는 자연수 $\aleph_0$과 $2^{\aleph_0}$이라는 특정한 것들이다. 실제로 다른 많은 기수가 존재한다는 것을 보일 수 있다. 그러한 사실로부터 일반적인 칸토어 정리를 얻을 수 있다(4장 정리 6.2가 특별한 사례에 해당한다).

1.8 칸토어 정리

모든 집합 X에 대해 $|X| < |P(X)|$.

증명

이 증명은 4장의 정리 6.2에서 사용한 증명을 그대로 일반화한 것이다. 대각화 논법의 추상적 형태가 증명의 핵심이다.

먼저, 함수 $f : X \to P(X),\ f(x) = \{x\}$는 분명히 일대일이고, 따라서 $|X| < |P(X)|$이다. X에서 $P(X)$로 가는 전사함수가 존재하지 않음을 증명하는 일이 남았다. 우선 f가 X에서 $P(X)$로 가는 함수라고 하자. 집합 $S = \{x \in X \mid x \notin f(x)\}$에 대해 생각해 본다. S가 f의 치역에 속하지 않음을 보여야 한다. 어떤 $z \notin X$에 대해 $S = f(z)$라고 가장하자. S의 정의에 의해, $z \in S$이면 그리고 그때만 $z \notin f(z)$이다; 따라서 $z \in S$이면 그리고 그때만 $z \notin S$이고, 이는 모순이다. 즉 f가 $P(X)$로의 전사가 아니라는

의미이고, $|X| < |P(X)|$임을 보이는 증명이 완성되었다. □

4장의 정리 6.3의 전반부도 임의의 집합으로 일반화할 수 있다.

정리 1.9

모든 집합 X에 대해 $|P(X)| = 2^{|X|}$이다.

증명

4장 정리 6.3의 $|P(N)| = 2^{|N|}$ 증명에서 N을 X로 대체한다. □

이제 칸토어 정리를 다음처럼 기수를 사용해서 다시 서술할 수 있다. $\kappa < 2^{\kappa}$, 모든 기수 κ에 대해. 모든 기수 집합에 대해, 그것보다 더 큰 기수가 존재한다는 사실과 함께 이 절을 마친다.

따름정리 1.10

임의의 집합 계 S에 대해, 모든 $X \in S$에 대해 $|Y| > |X|$인 집합 Y가 존재한다.

증명

$Y = P(\bigcup S)$로 놓으면. 칸토어 정리에 따라, $|Y| > |\bigcup S|$이고, 모든 $X \in S$에 대해 ($X \in S$이면 $X \subseteq \bigcup S$이므로) 분명히 $|\bigcup S| > |X|$이다. □

연습문제

1.1 이 절에 나온 기수의 속성 $(a) - (n)$을 증명하라.

1.2 모든 κ에 대해 $\kappa^0 = 1$ 그리고 $\kappa^1 = \kappa$임을 보여라.

1.3 모든 κ에 대해 $1^{\kappa} = 1$이고 모든 $\kappa > 0$에 대해 $0^{\kappa} = 0$ 임을 보여라.

1.4 $\kappa^{\kappa} \leq 2^{\kappa \cdot \kappa}$임을 증명하라.

1.5 만일 $|A| \leq |B|$ 그리고 $A \neq \varnothing$이면, B에서 A로의 전사함수가 존재함을 증명하라. 뒤에서, 선택 공리를 사용해서 역도 참임을 증명한다: B에서 A로의 전사함수가 존재하면, $|A| \leq |B|$이다.

1.6 B에서 A로의 전사함수가 존재하면, $2^{|A|} \leq 2^{|B|}$이다.

[힌트 : g가 B에서 A로의 전사함수일 때, 모든 $X \subseteq A$에 대해 $f(X) = g^{-1}[X]$로 놓는다.]

1.7 칸토어 정리를 이용해서 "모든 집합의 집합"이 존재하지 않음을 증명하라.

1.8 X가 집합이고 f가 $f[X] \subset X$인, X에서 자신으로 가는 일대일 함수라고 하자. 그러면X는 무한이다.

X에서 자신의 진부분집합으로 가는 일대일 대응 함수가 존재할 때 집합 X를 **데데킨트 무한Dedekind infinite**이라고 부른다. 데데킨트 무한집합이 아닌 집합이 **데데킨트 유한 Dedekind finite**이다. 남은 연습문제에서 데데킨트 무한집합과 데데킨트 유한집합에 대한 속성을 탐구한다.

1.9 모든 셀 수 있는 집합은 데데킨트 무한이다.

1.10 X가 셀 수 있는 부분집합을 포함하면, X는 데데킨트 무한이다.

1.11 만일 X가 데데킨트 무한이면, 셀 수 있는 부분집합을 포함한다.

[힌트 : $x \in X - f[X]$로 놓고; $x_0 = x$, $x_1 = f(x_0)$, $\ldots$, $x_{n+1} = f(x_n)$, $\ldots$으로 정의한다. 집합 $\{x_n \mid n \in N\}$은 셀 수 있다.]

따라서 데데킨트 무한집합은 정확하게 말해서 셀 수 있는 부분집합을 갖는 집합이다. 나중에 선택 공리를 사용해서, 모든 무한집합에는 셀 수 있는 부분집합이 있음을 보여준다. 따라서 다음과 같이 쓸 수 있다. 데데킨트 무한 = 무한.

1.12 만일 A 그리고 B가 데데킨트 유한이면, $A \cup B$도 데데킨트 유한이다.

[힌트 : 연습문제 1.11 사용.]

1.13 만일 A 그리고 B가 데데킨트 유한이면, $A \times B$도 데데킨트 유한이다.

[힌트 : 연습문제 1.11 사용.]

1.14 만일 A가 무한이면, $P(P(A))$는 데데킨트 무한이다.

[힌트 : 각각의 $n \in N$에 대해, $S_n = \{X \subset A \mid |X| = n\}$로 놓는다. 집합 $\{S_n \mid n \in N\}$은 $P(P(A))$의 셀 수 있는 부분집합이다.]

2. 연속체의 기수

이제 셀 수 있는 집합의 기수 $\aleph_0$의 속성에 대해 잘 알게 되었다. 앞 절에서 소개한 기수 연산의 개념을 사용해서 참고용으로 이곳에 요약한다.

(a) $\kappa < \aleph_0$ 이면 그리고 그때만 $\kappa \in N$.

(b) $n + \aleph_0 = \aleph_0 + \aleph_0 = \aleph_0$ $(n \in N)$.

(c) $n \cdot \aleph_0 = \aleph_0 \cdot \aleph_0 = \aleph_0$ $(n \in N,\ n > 0)$.

(d) $\aleph_0^n = \aleph_0$ $(n \in N,\ n > 0)$.

이 절에서, 무한기수에 관한 두 번째로 중요한 내용, 즉 연속체 $2^{\aleph_0}$ 의 기수에 대해 연구한다. 먼저, $2^{\aleph_0}$ 이 실제로 모든 실수의 집합 R의 기수임을 다시 기억하기를 바란다.

정리 2.1

$|R| = 2^{\aleph_0}$.

증명

4장 정리 6.3의 나머지 절반에 해당한다. □

다음 정리는 연속체 기수의 산술적 속성을 요약한 것이다.

정리 2.2

(a) $n + 2^{\aleph_0} = \aleph_0 + 2^{\aleph_0} = 2^{\aleph_0} + 2^{\aleph_0} = 2^{\aleph_0}(n \in N)$.

(b) $n \cdot 2^{\aleph_0} = \aleph_0 \cdot 2^{\aleph_0} = 2^{\aleph_0} \cdot 2^{\aleph_0} = 2^{\aleph_0}(n \in N,\ n > 0)$.

(c) $(2^{\aleph_0})^n = (2^{\aleph_0})^{\aleph_0} = n^{\aleph_0} = \aleph_0^{\aleph_0} = 2^{\aleph_0}(n \in N,\ n > 0)$.

증명

(a) 칸토어–베른슈타인 정리에 따라 다음처럼 일련의 부등식으로 명백하다.

$$2^{\aleph_0} \leq n + 2^{\aleph_0} \leq \aleph_0 + 2^{\aleph_0} \leq 2^{\aleph_0} + 2^{\aleph_0} = 2 \cdot 2^{\aleph_0} = 2^{1+\aleph_0} = 2^{\aleph_0}.$$

(b) 비슷하게, 다음과 같다.

$$2^{\aleph_0} \leq n \cdot 2^{\aleph_0} \leq \aleph_0 \cdot 2^{\aleph_0} \leq 2^{\aleph_0} \cdot 2^{\aleph_0} = 2^{\aleph_0 + \aleph_0} = 2^{\aleph_0}.$$

(c) 역시, 다음과 같다.

$$2^{\aleph_0} \leq (2^{\aleph_0})^n \leq (2^{\aleph_0})^{\aleph_0} = 2^{\aleph_0^2} = 2^{\aleph_0}$$

그리고

$$2^{\aleph_0} \leq n^{\aleph_0} \leq \aleph_0^{\aleph_0} \leq (2^{\aleph_0})^{\aleph_0} = 2^{\aleph_0^2} = 2^{\aleph_0}.$$

□

정리 2.2가 기수 산술 법칙과 칸토어–베른슈타인 정리에 따른 쉬운 따름정리임에도 불구하고 다소 예상치 못한 결과를 낳는다는 점이 흥미롭다. 예를 들어, $2^{\aleph_0} \cdot 2^{\aleph_0} = 2^{\aleph_0}$ 은 $|R \times R| = |R|$

을 의미한다; 그러나, 모든 실수 쌍의 집합 $R \times R$은(직교 좌표계에 의한) 평면 위의 모든 점 집합과 일대일 대응이다. 따라서 직선 R에서 평면 $R \times R$로의(마찬가지로 3차원 공간 $R \times R \times R$ 등등) 일대일 대응 함수가 존재함을 알 수 있다. (칸토어에 의해 비롯된) 이러한 결과는 그의 동시대 사람들을 놀라게 했다; 이는 다소 직관에 반하는 것처럼 보이는데, 실제로 그러한 함수를 구성해 보는 것이 도움이 될 수 있다(연습문제 2.7 참조). 다음 정리는 몇 가지 중요한 집합이 연속체 기수를 가지고 있음을 보여준다.

정리 2.3

(a) $n-$차원 공간 R^n 위의 모든 점 집합의 기수는 $2^{\aleph_0}$ 이다.

(b) 모든 복소수 집합의 기수는 $2^{\aleph_0}$ 이다.

(c) 자연수의 모든 무한수열 집합의 기수는 $2^{\aleph_0}$ 이다.

(d) 실수의 모든 무한수열 집합의 기수는 $2^{\aleph_0}$ 이다.

증명

(a) 기수의 지수에 대한 정의에 의해 $|R^n| = (2^{\aleph_0})^n$ 이다; 정리 2.2(c)에 의해 $(2^{\aleph_0})^n = 2^{\aleph_0}$.

(b) 복소수는 실수의 쌍으로 나타낼 수 있으므로(10장 연습문제 2.6 참조), 모든 복소수의 집합의 기수는 $|R \times R| = (2^{\aleph_0})^2 = 2^{\aleph_0}$.

(c) 자연수의 모든 무한수열의 집합은 N^N 이고 $|N^N| = \aleph_0^{\aleph_0} = 2^{\aleph_0}$.

(d) $|R^n| = (2^{\aleph_0})^n = 2^{\aleph_0}$. □

다음 정리는 이런 종류의 다른 결과를 유도하는 데 도움이 된다.

정리 2.4

만일 A가 B의 셀 수 있는 부분집합이고 $|B| = 2^{\aleph_0}$ 이면, $|B - A| = 2^{\aleph_0}$ 이다.
(선택 공리를 사용해서, 일반적으로 $|A| < |B|$ 이면, $|B - A| = |B|$ 임을 보일 수 있다는 사실을 여기서 다시 언급하겠다.)

증명

일반성을 잃지 않고 $B = R \times R$이라고 가정할 수 있다.

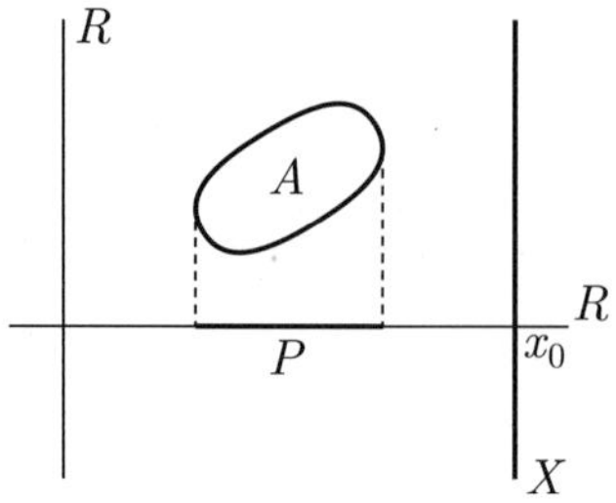

$P = \mathrm{dom}A$로 놓으면 :

$$P = \{x \in R \mid (x,\ y) \in A,\ \text{어떤 } y\text{에 대해}\}.$$

$|A| = 2^{\aleph_0}$이므로, $|P| \leq \aleph_0$을 얻는다. 따라서 $x_0 \notin P$인 $x_0 \in R$가 존재한다. 결과적으로, 집합 $X = \{x_0\} \times R$은 A와 서로소이고, 따라서 $X \subseteq (R \times R) - A$이다. 분명히, $|X| = |R| = 2^{\aleph_0}$이고, $|(R \times R) - A| \geq 2^{\aleph_0}$을 얻는다. □

정리 2.5

(a) 모든 무리수 집합의 기수는 $2^{\aleph_0}$이다.

(b) 자연수의 모든 무한집합 집합의 기수는 $2^{\aleph_0}$이다.

(c) N에서 N으로의 모든 일대일 대응 함수 집합의 기수는 $2^{\aleph_0}$이다.

증명

(a) 모든 유리수의 집합 Q는 셀 수 있으므로, 모든 무리수의 집합 $R - Q$의 기수는 정리 2.4에 의해 $2^{\aleph_0}$이다.

(b) N의 모든 부분집합 집합 $P(N)$의 기수는 $2^{\aleph_0}$이고, N의 모든 유한 부분집합의 집합은 셀 수 있으므로(4장의 따름정리 3.11 참조), N의 모든 무한 부분집합의 집합의 기수는 연속체의 기수와 같다.

(c) $\mathbf{P}$를 N에서 N으로의 모든 일대일 대응 함수의 집합이라 놓으면; $P \subseteq N^N$이므로, 분명히 $|P| = 2^{\aleph_0}$이다. E 그리고 O가 각각 모든 짝수와 홀수인 자연수의 집합이라고 하자. 만일 $X \subseteq E$가 무한이면, 함수 $f_X : N \to N$을 다음처럼 정의한다 :

$$f_X(2k) = X\text{의}k\text{번째 원소}\ (k \in N) :$$

$$f_X(2k+1) = N - X\text{의}k\text{번째 원소}\ (k \in N)$$

$N - X \supseteq O$ 임에 주목하면, f_X는 N에서 N으로의 일대일 대응 함수임을 알 수 있다. 더구나, $X_1 \neq X_2$이면 $f_{X_1} \neq f_{X_2}$ 임을 역시 쉽게 보일 수 있다. 따라서 We 무한 부분집합 E와 P의 어떤 원소 사이의 일대일 대응 함수를 얻었다. 정리 2.5(b)에 따라서 E의 부분집합이 $2^{\aleph_0}$개 존재하므로, 실제로 $|P| \geq 2^{\aleph_0}$을 얻는다. □

다른 유사한 결과를 다음 정리에 따라서 얻을 수 있다. 열린집합과 연속 함수의 정의와 그에 따르는 기본적인 속성은 10장 3절에 있다.

정리 2.6

(a) R에서 R로의 모든 연속 함수 집합의 기수는 $2^{\aleph_0}$이다.

(b) 실수의 모든 열린집합 집합의 기수는 $2^{\aleph_0}$이다.

증명

(a) R 위의 모든 연속 함수값이 조밀집합 위에서, 특히 유리수 인수에서의 값으로 결정된다는(10장 정리 3.11에서 증명할) 사실을 이용한다 : 만일 f 그리고 g가 R 위의 두 연속 함수이고, 모든 유리수 q에 대해 $f(q) = g(q)$이면, $f = g$이다. 따라서 C를 R 위의 모든 실수값을 갖는 연속 함수의 집합으로 놓는다. 그리고 F를 $F(f) = f \restriction Q$인 C에서 R^Q로의 함수로 놓는다. 위 사실로부터. F는 일대일이고, 따라서 $|C| \leq |R^Q| = (2^{\aleph_0})^{\aleph_0} = 2^{\aleph_0}$이다. 한편, 분명히 $|C| \geq 2^{\aleph_0}$이다(상수 함수를 생각해 보라).

(b) 모든 열린집합은 유리수 끝점을 갖는 열린구간 시스템의 합집합이다(10장 보조정리 3.14 참조). 유리수 끝점을 갖는 열린구간이(각 구간은 유리수 순서쌍에 의해 결정) $\aleph_0$개 있으며, 따라서, 그러한 시스템은 $2^{\aleph_0}$개 있다. 즉 최대 $2^{\aleph_0}$개의 열린집합이 있음을 알 수 있다. 한편, 만일 $a,\ b \in R,\ a \neq b$이면, $(a,\ \infty) \neq (b,\ \infty)$이므로, 따라서 최소한 $2^{\aleph_0}$개의 열린집합이 있다. □

이 절의 결과가 기수 $2^{\aleph_0}$의 중요성을 잘 보여준다. $2^{\aleph_0}$의 크기를 결정하는 문제가 근본적으로 중요하다는 것은 놀라운 일이 아니다. $2^{\aleph_0}$이 $\aleph_0$보다 더 크다는 것은 알고 있지만, 얼마나 더 클까? 칸토어는 $2^{\aleph_0}$이 $\aleph_0$의 다음 기수라고 추측했다. 이 추측이 그 유명한 연속체 가설이다.

연속체 가설The Continuum Hypothesis

$\kappa < 2^{\aleph_0}$을 만족하는 셀 수 없는 기수 κ는 존재하지 않는다.

즉, 연속체 가설은 모든 실수 집합이 유한하거나 셀 수 있거나, 그렇지 않으면 모든 실수 집합과 대등하다고 주장한다. 그 사이에는 기수가 없다. 1900년에 다비드 힐베르트는 그의 유명한 수학 미해결 문제 목록에 연속체 문제를 포함시켰다(문제 1). 이 문제는 오늘날에도 여전히 완전하게 해결되지 않았다. 1939년에 쿠르트 괴델은 연속체 가설이 집합론의 공리와 일치한다는 것을 보여주었다. 즉, (선택 공리를 포함한) 체르멜로–프렝켈 집합론의 공리를 사용하면 연속체 가설을 반박할 수 없다. 1963년에 폴 코헨은 연속체 가설이 공리와 독립임을 증명했다. 이는 공리로부터 연속체 가설을 증명할 수 없음을 의미한다. 15장에서 이러한 물음에 대해 더 자세히 논의한다.

연속체보다 큰 기수를 갖는 집합의 예와 함께 이 절을 마무리한다.

보조정리 2.7

실수 위 모든 실수값을 갖는 함수의 집합의 기수는 $2^{2^{\aleph_0}} > 2^{\aleph_0}$ 이다.

증명

R^R 의 기수는 $(2^{\aleph_0})^{2^{\aleph_0}} = 2^{\aleph_0 \cdot 2^{\aleph_0}} = 2^{2^{\aleph_0}}$ 이다. □

연습문제

2.1 실수의 모든 유한집합 집합의 기수는 $2^{\aleph_0}$ 이다. 실수의 모든 셀 수 있는 집합 집합의 기수가 $2^{\aleph_0}$ 이라는 점을 다시 언급하지만, 그것을 증명하려면 선택 공리가 필요하다.

2.2 실수 x가 다음과 같은 방정식의 해일 때, **대수적algebraic**이라고 부른다.

$$(*) \quad a_n x^n + a_{n-1}x^{n-1} + \cdots + a_1 x + a_0 = 0,$$

여기서 $a_0, \ldots, a_n$은 정수이다. 만일 x가 대수적이지 않으면, **초한적transcendental**이라고 부른다. 모든 대수적 수 집합은 셀 수 있고 따라서 모든 초한적 수 집합의 기수는 $2^{\aleph_0}$ 이다.

2.3 선형 순서 집합 P가 셀 수 있는 조밀한 부분집합을 가지면, $|P| \leq 2^{\aleph_0}$ 이다.

2.4 실수의 모든 닫힌 부분집합 집합의 기수는 $2^{\aleph_0}$ 이다.

2.5 모든 $n > 0$에 대해, $n \cdot 2^{2^{\aleph_0}} = \aleph_0 \cdot 2^{2^{\aleph_0}} = 2^{\aleph_0} \cdot 2^{2^{\aleph_0}} = 2^{2^{\aleph_0}} \cdot 2^{2^{\aleph_0}} = (2^{2^{\aleph_0}})^n = (2^{2^{\aleph_0}})^{\aleph_0} = (2^{2^{\aleph_0}})^{2^{\aleph_0}} = 2^{2^{\aleph_0}}$ 임을 보여라.

2.6 모든 불연속 함수 집합의 기수는 $2^{2^{\aleph_0}}$ 이다.

[힌트 : 연습문제 2.5를 이용해서, $|C| \leq 2^{\aleph_0}$ 이면 $|R^R - C| = 2^{2^{\aleph_0}}$ 임을 보여라 .)

2.7 $R \times R$에서 R로의 일대일 대응 함수를 생성하라.

[힌트 : $a,\ b \in [0,\ 1]$의 소수전개 $0.a_1a_2a_3\cdots$ 그리고 $0.b_1b_2b_3\cdots$ 에 대해, 순서쌍 $(a,\ b)$ 에서 $0.a_1b_1a_2b_2a_3b_3\cdots \in [0,\ 1]$로 대응하는 전사함수 만든다. 특정 위치에서 숫자 9가 무한히 나오는 경우가 생기지 않도록 한다.)

제 6 장

순서수

1. 순서–정렬 집합

자연수를 정립할 때 "차례로 세는" 과정을 형식화해야 할 필요성이 등장했다. 자연수는 0으로 시작해서 숫자를 한 단위씩 연속적으로 증가시켜서 생성한다 : $0,\ 1,\ 2,\ 3,\ \ldots$, 등등. **다음수 successor** 연산을 $S(x) = x \cup \{x\}$로 정의하고, 0을 포함하며 S에서 닫힌 가장 작은 집합의 원소로 자연수를 정립했다.

자연수 이상의 수 체계를 계속해서 차례로 세는 과정이 필요하다. 그것에 대한 아이디어는 모든 자연수 "뒤에" 있는 상상의 무한수 ω를 가정하고 초한수를 세는 과정을 계속하자는 것이다 : $\omega,\ \omega+1,\ (\omega+1)+1$, 등등.

이 장에서는 초한수를 차례로 세는 과정을 형식화하고 자연수의 일반화로서 순서수 즉, 서수를 소개한다. 의미 있는 일반화가 보통 그렇듯이, 결과로 얻는 개념은 자연수의 많은 특징과 관련된다. 그중 가장 중요한 것은 귀납과 순환에 관한 정리가 초한 귀납과 초한 순환에 관한 정리로 일반화된다는 것이다.

이론 전개의 출발점으로, 각각의 자연수가 더 작은 모든 자연수의 집합으로 나타낼 수 있다는 사실을 사용한다 : $n = \{m \in N \mid m < n\}$ (3장 연습문제 2.6 참조.) 마찬가지로, 가장 작은 초한수 ω를 모든 자연수의 집합 N으로 놓는다 : $\omega = N = \{0,\ 1,\ 2,\ 3,\ \ldots\}$.

"극한" 단계가 완료된 후 차례로 세는 과정을 계속하기는 쉽다 : 0 다음의 숫자를 만들 때 사용한 것과 같은 방식으로, 다음 수 연산을 사용해서 ω 다음 숫자를 생성할 수 있다.

$$S(\omega) = \omega \cup \{\omega\} = \{0,\ 1,\ 2,\ \ldots\},$$

$$S(S(\omega)) = S(\omega) \cup \{S(\omega)\} = \{0,\ 1,\ 2,\ \ldots,\ \omega,\ S(\omega)\},\ \text{등등}.$$

다음과 같은 표기 사용을 제안한다.

$$S(\omega) = \omega + 1,\ S(S(\omega)) = (\omega + 1) + 1 = \omega + 2,\ \text{등등}.$$

이런 방식으로, 계속해서 더 큰 "수"를 생성할 수 있다 : $\omega,\ \omega{+}1,\ \omega{+}1,\ \omega{+}2,\ \ldots,\ \omega{+}n,\ \ldots,$ 모든 $n \in N$에 대해. 모든 $\omega + n$ 뒤에 오는 숫자는 다시 모든 작은 숫자의 집합으로 생각할 수 있다 :

$$\omega \cdot 2 = \omega + \omega = \{0,\ 1,\ 2,\ \ldots,\ \omega,\ \omega + 1,\ \omega + 2,\ \ldots\}.$$

원한다면 계속해서 더 많은 숫자를 만들 수 있다 : 즉,

$$\omega \cdot 2 + 1 = \omega + \omega + 1 = \{0,\ 1,\ 2,\ \ldots,\ \omega,\ \omega + 1,\ \omega + 2,\ \ldots,\ \omega + \omega\},$$

$$\omega \cdot 3 = \omega + \omega + \omega = \{0,\ 1,\ 2,\ \ldots,\ \omega,\ \omega + 1,\ \omega + 2,\ \ldots,\ \omega + \omega,\ \omega + \omega + 1,\ \ldots\}$$

$$\omega \cdot \omega = \{0,\ 1,\ 2,\ \ldots,\ \omega,\ \omega + 1,\ \ldots,\ \omega \cdot 2,\ \omega \cdot 2 + 1,\ \ldots,\ \omega \cdot 3,\ \ldots,\ \omega \cdot 4,\ \ldots\}$$

이렇게 생성한 집합은 다음과 같은 측면에서 자연수와 매우 유사하다 : $\in$에 따라 선형으로 정렬되며, 공집합이 아닌 모든 부분집합은 최소원소를 갖는다. 이러한 속성을 갖는 선형 순서를 순서–정렬이라고 불렀다(3장 정의 2.3 참조). 순서–정렬의 개념은 기수와 함께 추상 집합론의 가장 중요한 아이디어 중 하나이므로 정의를 다시 상기해 본다 :

정의 1.1

다음을 만족하는 집합 W는 관계 $<$에 의한 순서–정렬이다.

(a) $(W,\ <)$가 선형 순서 집합이다.

(b) W의 공집합이 아닌 모든 부분집합은 최소원소를 갖는다.

앞에서 생성한 집합은 모두 관계 $\in$에 의한 순서–정렬 집합의 예이다. 이 장의 뒷부분에서 모든 순서–정렬 집합이 그러한 집합으로 표현될 수 있음을 보여주고 **순서–정렬** 집합의 순서형 역할을 하는 순서수를 도입한다. 순서–정렬 집합의 더 많은 예가 이 절의 끝에 있는 연습문제에 있다.

순서–정렬의 기본 속성은 그것이 "길이"로 비교될 수 있다는 점이다. 이것의 정확한 의미는 정리 1.3에 나와 있다.

$(L,\ <)$을 선형 순서 집합이라고 하자. 집합 $S \subseteq L$가 L의 진부분집합(즉, $S \neq L$)일 때 S를 L의 **앞 절편initial segment**이라고 부르며, 모든 $a \in S$에 대해, 모든 $x < a$ 또한 S의 원소이다. (예를 들어, 모든 음의 실수 집합과 모든 양이 아닌 실수 집합은 둘 다 모든 실수 집합의 앞 절편이다.)

보조정리 1.2

$(W,\ <)$가 순서-정렬 집합이고 S가 $(W,\ <)$의 앞 절편이면, $S = \{x \in W \mid x < a\}$인 $a \in W$가 존재한다.

증명

$X = W - S$를 S의 여집합이라고 하자. S가 W의 진부분집합이므로, X는 공집합이 아니고, 따라서 순서-정렬 $<$에서 최소원소를 갖는다. a가 X의 최소원소라고 하자. 만일 $x < a$이면, a가 최소원소이므로 x는 X에 속하지 않고, 따라서 x는 S에 속한다. 만일 $x \geq a$이면, x는 S에 속할 수 없다. 그렇지 않으면 S가 앞 절편이므로 a 또한 S에 속하기 때문이다. 따라서 $S = \{x \in W \mid x < a\}$이다. □

a가 순서-정렬 집합 $(W,\ <)$의 원소이면, 다음 집합을

$$W[a] = \{x \in W \mid x < a\}$$

주어진 a에 대한 W의 앞 절편이라고 부른다. (a가 W의 최소원소이면, $W[a]$이 공집합임에 주의한다.) 보조정리 1.2에 의해서, 순서-정렬 집합의 앞 절편 각각은 어떤 a에 대해 $W[a]$의 형태이다. 물론, $W[a]$ 역시 $<$에 의한 (더 정확하게, $< \cap W[a]^2$에 의한) 순서-정렬이다; 일반적으로 문맥을 통해서 이해될 때 순서-정렬 관계를 명시적으로 언급하지 않는다.

정리 1.3

$(W_1,\ <_1)$ 그리고 $(W_2,\ <_2)$가 순서-정렬 집합이면, 다음 중 하나가 딱 하나가 성립한다 :

(a) W_1 그리고 W_2가 동형이거나,

(b) W_1이 W_2의 어떤 앞 절편과 동형이거나,

(c) W_2가 W_1의 어떤 앞 절편과 동형이다.

어떤 경우든, 동형사상은 유일하다.

이 정리에 따라서 앞에서 언급한 순서-정렬의 비교가 가능하다 : W_1이 어떤 $a \in W_2$에 대해 $W_2[a]$와 동형일 때, W_1은 W_2보다 **더 작은 순서형**을 가진다고 말한다.

정리 1.3을 증명하기 전에 보조정리와 몇 가지 따름정리를 증명한다. 만일 $x_1 < x_2$이면 $f(x_1) < f(x_2)$일 때, 선형 순서 집합 $(L,\ <)$에서 L로의 함수 f는 **증가**한다. 증가 함수는 일대일 함수이며 $(L,\ <)$에서 $(\mathrm{ran} f,\ <)$로의 동형사상이다.

보조정리 1.4

$(W, <)$가 순서-정렬 집합이고 $f: W \to W$가 증가 함수이면, 모든 $x \in W$에 대해 $f(x) \geq x$이다.

증명

집합 $X = \{x \in W \mid f(x) < x\}$가 공집합이 아니면, 최소원소 a를 갖는다. 그러나 그러면 f가 증가이므로 $f(a) < a$이고, $f(f(a)) < f(a)$이다. 결국 $f(a) \in X$임을 의미하는데, 이것은 a가 X의 최소원소라는 사실과 모순이다. □

따름정리 1.5

(a) 모든 순서-정렬 집합은 자신의 앞 절편과 동형이 아니다.

(b) 모든 순서-정렬 집합은 오직 항등함수만을 자기동형사상으로 갖는다.

(c) W_1 그리고 W_2가 동형인 순서-정렬 집합이면, W_1 그리고 W_2 사이의 동형사상은 유일하다.

증명

(a) f가 W에서 어떤 $a \in W$에 대한 $W[a]$로의 동형사상이라고 하자. 그러면 $f(a) \in W[a]$이고, 그러므로 $f(a) < a$이고, f가 증가함수이므로 보조정리에 모순이다.

(b) f가 W의 자기동형사상이라고 하자. f 그리고 f^{-1} 모두 증가함수이고 따라서 모든 $x \in W$에 대해, $f(x) \geq x$ 그리고 $f^{-1}(x) \geq x$이므로, $x \geq f(x)$이다. 그러므로 모든 $x \in W$에 대해, $f(x) = x$이다.

(c) f 그리고 g가 W_1에서 W_2로의 동형사상이라고 하자. 그러면 $f \circ g^{-1}$는 W_2의 자기동형사상이므로 항등함수이다. 그러므로 $f = g$이다. □

1.6 정리 1.3의 증명

W_1 그리고 W_2가 순서-정렬 집합이라고 하자. 보조정리 1.4에 따라서 (a), (b), 그리고 (c) 세 가지 경우는 서로 배타적이다 : 예를 들어, W_1이 어떤 $a_2 \in W_2$에 대해 $W_2[a_2]$와 동형이면 W_2도 어떤 $a \in W_1$에 대해 $W_1[a]$과 동형이므로, 두 동형사상의 합성은 순서-정렬 집합에서 자신의 앞 절편 위로의 동형사상이다.

또한, 각각의 경우에 대한 동형사상의 유일성은 따름정리 1.5를 따른다; 따라서 세 가지 경우 (a), (b), 또는 (c) 중 하나가 항상 성립한다는 사실만 보여주면 된다. 순서쌍

집합 $f \subseteq W_1 \times W_2$를 정의한 후, f 또는 f^{-1}가 (a), (b), 또는 (c)를 증명하는 동형사상임을 보인다.

$$f = \{(x,\ y) \in W_1 \times W_2 \mid W_1[x]\text{과 } W_2[y]\text{는 동형}\}\text{이라고 하자.}$$

먼저, 따름정리 1.5 (a)에 의해 f는 일대일 함수이다 : $W_1[x]$이 $W_2[y]$ 그리고 $W_2[y']$ 모두와 동형이면, $y = y'$이다. 그렇지 않으면, 그들이 동형이므로 $W_2[y]$가 $W_2[y']$의 (또는 반대로) 앞 절편이고, 그것은 불가능하다. 따라서 $(x,\ y) \in f$ 그리고 $(x,\ y') \in f$이면 $y = y'$이다. 같은 논리로 $(x,\ y) \in f$ 그리고 $(x',\ y) \in f$이면 $x = x'$임을 보일 수 있다.

다음으로, $x < x'$이면 $f(x) < f(x')$이다 : f가 $W_1[x']$ 그리고 $W_2[f(x')]$ 사이의 동형사상이면, 함수 제한 $h \restriction W_1[x]$는 $W_1[x]$ 그리고 $W_2[h(x)]$ 사이의 동형사상이므로, 따라서 $f(x) = h(x)$ 그리고 $f(x) < f(x')$이다.

그러므로 f는 자신의 정의역(W_1의 부분집합)과 자신의 치역(W_2의 부분집합) 사이의 동형사상이다. f의 정의역이 W_1이고 f의 치역이 W_2이면, W_1은 W_2와 동형이다. 이제 f의 정의역이 W_1 전체가 아니면 그것은 자신의 앞 절편이고, f의 치역은 W_2임을 보인다. (W_1과 W_2의 역할을 바꾸면 남은 경우를 얻을 수 있으므로 이것으로 충분하게 증명을 완료할 수 있다.)

$\text{dom}f \neq W_1$라고 가정해 보자. 집합 $S = \text{dom}f$가 W_1의 앞 절편임에 주목한다 : $x \in S$ 그리고 $z < x$일 때, h를 $W_1[x]$ 그리고 $W_2[f(x)]$ 사이의 동형사상으로 놓으면; $h \restriction W_1[z]$는 $W_1[z]$ 그리고 $W_2[h(z)]$ 사이의 동형사상이므로, $z \in S$이다. 집합 $T = \text{ran}f = W_2$임을 보이기 위해, 그렇지 않다고 가정하고, 앞에서와 같은 논리로, T가 W_2의 앞 절편임을 보인다. 그러나 그러면 어떤 $a \in W_1$에 대해 $\text{dom}f = W_1[a]$이고 어떤 $b \in W_2$에 대해 $\text{ran}f = W_2[b]$이다. 다시 말해서, f는 $W_1[a]$ 그리고 $W_2[b]$ 사이의 동형사상이다. 이것은 f의 정의에 의해, $(a,\ b) \in f$이고, 따라서 $a \in \text{dom}f = W_1[a]$, 즉, $a < a$이고 모순이다. □

연습문제

1.1 선형 순서 집합 $(L,\ <)$과 임의의 $a \in L$에 대해 $\{x \mid x < a\}$ 형태가 아닌 L의 앞 절편 S의 예를 제시하라.

1.2 $\omega + 1$은 ω와 동형이 아니다. ($\in$에 의한 순서–정렬에 대해).

1.3 모든 자연수의 집합에 대해 $2^{\aleph_0}$ 가지 순서–정렬이 존재한다.

1.4 N의 모든 무한 부분집합 A에 대해, $(A, <)$는 $(N, <)$과 동형이다.

1.5 $(W_1, <_1)$ 그리고 $(W_2, <_2)$가 서로소인 순서–정렬 집합이고, 각각 $(N, <)$과 동형이라고 하자. 두 선형 순서 집합의(4장 보조정리 4.5에서 정의한) 합은 순서–정렬이고, 순서수 $\omega + \omega = \{0, 1, 2, \ldots, \omega, \omega+1, \omega+2, \ldots\}$과 동형이다.

1.6 사전식 곱 $(N \times N, <)$은 $\omega \cdot \omega$와 동형임을 보여라(4장 보조정리 4.6 참조.).

1.7 $(W, <)$가 선형 순서 집합이고, $a \notin W$라고 하자. 관계 $<$를 $W' = W \cup \{a\}$로 확장한다. 여기서 a는 모든 $x \in W$ 보다 크다. 그러면 W는 W'보다 작은 순서형을 갖는다.

1.8 사전식 순서 집합 $W = N \times \{0, 1\}$ 그리고 $W' = N \times \{0, 1\}$은 동형이 아닌 순서–정렬 집합이다. (4장 정리 4.7의 주석 참조.)

2. 순서수

3장에서 유한집합의 기수와 순서형을 모두 표현하기 위해 자연수를 도입하고 이것을 귀납과 순환에 대한 정리를 증명하는 데 사용했다. 이제 **순서수ordinal numbers**를 도입하여 이 정의를 일반화한다.

순서수는 큰 수의 생성 절차를 계속해서 초한수에 이른다. 자연수의 경우와 마찬가지로, 순서수는 각각이 관계 $\in$에 의해 순서–정렬이게 정의된다. 더욱이, 모든 순서수의 모임(집합이 아님) 자체는 $\in$에 의해 순서–정렬이며 앞 절편으로 자연수를 포함한다. 그리고 가장 중요한 것은, 순서수는 모든 순서–정렬 집합의 대표라는 점이다. 모든 순서–정렬 집합은 순서수와 동형이다. 따라서 순서수는 순서–정렬 집합의 **순서형**으로 볼 수 있다.

정의 2.1

T의 모든 원소가 T의 부분집합이면, 집합 T는 **추이transitive**이다.

다시 말해서, 추이 집합은 $u \in v \in T$이면 $u \in T$라는 속성을 갖는다. 추이 집합에 대한 자세한 내용은 이 절의 연습문제와 14장을 참조하도록 한다.

정의 2.2

순서수 α는 다음을 만족하는 집합이다.

(a) α는 추이이다.

(b) α는 $\in_\alpha$에 의해 순서–정렬이다.

순서수는 표준 관례에 따라 그리스 소문자로 나타낸다. 또한 종종 순서수 대신 **서수**라는 용어를 사용하기도 한다.

모든 자연수 m에 대해, $k \in l \in m$(즉, $k < l < m$)이면, $k \in m$. 따라서 모든 자연수는 추이 집합이다. 또한, 모든 자연수는 관계 $\in$에 의해 순서–정렬이다(모든 $n \in N$은 N의 부분집합이고 N은 $\in$에 의해 순서–정렬이기 때문이다). 그러므로

정리 2.3

모든 자연수는 순서수이다.

모든 자연수의 집합 N이 추이이고 $\in$에 의해 순서–정렬임은 쉽게 보일 수 있다. 따라서 N은 순서수이다.

정의 2.4

$\omega = N.$

지금 막 N에 ω라는 새로운 이름을 붙였다.

보조정리 2.5

α가 순서수이면, $S(\alpha)$도 순서수이다.

증명

$S(\alpha) = \alpha \cup \{\alpha\}$는 추이 집합이다. 더구나, $\alpha \cup \{\alpha\}$는 $\in$에 의해 순서–정렬이고, α가 이것의 최대원소이며, $\alpha \subset \alpha \cup \{\alpha\}$는 주어진 α에 대한 앞 절편이다. 따라서 $S(\alpha)$는 순서수이다. □

α의 다음 수를 $\alpha + 1$로 나타낸다 :

$$\alpha + 1 = S(\alpha) = \alpha \cup \{\alpha\}.$$

어떤 β에 대해 $\alpha = \beta + 1$일 때, 순서수 α를 **바로 뒤 순서수successor ordinal**라고 부른다. 그렇지 않으면, **극한순서수limit ordinal**라고 부른다. 모든 순서수 α 그리고 β에 대해, $\alpha < \beta$이면 그리고 그때만 $\alpha \in \beta$으로 정의하여, 3장에서의 자연수의 정렬에 대한 정의를 확장한다. 다음 정리는 $<$가 실제로 선형 정렬의 모든 속성을 만족하는 순서–정렬임을 보여준다.

정리 2.6

α, β, 그리고 γ가 순서수라고 하자.

(a) $\alpha < \beta$ 그리고 $\beta < \gamma$이면, $\alpha < \gamma$이다.

(b) $\alpha < \beta$ 그리고 $\beta < \alpha$ 둘 다 참일 수 없다.

(c) $\alpha < \beta$ 또는 $\alpha = \beta$ 또는 $\beta < \alpha$ 하나만 성립한다.

(d) 공집합이 아닌 순서수 집합은 모두 $<$–최소원소를 갖는다. 결과로, 모든 순서수 집합은 모두 $<$에 의해 순서–정렬이다.

(e) 각각의 순서수 집합 X에 대해, 순서수 $\alpha \notin X$가 존재한다. (다시 말해서, "모든 순서수의 집합"은 존재하지 않는다.)

다음 보조정리를 사용해서 증명한다.

보조정리 2.7

α가 순서수이면, $\alpha \notin \alpha$이다.

지금까지 고려한 집합론의 어떤 공리도 $X \in X$인 집합 X의 존재를 배제하지 않는다. 그러나 현실의 수학에서 사용하는 집합은 이러한 독특한 속성을 갖지 않는다.

증명

만일 $\alpha \in \alpha$이면 선형 순서 집합 $(\alpha, \in_\alpha)$는 $x \in x$인 원소 $x = \alpha$를 갖는데, 이는 $\in_\alpha$의 비대칭성과 모순이다. □

보조정리 2.8

순서수의 모든 원소는 순서수이다.

증명

α가 순서수이고 $x \in \alpha$라고 하자. 먼저 x가 추이임을 증명한다. u 그리고 v가 $u \in v \in x$라고 하자; $u \in x$임을 보여야 한다. α가 추이이고 $x \in \alpha$이므로, $v \in \alpha$이고, 그러므로 $u \in \alpha$이다. 따라서, u, v, 그리고 x 모두 α의 원소이며 $u \in v \in x$이다. $\in_\alpha$가 α의 선형 순서이므로, 결론으로 $u \in x$.

다음으로, $\in_x$가 x의 순서–정렬임을 증명한다. 그런데 α가 추이이므로 $x \subseteq \alpha$이고, 그러므로 관계 $\in_x$는 관계 $\in_\alpha$의 함수 제한이다. $\in_\alpha$가 순서–정렬이므로, $\in_x$도 순서–

정렬이다. □

보조정리 2.9

α 그리고 β가 순서수이고 $\alpha \subset \beta$이면, $\alpha \in \beta$이다.

증명

$\alpha \subset \beta$라고 하자. 그러면 $\beta - \alpha$는 β의 공집합이 아닌 부분집합이고, 따라서 순서 $\in_\beta$에서 최소원소를 갖는다. $\gamma \subseteq \alpha$임에 주목하자 : 만일 아니라면(β의 추이성에 의해) $\delta \in \gamma - \alpha$는 γ보다 작은 $\beta - \alpha$의 원소이다. $\alpha \subseteq \gamma$(그리하여 $\alpha = \gamma \in \beta$)임을 보이기만 하면 증명이 완료된다.

$\delta \in \alpha$라고 하자; $\delta \in \gamma$임을 보여야 한다. 그런데, 만일 그렇지 않다면 $\gamma \in \delta$ 또는 $\gamma = \delta$ 둘 중 하나이어야 한다(δ와 γ 모두 β에 포함된다, $\in$에 의해 선형 순서이다). 그러나 그렇다면 α가 추이이므로 $\gamma \in \alpha$이다. 이는 $\gamma \in \beta - \alpha$와 모순이다. □

정리 2.6의 증명

(a) $\alpha \in \beta$ 그리고 $\beta \in \gamma$이면, γ가 추이이므로 $\alpha \in \gamma$이다.

(b) $\alpha \in \beta$ 그리고 $\beta \in \alpha$라고 가정하자. 추이성에 의해, $\alpha \in \alpha$이고, 보조정리 2.7에 모순이다.

(c) α 그리고 β가 순서수이고, $\alpha \cap \beta$ 역시 순서수이며 (정의의 속성 (a) 그리고 (b)를 확인) $\alpha \cap \beta \subseteq \alpha$, $\alpha \cap \beta \subseteq \beta$라고 하자. 만일 $\alpha \cap \beta = \alpha$이면, $\alpha \subseteq \beta$이고, 따라서 보조정리 2.9에 의해 $\alpha \in \beta$ 또는 $\alpha = \beta$이다. 비슷하게, $\alpha \cap \beta = \beta$이면 $\beta \in \alpha$ 또는 $\beta = \alpha$이다. 유일하게 남은 경우는, $\alpha \cap \beta \subset \alpha$ 그리고 $\alpha \cap \beta = \beta$인데, 만일 그렇다면, $\alpha \cap \beta \in \alpha$ 그리고 $\alpha \cap \beta \in \beta$이므로, $\alpha \cap \beta \in \alpha \cap \beta$가 되고 이것은 보조정리 2.7에 모순이다.

(d) A가 순서수 집합이고 공집합이 아니라고 하자. $a \in A$를 취하고, 집합 $a \cap A$에 대해 생각해 보자. 만일 $a \cap A = \varnothing$이면, α는 A의 최소원소이다. 만일 $a \cap A \neq \varnothing$, $\alpha \cap A \subseteq \alpha$가 순서$\in_\alpha$에서 최소원소 β를 갖는다고 하자. 그러면 β는 순서 $<$에서 A의 최소원소이다.

(e) X가 순서수의 집합이라고 하자. X의 모든 원소가 추이 집합이므로 $\bigcup X$ 또한 추이 집합이다. (연습문제 2.5 참조). 이 정리의 (d)에 의해 $\in$는 $\bigcup X$를 순서-정렬함을 바로 알 수 있다; 결과로, $\bigcup X$는 순서수이다. 이제 $\alpha = S(\bigcup X)$

라고 놓자; α는 순서수이고 $\alpha \notin X$이다. [그렇지 않으면, $\alpha \subseteq \bigcup X$임을 알수 있고, 보조정리 2.9에 의해, $\alpha = \bigcup X$이거나 $\alpha \in \bigcup X$이다. 두 경우 모두 $\alpha \in S(\bigcup X) = \alpha$이고, 보조정리 2.7에 모순이다.] □

증명

(e)에서 사용한 순서수 $\bigcup X$를 X의 **최소상계**라 부르고 $\sup X$로 나타낸다. 이것은 $\bigcup X$가 X의 모든 원소보다 크거나 같은 최소원소라는 사실로부터 입증된다 :

(a) $a \in X$이면, $\alpha \subseteq \bigcup X$이고, 따라서 $\alpha \leq \bigcup X$.

(b) 모든 $a \in X$에 대해 $\alpha \leq \gamma$이면, 모든 $a \in X$에 대해 $\alpha \subseteq \gamma$이고, 따라서 $\bigcup X \subseteq \gamma$, 즉, $\bigcup X \leq \gamma$이다.

집합 X가 순서 $<$에서 최대원소 β를 가지면, $\sup X = \beta$이다. 그렇지 않으면, 모든 $\gamma \in X$에 대해 $\sup X > \gamma$이다(그리고 그런 순서수 중에서 가장 작다). 모든 순서수 집합이 (순서 $<$에서) 최소상계를 갖는다는 것을 알았다. □

이 절의 마지막 정리는 순서수가 자연수의 일반화라는 사실을 다시 설명하는 것이다 :

정리 2.10

자연수는 정확하게 유한 순서수이다.

증명

이미(정리 2.3을 통해) 모든 자연수는 순서수이고, 동시에, 모든 자연수는 유한집합인 것을 알고 있다. 따라서 자연수가 아닌 모든 순서수가 무한집합임을 증명하면 된다. 만일 α가 순서수이고 $\alpha \notin N$이면, 정리 2.6(b)에 의해($\alpha \not< \omega$이므로) $\alpha \supseteq \omega$인 경우이고, α가 추이이므로 따라서 $\alpha \supseteq \omega$이다. 그러므로 α는 무한인 부분집합을 가지며 결국 무한이다. □

모든 순서수는 순서-정렬 $\in$으로 정렬된 순서-정렬 집합이다. α 그리고 β가 서로 다른 순서수라면, 순서-정렬 집합으로서 하나가 다른 것의 앞 절편이기 때문에, 동형이 아니다. 또한 모든 순서-정렬 집합이 어떤 순서수와 동형임을 증명한다. 하지만 이를 위해서는 또 다른 공리의 도입이 필요하며, 이에 대해서 다음 절에서 설명한다.

마지막으로, 보조정리 2.8에 의해 각각의 순서수 α가 다음 속성을 가짐을 언급한다.

$$\alpha = \{\beta \mid \beta\text{는 순서수이고 } \beta < \alpha\}.$$

만일 α를 순서수 집합으로 보면, 또한 α가 다음 수 즉, $\beta+1$이라면, α는 β라는 최대원소를 갖는다. 만일 α가 극한순서수이면 최대원소를 갖지 않고, $\alpha = \sup\{\beta \mid \beta < \alpha\}$이다.

또한 정의에 의해, 0은 극한순서수이고 $\sup\varnothing = 0$이다.

연습문제

2.1 집합 X가 추이이면 그리고 그때만 $X \subseteq P(X)$.

2.2 집합 X가 추이이면 그리고 그때만 $\bigcup X \subseteq X$.

2.3 다음 집합이 추이인가?

(a) $\{0, \{0\}, \{\{0\}\}\}$,

(b) $\{0, \{0\}, \{\{0\}\}, \{0, \{0\}\}\}$,

(c) $\{0, \{\{0\}\}\}$.

2.4 다음 중 참인 명제는?

(a) X 그리고 Y가 추이이면, $X \cup Y$도 추이이다.

(b) X 그리고 Y가 추이이면, $X \cap Y$도 추이이다.

(c) $X \in Y$ 그리고 Y가 추이이면, X도 추이이다.

(d) $X \subseteq Y$ 그리고 Y가 추이이면, X도 추이이다.

(e) Y가 추이이고 $S \subseteq P(Y)$이면, $Y \cup S$도 추이이다.

2.5 모든 $X \in S$가 추이이면, $\bigcup S$도 추이이다.

2.6 순서수 α가 자연수이면 그리고 그때만 α의 모든 공집합이 아닌 부분집합은 최대원소를 갖는다.

2.7 순서수의 집합X가 최대원소를 갖지 않으면, $\sup X$는 극한순서수이다.

2.8 X가 공집합이 아닌, 순서수의 집합이면, $\bigcap X$는 순서수이다. 게다가, $\bigcap X$는 X의 최소원소이다.

3. 치환 공리

2절 끝에서 지적했듯이, 순서-정렬 집합은 순서수로 표현할 수 있다. 다음 정리는 "표현"이 무엇을 의미하는지 정확하게 설명한다.

정리 3.1

모든 순서-정렬 집합은 유일한 순서수와 동형이다.

아래에 이 정리에 대한 하나의 증명을 제시한다. 이 증명이 완전히 받아들여질 수 있다고 생각할 수 있지만, 그럼에도 결함이 있다; 이 증명은, 그럴듯하더라도, 지금까지 도입한 공리를 따르지 않는 가정을 사용한다. 이러한 이유로 추가로 공리를 도입할 필요가 있다.

증명

$(W, <)$가 순위-정렬 집합이라고 하자. A를 $W[a]$가 어떤 순서수와 동형인 모든 $a \in W$의 집합으로 놓는다. 두 개의 서로 다른 순서수가 동형일 수 없으므로(하나는 다른 하나의 앞 절편임) 이 순서수는 유일하게 결정되며 이것을 α_a로 나타낸다.

이제 $S = \{\alpha_\alpha \mid a < A\}$를 만족하는 집합 S가 있다고 하자. S가 순서수의 집합이므로 S는 $\in$에 의해 순서-정렬이다. 또한 $\gamma \in \alpha_\alpha \in S$일 때, φ를 $W[a]$ 그리고 α_a 사이의 동형사상으로 놓고 $c = \varphi^{-1}(\gamma)$로 놓으면; $\varphi \restriction \gamma$가 $W[c]$ 그리고 γ 사이의 동형사상이고 따라서 $\gamma \in S$임을 쉽게 보일 수 있이므로 S는 추이이다

그러므로, S는 순서수이고, $S = \alpha$이다.

비슷한 방법으로 $a \in A,\ b < a$이면 $b \in A$임을 보일 수 있다 : φ를 $W[a]$ 그리고 α_a 사이의 동형사상이라고 하자. 그러면 $\varphi \restriction W[b]$는 $W[b]$ 그리고 α_a의 어떤 앞 절편 I 사이의 동형사상이다. 그리고 보조정리 1.2에 의해, $I = \{\gamma \in \alpha_a \mid \gamma < \beta\} = \beta$인 $\beta < \alpha_a$가 존재한다; 즉, $\beta = \alpha_b$이다, 따라서 $b \in A$ 그리고 $\alpha_b < \alpha_a$이다. 결론으로 $A = W$ 이거나 어떤 $c \in W$에 대해 $A = W[c]$이다(보조정리 1.2).

이제 함수 $f : A \to S = \alpha,\ f(a) = \alpha_a$를 정의한다. S의 정의와 $b < a$이면 $\alpha_b < \alpha_a$라는 사실로부터 f는 $(A, <)$ 그리고 α 사이의 동형사상임이 분명하다. $A = W[c]$이면, $c \in A$가 되고, 모순이다. 그러므로 $A = W$이고, f는 $(W, <)$ 그리고 순서수 α 사이의 동형사상이다.

집합 S가 존재한다는 가정만 입증하면 정리 3.1의 증명이 완성된다. S의 원소가 무엇인지는 확실하게 정의되어 있지만, 지금까지의 공리에 따라 형식적으로 그러한 집합이 존재해야 할 이유는 없다.

문제가 무엇인지 명료하게 이해하기 위해서, 다른 예제 2개를 살펴본다.

다음 수열을 구성하기 위해

$$\langle \varnothing,\ \{\varnothing\},\ \{\{\varnothing\}\},\ \{\{\{\varnothing\}\}\},\ \ldots \rangle,$$

순환 정의의 일반적인 형식을 따라서 아래처럼 정의할 수 있다.

$$a_0 = \varnothing,$$
$$a_{n+1} = \{a_n\},\ n \in N,$$

순환 정리를 적용해서 어떤 집합 A를 구성하는 경우, 어려움은 **주어진** 함수 $g : N \times A \to A,\ g(n,\ x) = \{x\}$를 이용해서 n번째 항으로부터 $(n+1)$번째 항을 계산할 수 있도록 하는 데 있다. 지금까지의 공리로 다음과 같은 집합 A가 존재하는지를 어떻게 증명할지 명확하지 않다.

$$\varnothing \in A,\ \{\varnothing\} \in A,\ \{\{\varnothing\}\} \in A,\ \{\{\{\varnothing\}\}\} \in A,\ \ldots$$

A의 정의 자체가 순환인 것처럼 보인다.

다른 예를 살펴보자. 3장에서, ω의 존재를 가정했었다; 그리고 그것으로부터, 순서가 없는 쌍과 교집합 연산을 반복해서 집합 $\omega + 1 = \omega \cup \{\omega\}$, $\omega + 2 = (\omega + 1) \cup \{\omega + 1\}$, 등을 쉽게 얻을 수 있었다. 1절의 도입부에서는, $\omega + \omega$을 ω와 임의의 $n \in \omega$에 대해, 모든 $\omega + n$ 집합의 합집합으로 "정의"했고, 이 집합의 존재에 대해서는 그냥 건너뛰었다. 비록 직관적으로 ω의 존재 여부보다 더 의심스러운 것은 아니지만, $\omega + \omega$의 존재 역시 지금까지의 공리로 증명할 수 없다. 각각의 $n \in \omega$에 유일한 집합 $\omega + n$이 대응된다는 점은 알고 있다; 아직까지, 모든 $\omega + n$을 하나의 집합으로 모을 수 있는 공리를 가지고 있지 않다. 다음 공리 스키마로 그러한 단점을 제거할 수 있다.

치환 공리 스키마The Axiom Schema of Replacement

$\mathbf{P}(x,\ y)$가 모든 x에 대해 $\mathbf{P}(x,\ y)$를 만족하는 y가 존재하는 어떤 속성이라고 하자.

모든 집합 A에 대해, 임의의 $x \in A$에 대해, $\mathbf{P}(x,\ y)$를 만족하는 $y \in B$가 존재하는, 집합 B가 존재한다.

이어지는 설명으로 이 공리 스키마에 대한 어떤 영감을 얻을 수 있겠다.

3.2

F를 속성 $\mathbf{P}$로 정의되는 연산이라고 하자; 즉, $F(x)$는 $\mathbf{P}(x,\ y)$를 만족하는 유일한 y를 나타낸다. (1장 2절 참조.) 대응하는 치환 공리는 다음과 같이 서술될 수 있다 :

모든 집합 A에 대해, 임의의 $x \in A$에 대해, $F(x) \in B$인 집합 B가 존재한다.

물론, B는 어떤 $x \in A$에 대해 $\mathrm{F}(x)$ 형태가 아닌 원소를 포함할 수 있다; 하지만 구성 공리 스키마를 적용하면 다음 집합이 존재한다.

$$\begin{aligned}&\{y \in B \mid \text{어떤 } x \in A\text{에 대해 } y = F(x)\}\\&= \{y \in B|\ \text{어떤 } x \in A\text{에 대해 } \mathbf{P}(x,\ y)\text{가 성립}\}\\&= \{y \mid \text{어떤 } x \in A\text{에 대해 } \mathbf{P}(x,\ y)\text{가 성립}\}\end{aligned}$$

이 집합을 F에 의한 A의 **상**이라 부르고 $\{F(x) \mid x \in A\}$ 또는 간단하게 $F[A]$로 나타낸다.

3.3

구성 공리 스키마와 비교해서 치환 공리 스키마를 직관적으로 정당화할 수 있다. 구성 공리 스키마를 사용하면, 주어진 집합 A에 속하는 각각의 원소 $x \in A$에 대해, 속성 $\mathbf{P}(x)$를 따르는지 아닌지를 확인하고, 해당 x를 하나의 집합으로 모을 수 있다. 완전히 유사한 방법으로, 치환 공리 스키마에 의해, 주어진 집합 A에 속하는 각각의 원소 $x \in A$에 대해, 속성 $\mathbf{P}(x,\ y)$를 따르는 유일한 y를 취해, 그러한 모든 y를 하나의 집합으로 모은다. 직관적으로 명백하게 집합 $F[A]$가 집합 A보다 “크지 않다.” 대조적으로, “모든 집합의 집합” 같은 규모의, 알려진 모든 “모순을 내포하는 집합”은 “크다.”

3.4

이번에도 3.2처럼 F를 속성 $\mathbf{P}$로 정의되는 연산이라고 하자. 치환 공리에 의해, 주어진 집합 A의 원소에 대한 연산 F는 함수로 "치환"하여, 즉, 순서쌍의 집합으로 나타낼 수 있다. 정확하게 :

모든 집합 A에 대해, 임의의 $x \in A$에 대해

$\mathrm{dom} f = A$ 그리고 $f(x) = F(x)$인 함수 f가 존재한다.

간단하게 $f = \{(x,\ y) \in A \times B \mid \mathbf{P}(x,\ y)\}$로 놓을 수 있다. 여기서 B는 치환 공리에 의한 집합이다. 유일하게 정해지는 이 함수 f를 $F \restriction A$로 나타낸다. $\mathrm{ran}(F \restriction A) = F[A]$임에 주목하라. □

이제 정리 3.1의 증명을 완성할 수 있게 되었다 :
앞에서, 집합 $S = \{\alpha_a \mid a \in W\}$의 존재만 보장되면 증명이 완성되는 것으로 결론을 내렸었다. 여기서 α_a는, 각각의 $a \in W$에 대해 $W[a]$와 동형인 유일한 순서수이다.
$\mathbf{P}(x,\ y)$가 다음과 같은 속성이라고 하자 :

$x \in W$ 그리고 y는 $W[x]$와 동형인 유일한 순서수,

이거나 $x \notin W$ 그리고 $y = \varnothing$.

앞의 $\mathbf{P}(x,\ y)$와 치환 공리에 의해서 ($A = W$에 대해) 모든 $a \in W$에 대해 $\mathbf{P}(a,\ \alpha)$를 만족하는 $a \in B$가 존재하는, 집합 B가 존재한다. 그러면 다음처럼 놓는다.

$$S = \{\alpha \in B \mid \text{어떤 } a \in W\text{에 대해 } \mathbf{P}(a,\ \alpha)\text{가 성립}\} = F[W]$$

여기서 F는 $\mathbf{P}$로 정의되는 연산이다. 정리 3.1을 이용해서, 다음을 얻는다 :

정의 3.5

W가 순서–정렬 집합이면, W의 **순서형**은 W와 동형인 유일한 순서수이다.

그렇다면 앞에서 살펴본 예는 어떤가? 더욱 일반적인 순환 정리가 필요하다는 것이 밝혀졌다. 다음 정리와 3장에서 증명한 순환 정리를 비교해 보라 :

순환 정리 3.6

G가 연산이라고 하자. 임의의 집합에 대해 다음을 만족하는 유일한 무한수열 $\langle a_n \mid n \in N \rangle$이 존재한다.

(a) $a_0 = a$. (b) $a_{n+1} = G(a_n,\ n),\ n \in N$.

이 정리에 따라, 수열 $\langle \varnothing,\ \{\varnothing\},\ \{\{\varnothing\}\},\ \ldots \rangle$ 그리고 $\omega + \omega$의 존재가 보장된다(연습문제 3.2 참조). 이 정리가 증명되었고, 다음 절에서 더 일반적인 초한 순환 정리를 증명한다.

연습문제

3.1 $\mathbf{P}(x,\ y)$를, 모든 x에 대해 $\mathbf{P}(x,\ y)$를 만족하는 y가 많아야 하나 존재하는, 속성이라고 하자. 그러면 모든 집합 A에 대해 다음과 같은 집합 B가 존재한다 : 모든 $x \in A$에 대해, 어떤 y에 대해 $\mathbf{P}(x,\ y)$가 성립하면, 어떤 $y \in B$에 대해 $\mathbf{P}(x,\ y)$가 성립한다.

3.2 정리 3.6으로 다음 집합이 존재함을 증명하라.

(a) $\{\varnothing,\ \{\varnothing\},\ \{\{\varnothing\}\},\ \{\{\{\varnothing\}\}\},\ \ldots\}$.

(b) $\{N,\ P(N),\ P(P(N)),\ \ldots\}$.

(c) $\omega + \omega = \omega \cup \{\omega,\ \omega + 1,\ (\omega w + 1) + 1,\ \ldots\}$.

3.3 정리 3.6으로 다음을 정의하라.

$$V_0 = \varnothing$$
$$V_{n+1} = P(V_n)(n \in \omega)$$
$$V_\omega = \bigcup_{n \in \omega} V_n$$

3.4 (a) 모든 $x \in V_\omega$는 유한이다.

(b) V_ω는 추이이다.

(c) V_ω는 귀납 집합이다.

V_ω의 원소를 **계승적 유한집합hereditarily finite sets**이라고 부른다.

3.5 (a) $x \in V_\omega$ 그리고 $y \in V_\omega$이면, $\{x,\ y\} \in V_\omega$이다.

(b) $X \in V_\omega$이면, $\bigcup \in V_\omega$ 그리고 $P(X) \in V_\omega$이다.

(c) $A \in V_\omega$이고 A위의 함수 f가 각각의 $x \in A$에 대해 $f(x) \in V_\omega$이면 $f[X] \in V_\omega$이다.

(d) X가 V_ω의 유한 부분집합이면, $X \in V_\omega$.

4. 초한 귀납과 순환

귀납 원리와 순환 정리는 자연수에 대한 정리를 증명하고, 자연수 N을 정의역으로 하는 함수를 구성하는 주요한 도구이다. 앞장에서 이 두 가지를 광범위하게 사용했다. 이 절에서는 이러한 결과가 어떻게 순서수로 일반화되는지를 보여준다.

4.1 초한 귀납 원리

$\mathbf{P}(x)$가(매개변수를 가질 수 있는) 속성이라고 하자. 모든 순서수 α에 대해, 다음을 가정하면 :

(4.2) 모든 $\beta < \alpha$에 대해 $\mathbf{P}(\beta)$가 성립하면 $\mathbf{P}(\alpha)$가 성립한다.

그러면 모든 순서수 α에 대해 $\mathbf{P}(\alpha)$가 성립한다.

증명

어떤 순서수 γ가 속성 $\mathbf{P}$를 만족하지 않는다고 가정하고, 집합 S 역시 속성 $\mathbf{P}$를 만족하지 않는 모든 순서수 $\beta \leq \gamma$의 집합이라고 하자. 집합 S는 최소원소 α를 갖는다. 모든 $\beta < \alpha$는 속성 $\mathbf{P}$를 만족하므로, (4.2)에 의해서 $\mathbf{P}(\alpha)$가 성립하고, 이는 모순이다. □

때때로 N에 대한 귀납 원리의 일반적인 형식에 더 가까운 형태의 초한 귀납 원리를 사용하는 것이 편리하다. 다음 수와 극한순서수를 분리하는 방식으로 그렇게 할 수 있다.

4.3 초한 귀납 원리의 두 번째 버전

$\mathbf{P}(x)$가 속성이라고 하자. 다음을 가정하면

(a) $\mathbf{P}(0)$가 성립한다.

(b) 모든 순서수 α에 대해 $\mathbf{P}(\alpha)$이면 $\mathbf{P}(\alpha+1)$이다.

(c) 모든 극한순서수 $\alpha \neq 0$에 대해, 임의의 $\beta < \alpha$에 대해 $\mathbf{P}(\beta)$가 성립하면 $\mathbf{P}(\alpha)$도 성립한다.

그러면 모든 순서수 α에 대해 $\mathbf{P}(\alpha)$가 성립한다.

증명

가정 (a), (b), 그리고 (c)이면 (4.2)임을 보이는 것으로 충분하다. 따라서 α를 모든 $\beta < \alpha$에 대해 $\mathbf{P}(\beta)$를 만족하는 순서수로 놓는다. $\alpha = 0$이면, (a)에 의해서 $\mathbf{P}(\alpha)$

가 성립한다. 만일 α가 다음 수이면, 즉, $\alpha = \beta + 1$인 $\beta < \alpha$가 존재하면, $\mathbf{P}(\beta)$를 만족하므로, 따라서 (b)에 의해서 $\mathbf{P}(\alpha)$도 성립한다. 만일 $\alpha \neq 0$가 극한이면, (c)에 의해서 $\mathbf{P}(\alpha)$가 성립한다. □

계속해서 순환 정리를 일반화한다. 정의역이 순서수 α인 함수를 **길이가 $\boldsymbol{\alpha}$인 초한 수열 transfinite sequence**이라고 부른다.

정리 4.4

Ω는 순서수, A는 집합, 그리고 $S = \bigcup_{\alpha<\omega} A^{\alpha}$는 길이가 Ω 보다 작은, A 원소의 모든 초한 수열 집합이다. $g : S \to A$를 어떤 함수로 놓는다. 그러면 다음과 같은 유일한 함수 $f : \omega \to A$가 존재한다.

$$f(\alpha) = g(f \restriction \alpha), \ \alpha < \omega.$$

3장의 순환 정리 증명과 완전히 유사한 방식으로 이 정리의 증명을 시도할 수 있다. 이 정리는 뒤에 나오는 더 일반적인 초한 순환 정리를 따르므로 자세한 내용은 다루지 않는다.

만일 ϑ가 어떤 순서수이고 f가 길이 ϑ인 초한 수열이면, 다음처럼 나타낸다.

$$f = \langle a_\alpha \mid \alpha < \vartheta \rangle$$

정리 4.4는 g가 A의 값을 갖고 길이가 ω보다 작은 모든 A 원소의 초한 수열의 집합에 대한 함수라면, 모든 $\alpha < \omega$에 대해 $a_\alpha = g(\langle a_\xi \mid \xi < \alpha \rangle)$인 초한 수열 $\langle a_\alpha \mid \alpha < \omega \rangle$가 존재 한다는 것을 말한다.

4.5 초한 순환 정리

G가 연산자라고 하자 : 그러면 (4.6)에 서술된 속성 P는 다음과 같은 연산 F를 정의한다 : 모든 순서수 α에 대해 $F(\alpha) = G(F \restriction \alpha)$.

증명

t가 함수이고, $\mathrm{dom}t = \alpha + 1$이며, 모든 $\beta \leq \alpha$에 대해 $t(\beta) = G(t \restriction \beta)$일 때, t를 **$\boldsymbol{G}$에 기반한 길이가 $\boldsymbol{\alpha}$인 계산**이라고 부른다.

$\mathbf{P}(x,\ y)$를 다음과 같은 속성으로 놓자.

(4.6) $\begin{cases} x\text{는 순서수 그리고 G에 기반한 길이 } x\text{인 어떤 계산} y = t(x), \\ \text{또는 } x\text{는 순서수가 아니고 } y = \varnothing. \end{cases}$

먼저 $\mathbf{P}$가 연산임을 증명한다.

각각의 x에 대해 $\mathbf{P}(x,\ y)$를 만족하는 유일한 y가 존재함을 증명해야 한다. 만일 x가 순서수가 아니라면 그것은 명백하다. 순서수인 경우의 증명은, 초한 귀납으로, 다음을 보이는 것으로 충분하다: 모든 순서수에 대해 길이 α인 유일한 계산이 존재한다.

모든 $\beta < \alpha$ 대해 길이 β인 유일한 계산이 있다는 귀납적 가정을 하고, 길이 α인 계산이 유일하게 존재한다는 것을 열심히 증명해야 한다. □

존재성 : 속성 "y는 길이 x인 계산" 그리고 집합 α에 치환 공리 스키마를 적용해서, 다음 집합을 얻을 수 있다.

$$T = \{t \mid t\text{는 어떤 } \beta < \alpha\text{에 대한 길이 } \beta\text{인 계산}\}.$$

더불어, 귀납 가정에 의해 모든 $\beta < \alpha$에 대해 유일한 $t \in T$가 존재한다. 여기서 t의 길이는 β이다.

T는 함수 시스템이다; $\bar{t} = \bigcup T$로 놓고, 마지막으로, $\tau = \bar{t} \cup \{(\alpha,\ G(\bar{t}))\}$로 놓는다. 이제 τ가 길이 α인 계산임을 증명한다.

주장 4.7

τ는 함수이고 $\mathrm{dom}\tau = \alpha + 1$이다.

$$\mathrm{dom}\bar{t} = \bigcup_{\tau \in T} \mathrm{dom}t = \bigcup_{\beta \in \alpha} (\beta + 1) = \alpha$$

임을 바로 알 수 있다; 결과로,

$$\mathrm{dom}\tau = \mathrm{dom}\bar{t} \cup \{\alpha\} = \alpha + 1$$

이다.

다음으로, $\alpha \notin \mathrm{dom}\bar{t}$이므로, $\bar{t}$가 함수임을 보이는 것으로 충분하다. 그리고 그것은 T가 함수의 호환 가능한 시스템이라는 사실에 의한다.

실제로, 임의의 t_1 그리고 $t_2 \in T$ 그리고 $\mathrm{dom}t_1 = \beta_1$, $\mathrm{dom}t_2 = \beta_2$로 놓는다. 그리고 예를 들어, $\beta_1 \le \beta_2$라고 가정하면; $\beta_1 \subseteq \beta_2$이고, 모든 $\gamma < \beta_1$에 대해 $t_1(\gamma) = t_2(\gamma)$임을 보이는 것으로 충분하다. 초한 귀납으로 입증해 보자. 그러기 위해 모든 $\delta < \gamma$에 대해 $\gamma < \beta_1$ 그리고 $t_1(\delta) = t_2(\delta)$라고 가정하자. 그러면 $t_1 \upharpoonright \gamma = t_2 \upharpoonright \gamma$이고, $t_1(\gamma) = G(t_1 \upharpoonright \gamma) = G(t_2 \upharpoonright \gamma) = t_2(\gamma)$를 얻는다. 모든 $\gamma < \beta_1$에 대해 $t_1(\gamma) = t_2(\gamma)$이라고 결론을 내릴 수 있다. 이것으로 주장 4.7이 증명되었다.

주장 4.8

$\tau(\beta) = G(\tau \upharpoonright \beta),\ \beta \le \alpha.$

이 주장은 $\tau(\alpha) = G(\bar{t}) = G(\tau \upharpoonright \alpha)$이므로 $\beta = \alpha$인 경우는 명백하다. 만일 $\beta < \alpha$라면, $\beta \in \mathrm{dom}t$인 $t \in T$를 취한다. t가 계산이므로 $\tau(\beta) = t(\beta) = G(t \upharpoonright \beta) = G(\tau \upharpoonright \beta)$이고, $t \subseteq \tau$이다. 주장 4.7 그리고 4.8에 의해 τ는 길이 α인 계산이다.

유일성 : σ를 길이 α인 다른 계산이라고 하자; $\tau = \sigma$임을 증명한다. τ 그리고 σ가 함수이고 $\mathrm{dom}\tau = \alpha + 1 = \mathrm{dom}\sigma$이므로, 초한 귀납으로 모든 $\gamma < \alpha$에 대해 $\tau(\gamma) = \sigma(\gamma)$임을 보이면 된다.

모든 $\delta < \gamma$에 대해 $\tau(\delta) = \sigma(\delta)$라고 가정하자. 그러면 $\tau(\gamma) = G(\tau \upharpoonright \gamma) = G(\sigma \upharpoonright \gamma) = \sigma(\gamma)$이다. 간단하게 증명되었다.

결론으로 속성 **P**가 연산 F를 정의함이 증명되었다. 임의의 계산 t에 대해, $F \upharpoonright \mathrm{dom}t = t$임에 주목하자. 이것은 어떤 $\beta \in \mathrm{dom}t$에 대해서도, $t_\beta = t \upharpoonright (\beta + 1)$이 명백하게 길이 β인 계산이고, 따라서 F의 정의에 의해 $F(\beta) = t_\beta(\beta) = t(\beta)$이다.

모든 α에 대해 $F(\alpha) = G(F \upharpoonright \alpha)$임을 증명하기 위해서, t를 길이 α인 유일한 계산으로 놓는다; 그러면 $F(\alpha) = t(\alpha) = G(t \upharpoonright \alpha) = G(F \upharpoonright \alpha)$를 얻는다.

이번에는 매개변수를 포함하는 초한 순환 정리가 필요하다. 만일 $F(z,\ x)$가 두 변수 연산이면, $F(z,\ x)$ 대신 $F_z(x)$로 나타낸다.

임의의 고정된 z에 대해, F_z는 단일변수 연산임에 주목하자. 만일 F가 $\mathrm{Q}(z,\ x,\ y)$이면, 표기 $F_z[A]$ 그리고 $F_z \upharpoonright A$는 다음과 같은 의미를 갖는다 :

$F_z[A] = \{y \mid \mathrm{Q}(z,\ x,\ y),\ \text{어떤 } x \in A\}; F_z \upharpoonright A \quad = \{(x,\ y) \mid \mathrm{Q}(z,\ x,\ y),\ \text{어떤 } x \in A\}.$

정리 4.5를 다음처럼 매개변수 형식으로 표현할 수 있다.

4.9 초한 순환 정리, 매개변수 형식

G가 연산이라고 하자. (4.10)의 속성 **Q**는 모든 순서수 α 그리고 모든 집합 z에 대해 $F(z,\ \alpha) = G(z,\ F_z \upharpoonright \alpha)$인 함수 F를 정의한다.

증명

t가 함수이고, $\mathrm{dom}t = \alpha + 1$이며, 모든 $\beta \le \alpha$에 대해, $t(\beta) = G(z,\ t \upharpoonright \beta)$이면, t를 G와 z에 기반한 길이 α인 계산이라고 부른다. $\mathbf{Q}(z,\ x,\ y)$가 다음과 같은 속성이라 하자.

$$
\textbf{(4.10)} \begin{cases} x\text{는 순서수 그리고 G와 } z\text{에 기반한 길이 } x\text{인 어떤 계산 } y = t(x), \\ \text{또는 } x\text{는 순서수가 아니고 } y = \varnothing. \end{cases}
$$

그런 다음 명확한 방법으로 나머지 증명을 z를 매개변수로 수행한다. □

귀납을 수행할 때 가끔은 바로 뒤 순서수와 극한순서수를 구별해야 할 필요가 있다. 이러한 구별을 염두에 두고 초한 순환 정리를 다시 형식화하는 것이 편리하다.

정리 4.11

G_1, G_2, 그리고 G_3가 연산이고, G가 아래 (4.12)에 정의된 연산이라고 하자. 그러면 (4.6)의 (G에 기반한) 속성 **P**는 다음과 같은 연산 F를 정의한다.

$$
\begin{aligned}
F(0) &= G_1(\varnothing), \\
F(\alpha+1) &= G_2(F(\alpha)), \text{ 모든 } \alpha, \\
F(\alpha) &= G_3(F \restriction \alpha), \text{ 모든 극한 } \alpha \neq 0.
\end{aligned}
$$

증명

연산 G를 다음처럼 정의한다.

4.12

$G(x) = y$이면 그리고 그때만 다음 중 하나가 성립한다.

(a) $x = \varnothing$ 그리고 $y = G_1(\varnothing)$, 또는

(b) x는 함수이고, 어떤 순서수 α에 대해 $\text{dom}x = \alpha + 1$이며, 그리고 $y = G_2(x(\alpha))$, 또는

(c) x는 함수이고, 어떤 극한순서수 $\alpha \neq 0$에 대해 $\text{dom}x = \alpha$이며, 그리고 $y = G_3(x)$, 또는

(d) x는 위 어느 경우도 아니고 $y = \varnothing$.

P가 (G에 기반한) 초한 순환 정리 증명의 (4.6)과 같은 속성이라고 하자. 그러면 **P**에 의해 정의된 연산 F는 모든 α에 대해 $F(\alpha) = G(F \restriction \alpha)$를 만족한다. G의 정의를 사용해서 F가 필요한 속성을 갖는다는 것을 쉽게 입증할 수 있다. □

정리 4.11의 매개변수 버전은 간단하므로 연습으로 남긴다. 정리 3.6과 4.4의 증명으로 이 절을 마무리한다.

정리 3.6의 증명

G가 연산이라고 하자. 모든 집합 a에 대해, $a_0 = a$이고 모든 $n \in N$에 대해 $a_{n+1} = G(a_n,\ n)$인 수열 $\langle a_n \mid n \in \omega\rangle$을 찾아야 한다.

초한 순환 정리의 매개변수 형식에 의해, 모든 $n \in N$에 대해 $F(0) = a$ 그리고 $F(n+1) = G(F(n),\ n)$인 연산 F가 존재한다. 이제 치환 공리를 적용한다: 수열 $\langle a_n \mid n \in \omega\rangle$이 존재하고 이것은 $F \restriction \omega$와 같다, 따라서 정리가 성립한다.

정리 4.4의 증명

연산 G를 다음처럼 정의한다.

$$G(t) = \begin{cases} g(t) & t \in S; \\ \varnothing & \text{아니면.} \end{cases}$$

초한 순환 정리에 따라 모든 순서수 α에 대해 $F(\alpha) = G(F \restriction \alpha)$인 연산 F가 존재한다. $f = F \restriction \omega$로 놓는다.

연습문제

4.1 더 일반적인 초한 순환 정리(이중 순환 정리)를 증명하라 : G가 두 변수 연산이라고 하자. 그러면 모든 순서수 β 그리고 α에 대해 $F(\beta,\ \alpha) = G(F \restriction (\beta \times \alpha))$인 연산 F가 존재한다. [힌트 : 계산은 $(\beta+1) \times (\alpha+1)$에서 정의된 함수이다.]

4.2 순환 정리 4.9를 이용해서 다음과 같은 이항연산 F가 존재함을 보여라.

(a) $F(x,\ 1) = 0$, 모든 x.

(b) $F(x,\ n+1) = 0$이면 그리고 그때만 $x = (y,\ z)$ 그리고 $F(y,\ n) = 0$인 y 그리고 z가 존재한다.

$F(x,\ n) = 0$ 일 때 x를 $n-$**튜플**이라고 부른다(여기서 $n \in \omega,\ n > 0$.) $n-$**튜플**의 이러한 정의가 3장 연습문제 5.17의 정의와 같음을 증명하라.

5. 순서수 연산

이제 앞 절의 초한 순환 정리를 사용해서 순서수의 덧셈, 곱셈, 지수 연산을 정의한다. 이 정의는 대응하는 자연수에 대한 연산의 정의를 바로 일반화한 것이다.

정의 5.1 순서수의 덧셈

모든 순서수 β에 대해,

(a) $\beta + 0 = \beta$.

(b) $\beta + (\alpha + 1) = (\beta + \alpha) + 1$, 모든 α.

(c) $\beta + \alpha = \sup\{\beta + \gamma \mid \gamma < \alpha\}$, 모든 극한 $\alpha \neq 0$.

(b)에서 $\alpha = 0$으로 놓으면, 항등식 $\beta + 1 = \beta + 1$를 얻는다; 왼쪽은 순서수 β 그리고 1의 합을 나타내고, 오른쪽은 β의 다음수를 나타낸다.

정의 5.1이 초한 순환 정리의 공식적인 형식과 어떻게 일치하는지 알아보기 위해, 연산 G_1, G_2, 그리고 G_3에 대해 생각해 보자. 여기서 x가 함수인 경우 $G_1(z,\ x) = z$, $G_2(z,\ x) = x + 1$ 그리고 $G_3(z,\ x) = \sup(\text{ran}x)$이다. (함수가 아닌 경우 $G_3(z,\ x) = 0$.)

매개변수 형식의 정리 4.11로부터 모든 z에 대한 다음과 같은 연산 F를 얻을 수 있다.

5.2

$$\begin{cases} F(z,\ 0) = G_1(z,\ 0) = z \\ F(z,\ \alpha+1) = G_2(z,\ F_z(\alpha)) = F(z,\ \alpha) + 1, \text{ 모든 } \alpha. \\ F(z,\ \alpha) = G_3(z,\ F_z \restriction \alpha) = \sup(\text{ran}(F_z \restriction \alpha)) = \sup(\{F_z,\ \gamma \mid \gamma < \alpha\}), \text{ 극한 } \alpha \neq 0. \end{cases}$$

β 그리고 α가 순서수이면, $F(\beta,\ \alpha)$ 대신 $\beta + \alpha$로 쓴다. 그리고 조건 5.2가 정의 5.1의 (a), (b), 그리고 (c)와 정확하게 일치함을 알 수 있다. 앞으로 초한 순환 정리를 적용할 때, 정리 4.11과 합치하도록, 정의하는 연산 G_1, G_2, 그리고 G_3를 명시적으로 공식화하지 않고 정의 5.1과 같이 축약된 형식으로 사용한다.

(5.1)에 의해, 모든 β에 대해,

$$(\beta + 1) + 1 = \beta + 2,\ (\beta + 2) + 1 = \beta + 3,$$

등등이다. 또한, ($\alpha = \beta = \omega$이면) 다음도 성립한다 :

$$\omega + \omega = \sup\{\omega + n \mid n < \omega\},$$

마찬가지로,

$$(\omega + \omega) + \omega = \sup\{(\omega + \omega) + n \mid n < \omega\}.$$

이 예와 대조적으로, $m < \omega$에 대한 합 $m + \omega$에 대해 생각해 보자. m이 자연수이면, $m + n$도 역시 자연수이므로 $m + \omega = \sup\{m + n \mid n < \omega\} = \omega$이다. $m + \omega \neq \omega + m$임을 알 수 있다; 순서수의 덧셈은 가환이 아니다. 즉, 교환가능하지 않다. 또한 $1 \neq 2$이지만 $1 + \omega = 2 + \omega$임에 반드시 주목해야 한다. 따라서 방정식의 우변을 소거한다거나 부등식은 허용되지 않는다. 그러나, 순서수의 덧셈은 결합법칙을 따르고 좌변 소거는 허용된다. (보조정리 5.4.)

4장에서 선형 순서 집합의 합을 정의했다. 이제 5.1에서 순서수의 합이 앞선 더 일반적인 정의와 일치함을 증명한다.

정리 5.3

$(W_1, <_1)$ 그리고 $(W_2, <_2)$가 순서–정렬 집합이며, 순서수 α_1 그리고 α_2와 각각 동형이고, $(W, <)$가 $(W_1, <_1)$ 그리고 $(W_2, <_2)$의 합이라고 하자. 그러면 $(W, <)$는 순서수 $\alpha_1 + \alpha_2$와 동형이다.

증명

W_1 그리고 W_2가 서로소라고 가정하자, 그리고 $W = W_1 \cup W_2$이고, W_1의 각 원소가 $<$에서 W_2의 각 원소에 앞서고, $<$는 W_1 그리고 W_2에서 각각 $<_1$ 그리고 $<_2$을 따른다고 가정하자. α_2에 관한 귀납으로 정리를 증명한다.

만일 $\alpha_2 = 0$이면 $W_2 = \varnothing$, $W = W_1$, 그리고 $\alpha_1 + \alpha_2 = \alpha_1$.

만일 $\alpha_2 = \beta + 1$이면 W_2는 최대원소 a를 갖고, $W[a]$는 $\alpha_1 + \beta$와 동형이다; 이 동형사상을 W 그리고 $\alpha_1 + \alpha_2 = (\alpha_1 + \beta) + 1$ 사이의 동형사상으로 확장한다.

α_2가 극한순서수라고 하자. $\beta < \alpha_2$에 대해 $\alpha_{1+\beta}$에서 $W[a_\beta]$ 위로의 동형사상 f_β, $a_\beta \in W_2$가 존재한다; 게다가, f_β는 유일하고, a_β는 W_2의 β번째 원소이고, 만일 $\beta < \gamma$이면, $f_\beta \subset f_\gamma$이다. $f = \bigcup_{\beta < \alpha_2} f_\beta$라고 놓자. $\alpha_1 + \alpha_2 = \bigcup_{\beta < \alpha_2} (\alpha_1 + \beta)$이므로, f는 $\alpha_1 + \alpha_2$에서 W 위로의 동형사상이다. □

보조정리 5.4

(a) α_1, α_2, 그리고 β가 순서수이면, $\alpha_1 < \alpha_2$이면 그리고 그때만 $\beta + \alpha_1 < \beta + \alpha_2$.

(b) 모든 순서수 α_1, α_2, 그리고 β에 대해, $\beta + \alpha_1 = \beta + \alpha_2$이면 그리고 그때만 $\alpha_1 = \alpha_2$.

(c) 모든 순서수 α, β, 그리고 γ에 대해, $(\alpha+\beta)+\gamma=\alpha+(\beta+\gamma)$이다.

증명

(a) 먼저 α_2에 대한 초한 순환으로 $\alpha_1<\alpha_2$이면 $\beta+\alpha_1<\beta+\alpha_2$임을 보인다. 다음으로 α_2는 α_1보다 큰 순서수이고, 모든 $\delta<\alpha_2$에 대해 $\alpha_1<\delta$이면 $\beta+\alpha_1<\beta+\delta$로 가정한다. 만일$\alpha_2$가 다음 수 순서수이면, $\alpha_2=\delta+1$이고 여기서 $\delta\ge\alpha_1$이다. $\delta>\alpha_1$ 경우에 귀납 가정으로, $\delta=\alpha_1$인 경우에 자명하게, $\beta+\alpha_1\le\beta+\delta<(\beta+\delta)+1<\beta+(\delta+1)=\beta+\alpha_2$를 얻는다. 만일 α_2가 극한순서수이면, $\alpha_1+1<\alpha_2$이고 $\beta+\alpha_1<(\beta+\alpha_1)+1=\beta+(\alpha_1+1)\le\sup\{\beta+\delta\mid\delta<\alpha_2\}=\beta+\alpha_2$를 얻는다. 역을 증명하기 위해 $\beta+\alpha_1<\beta+\alpha_2$로 가정한다. 만일 $\alpha_2<\alpha_1$이면, 함의가 이미 증명되어 $\beta+\alpha_2<\beta+\alpha_1$임을 알 수 있다. $\alpha_2=\alpha_1$ 또한 불가능하므로(그러면 $\beta+\alpha_2=\beta+\alpha_1$가 된다), $<$의 선형성에 의해서 $\alpha_1<\alpha_2$라고 결론 내릴 수 있다.

(b) (a)에 따라 자명하다 : 만일 $\alpha_1\neq\alpha_2$이면, $\alpha_1<\alpha_2$이거나 $\alpha_2<\alpha_1$이고, 결과로 $\beta+\alpha_1<\beta+\alpha_2$이거나 $\beta+\alpha_2<\beta+\alpha_1$이다. 만일 $\alpha_1=\alpha_2$이면, 자명하게 $\beta+\alpha_1<\beta+\alpha_2$가 성립한다.

(c) 계속해서 γ에 대한 초한 귀납을 진행한다. 만일 $\gamma=0$이면, $(\alpha+\beta)+0=\alpha+\beta=\alpha+(\beta+0)$이다. γ에 대해 등식이 성립한다고 가정하고, $\gamma+1$에 대해서도 성립함을 증명하자 :

$$\begin{aligned}(\alpha+\beta)+(\gamma+1)&=[(\alpha+\beta)+\gamma]+1=[\alpha+(\beta+\gamma)]+1\\&=\alpha+[(\beta+\gamma)+1]=\alpha+[\beta+(\gamma+1)]\end{aligned}$$

(두 번째 단계에서는 귀납 가정을 사용했고, 다른 단계에서는 덧셈 정의의 두 번째 절을 사용했다.)

마지막으로, γ가 극한순서수이고 $\gamma\neq 0$라고 가정하자. 그러면 $(\alpha+\beta)+\gamma=\sup\{(\alpha+\beta)+\delta\mid\delta<\gamma\}=\sup\{\alpha+(\beta+\delta)\mid\delta<\gamma\}$이다. 그렇다면(덧셈 정의의 세 번째 절에 의해) $\sup\{\beta+\delta\mid\delta<\gamma\}=\beta+\gamma$이고(만일 $\xi<\beta+\gamma$이면 어떤 $\delta<\gamma$에 대해 $\xi\le\beta+\delta$이고 또한 γ가 극한이므로 $\xi+1\le(\beta+\delta)+1=\beta+(\delta+1)<\beta+\gamma$이기 때문에) $\beta+\gamma$가 극한순서수임을 알 수 있다. ($\beta+\gamma=\sup\{\beta+\delta\mid\delta<\gamma\}$이기 때문에) $\sup\{\alpha+(\beta+\delta)\mid\delta<\gamma\}=\sup\{\alpha+\xi\mid\xi<\beta+\gamma\}$임을 알 수 있고, 마찬가지로 정의 5.1의 세 번째 절에 의해, $(\alpha+\beta)+\gamma=\sup\{\alpha+\xi\mid\xi<\beta+\gamma\}=\alpha+(\beta+\gamma)$를

얻는다. □

다음 보조정리에 의해 순서수의 뺄셈을 정의할 수 있다 :

보조정리 5.5

만일 $\alpha \leq \beta$이면 $\alpha + \xi = \beta$를 만족하는 유일한 순서수 ξ가 존재한다.

증명

α가 순서-정렬 집합 β의 앞 절편이므로(또는 $\alpha = \beta$), 정리 5.3에 의해 $\beta = \alpha + \xi$이고, 여기서 ξ는 집합 $\beta - \alpha = \{\nu \mid \alpha < \nu < \beta\}$의 순서형이다. 보조정리 5.4(b)에 의해, 순서수 ξ는 유일하다. □

다음으로, 순서수의 곱셈을 정의한다 :

정의 5.6 순서수 곱셈

모든 순서수 β에 대해,

(a) $\beta \cdot 0 = 0$.

(b) $\beta \cdot (\alpha + 1) = \beta \cdot \alpha + \beta$, 모든 α.

(c) $\beta \cdot \alpha = \sup\{\beta \cdot \gamma \mid \gamma < \alpha\}$, 모든 극한 $\alpha \neq 0$.

예제 5.7

(a) $\beta \cdot 1 = \beta \cdot (0 + 1) = \beta \cdot 0 + \beta = 0 + \beta = \beta$.

(b) $\beta \cdot 2 = \beta \cdot (1 + 1) = \beta \cdot 1 + \beta = \beta + \beta$; 특히, $\omega \cdot 2 = \omega + \omega$.

(c) $\beta \cdot 3 = \beta \cdot (2 + 1) = \beta \cdot 2 + \beta = \beta + \beta + \beta$, 등등.

(d) $\beta \cdot \omega = \sup\{\beta \cdot n \mid n \in \omega\} = \sup\{\beta,\ \beta + \beta,\ \beta + \beta + \beta,\ \ldots\}$.

(e) $1 \cdot \alpha = \alpha$, 모든 α. 하지만 이것은 귀납적 증명이 필요하다.

$$1 \cdot 0 = 0;\ 1 \cdot (\alpha + 1) = 1 \cdot \alpha + 1 = \alpha + 1;$$

$$1 \cdot \alpha = \sup\{1 \cdot \gamma \mid \gamma < \alpha\} = \sup\{\gamma \mid \gamma < \alpha\} = \alpha,\ \alpha\text{가 극한이고 } \alpha \neq 0.$$

(f) $2 \cdot \omega = \sup\{2 \cdot n \mid n \in \omega\} = \omega$. $\omega \cdot 2 = \omega + \omega \neq \omega$이므로 순서수의 곱셈은 일반적으로 가환이 아니다.

서수 곱셈에 대한 많은 성질이 연습문제 5.1, 5.2, 그리고 5.7에 있다.

5.6에 정의된 순서수 곱셈은 4장에 정의된 선형 순서 집합의 곱에 대한 일반적인 정의와도 일치한다.

정리 5.8

α 그리고 β가 순서수라고 하자. 곱 $\alpha \times \beta$에 대한 사전식 그리고 반사전식 정렬 모두 순서－정렬이다. $\alpha \times \beta$의 반사전식 정렬의 순서형은 $\alpha \cdot \beta$이고, 반면에 $\alpha \times \beta$의 사전식 정렬의 순서형은 $\beta \cdot \alpha$이다.

증명

$\prec$가 $\alpha \times \beta$의 반사전식 정렬을 나타낸다고 하자. 다음처럼 $(\alpha \times \beta, \prec)$ 그리고 $\alpha \cdot \beta$ 사이의 동형사상을 정의한다 : $\xi < \alpha$ 그리고 $\eta < \beta$에 대해, $f(\xi, \eta) = \alpha \cdot \eta + \xi$. f의 치역은 집합 $\{\alpha \cdot \eta + \xi \mid \eta < \beta, \eta < \alpha\} = \alpha \cdot \beta$이고 f는 동형사상이다. (귀납을 사용한 자세한 증명은 연습으로 남긴다; 연습문제 5.1, 5.2, 5.7, 그리고 5.8 참조). □

정의 5.9 순서수 지수

모든 β에 대해,

(a) $\beta^0 = 1$.

(b) $\beta^{\alpha+1} = \beta^\alpha \cdot \beta$, 모든 α.

(c) $\beta^\alpha = \sup\{\beta^\gamma \mid \gamma < \alpha\}$, 모든 극한 $\alpha \neq 0$.

예제 5.10

(a) $\beta^1 = \beta,\ \beta^2 = \beta \cdot \beta,\ \beta^3 = \beta^2 \cdot \beta = \beta \cdot \beta \cdot \beta$, 등등.

(b) $\beta^\omega = \sup\{\beta^n \mid n \in \omega\}$; 특히,

$$1^\omega = 1,$$

$$2^\omega = \omega,\ 3^\omega = \omega,\ \ldots,\ n^\omega = \omega,\ \text{모든 } n \in \omega,$$

$$\omega^\omega = \sup\{\omega^n \mid n \in \omega\} > \omega.$$

서수 산술은 기수 산술과 실질적으로 다르다는 점에 반드시 유의해야 한다. 예를 들어, $2^\omega = \omega$ 그리고 ω^ω는 셀 수 있는 순서수이지만, 반면에 $2^{\aleph_0} = \aleph_0^{\aleph_0}$은 셀 수 없다.

산술 연산을 적용해서 더 큰 순서수들을 만들 수 있다 :

$$0,\ 1,\ 2,\ 3,\ \ldots,\ \omega,\ \omega+1,\ \omega+2,\ \ldots,\ \omega\cdot 2,\ \omega\cdot 2+1,\ \ldots,\ \omega\cdot 3,\ \omega\cdot 4.$$

$$\omega\cdot\omega=\omega^2,\ \omega^2+1,\ \ldots,\ \omega^2\cdot 2,\ \ldots,\ \omega^3,\ \ldots,\ \omega^4,\ \ldots,\ \omega^\omega,\ \omega^\omega+1,\ \ldots,\ \omega^\omega\cdot 2,$$
$$\cdot,\ \omega^\omega\cdot\omega=\omega^{\omega+1},\ \ldots,\ \omega^{\omega^2},\ \ldots,\ \omega^{\omega^3},\ \ldots,\ \omega^{\omega^\omega},\ \ldots,\ \omega^{\omega^{\omega^\omega}},\ \ldots$$

이 과정은 쉽게 계속할 수 있다. $\epsilon=\sup\{\omega,\ \omega^\omega,\ \omega^{\omega^\omega},\ \omega^{\omega^{\omega^\omega}},\ \ldots\}$으로 정의한다. 그러면 $\epsilon+1,\ \epsilon+\omega,\ \epsilon^\omega,\ \epsilon^{\omega^\omega}$, 등등이 가능하다.

연습문제

5.1 결합법칙 $(\alpha\cdot\beta)\cdot\gamma=\alpha\cdot(\beta\cdot\gamma)$을 증명하라.

5.2 분배법칙 $\alpha\cdot(\beta+\gamma)=\alpha\cdot\beta+\alpha\cdot\gamma$을 증명하라.

5.3 다음을 간결하게 나타내라 :

(a) $(\omega+1)+\omega$. (b) $\omega+\omega^2$. (c) $(\omega+1)\cdot\omega^2$.

5.4 임의의 순서수 α에 대해, 유일한 극한순서수 β가 존재하고, $\alpha=\beta+n$인 유일한 자연수 n이 존재한다.

[힌트 : $\beta=\sup\{\gamma\le\alpha\mid\gamma$는 극한$\}$.]

5.5 $\alpha\le\beta$라고 하자. 방정식 $\xi+\alpha=\beta$는 0, 1, 또는 무한 개의 해를 갖는다.

5.6 모든 $\xi<\alpha$에 대해 $\xi+\alpha=\alpha$인 최소의 $\alpha>\omega$를 찾아라.

5.7 (a) $\alpha_1,\ \alpha_2,$ 그리고 β가 순서수이고 $\beta\ne 0$이면, $\alpha_1<\alpha_2$이면 그리고 그때만 $\beta\cdot\alpha_1<\beta\cdot\alpha_2$이다.

(b) 모든 순서수 $\alpha_1,\ \alpha_2,$ 그리고 $\beta\ne 0$에 대해, $\beta\cdot\alpha_1=\beta\cdot\alpha_2$이면 그리고 그때만 $\alpha_1=\alpha_2$이다.

5.8 $\alpha,\ \beta,$ 그리고 γ가 순서수이고, $\alpha<\beta$이다. 그러면

(a) $\alpha+\gamma\le\beta+\gamma$, (b) $\alpha\cdot\gamma\le\beta\cdot\gamma$이다.

그리고 두 부등식에서 $\le$를 $<$로 치환할 수 없다.

5.9 모든 순서수 $\alpha,\ \beta,$ 그리고 γ에 대해 다음이 성립하지 않음을 보여라 :

(a) $\alpha+\gamma<\beta+\gamma$이면, $\alpha=\beta$.

(b) $\gamma>0$ 그리고 $\alpha\cdot\gamma<\beta\cdot\gamma$이면, $\alpha=\beta$.

(c) $(\beta+\gamma)\cdot\alpha<\beta\cdot\alpha+\gamma\cdot\alpha$.

5.10 순서수 α가 극한이면 그리고 그때만 어떤 β에 대해 $\alpha=\omega\cdot\beta$.

5.11 다음의 α에 대해 $(A, \leq_Q)$가 $(\alpha, \leq)$와 동형이 되는 유리수 집합 A를 찾아라.

(a) $\alpha = \omega + 1$, (c) $\alpha = \omega \cdot 3$, (e) $\alpha = \epsilon$.

(b) $\alpha = \omega \cdot 2$, (d) $\alpha = \omega^{\omega}$,

[힌트 : $\{n - 1/m \mid m,\ n \in N - \{0\}\}$는 ω^2와 동형, 등등.]

5.12 $(\omega \cdot 2)^2 \neq \omega^2 \cdot 2^2$임을 보여라.

5.13 (a) $\alpha^{\beta+\gamma} = \alpha^{\beta} \cdot \alpha^{\gamma}$.

(b) $(\alpha^{\beta})^{\gamma} = \alpha^{\beta \cdot \gamma}$.

5.14 (a) $\alpha \leq \beta$이면 $\alpha^{\gamma} \leq \beta^{\gamma}$.

(b) $\alpha > 1$ 그리고 $\beta < \gamma$이면, $\alpha^{\beta} < \alpha^{\gamma}$.

5.15 다음을 만족하는 최소의 ξ를 찾아라.

(a) $\omega + \xi = \xi$. (b) $\omega \cdot \xi = \xi,\ \xi \neq 0$. (c) $\omega^{\xi} = \xi$.

[힌트 : (a): $\xi = 0,\ \xi_{n+1} = \omega + \xi_n,\ \xi = \sup\{\xi_n \mid n \in \omega\}$.]

5.16 (서수 지수의 특성화) α 그리고 β가 순서수라고 하자. 함수 $f : \beta \to \alpha$에 대해, $s(f) = \{\xi < \beta \mid f(\xi) \neq 0\}$이다. $S(\beta,\ \alpha) = \{f \mid f : \beta \to \alpha,\ s(f)$는 유한$\}$이라고 하자. 이제 $S(\beta,\ \alpha)$에서 $\prec$를 다음처럼 정의한다 : $f \prec g$이면 그리고 그때만 $\xi_0 < \beta$가 존재해서, 모든 $\xi > \xi_0$에 대해 $f(\xi_0) < g(\xi_0)$ 그리고 $f(\xi_0) = g(\xi_0)$가 성립한다. 그러면 $(S(\beta,\ \alpha),\ \prec)$가 $(\alpha^{\beta},\ <)$와 동형임을 보여라.

6. 정규형

지수를 사용하면 정수의 소수전개와 유사한 방식으로 순서수를 표현할 수 있다. 순서수는 정규형으로 유일하게 나타낼 수 있는데, 아래 정리를 통해서 정확한 표현을 알 수 있다. 소위 굿스타인의 정수 수열로 부르는 흥미로운 결과를 증명하는 데 정규형을 사용한다.

먼저, 순서수 함수 $\alpha + \beta$, $\alpha \cdot \beta$, 그리고 α^{β}가 두 번째 변수에서 연속임을 확인한다 : 만일 γ가 극한순서수이고 $\beta = \sup_{\nu<\gamma}\beta_{\nu}$이면 다음과 같다.

(6.1) $\alpha + \beta = \sup_{\nu<\gamma}(\alpha + \beta_{\nu}),\ \alpha \cdot \beta = \sup_{\nu<\gamma}(\alpha \cdot \beta_{\nu}),\ \alpha^{\beta} = \sup_{\nu<\gamma}\alpha^{\beta_{\nu}}$.

이것은 정의 5.1, 5.6, 그리고 5.9로부터 바로 성립한다. 결과로, 다음을 얻는다 :

보조정리 6.2

(a) 만일 $0 < \alpha \leqq \gamma$이면 $\alpha \cdot \beta \leq \gamma$인 최대 순서수 β가 존재한다.

(b) 만일 $1 < \alpha \leq \gamma$이면 $\alpha^\beta \leq \gamma$인 최대 순서수 β가 존재한다.

증명

$\alpha \cdot (\gamma + 1) \geq \gamma + 1 > \gamma$이므로, $\alpha \cdot \delta > \gamma$인 δ가 존재한다. 마찬가지로, $\alpha^{(\gamma+1)} \geq \gamma + 1 > \gamma$이므로, $\alpha^\delta > \gamma$인 δ가 존재한다. (6.1)에 따라 명백하게 $\alpha \cdot \delta > \gamma$(또는 $\alpha^\delta > \gamma$)를 만족하는 최소 δ는 바로 뒤 순서수이며, $\delta = \beta + 1$로 쓸 수 있다. 그러면 β는 $\alpha \cdot \beta \leq \gamma$(또는, $\alpha^\beta \leq \gamma$)를 만족하는 최대 순서수이다. □

다음 보조정리는 정수의 나눗셈과 유사하다 :

보조정리 6.3

γ가 임의의 순서수이고 $\alpha \neq 0$이면, $\gamma = \alpha \cdot \beta + \rho$를 만족하는 유일한 β와 유일한 $\rho < \alpha$가 존재한다.

증명

β가 $\alpha \cdot \beta \leq \gamma$를 만족하는($\alpha > \gamma$이면 $\beta = 0$) 최대 순서수이고 ρ가 $\alpha \cdot \beta + \rho = \gamma$를 만족하는(보조정리 5.5에 의해) 유일한 ρ라고 하자. 순서수 ρ는 α보다 더 작다, 그렇지 않다면 $\alpha \cdot (\beta + 1) = \alpha \cdot \beta + \alpha \leq \alpha \cdot \beta + \rho = \gamma$가 되고, 이는 β가 최대인 것과 모순이다.

유일성을 증명하기 위해, $\gamma = \alpha \cdot \beta_1 + \rho_1 = \alpha \cdot \beta_2 + \rho_2$, ρ_1, $\rho_2 < \alpha$라고 하자. $\beta_1 < \beta_2$으로 가정한다. 그러면 $\beta_1 + 1 \leq \beta_2$이고 $\alpha \cdot \beta_1 + (\alpha + \rho_2) = \alpha \cdot (\beta_1 + 1) + \rho_2 \leq \alpha \cdot \beta_2 + \rho_2 = \alpha \cdot \beta_1 + \rho_1$를 얻을 수 있고, 보조정리 5.4(a)에 의해, $\rho_1 \geq \alpha + \rho_2 \geq \alpha$이고, 모순이다. 따라서 보조정리 5.5에 따라 $\beta_1 = \beta_2$이다. □

정규형은, 지수의 밑이 순서수 ω인, 정수의 소수전개와 유사하다 :

정리 6.4

임의의 순서수 $\alpha > 0$는 유일하게 다음처럼 나타낼 수 있다.

$$\alpha = \omega^{\beta_1} \cdot k_1 + \omega^{\beta_2} \cdot k_2 + \cdots + \omega^{\beta_n} \cdot k_n,$$

여기서 $\beta_1 > \beta_2 > \cdots > \beta_n$, 그리고 $k_1 > 0,\ k_2 > 0,\ \ldots,\ k_n > 0$ 은 유한이다.

$\alpha = \omega^\alpha$를 얻을 수 있다(연습문제 6.1 참조).

증명

먼저 α에 대한 귀납으로, 정규형의 존재를 증명한다. 순서수 $\alpha = 1$은 $1 = \omega^0 \cdot 1$로 나타낼 수 있다.

이제 임의의 $\alpha > 0$이라고 하자. 보조정리 6.2(6)에 의해, $\omega^\beta \leq \alpha(\alpha < \omega$이면 $\beta = 0)$인 최대 β가 존재한다. 그러면 보조정리 6.3에 의해 $\rho < \omega^\beta$ 그리고 $\alpha = \omega^\beta \cdot \delta + \rho$인 유일한 δ 그리고 ρ가 존재한다. $\omega^\beta \leq \alpha$이므로, $\delta > 0$ 그리고 $\rho < \alpha$이다. δ가 유한임을 보여야 한다. 만일 δ가 무한이라면, $\alpha \geq \omega^\beta \cdot \delta \geq \omega^\beta \cdot \omega = \omega^{\beta+1}$이고, β가 최대인 것과 모순이다. 따라서 $\beta_1 = \beta$ 그리고 $k_1 = \delta$로 놓는다.

만일 $\rho = 0$이면 $\alpha = \omega^{\beta_1} \cdot k_1$는 정규형이다. 만일 $\rho > 0$이면 귀납 가정에 따라, 어떤 $\beta_2 > \cdots > \beta_n$ 그리고 유한한 $k_2, \ldots, k_n > 0$에 대해

$$\rho = \omega^{\beta_2} \cdot k_2 + \cdots + \omega^{\beta_n} \cdot k_n$$

이다.

$\rho < \omega^{\beta_1}$이므로, $\omega^{\beta_2} \leq \rho < \omega^{\beta_1}$이고, 따라서 $\beta_1 \geq \beta_2$이다. 즉, $\alpha = \omega^{\beta_1} \cdot k_1 + \omega^{\beta_2} \cdot k_2 + \cdots + \omega^{\beta_n} \cdot k_n$는 정규형으로 표현된다.

유일성을 증명하기 위해, 먼저 $\beta < \gamma$이면, 모든 유한한 k에 대해 $\omega^\beta \cdot k < \omega^\gamma$임을 확인하자 : $\omega^\beta \cdot k < \omega^\beta \cdot \omega = \omega^{\beta+1} \leq \omega^\gamma$이기 때문에 그렇다. 이런 사실로부터 만일$\alpha = \omega^{\beta_1} \cdot k_1 + \cdots + \omega^{\beta_n} \cdot k_n$이 정규형이고 $\gamma > \beta_1$이면, $\alpha < \omega^\gamma$임을 쉽게 알 수 있다.

α에 대한 귀납으로 정규형의 유일성을 증명한다. $\alpha = 1$일 때, 확장 $1 = \omega^0 \cdot 1$은 분명히 유일하다. 이제 $\alpha = \omega^{\beta_1} \cdot k_1 + \cdots + \omega^{\beta_n} \cdot k_n = \omega^{\gamma_1} \cdot l_1 + \cdots + \omega^{\gamma_m} \cdot l_m$로 놓는다. 앞에서 살펴본 대로 $\beta_1 = \gamma_1$이다. 만일 $\delta = \omega^{\beta_1} = \omega^{\gamma_1}$, $\rho = \omega^{\beta_2} \cdot k_2 + \cdots + \omega^{\beta_n} \cdot k_n$ 그리고 $\rho = \omega^{\gamma_2} \cdot l_2 + \cdots + \omega^{\gamma_m} \cdot l_m$으로 놓으면, $\alpha = \delta \cdot k_1 + \rho = \delta \cdot l_1 + \sigma$이고, $\rho < \delta$ 그리고 $\sigma < \delta$이므로, 보조정리 6.3에 의해 $k_1 = l_1$ 그리고 $\rho = \sigma$이다. 귀납 가정에 의해, ρ에 대한 정규형은 유일하고, 따라서 $m = n$, $\beta_2 = \gamma_2, \ldots, \beta_n = \gamma_n$, $k_2 = l_2, \ldots, k_n = l_n$이다. 결국 α에 대한 정규형 전개는 유일하다. □

정규형을 이용해서 흥미로운 **굿스타인 수열**을 증명한다. 먼저, 임의의 자연수 $a \geq 2$에 대해 모든 자연수 m을 a를 기저로 나타낼 수 있음을 상기하자. 즉, a의 거듭제곱의 합으로 나타낼 수 있다 :

$$m = a^{b_1} \cdot k_1 + \cdots + a^{b_n} \cdot k_n,$$

여기서 $b_1 > \cdots > b_n$ 그리고 $0 < k_i < a$, $i = 1, \ldots, n$. 예를 들어, 숫자 324는 4를 기저로 하여 $4^4 + 4^3 + 4$로, 7을 기저로 하여 $7^2 \cdot 6 + 7 \cdot 4 + 2$로 나타낼 수 있다. **약한 굿스타인 수열**은

다음처럼 정의되는, $m > 0$에서 시작하는 자연수 수열이다 :

먼저, $m_0 = m$으로 놓고, m_0를 2를 기저로 나타낸다 :

$$m_0 = 2^{b_1} + \cdots + 2^{b_n}.$$

m_1을 얻기 위해, 기저를 (2에서 3으로) 1만큼 크게 하고 1을 뺀다 :

$$m_1 = 3^{b_1} + \cdots + 3^{b_n} - 1.$$

일반적으로, ($m + k \neq 0$인 경우) m_k에서 m_{k+1}을 얻기 위해, 기저가 $k+2$인 m_k의 기저를 ($k+3$으로) 1 만큼 크게 한 후 1을 뺀다. 예를 들어, $m = 21$에서 시작하는 약한 굿스타인 수열은 다음과 같다 :

$$\begin{aligned}
m_0 &= 21 = 2^4 + 2^2 + 1 \\
m_1 &= 3^4 + 3^2 = 90 \\
m_2 &= 4^4 + 4^2 - 1 = 4^4 + 4 \cdot 3 + 3 = 271 \\
m_3 &= 5^4 + 5 \cdot 3 + 2 = 642 \\
m_4 &= 6^4 + 6 \cdot 3 + 1 = 1315 \\
m_5 &= 7^4 + 7 \cdot 3 = 2422 \\
m_6 &= 8^4 + 8 \cdot 2 + 7 = 4119 \\
m_7 &= 9^4 + 9 \cdot 2 + 6 = 6585 \\
m_8 &= 10^4 + 10 \cdot 2 + 5 = 10025
\end{aligned}$$

등등. 비록 약한 굿스타인 수열이 처음에는 급격히 증가하지만, 다음을 얻을 수 있다.

정리 6.5

모든 $m > 0$에 대해, m에서 시작한 약한 굿스타인 수열은 결국 어떤 n에 대해 $m_n = 0$로 끝난다.

증명

순서수에 대한 정규형을 사용한다. $m > 0$ 그리고 $m_0,\ m_1,\ m_2,\ \ldots$ 이 m에서 시작하는 약한 굿스타인 수열이라고 하자. 기저 $a+2$에 대한 이 수열의 a번째 항은 다음과 같다 :

(6.6) $$m_a = (a+2)^{b_1} \cdot k_1 + \cdots + (a+2)^{b_n} \cdot k_n.$$

(6.6)의 기저 $a+2$를 기저 ω로 치환해서 얻은 다음과 같은 순서수에 대해 생각해

보자.

$$\alpha_a = \omega^{b_1} \cdot k_1 + \cdots + \omega^{b_n} \cdot k_n.$$

$\alpha_0 > \alpha_1 > \alpha_2 > \cdots > \alpha_a > \cdots$ 이 순서수의 감소수열이고, 유한이어야 함을 쉽게 알 수 있다. 그러므로, $\alpha_n = 0$인 어떤 n이 존재한다. 그러나 분명하게 모든 $a = 0, 1, 2, \ldots, n$에 대해 $m_a \leq \alpha_a$이다. 따라서 $m_n = 0$이다.

주석 앞에 나타낸 $m = 21$으로 시작하는 약한 굿스타인 수열 $m_0, m_1, m_2, \ldots$에 대응하는 순서수는 $\omega^4 + \omega^2 + 1$, $\omega^4 + \omega^2$, $\omega^4 + \omega \cdot 3 + 3$, $\omega^4 + \omega \cdot 3 + 2$, $\omega^4 + \omega \cdot 3 + 1$, $\omega^4 + \omega \cdot 3$, $\omega^4 + \omega \cdot 2 + 7$, $\ldots$ 이다.

이제 더욱 강한 형태를 대략 설명하겠다. **순수 기저pure base** $a \geq 2$로 나타낸 숫자 m은 기저 a로 시작하고, 마찬가지로 지수와 지수의 지수 등도 그러하다. 예를 들어, 순수 기저 3으로 나타낸 숫자 324는 $3^{3+2} + 3^{3+1}$이다.

$m > 0$으로 시작하는 굿스타인 수열 $m_0, m_1, m_2, \ldots$은 다음처럼 구한다 : $m_0 = m$으로 놓고 m_0를 순수 기저 2로 나타낸다. m_1을 정의하기 위해, 각각의 2를 3으로 치환한 후 1을 뺀다. 일반적으로, m_{k+1}는 m_k를 순서 기저 $k+2$ 나타낸 후, 각각의 $k+2$를 $k+3$로 나타낸 후 1을 뺀다. 예를 들어, $m = 21$으로 시작하는 굿스타인 수열은 다음과 같다 :

$$\begin{aligned}
m_0 &= 21 = 2^{2^2} + 2^2 + 1 \\
m_1 &= 3^{3^3} + 3^3 \sim 7.6 \times 10^{12} \\
m_2 &= 4^{4^4} + 4^4 - 1 = 4^{4^4} + 4^3 \cdot 3 + 42 \cdot 3 + 4 \cdot 3 + 3 \sim 1.3 \times 10^{154} \\
m_3 &= 5^{5^5} + 5^3 \cdot 3 + 5^2 \cdot 3 + 5 \cdot 3 + 2 \sim 1.9 \times 10^{2184} \\
m_4 &= 6^{6^6} + 6^3 \cdot 3 + 6^2 \cdot 3 + 6 \cdot 3 + 1 \sim 2.6 \times 10^{36305}
\end{aligned}$$

등등. □

굿스타인 수열은 초기에 약한 굿스타인 수열보다 더 빠르게 커진다. 그러나 여전히 :

정리 6.7

모든 $m > 0$에 대해, m에서 시작한 굿스타인 수열은 결국 어떤 n에 대해 $m_n = 0$로 끝난다.

증명

이번에도, 순서수의 유한수열 $\alpha_0 > \alpha_1 > \cdots > \alpha_a > \cdots$ 을 다음처럼 정의한다. 순수 기저 $a+2$로 나타낸 m_0에 대해, $a+2$를 ω로 치환하여 α_a를 얻는다. 예를 들어, 위 예에서, 순서수들은 $\omega^{\omega^\omega}+\omega^\omega+1$, $\omega^{\omega^\omega}+\omega^\omega$, $\omega^{\omega^\omega}+\omega^3\cdot 3+\omega^2\cdot 3+\omega\cdot 3+3$, $\omega^{\omega^\omega}+\omega^3\cdot 3+\omega^2\cdot 3+\omega\cdot 3+2$, $\omega^{\omega^\omega}+\omega^3\cdot 3+\omega^2\cdot 3+\omega\cdot 3+1$, 등등이 된다. 순서수 α_a 역시 정규형이고, 이것을 유한 감소수열 형태로 나타낼 수 있다. 그러므로 어떤 n에 대해 $\alpha_n = 0$이고, 모든 a에 대해 $m_a \le \alpha_a$이므로, $m_n = 0$을 얻는다. □

연습문제

6.1 $\omega^\epsilon = \epsilon$임을 보여라.

6.2 $m = 28$로 시작하는 약한 굿스타인 수열의 처음 몇 항을 구하라.

제 7 장

알레프

1. 초기 순서수

5장에서 무한집합의 기수에 대해 다루었다. 집합 X의 기수인 $|X|$의 개념이 관련된 여러 결과를 증명했지만, X가 유한하거나 셀 수 있는 경우를 제외하고, $|X|$ 자체를 정의하지 않았다.

이 장에서 기수의 "대표"를 찾는 문제를 다룬다. 자연수는 유한집합에 대해 이 대표 역할을 만족스럽게 수행한다. 자연수의 개념을 일반화하여 얻은 순서수는 자연수의 많은 성질을 가지고 있으며, 특히 그것을 귀납으로 증명하고 순환으로 구성할 수 있다는 것을 알았다. 그러나 순서수는 기수를 대표하지 않으며, 대신 순위–정렬의 유형을 나타낸다. 모든 무한집합은 여러 가지 가능한 방식으로 순위–정렬될 수 있으므로(연습문제 1.1 참조) 동일한 기수를 갖는 많은 순서수가 있을 수 있다; $\omega,\ \omega+1,\ \omega+2,\ \ldots,\ \omega+\omega,\ \ldots,\ \omega\cdot\omega,\ \omega\cdot\omega+1,\ \ldots$ 등은 모두 셀 수 있는 순서수이다; 즉, $|\omega| = |\omega+1| = |\omega+\omega| = \cdots = \aleph_0$. 유한 기수의 순서수, 즉 자연수의 좋은 성질에 대한 설명은 4장 정리 4.3에 나와 있다 : 유한집합의 모든 선형 순서는 동형이며 순위–정렬이다. 따라서 임의의 유한집합 X에 대해 $|n| = |X|$인 정확하게 하나의 순서수 n이 존재한다. 이것을 X의 기수 n이라고 부르기로 했다.

서수가 기수를 대표하지 않음에도 불구하고, 이제(순위–정렬할 수 있는) 무한집합의 기수에 대한 대표를 다소 쉽게 얻을 수 있다; 주어진 기수의 가장 작은 순서수를 해당 기수의 대표로 취한다.

정의 1.1

어떤 $\beta < \alpha$와도 대등하지 않은 순서수 α를 **초기 순서수initial ordinal**, 혹은 시서수라고 부른다.

예제 1.2

모든 자연수는 초기 순서수이다. ω는 어떤 자연수와도 대등하지 않으므로 ω는 초기 순서수이다. $|\omega| = |\omega + 1|$이기 때문에 $\omega + 1$은 초기 순서수가 아니다. 비슷하게, $\omega + 2$, $\omega + 3$, $\omega + \omega$, $\omega \cdot \omega$, ω^ω, $\dots$, 모두 초기 순서수가 아니다.

정리 1.3

순위–정렬할 수 있는 모든 집합 X는 어떤 유일한 초기 순서수와 대등하다.

증명

6장 정리 3.1에 의해, X는 어떤 순서수 α와 대등하다. α_0를 X와 대등한 최소 순서수라고 하자. 그러면 어떤 $\beta < \alpha_0$에 대해 $|\alpha_0| = |\beta|$이면 $|X| = |\beta|$이고, 이는 모순이므로, α_0는 초기 순서수이다.

만일 $\alpha_0 \neq \alpha_1$인 초기 순서수 즉, 서로 다른 초기 순서수이면, $|\alpha_0| = |\alpha_1|$이고 즉 $\alpha_0 < \alpha_1$이고, α_1이 초기 순서수임에 어긋나므로 둘은 대등할 수 없다. 이것으로 유일성이 증명된다. □

정의 1.4

만일 X가 순위–정렬할 수 있는 집합이면, $|X|$로 나타내는, X의 **기수**는 X와 대등한 유일한 초기 순서수이다. 특히, 어떤 셀 수 있는 집합 X에 대한 $|X| = \omega$와 n개의 원소를 갖는 어떤 유한집합 X에 대한 $|X| = n$은 이러한 정의와 일치한다.

정리 1.3에 따르면 순위–정렬할 수 있는 집합의 기수는 정확하게 초기 순서수이다. 자연스럽게 떠오르는 질문은 자연수와 ω 외에 다른 초기 순서수가 있는지이다. 다음 정리는 임의로 큰 초기 순서수가 있음을 보여준다. 사실, 더 일반적인 것을 증명한다. A가 임의의 집합이라고 하자; A 자체가 순위–정렬할 수 있는 집합이 아닐 수 있지만, 확실히 순위–정렬할 수 있는 어떤 부분집합이 존재한다; 예를 들어 A의 모든 유한 부분집합은 순위–정렬할 수 있다.

정의 1.5

임의의 A에 대해, $h(A)$가 A의 어떤 부분집합과도 대등하지 않은 최소 순서수라고 하자. 이러한 $h(A)$를 A의 **하르톡스 수Hartogs number**라고 부른다.

정의에 의해,$h(A)$는 $|\alpha| \not\leq |A|$를 만족하는 α의 최소 순서수이다.

보조정리 1.6

임의의 A에 대해, $h(A)$는 초기 순서수이다.

증명

어떤 $\beta < h(A)$에 대해 $|\beta| = |h(A)|$라고 가정하자. 그러면 β는 A의 어떤 부분집합과 대등하고, β는 $h(A)$와 대등하다. 이는 $h(A)$가 A의 어떤 부분집합과 대등하다는 뜻이고, 즉, $h(A) < h(A)$가 되므로, 모순이다. □

지금까지, 중요한 난점을 피해 왔다 : A의 하르톡스 수가 존재하는지 어떻게 알 수 있을까? 만일 모든 무한 순서수를 셀 수 있다면, $h(\omega)$는 모든 순서수가 될 것이다!

보조정리 1.7

모든 A에 대해 A의 하르톡스 수가 존재한다.

증명

6장 정리 3.1에 의해, 임의의 순서−정렬 집합 $(W,\ R)$, $W \subseteq A$에 대해, $(\alpha,\ <)$가 $(W,\ R)$와 동형인 유일한 순서수 α가 존재한다. 치환 공리 스키마에 의해, 모든 순서−정렬 $R \in P(A \times A)$에 대해 그것과 동형인 순서수 α가 H에 속하는 집합 H가 존재한다. 이제 H에 A의 부분집합과 대등한 모든 순서수가 포함됨을 보이고자 한다. 사실, f가 α에서 A로의 일대일 대응이고, $W = \operatorname{ran} f$이며 $R = \{(f(\beta),\ f(\gamma)) \mid \beta < \gamma < \alpha\}$로 놓으면, $R \subseteq A \times A$은(동형사상 f에 의해) α와 순서−정렬 동형이다. 즉, $h(A) = \{\alpha \in H \mid \alpha$는 A의 부분집합과 대등한 순서수$\}$이고, 이로써 구성 공리 스키마에 의해 $h(A)$의 존재가 입증된다. □

앞선 이론 전개 방식에 따라 초한 순환을 통해 계속해서 더 큰 "규모"의 초기 순서수를 정의할 수 있다.

정의 1.8

$$\omega_0 = \omega;$$
$$\omega_{\alpha+1} = h(\omega_\alpha),\ \text{모든}\ \alpha;$$
$$\omega_\alpha = \sup\{\omega_\beta \mid \beta < \alpha\},\ \alpha\text{가 극한순서수이면}\ \alpha \neq 0.$$

정의 1.5에 딸린 주석은 모든 α에 대해 $|\omega_{\alpha+1}| > |\omega_\alpha|$이고, 따라서 $\alpha < \beta$이면 $|\omega_\alpha| < |\omega_\beta|$임을 나타낸다.

정리 1.9

(a) 모든 α에 대해 ω_α는 무한 초기 순서수이다.

(b) Ω가 무한 초기 순서수이면, 어떤 α에 대해 $\Omega = \omega_\alpha$이다.

증명

(a) α에 대한 귀납으로 증명한다. 자명하지 않은 유일한 경우는 α가 극한순서수인 경우이다. 어떤 $\gamma < \omega_\alpha$에 대해 $|\omega_\alpha| < |\gamma|$라고 가정하자; 그러면(최소상계의 정의에 따라) $\gamma \leq \omega_\beta$인 $\beta < \alpha$가 존재한다. 하지만 그러면 $|\omega_\alpha| = |\gamma| \leq |\omega_\beta| \leq |\omega_\alpha|$이고 모순이다.

(b) 먼저, 모든 α에 대해 $\alpha \leq \omega_\alpha$임을 귀납으로 쉽게 알 수 있다. 그러므로, 모든 무한 초기 순서수 Ω에 대해, $\Omega < \omega_\alpha$인 어떤 순서수 α가 (예를 들어, $\alpha = \Omega + 1$) 존재한다. 따라서 다음 주장을 증명하는 것으로 충분하다 : 모든 무한 초기 순서수 $\Omega < \omega_\alpha$에 대해, $\Omega < \omega_\gamma$인 어떤 $\gamma < \alpha$가 존재한다. α에 대한 귀납으로 증명을 계속한다. $\alpha = 0$에 대해서는 자명하게 참이다. 만일 $\alpha = \beta + 1$, $\Omega < \omega_\alpha = h(\omega_\alpha)$이면 $|\Omega| = |\omega_\beta|$이고, 따라서 $\Omega = \omega_\beta$이면 $\gamma = \beta$로 놓을 수 있고, 또는 $\Omega < \omega_\beta$이면 귀납 가정에 의해 $\gamma < \beta < \alpha$가 존재한다. 만일 α가 극한순서수이면, $\Omega < \omega_\alpha = \sup\{\omega_\beta \mid \beta < \alpha\}$이면 어떤 $\beta < \alpha$에 대해 $\Omega < \omega_\beta$이다. 따라서 귀납 가정에 의해 $\Omega = \omega_\gamma$인 어떤 $\gamma < \beta$가 존재함이 보장된다. □

이 절의 결론은, 순서–정렬이 가능한 모든 집합은 어떤 유일한 초기 순서수와 대등하고 무한한 초기 순서수는 모든 순서수 α에 대해 초한 수열 ω_α를 형성한다는 것이다. 무한 초기 순서수는, 정의에 따라, 순서–정렬이 가능한 무한집합의 기수이다. 이 순서수를 관례로 **알레프 alephs**라고 부른다; 따라서 임의의 α에 대해 다음처럼 정의한다.

$$\aleph_\alpha = \omega_\alpha$$

순서–정렬이 가능한 집합의 기수는 어떤 자연수이거나 어떤 알레프이다. 특히, $|N| = \aleph_\alpha$는 앞선 용법과 일치한다. 또한 4장에서 정의한 것 같이 기수의 크기에 따른 정렬이 자연수의 정렬 그리고 $<$(즉, $\in$)에 의한 순서수로서 알레프와 일치함에 주목해야 한다 : $|X| = \aleph_\alpha$이고 $|Y| = \aleph_\beta$이면 $|X| = |Y|$이 성립하면 그리고 그때만 $\aleph_\alpha < \aleph_\beta$(즉, $\omega_\alpha \in \omega_\beta$)이다. 또한 $|X|$와 $|Y|$중에서 하나 또는 둘 다 자연수이면 유사한 동치관계가 성립한다.

5장에서 기수의 덧셈, 곱셈, 그리고 지수를 정의했다; 이러한 연산은 계산식에 포함된 순서수가 자연수인 한 6장에서 정의한 대응하는 순서수의 덧셈, 곱셈, 그리고 지수와 일치하지만, 무한 순서수에 대해서는 다를 수 있다. 예를 들어, 순서수 덧셈 $+$에 대해서는 $\omega_0 + \omega_0 \neq \omega_0$

이지만, 기수 덧셈 $+$에 대해서는 $\omega_0 + \omega_0 = \omega_0$이다. 기수의 덧셈은 교환법칙을 따르지만, 순서수의 덧셈은 그렇지 않다. 혼란을 피하고자, 관례로 순서 연산에는 ω 기호를 사용하고 기수 연산에는 알레프 기호를 사용한다. 따라서 $\omega_0 + \omega_0$ 그리고 2^{ω_0}는 순서수 덧셈과 지수 ($\omega_0 + \omega_0 = \sup\{\omega + n \mid n < \omega_0\} > \omega_0$, $2^{\omega_0} = \sup\{2^n \mid n < \omega_0\} = \omega_0$)를 나타내고, 반면에 $\aleph_0 + \aleph_0$ 그리고 $2^{\aleph_0}$은 기수 연산($\aleph_0 + \aleph_0 = \aleph_0$, $2^{\aleph_0}$은 셀 수 없음)을 나타낸다.

연습문제

1.1 X가 순서−정렬이 가능한 무한집합이면, X는 동형이 아닌 순서−정렬을 갖는다.

1.2 만일 α 그리고 β가 기껏해야 셀 수 있는 순서수 집합이면 $\alpha + \beta$, $\alpha \cdot \beta$, 그리고 α^β 역시 기껏해야 셀 수 있다.

[힌트 : 6장 정리 5.3과 5.8 그리고 연습문제 5.16의 순서수 연산 표현을 사용. 다른 증명 방법으로 초한 귀납 사용 가능.]

1.3 임의의 집합 A에 대해, $P(A \times A)$에서 $h(A)$로의 전사함수가 존재한다.

[힌트 : $R \subseteq A \times A$이 자신의 체의 순서−정렬이면 $f(R) = R$과 동형인 순서수; 아니면 $f(R) = 0$으로 정의.]

1.4 모든 A에 대해, $|A| < |A| + h(A)$.

1.5 모든 A에 대해, $|h(A)| < |P(P(A \times A))|$.

[힌트 : 각각의 $X \in P(h(A))$에 R과 동형인 순서수가 X에 속하는 모든 순서−정렬 $R \subseteq A \times A$의 집합을 할당해서, $|P(h(A))| \leq |P(P(A \times A))|$임을 증명.]

1.6 $h^*(A)$를 정의역이 A이고 치역이 α인 함수를 갖지 않는 최소 순서수 α라고 하자. 다음을 증명하라:

(a) $\alpha \geq h^*(A)$이면, 정의역이 A이고 치역이 α인 함수를 갖지 않는다.

(b) $h^*(A)$는 초기 순서수이다.

(c) $h(A) \leq h^*(A)$.

(d) A가 순서−정렬이 가능하면, $h(A) = h^*(A)$.

(e) 모든 A에 대해 $h^*(A)$가 존재한다.

[(e)에 대한 힌트 : $\alpha \in h^*(A)$이면 그리고 그때만 $\alpha = 0$ 또는 $\alpha = R$과 동형인 순서수, 여기서 R은 A의 어떤 동치류 분할의 순서−정렬.]

2. 알레프 덧셈과 곱셈

기수의 덧셈과 곱셈의 정의를 다시 기억해 보자 : κ 그리고 λ가 기수라고 하자. $\kappa+\lambda$를 집합 $X \cup Y$의 기수라고 정의했다. 여기서 $|X| = \kappa$, $|Y| = \lambda$이고 X 그리고 Y는 서로소이다 :

$$|X| + |Y| = |X \cup Y|, \ X \cap Y = \varnothing.$$

앞에서 확인했듯이, 이 정의는 X 그리고 Y의 선택과 독립이다. 곱 $\kappa \cdot \lambda$는 데카르트 곱 $X \times Y$의 기수로 정의했는데, 여기서 X 그리고 Y는 기수가 각각 κ 그리고 λ인 임의의 두 집합이다 :

$$|X| \cdot |Y| = |X \times Y|;$$

마찬가지로, 이 정의 역시 X 그리고 Y의 선택과 독립이다. 기수의 덧셈과 곱셈이 교환법칙, 결합법칙, 그리고 분배법칙 같은 다양한 산술 법칙을 만족함도 보였다 :

$$\kappa + \lambda = \lambda + \kappa,$$
$$\kappa \cdot \lambda = \lambda \cdot \kappa,$$
$$\kappa + (\lambda + \mu) = (\kappa + \lambda) + \mu,$$
$$\kappa \cdot (\lambda \cdot \mu) = (\kappa \cdot \lambda) \cdot \mu,$$
$$\kappa \cdot (\lambda + \mu) = \kappa \cdot \lambda + \kappa \cdot \mu.$$

또한, κ 그리고 λ가 유한 순서수(즉, 자연수)이면 연산 $\kappa + \lambda$ 그리고 $\kappa \cdot \lambda$는 보통의 산술 연산과 같다.

무한수의 산술은 유한수의 산술과 상당히 다르며 실제로, 알레프의 덧셈과 곱셈 규칙은 매우 간단하다. 예를 들어 :

모든 자연수 n에 대해 다음이 성립한다.

$$\aleph_0 + n = \aleph_0,$$

(셀 수 있는 집합에 원소 n개를 더하면 결과도 셀 수 있는 집합이다.)

다음도 성립하는데, 예를 들어, 모든 자연수 집합을 두 개의 서로소인 셀 수 있는 집합 즉, 짝수 집합과 홀수 집합의 합집합으로 볼 수 있기 때문이다;

$$\aleph_0 + \aleph_0 = \aleph_0.$$

또한 다음도 성립한다.

$$\aleph_{0 \cdot \aleph_0} = \aleph_0.$$

(자연수의 모든 순서쌍의 집합은 셀 수 있다.) 이제 알레프의 덧셈과 곱셈의 성질을 완전하게 결정할 수 있는 일반적인 정리를 증명한다.

정리 2.1

임의의 α에 대해, $\aleph_{\alpha \cdot \aleph_\alpha} = \aleph_\alpha$.

정리를 증명하기 전에, 기수의 덧셈과 곱셈에 대한 이 정리의 결과를 살펴보자.

따름정리 2.2

$\alpha \le \beta$인 임의의 α 그리고 β에 대해 다음이 성립한다.

$$\aleph_{\alpha \cdot \aleph_\beta} = \aleph_\beta.$$

또한, 임의의 양의 자연수 n에 대해 다음이 성립한다.

$$n \cdot \aleph_\alpha = \aleph_\alpha.$$

증명

$\alpha \le \beta$이면, 한편으로 $\aleph_\beta = 1 \cdot \aleph_\beta \le \aleph_\alpha \cdot \aleph_\beta$이고, 다른 한편으로 정리 2.1에 의해 $\aleph_\alpha \cdot \aleph_\beta \le \aleph_\beta \cdot \aleph_\beta = \aleph_\beta$를 얻는다. 따라서 칸토어–베른스타인 정리에 따라 $\aleph_\alpha \cdot \aleph_\beta = \aleph_\beta$이다. 등식 $n \cdot \aleph_\alpha = \aleph_\alpha$ 역시 비슷하게 증명된다. □

따름정리 2.3

$\alpha \le \beta$인 모든 α 그리고 β에 대해 다음이 성립한다.

$$\aleph_\alpha + \aleph_\beta = \aleph_\beta.$$

또한, 모든 자연수 n에 대해 다음도 성립한다.

$$n + \aleph_\alpha = \aleph_\alpha.$$

증명

$\alpha \le \beta$이면, $\aleph_\beta \le \aleph_\alpha + \aleph_\beta \le \aleph_\beta + \aleph_\beta = 2 \cdot \aleph_\beta = \aleph_\beta$이고, 주장이 성립한다. 두 번째 역시 비슷하게 증명된다. □

정리 2.1의 증명

초월 귀납으로 정리를 증명한다. 임의의 α에 대해, 집합 $\omega_\alpha \times \omega_\alpha$의 어떤 순위–정렬 $\prec$을 구성하고 귀납 가정, 모든 $\beta < \alpha$에 대해 $\aleph_\beta \cdot \aleph_\beta \le \aleph_\beta$를 이용해서 순위–정렬 집합 $(\omega_\alpha \times \omega_\alpha, \prec)$의 순서형이 기껏해야 ω_α임을 보인다. 그러면 $\aleph_\alpha \cdot \aleph_\alpha \le \aleph_\alpha$이고 $\aleph_\alpha \cdot \aleph_\alpha \ge \aleph_\alpha$이므로 $\aleph_\alpha \cdot \aleph_\alpha = \aleph_\alpha$를 얻는다.

모든 ω_α에 대해 $\omega_\alpha \times \omega_\alpha$의 순위-정렬 $\prec$을 균일하게 구성한다 : 즉, 순서수 쌍의 속성 $\prec$를 정의하고 $\prec$가 모든 ω_α에 대해 $\omega_\alpha \times \omega_\alpha$를 순위-정렬함을 보인다.

$(\alpha_1,\ \alpha_2) \prec (\beta_1,\ \beta_2)$로 놓으면 그리고 그때만 :

$\max\{\alpha_1,\ \alpha_2\} < \max\{\beta_1,\ \beta_2\}$ 이거나, $\max\{\alpha_1,\ \alpha_2\} = \max\{\beta_1,\ \beta_2\}$ 그리고 $\alpha_1 < \beta_1$ 이거나, $\max\{\alpha_1,\ \alpha_2\} = \max\{\beta_1,\ \beta_2\}$, $\alpha_1 = \beta_1$ 그리고 $\alpha_2 < \beta_2$.

이제 $\prec$이(임의의 순서수 쌍 집합의) 순위-정렬임을 보인다.

먼저, $\prec$이 추이임을 보인다. $\alpha_1,\ \alpha_2,\ \beta_1,\ \beta_2,\ \gamma_1,\ \gamma_2$가 $(\alpha_1,\ \alpha_2) \prec (\beta_1,\ \beta_2)$ 그리고$(\beta_1,\ \beta_2) \prec (\gamma_1,\ \gamma_2)$를 만족한다고 하자. $\prec$의 정의에 의해 $\max\{\alpha_1,\ \alpha_2\} \leqq \max\{\beta_1,\ \beta_2\} \leqq \max\{\gamma_1,\ \gamma_2\}$이다; 따라서 $\max\{\alpha_1,\ \alpha_2\} \leqq \max\{\gamma_1,\ \gamma_2\}$이다. 만일 $\max\{\alpha_1,\ \alpha_2\} < \max\{\gamma_1,\ \gamma_2\}$이면 $(\alpha_1,\ \alpha_2) \prec (\gamma_1,\ \gamma_2)$이다. 그러므로 $\max\{\alpha_1,\ \alpha_2\} = \max\{\beta_1,\ \beta_2\} = \max\{\gamma_1,\ \gamma_2\}$라고 가정하자. 그러면 $\alpha_1 \leqq \beta_1 \leqq \gamma_1$이고, 따라서 $\alpha_1 \leq \gamma_1$이다. 만일 $\alpha_1 < \gamma_1$이면 $(\alpha_1,\ \alpha_2) \prec (\gamma_1,\ \gamma_2)$이다; 그렇지 않으면, $\alpha_1 = \beta_1 = \gamma_1$이다. 마지막의 경우, $\max\{\alpha_1,\ \alpha_2\} = \max\{\beta_1,\ \beta_2\} = \max\{\gamma_1,\ \gamma_2\}$이고, $\alpha_1 = \beta_1 = \gamma_1$이므로, 결국 $\alpha_2 < \beta_2 < \gamma_2$이고, 따라서 $(\alpha_1,\ \alpha_2) \prec (\gamma_1,\ \gamma_2)$이다.

다음으로 임의의 $\alpha_1,\ \alpha_2,\ \beta_1,\ \beta_2$에 대해 $(\alpha_1,\ \alpha_2) \prec (\beta_1,\ \beta_2)$ 이거나 $(\beta_1,\ \beta_2) \prec (\alpha_1,\ \alpha_2)$ 이거나 $(\alpha_1,\ \alpha_2) = (\beta_1,\ \beta_2)$임을(그리고 이들이 서로 배타적임을) 보인다. 그런데 이것은 정의로부터 바로 알 수 있다 : 주어진 $(\alpha_1,\ \alpha_2)$ 그리고 $(\beta_1,\ \beta_2)$에 대해, 먼저 순서수 $\max\{\alpha_1,\ \alpha_2\}$ 그리고 $\max\{\beta_1,\ \beta_2\}$를 비교한 다음, 순서수 α_1 그리고 β_1, 그리고 마지막으로 순서수 α_2 그리고 β_2를 비교한다.

이제 $\prec$가 순서-정렬임을 보인다. X가 순서수 쌍의 공집합이 아닌 집합이라고 하자; X의 $\prec$-최소원소를 찾는다. δ가 X에 속하는 쌍의 가장 작은 최대원소라고 하자; 즉, δ를 집합 $\{\max\{\alpha,\ \beta\} \mid (\alpha,\ \beta) \in X\}$의 최소원소로 놓는다. 나아가, Y는 다음으로 놓는다.

$$Y = \{(\alpha,\ \beta) \in Y \mid \max\{\alpha,\ \beta\} = \delta\}.$$

집합 Y는 X의 공집합이 아닌 부분집합이고, 임의의 $(\alpha,\ \beta) \in Y$에 대해 $\max\{\alpha,\ \beta\} = \delta$를 얻는다; 게다가, 임의의 $(\alpha',\ \beta') \in X - Y$에 대해 $\delta < \max\{\alpha',\ \beta'\}$이고, 모든 $(\alpha,\ \beta) \in Y$ 그리고 $(\alpha',\ \beta') \in X - Y$에 대해 $(\alpha,\ \beta) \prec (\alpha',\ \beta')$이다. 그러므로, Y의 최소원소, 만일 존재 한다면, 역시 X의 최소원소이다. 이제 α_0를 집합 $\{\alpha \mid (\alpha,\ \beta) \in Y,$ 어떤 $\beta\}$의 최소 순서수로 놓고, Z를 다음처럼 놓는다.

$$Z = \{(\alpha,\ \beta) \in Y \mid \alpha = \alpha_0\}.$$

집합 Z는 Y의 공집합이 아닌 부분집합이고, 모든 $(\alpha,\ \beta) \in Z$ 그리고 $(\alpha',\ \beta') \in Y - Z$

에 대해 $(\alpha,\ \beta) \prec (\alpha',\ \beta')$이다.

마지막으로, β_0가 집합 $\{\beta \mid (\alpha_0,\ \beta) \in Z\}$에 속하는 최소 순서수라고 하자. 분명하게, $(\alpha_0,\ \beta_0)$는 Z의 최소원소이고, 따라서 $(\alpha_0,\ \beta_0)$는 X의 최소원소이다.

모든 α에 대해 $\prec$가 $\omega_\alpha \times \omega_\alpha$의 순서–정렬임을 보였으므로, 이 순위–정렬을 사용해서, α에 대한 초한 귀납으로, $|\omega_\alpha \times \omega_\alpha| \leqq \aleph_\alpha$ 즉, $\aleph_\alpha \cdot \aleph_\alpha \leqq \aleph_\alpha$을 증명한다.

이미 $\aleph_0 \cdot \aleph_0 \leqq \aleph_0$을 증명했으므로, $\alpha = 0$에 대해 주장은 참이다. 따라서 $\alpha > 0$로 놓고, 모든 $\beta < \alpha$에 대해 $\aleph_\beta \cdot \aleph_\beta \leqq \aleph_\beta$로 놓는다. $|\omega_\alpha \times \omega_\alpha| \leqq \aleph_\alpha$을 증명한다. 이것은 순서–정렬 집합 $(\omega_\alpha \times \omega_\alpha,\ \prec)$의 순서형이 기껏해야 ω_α임을 보이는 것으로 충분하다. 만일 $\omega_\alpha \times \omega_\alpha$의 순서형이 ω_α보다 더 크다면, 다음 집합의 기수가 최소한 $\aleph_\alpha$인 $(\alpha_1,\ \alpha_2) \in \omega_\alpha \times \omega_\alpha$가 존재해야만 한다.

$$X = \{(\xi_1,\ \xi_2) \in \omega_\alpha \times \omega_\alpha \mid (\xi_1,\ \xi_2) \prec (\alpha_1,\ \alpha_2)\}$$

따라서 모든 $(\alpha_1,\ \alpha_2) \in \omega_\alpha \times \omega_\alpha$에 대해, $|X| < \aleph_\alpha$임을 보이는 것으로 충분하다.

$\beta = \max\{\alpha_1,\ \alpha_2\} + 1$로 놓자. 그러면 $\beta \in \omega_\alpha$이고, 모든 $(\xi_1,\ \xi_2) \in X$에 대해 $\max\{\xi_1,\ \xi_2\} \leq \max\{\alpha_1,\ \alpha_2\} < \beta$이므로, 따라서 $\xi_1 \in \beta$ 그리고 $\xi_2 \in \beta$이다. 다시 말해서, $X \subseteq \beta \times \beta$이다.

$\gamma < \alpha$가 $|\beta| \leqq \aleph_\gamma$를 만족하는 것으로 놓자. 그러면 $|X| \leq |\beta \times \beta| = |\beta| \cdot |\beta| \leq \aleph_\gamma \cdot \aleph_\gamma$이고, 귀납 가정에 의해, $\aleph_\gamma \cdot \aleph_\gamma \leq \aleph_\gamma$이다. 따라서, $|X| \leq \aleph_\gamma$이고, 주장처럼 $|X| \leq \aleph_\alpha$이다.

결국 $|\omega_\alpha \times \omega_\alpha| \leqq \aleph_\alpha$을 얻는다. 따라서, α에 대한 초한 귀납으로, 모든 α에 대해 $\aleph_\alpha \cdot \aleph_\alpha \leqq \aleph_\alpha$를 증명하였다. $\aleph_\alpha \leqq \aleph_\alpha \cdot \aleph_\alpha$이므로, $\aleph_\alpha \cdot \aleph_\alpha = \aleph_\alpha$이고, 정리 2.1의 증명이 완료되었다. □

연습문제

2.1 ω_α를 기수가 $\aleph_\alpha$인 두 집합의 배타적 합집합으로 나타내서 $\aleph_\alpha + \aleph_\alpha = \aleph_\alpha$를 직접 증명하라.

2.2 ω_α에서 $n \times \omega_\alpha$로의 일대일 대응 함수를 구성해서 $n \cdot \aleph_\alpha = \aleph_\alpha$를 직접 증명하라. (여기서 n은 양의 자연수).

2.3 다음을 보여라.

(a) 모든 양의 자연수 n에 대해, $\aleph_\alpha^n = \aleph_\alpha$.

(b) $|[\aleph_\alpha]^n| = \aleph_\alpha$, 여기서 모든 $n > 0$에 대해 $[\aleph_\alpha]^n$은 $\aleph_\alpha$의 모든 $n-$원소 부분집합의 집합이다.

(c) $|[\aleph_\alpha]^{<\omega}| = \aleph_\alpha$, 여기서 $[\aleph_\alpha]^{<\omega}$는 $\aleph_\alpha$의 모든 유한 부분집합의 집합이다.

[힌트 : 정리 2.1 그리고 귀납법 사용; (c)는, 4장 정리 3.10의 증명을 계속하는데, $\aleph_0 \cdot \aleph_\alpha = \aleph_\alpha$를 사용.]

2.4 α, β가 순서수이고, $|\alpha| \leqq \aleph_\gamma$ 그리고 $|\beta| \leqq \aleph_\gamma$이면, $|\alpha+\beta| \leqq \aleph_\gamma$, $|\alpha \cdot \beta| \leqq \aleph_\gamma$, $|\alpha^\beta| \leq \aleph_\gamma$이다. (여기서 $\alpha + \beta$, $\alpha \cdot \beta$, 그리고 α^β는 순서수 연산)

2.5 X가 어떤 함수 f의 ω_α에 대한 상이면, $|X| \leq \aleph_\alpha$이다.

[힌트 : $g(x) = f$에 대한 $\{x\}$의 역상의 최소원소로 놓고, X에서 ω_α로의 일대일 함수 g를 구성하라.]

2.6 X가 $|X| \leq \aleph_\alpha$인 ω_α의 부분집합이면, $|\omega_\alpha - X| = \aleph_\alpha$이다.

제 8 장

선택 공리

1. 선택 공리와 등가물

앞 장에서 근본적인 질문 하나를 대답하지 않은 채로 남겨두었었다: 어떤 집합이 순위–정렬 될 수 있는가? 흥미롭게도 이 질문은 집합론 발전 과정의 후기 단계에서 이런 형식으로 제기되었다. 칸토어는 모든 집합이 순위–정렬될 수 있다는 것이 매우 명백한 사실이라고 생각했다. 이 "사실"에 대한 상당히 직관적인 "증거"가 있다. 어떤 집합 A를 순위–정렬하려면 어떤 순서수 λ에서 A로의 일대일 대응 함수를 구성하는 것으로 충분하다. 초한 순환으로 이 일을 수행할 수 있다. a를 A에 속하지 않는 임의의 집합이자 하자. 다음처럼 정의한다.

$$f(0) = \begin{cases} A\text{의 어떤 원소} & A \neq \varnothing, \\ a & \text{그외}, \end{cases}$$

$$f(1) = \begin{cases} A - \{f(0)\}\text{의 어떤 원소} & A - \{f(0)\} \neq \varnothing, \\ a & \text{그외}, \end{cases}$$

등등. 일반적으로,

$$f(0) = \begin{cases} A - \operatorname{ran}(f \restriction \alpha)\text{의 어떤 원소} & A - \operatorname{ran}(f \restriction \alpha) \neq \varnothing, \\ a & \text{그외}. \end{cases}$$

직관적으로, f는 A의 원소를, 바닥이 날 때까지 하나씩 나열한다; A에 더 이상 원소가 남지 않을 때 f 값이 a이다.

먼저 A가 A의 하르톡스 수 $\lambda < h(A)$ 단계에 소진됨을 주목하자. $\alpha < \beta$에 대해, $f(\beta) \neq a$이면 $f(\beta) \in A - \operatorname{ran}(f \restriction \beta)$, $f(\alpha) \in \operatorname{ran}(f \restriction \beta)$이고, 따라서 $f(\alpha) \neq f(\beta)$이기 때문이다.

만일 모든 $\alpha < h(A)$에 대해 $f(\alpha) \neq a$이라면, f가 $h(A)$에서 A로의 일대일 함수이어야만 하는데, 이는 일대일 함수로 A에 대응될 수 없는 최소 순서수라는 $h(A)$의 정의와 모순이다.

λ가 $f(\alpha) = a$인 최소 수 $\alpha < h(A)$라고 하자. 앞의 서술에 따르면 $f \restriction \beta$가 일대일 임을 바로 알 수 있다. $\text{ran}(f \restriction \lambda) = A$만 보이면 "증명"이 끝난다. 분명하게 $\text{ran}(f \restriction \lambda) \subseteq A$이다; 만일 $\text{ran}(f \restriction \lambda) \subset A$, $A - \text{ran}\ (f \restriction \lambda) \neq \varnothing$ 그리고 $f(\lambda) \neq a$이면, λ의 정의와 모순이다.

인용 부호를 사용해서 이 논증에 무엇인가 문제가 있음을 나타냈지만, 그것이 무엇인지 정확히 알 수는 없다. 그러나 순환 정리로, 6장의 정리 4.5 형식의, 이러한 초한 순환을 정당화하려면 $f(\alpha) = G(f \restriction \alpha)$인 f를 정의하기 위한 함수 G가 필요하다는 걸 알게 된다. 이 함수 G는 다음 속성을 가져야만 한다 :

$$\begin{array}{ll} G(f \restriction \alpha) \in A - \text{ran}\ (f \restriction \alpha) & A - \text{ran}\ (f \restriction \alpha) \neq \varnothing, \\ G(f \restriction \alpha) = a & \text{그외}. \end{array}$$

만일 A가 순위−정렬가능이면, 그러한 G는 쉽게 정의할 수 있다; 즉,

$$G(x) = \begin{cases} A - \text{ran}(f \restriction \alpha)\text{의 } <\text{−최소원소} & A - \text{ran}x \neq \varnothing, \\ a & \text{그외}. \end{cases}$$

여기서 $<$는 A의 어떤 순위−정렬이다. 그러나 A의 순위−정렬이 없으면, 그러한 함수 G를 정의하는데 사용될 수 있는 속성도 존재하지 않는다.

좀 더 구체적으로, S를 집합의 시스템으로 놓자. S에서 정의된 어떤 함수 g가 모든 공집합이 아닌 $X \in S$에 대해 $g(X) \in X$일 때, S에 대한 **선택 함수choice function**라고 부른다.

이제 $P(A)$에 대한 선택 함수 g가 존재한다고 가정하면, 다음을 정의해서, 앞선 증명의 빈틈을 채울 수 있다.

$$G(x) = \begin{cases} g(A - \text{ran}x) & x\text{는 함수이고 } A - \text{ran}x \neq \varnothing, \\ a & \text{그외}. \end{cases}$$

다음 정리의 어려운 절반은 본질적으로 에른스트 체르멜로의 덕분으로 증명할 수 있다 :

정리 1.1

집합 A를 순서−정렬할 수 있으면 그리고 그때만 A의 부분집합의 집합 $P(A)$는 선택 함수를 갖는다.

증명

나머지 절반의 증명은 쉽다. 만일 $\prec$가 A을 순서-정렬하면, $P(A)$ 위의 선택 함수 g는 다음처럼 정의한다.

$$g(x) = \begin{cases} \text{순서 } \prec \text{의 최소원소 } x & x \neq \varnothing, \\ \varnothing & x = \varnothing. \end{cases}$$

□

집합 A의 순위-정렬 문제는 $P(A)$에 대한 선택 함수를 찾는 동등한 질문으로 환원되었다. 먼저 정의 1.2를 살펴보자.

정리 1.2

모든 유한집합 시스템은 선택 함수를 갖는다.

증명

귀납을 수행한다. n개의 원소를 갖는 모든 시스템이 선택 함수를 갖고, $|S| = n+1$이라고 하자. $X \in S$로 놓는다; 집합 $S - \{X\}$는 n개의 원소를 갖고, 결과로 선택 함수 g_X를 갖는다. $X = \varnothing$이면, $g = g_X \cup \{(X, \varnothing)\}$는 S에 대한 선택 함수이다. 만일 $X \neq \varnothing$이면, (어떤 $x \in X$에 대해) $g^x = g_X \cup \{(X, x)\}$가 S에 대한 선택 함수이다. □

셀 수 있는 모든 집합 시스템이 선택 함수를 가지고 있음을 보여주기 위해 이 증명을 일반화할 수 없는 이유를 분석해 보는 것이 좋을 것이다. 또한 $P(N)$ 또는 $P(Q)$에 대한 선택 함수를 찾기는 쉽지만 (왜?) $P(R)$에 대한 선택 함수는 그렇지 않다.

실수 집합의 무한 시스템에 대한 선택 함수는 적어도 19세기 말부터 해석학자들에 의해 암묵적으로 사용되었지만, 그 존재에 대한 가정이 완전히 자명한 것이 아니라는 것을 깨닫는 데는 시간이 좀 걸렸다. 다음 공리는 1904년 체르멜로에 의해 공식화되었다.

선택 공리

모든 집합 체계에 대해 선택 함수가 존재한다.

60년 후인 1963년에 폴 코헨은 선택 공리가 체르멜로-프렝켈 집합론의 공리로부터 증명될 수 없음을 보여주었다(자세한 내용은 15장 참조). 따라서 선택 공리는 집합을 구성하는 새로운 원리이다 : 이것은 활용하기에 효과적이지 않다는 점에서 다른 집합 구성 원리와 다르다. 즉, 선택 공리는 어떤 집합(선택 함수)이 특정 속성을 갖는 객체의 모임이라는 설명이 없이 그저 존재한다고 주장한다. 이 때문에 그리고 직관에 반하는 결과(2절 참조)들로 인해 일부 수학자들은 이 공리의 사용에 반대했다.

다음으로 선택 공리와 동치인 몇 가지 형식화와 그것이 집합론과 수학에 미치는 영향을 조사한다. 이어서, 2장 끝에서 이것의 정당성에 대해 다시 논의한다. 이 장에서는, 선택 공리가 어떻게 사용되는지 잘 추적하기 위해, 이 공리에 의존하는 증명이나 이것을 사용해야 하는 연습문제는 별표로 표시한다. 이어지는 장에서는 매번 명시적으로 언급하지 않고 선택 공리를 사용한다.

정리 1.3

다음 명제는 동치이다 :

(a) **(선택 공리)** 모든 집합 체계에 대해 선택 함수가 존재한다.

(b) 모든 분할은 대표 집합을 갖는다.

(c) $\langle X_i \mid i \in I \rangle$가 공집합이 아닌 집합의 색인 시스템이면, 모든 $i \in I$에 대해 $f(i) \in X$인 함수 f가 존재한다.

집합 A의 분할은 합집합이 A가 되는 A의 서로소인 공집합이 아닌 시스템이다. 그리고 모든 $C \in S$에 대해 $X \cap C$가 유일한 원소를 가질 때, $X \subseteq A$를 A의 분할 S의 대표 집합이라고 부른다. (이 정의는 2장 4절 참조.)

정리 1.3의 명제 (c)는 다음처럼 동등하게 형식화할 수 있다(3장 연습문제 5.10과 비교) :

(d) 모든 $i \in I$에 대해 $X_i \neq \varnothing$이면 $\prod_{i \in I} X_i \neq \varnothing$이다.

증명

(a)이면 (b). f가 분할 S의 선택 함수라고 하자 : 그러면 $X = \operatorname{ran} f$는 S의 대표 집합이다. 임의의 $C \in S$에 대해 $f(C) \in X \cap C$이고 $D \neq C$에 대해 $f(D) \neq X \cap C$임에 주목하자[$f(D) \in D$ 그리고 $D \cap C = \varnothing$이기 때문]. 따라서 임의의 $C \in S$에 대해 $X \cap C = \{f(C)\}$이다.

(b)이면 (c). $C_i = \{i\} \times X_i$라고 하자. $i \neq i'$이면 $C_i \cap C_{i'} = \varnothing$이므로, $S = \{C_i \mid i \in I\}$는 분할이다. 만일 f가 S의 대표 집합이면, f는 순서쌍의 집합이고, 각각의 $i \in I$에 대해, $(i,\ x) \in f \cap C_i$인 유일한 x가 존재한다. 그렇다면 f는 I 위의 함수이고 모든 $i \in I$에 대해 $f(i) \in X_i$이다.

(c)이면 (a). S가 어떤 집합 시스템이라고 하자; $I = S - \{\varnothing\}$이고, 모든 $C \in I$에 대해 $X_C = C$로 놓는다. 그러면 $\langle X_C \mid C \in I \rangle$는 공집합이 아닌 집합의 색인 시스템이다. 만일 $f \in \prod_{C \in I} X_C$이면, $\varnothing \notin S$인 경우 f는 S의 선택 함수이다. $\varnothing \in S$인 경우는 $f \cup \{(\varnothing, \varnothing)\}$이 S의 선택 함수이다. □

정리 1.3은 선택 공리에 대한 몇 가지 동치 명제를 제공한다. 선택 공리와 동치인 다른 많은 명제가 알려져 있으며, 그중 일부가 실제로 활용된다. 가장 자주 사용되는 동치 명제는, 모든 집합이 순위-정렬될 수 있다는 순위-정렬 정리이다. (공리와 동치임은 정리 1.1에 따름) 또 다른 자주 사용되는 버전(조른Zorn의 보조정리)은 정리 1.13에 있다.

먼저 선택 공리를 따르는 몇 가지 결과물을 알아본다.

정리 1.4*

모든 무한집합은 셀 수 있는 부분집합을 갖는다.

증명

A가 무한집합이라고 하자. 그러면 A를 순위-정렬할 수 있다. 즉, 길이 Ω가 무한 순서수인 초한 일대일 수열 $\langle a_\alpha \mid \alpha < \Omega \rangle$로 배열할 수 있다. 이 수열의 앞 절편 $C = \{a_\alpha \mid \alpha < \omega\}$의 치역이 A의 셀 수 있는 부분집합이다. □

정리 1.5*

모든 무한집합 S에 대해 $|S| = \aleph_\alpha$인 유일한 알레프 $\aleph_\alpha$가 존재한다.

증명

S를 순위-정렬할 수 있으므로, 그것은 어떤 무한 순서수와 대등하고, 따라서 유일한 초기 순서수 ω_α와 대등하다. □

따라서 선택 공리를 포함하는 집합론에서, 임의의 집합 X에 대한 기수 $|X|$를 X와 대등한 초기 순서수로 정의할 수 있다. 집합 X 그리고 Y가 대등하면 그리고 그때만 $|X|$ 그리고 $|Y|$가 같은 순서수이다(즉, $|X| = |Y|$.) 또한, 크기에 의한 기수의 순서 $<$는 $\in$에 의한 순서수의 순서와 일치한다 : $|X| < |Y|$이면 그리고 그때만 $|X| \in |Y|$. 이러한 사실은 4장의 가정 1.7을 엄격하게 정당화한다 :

임의의 집합 X에 대해 유일한 기수 $|X|$가 존재한다는 속성을 가진 순서수라 부르는 집합이 존재하고, 집합 X 그리고 Y가 대등하면 그리고 그때만 $|X|$ 그리고 $|Y|$가 같다.

$\in$가 임의의 순서수 집합 위의 선형 순서(실제로 순위-정렬)이므로, 다음의 정리를 얻는다.

정리 1.6*

임의의 집합 X 그리고 Y에 대해 $|A| \le |B|$ 이거나 $|B| \le |A|$이다.

정리 1.7*

셀 수 있는 집합의 셀 수 있는 모임의 합집합은 셀 수 있다.

증명

(4장 정리 3.9와 비교) 집합 S는 셀 수 있고 그것의 모든 원소 역시 셀 수 있다고 하자. $A = \bigcup S$로 놓고 A를 셀 수 있음을 보인다.

S가 셀 수 있는 집합이므로, $S = \{A_n \mid n \in N\}$인 일대일 수열 $\langle A_n \mid n \in N \rangle$이 존재한다. 각각의 $n \in N$에 대해, 집합 A_n은 셀 수 있으므로 치역이 A_n인 수열이 존재한다.

선택 공리에 의해서, 각각의 n에 대해 그런 수열 중에서 하나를 선택할 수 있다. [다시 말해서 : 각각의 n에 대해, S_n을 치역이 A_n인 모든 수열의 집합으로 놓는다. F를 $\{S_n \mid n \in N\}$ 위의 선택 함수로 놓고, 각각의 n에 대해 $s_n = F(S_n)$으로 놓는다.]

각각의 n에 대해 하나의 $s_n = \langle a_n(k) \mid k \in N \rangle$을 선택하여, $f(n,\ k) = a_n(k)$로 $N \times N$에서 A 위로의 대응 f를 얻는다. $N \times N$은 셀 수 있고 A가 그것의 f에 의한 상이므로, A 또한 셀 수 있다. □

따름정리 1.8*

모든 실수 집합은 셀 수 있을 만큼 많은 셀 수 있는 집합의 합집합이 아니다.

증명

집합 R은 셀 수 없다. □

따름정리 1.9*

순서수 ω_1은 셀 수 있는 순서수의 셀 수 있는 집합의 최소상계가 아니다.

증명

$\{\alpha_n \mid n \in N\}$이 셀 수 있는 순서수의 집합이면, 그것의 최소상계

$$\alpha = \sup\{\alpha_n \mid n \in N\} = \bigcup_{n \in N} \alpha_n$$

는 셀 수 있는 집합이고, 따라서 $\alpha < \omega_1$이다. □

정리 1.10*

$2^{\aleph_0} \geqq \aleph_1$.

증명

정리 1.5와 $2^{\aleph_0} \geqq \aleph_0$에 따라 자명하다.

결과로, 연속체 가설을 다음 같은 셀 수 없는 최소 기수 추측으로 다시 형식화할 수 있다.

$$2^{\aleph_0} \geqq \aleph_1.$$

□

정리 1.11*

f가 함수이고 A가 집합이면 $|f[A]| \leq |A|$가 성립한다.

증명

각각의 $b \in f[A]$에 대해, $X_b = f^{-1}(\{b\})$로 놓는다. $X_b \neq \varnothing$이고 $b_1 \neq b_2$이면 $X_{b_1} \cap X_{b_2} = \varnothing$임에 주목하자. $g \in \prod_{b \in f[A]} X_b$를 취하면; $g : f[A] \to A$ 그리고 $b_1 \neq b_2$이면 $g(b_1) \in X_{b_1}$, $g(b_2) \in X_{b_2}$이므로, 따라서 $g(b_1) \neq g(b_2)$이다. g가 $f[A]$에서 A로의 일대일 대응이고, 결과로 $|f[A]| \leq |A|$이다. □

정리 1.12*

$|S| \leqq \aleph_\alpha$이고, 모든 $A \in S$에 대해 $|A| \leqq \aleph_\alpha$이면 $|\bigcup S| \leqq \aleph_\alpha$이다.

증명

이것은 정리 1.7의 일반화이다. $S \neq \varnothing$이고 모든 $A \in S$가 공집합이 아니라고 가정하고, $S = \{A_\nu \mid \nu < \aleph_\alpha\}$라 쓰고 각각의 $\nu < \aleph_\alpha$에 대해, $A_\nu = \{a_\nu(\kappa) \mid \kappa < \aleph_\alpha\}$인 초한 수열 $A_\nu = \langle a_\nu(\kappa) \mid \kappa < \aleph_\alpha\rangle$를 선택한다. (4장 연습문제 1.0 참조) $\aleph_\alpha \times \aleph_\alpha$에서 $\bigcup S$ 위로의 함수 f를 $f(\nu,\ \kappa) = a_\nu(\kappa)$로 정의한다. 정의 1.11에 의해,

$$\bigcup S \leq\ |\aleph_\alpha \times \aleph_\alpha| = \aleph_\alpha$$

(마지막 부분은 7장의 정리 2.1). □

다음으로 선택 공리의 또 다른 중요한 버전인 조른의 보조정리를 유도한다.

정리 1.13

다음 명제는 동치이다 :

(a) (선택 공리) 모든 집합 시스템에 대해 선택 함수가 존재한다.

(b) (순위−정렬 원리) 모든 집합은 순위−정렬될 수 있다.

(c) (조른의 보조정리) 부분 순서 집합의 모든 사슬이 상계를 가지면, 그 부분 순서 집합은 극대원소를 갖는다.

사슬은 부분 순서 집합의 선형 순서 부분집합이다. (이 정의와 "순서 집합," "상계." "극대원소" 등등 정렬과 관련된 다른 개념의 정의는 2장 5절 참조).

증명

(a)와 (b)가 동치임은 정리 1.1을 따른다; 그러므로, (a) 이면 (c) 그리고 (c) 이면 (a) 임을 보이는 것으로 충분하다.

(a)이면 (c). $(A,\ \preccurlyeq)$가 모든 사슬이 상한을 갖는 부분 순서 집합이라고 하자. A 원소의 $\preccurlyeq$ −증가 초한 수열을 구성해서 $(A,\ \preccurlyeq)$의 극대원소를 찾자는 전략이다.

어떤 $b \notin A$ 그리고 $P(A)$에 대한 선택 함수 g를 고정하고, 초한 귀납으로 $\langle a_\alpha \mid \alpha < h(A)\rangle$를 정의한다. 주어진 $\langle a_\xi \mid \xi < \alpha\rangle$에 대해, 2가지 경우로 구분한다. 만일 모든 $\xi < \alpha$에 대해 $b \neq a_\xi$ 그리고 $A_\alpha = \{a \in A |$모든 $\xi < \alpha$에 대해 $a_\xi < a$가 성립 $\} \neq \varnothing$이면, $a_\alpha = g(A_\alpha)$로 놓는다; 그렇지 않으면 $a_\alpha = b$로 놓는다.

7장 정리 4.4에 따라 이 정의를 정당화하는 쉬운 작업은 연습으로 남긴다. 어떤 $\alpha < h(A)$에 대해 $a_\alpha = b$임에 주목하자; 그렇지 않으면 $\langle a_\xi \mid \xi < h(A)\rangle$는 $h(A)$에

서 A로의 일대일 대응일 것이다. λ가 $a_\alpha = b$인 최소 α라고 하자. 그러면 집합 $C = \{a_\xi \mid \xi < \lambda\}$는 $(A, \preccurlyeq)$에서 사슬이고 따라서 이것은 상한 $c \in A$를 갖는다. 만일 어떤 $a \in A$에 대해 $c < a$이면, $a \in A_\lambda \neq \varnothing$이고 $a_\lambda = g(A_\lambda) \neq b$를 얻는데, 이것은 모순이다. 따라서 c는 A의 극대원소이다. (사실, $\lambda = \beta + 1$ 그리고 $c = a_\beta$이므로 쉽게 알 수 있다.)

> **(c) 이면 (a)**. 모든 공집합이 아닌 체계 S가 어떤 선택 함수를 갖는다는 것을 보이는 것으로 충분하다. F가 $\mathrm{dom} f \subseteq S$이고 임의의 $X \in S$에 대해 $f(X) \in X$를 만족하는 모든 함수 f의 체계라고 하자. 이 집합 F는 포함관계 $\subseteq$으로 정렬된다. 더구나, 만일 F_0가 $(F, \subseteq)$의 선형 순서 부분집합이면(즉, 임의의 f, $g \in F_0$에 대해 $f \subseteq g$ 이거나 $g \subseteq f$이면), $f_0 = \bigcup F_0$는 함수이다. (2장의 정리 3.12 참조) $f_0 \in F$이고 f_0가 $(F, \subseteq)$에서 F_0의 상한임은 쉽게 확인 할 수 있다.

조른의 보조정리 가정을 만족하였으니, 결론으로 $(F, \subseteq)$가 극대원소 $\overline{f}$를 갖는다. $\mathrm{dom}\overline{f} = S$임을 보이면 증명이 완료된다. 그런데 만일 아니라면, 어떤 $X \in S - \mathrm{dom}\overline{f}$ 그리고 $x \in X$를 선택한다. 분명하게, $\overline{\overline{f}} = \overline{f} \cup \{(X, x)\} \in F$ 그리고 $\overline{\overline{f}} \supset \overline{f}$이고, 이것은 $\overline{f}$가 극대라는 것과 모순이다. □

11장에서 사용할 정리로 이 절을 마친다.

정리 1.14*

$(A, \preccurlyeq)$가 모든 $x \in A$에 대해 $|\{y \in A \mid y \preccurlyeq x\}| < \aleph_\gamma$인 선형 순서이면, $|A| \leq \aleph_\gamma$이다.

증명

조른의 보조정리 증명과 마찬가지로, $A_\lambda = \varnothing$인 A 원소의 증가 수열 $\langle a_\xi \mid \xi < \lambda \rangle$를 구성한다. 즉, 모든 $\xi \in A$에 대해 $a_\xi \prec a$인 $a \in A$는 존재하지 않는다. $(A, \preccurlyeq)$가 선형 순서이므로, 모든 $a \in A$에 대해, 어떤 $x_i \in A$에 대해 $a \preccurlyeq a_\xi$이다. (수열 $\langle a_\xi \mid \xi < \lambda \rangle$를 $(A, \preccurlyeq)$에서 **공종cofinal**이라 부른다.)

가정에 의해 $A = \bigcup_{\xi<\lambda} \{y \in A \mid y \preccurlyeq a_\xi\}$, $|\{y \in A \mid y \preccurlyeq a_\xi\}| < \aleph_\gamma$이고 $\lambda \leq \aleph_\gamma$이다. (그렇지 않으면 $\omega_\gamma < \lambda$와 $\langle a_\xi \mid \xi < \omega_\lambda \rangle$가 $\aleph_\gamma$에서 $\{y \in A \mid y \preccurlyeq a_{\omega_\gamma}\}$로의 일대일 함수이고 이는 가정과 모순이다.) 따라서 정리 1.12에 의해, $|A| \leq \aleph_\gamma$이다. □

연습문제

1.1 집합 A가 선형으로 정렬될 수 있으면, A의 모든 유한 부분집합 시스템이 선택 함수를 가짐을 증명하라. (이것은 모든 집합이 선형으로 정렬될 수 있다는 체르멜로–프렝켈 공리를 따르지 않는다.)

1.2 A가 순서–정렬될 수 있으면, $P(A)$는 선형으로 정렬될 수 있다. [힌트 : $<$가 A의 순서–정렬이라고 하자; $X,\ Y \subseteq A$에 대해 $X \prec Y$로 정의하면 그리고 그때만 $X \triangle Y$의 $<$–최소원소는 X에 속한다.]

*1.3 $(A,\ \leqq)$가 모든 사슬이 상계를 갖는 순서 집합이라고 하자. 그러면 모든 $a \in A$에 대해, $a \leq x$인 A의 $\leq$–극대원소 x가 존재한다.

1.4 조른의 보조정리가 다음 명제와 동치임을 증명하라 : 모든 $(A,\ \leqq)$에 대해, $(A,\ \leqq)$의 모든 사슬의 집합이 $\subseteq$–극대원소를 갖는다.

1.5 조른의 보조정리가 다음 명제와 동치임을 증명하라 : A가 $\subseteq$에 의한 선형 순서인 임의의 $B \subseteq A$에 대해 $\bigcup B \in A$를 만족하는 집합 시스템이면. A는 $\subseteq$–극대원소를 갖는다.

1.6 $X \in A$이면 그리고 그때만 X의 모든 유한 부분집합이 A에 속할 때, 집합 시스템 A는 **유한 특성finite character**을 갖는다. 조른의 보조정리가 다음(**터키 보조정리Tukey's Lemma**)과 동치임을 증명하라 : 유한 특성의 모든 집합 시스템은 $\subseteq$ –극대원소를 갖는다.

[힌트 : 연습문제 1.5. 사용]

*1.7 E가 집합 A 위의 이항관계라고 하자. 모든 $x \in A$에 대해, $(x,\ f(x)) \in E$이면 그리고 그때만 $(x,\ y) \in E$인 어떤 $y \in A$가 존재하는 함수 $f : A \to A$가 존재함을 증명하라.

*1.8 모든 셀 수 없는 집합은 기수가 $\aleph_1$인 부분집합을 가짐을 증명하라.

*1.9 모든 무한집합은 자신의 어떤 진부분집합과 대등하다. 마찬가지로, 데데킨트 유한집합은 정확하게 유한집합이다.

*1.10 $(A,\ <)$가 선형 순서 집합이라고 하자. A의 원소로 구성된 수열 $\langle a_n \mid n \in \omega \rangle$이 모든 $n \in \omega$에 대해 $a_{n+1} < a_n$을 만족하면 **감소decreasing**라고 한다. $(A,\ <)$가 순서–정렬이면 그리고 그때만 A의 무한 감소수열이 존재하지 않음을 증명하라.

*1.11 다음의 분배법칙을 증명하라 (2장 연습문제 3.13 참조).

$$\bigcap_{t\in T}\left(\bigcup_{s\in S} A_{t,\ s}\right) = \bigcup_{f\in S^T}\left(\bigcap_{t\in T} A_{t,\ f(t)}\right).$$

$$\bigcup_{t\in T}\left(\bigcap_{s\in S} A_{t,\ s}\right) = \bigcap_{f\in S^T}\left(\bigcup_{t\in T} A_{t,\ f(t)}\right).$$

*1.12 A의 모든 순서 $\preccurlyeq$에 대해, 모든 $a,\ b \in A$에 대해 $a \preccurlyeq b$이면 $a \le b$인 A의 선형 순서 $\le$가 존재함을 증명하라. (즉, 모든 부분 순서는 선형 순서로 확장될 수 있다.)

*1.13 (**종속 선택의 원리Principle of Dependent Choices**) 만일 R이 $M \ne \varnothing$ 위의 이항관계이고 모든 $x \in M$에 대해 xRy인 $y \in M$가 존재하면, 모든 $n \in \omega$에 대해 $x_n R x_{n+1}$을 만족하는 수열 $\langle x_n \mid n \in \omega\rangle$이 존재한다.

1.14 종속 선택의 원리만 성립하는 것으로 가정하고, 집합의 모든 셀 수 있는 시스템이 선택함수를 가짐을 증명하라(**셀 수 있는 선택 공리The Axiom of Countable Choice**).

1.15 각각의 집합이 어떤 순서수와 대등하면, 선택 공리가 성립한다.

1.16 임의의 집합 A 그리고 B에 대해 $|A| \leqq |B|$ 또는 $|B| \leqq |A|$이면, 선택 공리가 성립한다. [힌트 : A와 $B = h(A)$를 비교.)

*1.17 B가 무한집합이고 B의 부분집합 A가 $|A| = |B|$를 만족하면, $|B - A| \leqq |B|$이다.

2. 선택 공리의 활용

이 절에서는 수학에서 선택 공리를 어떻게 사용하는지 몇 가지 사례를 제시한다. 선택 공리가 수학에서 수행하는 다양한 역할을 설명하겠지만 집합론 이외의 광범위한 배경지식이 필요하지 않은 예를 선택하여 보여준다. 선택 공리를 다르게 활용한 사례는 연습문제와 일반 위상수학, 추상 대수학, 함수 해석을 다루는 대부분 교과서에서 찾을 수 있다. 예제에 이어 선택 공리의 중요성과 건전성에 대해 논의한다.

예제 2.1 폐포점

통상적인 정의에 따라, 실수의 수열 $\langle x_n \mid n \in \omega\rangle$은 모든 양의 실수 ϵ에 대해, 모든 자연수 $n \geqq n_\epsilon$에 대해 $|x_n - a| < \epsilon$을 만족하는 $n_\epsilon \in N$이 존재할 때 $a \in R$로 **수렴**한다. (이 예제에서, $|x|$은 x의 기수가 아니라 x의 절대값을 나타낸다.)

A가 실수의 집합이라고 하자. 고급 미적분학 교과서는 일반적으로 다음 방법 중 하나 (또는 둘 다)로 A의 폐포점을 특성화한다 :

(a) $a \in R$가 A의 **폐포점**이면 그리고 그때만 a로 수렴하는 A의 값을 갖는 수열

$\langle x_n \mid n \in \omega \rangle$이 존재한다.

(b) $a \in R$가 A의 **폐포점**이면 그리고 그때만 모든 양의 실수 ϵ에 대해 $|x_n - a| < \epsilon$를 만족하는 $x \in A$가 존재한다.

이제 (a) 그리고 (b)가 동치임을 증명해야 한다.

(a) 이면 (b). 주어진 $\epsilon > 0$에 대해, 모든 $n \geqq n_\epsilon$에 대해 $|x_n - a| < \epsilon$를 만족하는 $n_\epsilon \in N$이 존재한다. 특히, $|x_{n_\epsilon} - a| < \epsilon$ 그리고 $X_{n_\epsilon} \in A$이다.

(b) 이면 (a). 일반적인 증명은 다음과 같다 : $X_n = \{x \in A \mid |x-a| < 1/n\}$로 놓는다. (b)에 의해, 모든 $n \in N$에 대해 $X_n \neq \varnothing$이다. $\langle x_n \mid n \in N \rangle$이 모든 $n \in N$에 대해 $x_n \in X_n$인 수열이라고 하자. 그러면 각각의 $x_n \in A$ 그리고 $\langle x_n \mid n \in N \rangle$은 a로 수렴한다. □

그러한 수열 $\langle x_n \mid n \in N \rangle$이 존재한다고 가정해야만 하는 이유가 무엇인지를, 물어야 한다는 점을 간과하기 쉽다. $\mathbf{P}(n,\ y)$가 성립하면 그리고 그때만 (모든 $n \in N$에 대해) $y = x_n$라는 어떤 속성 $\mathbf{P}(x,\ y)$를 제시하지 않았음에 주의하자. 그러한 속성은 특별한 경우로 취급될 수 있다(예를 들어, A가 열린집합– 연습문제 2.1 참조); 그러나, 모든 $A \subseteq R$에 대해 (a)와 (b)가 동치라는 것은 체르멜로– 프렝켈 집합론의 공리만으로는 증명될 수 없다는 것이 알려졌다. 물론, 선택 공리를 전제로 하면, 모든 $n \in N$에 대해 $X_n \neq \varnothing$라는 사실로부터 곧바로 $\prod_{n \in N} X_n \neq \varnothing$임을 알 수 있다.

예제 2.2 함수의 연속성

실 변수 실수값 함수의 연속성에 대한 표준 정의는 다음과 같다 :

(a) $f : R \to R$가 $a \in R$에서 **연속**이면 그리고 그때만 모든 $\epsilon > 0$에 대해 $|x - a| < \delta$인 모든 x에 대해 $|f(x) - f(a)| < \epsilon$를 만족하는 $\delta > 0$가 존재한다.

또한 연속성은 다음 속성을 특징으로 한다 :

(b) $f : R \to R$가 $a \in R$에서 **연속**이면 그리고 그때만 a로 수렴하는 모든 수열 $\langle x_n \mid n \in N \rangle$에 대해, 수열 $\langle f(x_n) \mid n \in N \rangle$은 $f(a)$로 수렴한다.

(a) 이면 (b)는 쉽게 보일 수 있다 : 만일 $\langle x_n \mid n \in N \rangle$이 a로 수렴하고 $\epsilon > 0$이 주어지면 먼저 (a)에 의한 $\delta > 0$를 얻고, $\langle x_n \mid n \in N \rangle$이 수렴하므로, $n \geqq n_\delta$이면 $|x_n - a| < \delta$인 n_δ가 존재한다. 따라서 그러한 모든 n에 대해 명백하게 $|f(x_n) - f(a)| < \epsilon$이다.

선택 공리를 전제로 하면, 또한 (b) 이면 (a) 이고, 따라서 (a) 그리고 (b)는 연속성에 대한 두 가지 동치인 정의이다. 만일 (a)가 성립하지 않는다면, 모든 $\delta > 0$에 대해 $|x-a| < \delta$ 이지만 $|f(x) - f(a)| \geqq \epsilon$인 어떤 x가 존재하는 $\epsilon > 0$이 존재한다. 특히, 각각의 $k = 1, 2, 3, \ldots$에 대해, $|x_k - a| < 1/k$ 그리고 $|f(x_k) - f(a)| \geqq \epsilon$인 어떤 x_k를 선택할 수 있다. 그러면 수열$\langle x_k \mid k \in N \rangle$은 a로 수렴하지만, 수열 $\langle f(x_k) \mid k \in N \rangle$는 $f(a)$로 수렴하지 않고 따라서 (b) 역시 성립하지 않는다.

사례 2.1처럼, (a)와 (b)가 동치라는 것은 체르멜로–프렝켈 집합론의 공리만으로는 증명될 수 없다는 것이 알려졌다.

예제 2.3 벡터공간의 기저

어떤 체에 대한 벡터공간의 기본 개념에 익숙하다고 가정하겠다(예 : 실수는 대표적인 체이다). 벡터공간의 정의와 기본 대수적 속성은 선형대수학에 관한 모든 교과서에 잘 나타나 있다.

주어진 필드에서 0이 아닌 계수 $\alpha_1, \ldots, \alpha_n$를 갖는 A의 원소 $v_1, \ldots, v_n$의 유한 일차결합 $\alpha_1 v_1 + \cdots + \alpha_n v_n$이 영벡터가 아닐 때 벡터 집합 A는 **일차독립**이다. 벡터공간 V의 기저는 V의(포함 순으로 정렬한) 최대 일차독립 부분집합이다. 벡터공간에 대한 기본적인 사실 중 하나는 다음과 같다.

정리 2.4*

모든 벡터공간은 기저를 갖는다.

증명

이 정리는 조른의 보조정리를 바로 적용한 것이다. 만일 C가 주어진 벡터공간의 독립인 부분집합의 $\subset$–사슬이면, C의 합집합 또한 독립인 집합이다. 결과로, 극대 독립집합이 존재한다. [더 자세하게는, 다음 사례와 같은 특별한 경우 참조.] □

이 정리는 선택 공리를 사용하지 않고, 체르멜로–프렝켈 집합론의 공리만으로는 증명될 수 없다.

예제 2.5 하멜Hamel 기저

유리수 필드에 대한 벡터공간으로써 모든 실수 집합을 고려해 보자. 정리 2.4에 따라 이 벡터공간은 R에 대한 **하멜 기저**라고 불리는 기저를 갖는다.

서로 다른 어떤 $x_1, \ldots, x_n \in X$와 어떤 0이 아닌 유리수 $r_1, \ldots, r_n$에 대해 모든 $x \in R$가 다음처럼 유일하게 표현될 수 있을 때 집합 $X \subseteq R$는 R에 대한 하멜 기저이다.

$$x = r_1 \cdot x_1 + \cdots + r_n \cdot x_n$$

다음으로 마지막에 언급된 속성을 가진 집합이 존재함을 자세하게 논증하겠다.

최소한 하나 이상이 0이 아닌 계수 $r_1, \ldots, r_n$에 대해 다음을 만족하는 서로 다른 $x_1, \ldots, x_n \in X$ 그리고 $r_1, \ldots, r_n \in Q$이 존재할 때 실수의 집합 X를 **종속**이라고 부른다. 종속이 아닌 집합은 **독립**이다.

$$r_1 \cdot x_1 + \cdots + r_n \cdot x_n = 0$$

A가 모든 독립인 실수 집합의 시스템이라고 하자. 조른의 보조정리를 사용해서 A가 $\subseteq$로 정렬할 때의 극대원소를 가짐을 보인다; 그런 다음 모든 $\subseteq -$극대 독립 집합이 하멜 기저라는 것을 보임으로써 논증이 완성된다.

조른의 보조정리의 가정을 입증하기 위해, $\subseteq$에 의한 선형 순서 집합 $A_0 \subseteq A$에 대해 고려해 보자. $X_0 = \bigcup A_0$로 놓는다; 만일 $X_0 \in A$이면 즉, X_0가 독립이면 X_0는 $(A, \subseteq)$에서 A_0의 상계이다. 그런데 이것은 참이다 : $r_1 \cdot x_1 + \cdots + r_n \cdot x_n = 0$을 만족하는 $x_1, \ldots, x_n \in X_0$ 그리고 $r_1, \ldots, r_n \in Q$가 존재하고, 모두가 0은 아니라고 가정해 보자. 그러면 $x_1 \in X_1, \ldots, x_n \in X_n$을 만족하는 $X_1, \ldots, X_n \in A_0$가 존재할 것이다. A_0가 $\subseteq$으로 선형 정렬되었으므로, A_0의 유한 부분집합 $\{X_1, \ldots, X_n\}$은 $\subseteq -$최대원소, 예를 들어, X_i를 갖는다. 그러나 그렇다면 $x_1, \ldots, x_n \in X_i$이고, 결국 X_i는 독립이 아니다.

조른의 보조정리에 의해서, $(A, \subseteq)$는 극대원소 X를 갖는다. 이제 X가 하멜 기저임을 보이는 일이 남았다.

$x \in R$가 어떤 $r_1, \ldots, r_n \in Q$ 그리고 $x_1, \ldots, x_n \in X_0$에 대해 $r_1 \cdot x_1 + \cdots + r_n \cdot x_n$로 나타낼 수 없다고 가정하자. 그러면 $x \notin X$이므로(아니면 $x = 1 \cdot x$), 따라서 $X \cup \{x\} \supset X_i$이고, $X \cup \{x\}$는 종속이다(X가 극대 종속 집합임을 기억하라). 따라서 $s_1 \cdot x_1 + \cdots + s_n \cdot x_n = 0$을 만족하는 모두는 0이 아닌 $x_1, \ldots, x_n \in X \cup \{x\}$ 그리고 $s_1, \ldots, s_n \in Q$가 존재한다. X가 독립이므로 $x \in \{x_1, \ldots, x_n\}$이다; 예를 들어 $x = x_i$로 놓고, 대응하는 계수를 $s_i \neq 0$로 놓는다. 그런데 그렇다면

$$x = x_i = \left(-\frac{s_1}{s_i}\right) \cdot x_1 + \cdots + \left(-\frac{s_1}{s_{i-1}}\right) \cdot x_{i-1} + \cdots + \left(-\frac{s_{1+1}}{s_i}\right) \cdot x_{i+1} + \cdots + \left(-\frac{s_n}{s_i}\right) \cdot x_n,$$

여기서 $x_1, \ldots, x_{i-1}, x_{i+1}, \ldots, x_n \in X$ 이고 계수는 유리수이다. 이것은 x에 대한 가정에 모순이다.

이제 만일 어떤 $x \in R$를 두 가지 방법으로 나타낼 수 있다고 가정하자 : $x = r_1 \cdot x_1 + \cdots + r_n \cdot x_n = s_1 \cdot y_1 + \cdots + s_k \cdot y_k$, 여기서 $x_1, \ldots, x_n, y_1, \ldots, y_k \in X$, $r_1, \ldots, r_n, s_1, \ldots, s_k \in Q - \{0\}$. 그러면

(2.6) $$r_1 \cdot x_1 + \cdots + r_n \cdot x_n - s_1 \cdot y_1 - \cdots - s_k \cdot y_k = 0.$$

만일 $\{x_1, \ldots, x_n\} \neq \{y_1, \ldots, y_n\}$(예를 들어, $x_1 \notin \{y_1, \ldots, y_n\}$)이면, (2.6)은 적어도 하나의 0이 아닌 계수(예를 들어, r_1)를 갖는 X의 서로 다른 원소의 결합으로 나타낼 수 있고, X의 독립성과 모순이다. 결국 색인 $1, 2, \ldots, n$ 사이의 어떤 일대일 함수 $\langle i_1, \ldots, i_n \rangle$에 대해 $n = k$ 그리고 $x_1 = y_{i_1}, \ldots, x_n = y_{i_n}$이라고 결론 내릴 수 있다. 그러므로 (2.6)을 $(r_1 - s_{i_1}) \cdot x_1 + \cdots + (r_n - s_{i_n}) \cdot x_n = 0$의 형태로 나타낼 수 있다. 마지막으로 $x_1, \ldots, x_n$이 X의 서로 다른 원소이므로, $r_1 - s_{i_1} = 0, \ldots, r_n - s_{i_n} = 0$, 즉, $r_1 = s_{i_1}, \ldots, r_n = s_{i_n}$이라고 결론 내린다.

이러한 논증은 각 $x \in R$를 원하는 형식으로 유일하게 표현할 수 있음을 의미하며, 따라서 X가 하멜 기저임을 보여준다.

하멜 기저의 존재는 체르멜로–프렝켈 집합론의 공리만으로는 증명될 수 없다; 선택 공리를 사용해야 한다.

예제 2.7 가법 함수

$f : R \to R$가 모든 $x, y \in R$에 대해 $f(x+y) = f(x) + f(y)$를 만족할 때 **가법 additive** 함수라고 부른다. 한 예로 모든 $x \in R$ 그리고 상수 $a \in R$에 대해 $f_a(x) = a \cdot x$로 정의하면 f_a는 가법 함수이다.

쉬운 계산으로 모든 가법 함수가 어떤 $a \in R$에 대한 f_a와 매우 비슷하는 것을 알 수 있다. 더 정확하게, f가 가법이고, $f(1) = a$로 놓자. 그러면 다음을 얻을 수 있고

$$f(2) = f(1) + f(1) = a \cdot 2,\ f(3) = f(2) + f(1) = a \cdot 3,$$

귀납으로, 모든 $b \in N - \{0\}$에 대해 $f(b) = a \cdot b$이다. $f(0) + f(0) = f(0+0) = f(0)$이므로, $f(0) = 0$을 얻는다. 다음으로, $f(-b) + f(b) = f(0) = 0$이므로, 모든 $b \in N$에 대해 $f(-b) = -f(b) = a \cdot (-b)$이다. $f(1/n)$을 계산하는 경우, 다음에 주목하면

$$a = f(1) = f(1/n) + \cdots + f(1/n) = n \cdot f(1/n);$$

결과적으로, $f(1/n) = a \cdot 1/n$이다. 이러한 논의에 따르면 모든 유리수 x에 대해 $f(x) = a \cdot x$임을 쉽게 증명할 수 있다. 모든 실수 x에 대해 $f(x) = a \cdot x$가 성립함을

자연스럽게 추측할 수 있다; 다시말해서, 모든 가법 함수는 어떤 $a \in R$에 대한 f_a의 형태라는 것이다. 이러한 추측이 체르멜로–프렝켈 집합론으로는 반증될 수 없지만, 선택 공리를 전제로 하면 거짓임이 밝혀졌다. 다음 정리를 증명한다.

정리 2.8*

모든 $a \in R$에 대해 $f \neq f_a$인 가법 함수 $f :\to R$이 존재한다.

증명

X가 R에 대한 하멜 기저라고 하자. 상수 $\overline{x} \in X$를 택한 후, 다음처럼 정의한다.

$$f(x) = \begin{cases} r_i & x = r_1 \cdot x_1 + \cdots + r_i \cdot x_i + \cdots + r_n \cdot x_n,\ x_i = \overline{x_i}, \\ 0 & \text{그외.} \end{cases}$$

f가 가법임은 쉽게 확인 할 수 있다. 또한 $0 \notin X$ 그리고 X는 무한(실제로, $|X| = 2^{\aleph_0}$)이다. ($\overline{x}$를 기저로 표현하면 $\overline{x} = 1 \cdot \overline{x}$이므로) $f(\overline{x}) = 1$이고, 반면에($\overline{x}$는 $\overline{\overline{x}}$의 기저 표현 $\overline{\overline{x}} = 1 \cdot \overline{\overline{x}}$에 나타나지 않으므로) 임의의 $\overline{\overline{x}} \in X$, $\overline{\overline{x}} \neq \overline{x}$에 대해 $f(\overline{\overline{x}}) = 0$이다. 만일 어떤 $a \in R$에 대해 $f = f_a$라고 하면, $f(\overline{x}) = 1 = a \cdot \overline{x}$이고, 결국 $a \neq 0$이며, 반면에 $f(\overline{\overline{x}}) = 0 = a \cdot \overline{\overline{x}}$이면, $a = 0$이다. □

예제 2.9 한–바나흐Hahn–Banach 정리

실수 집합 R 위의 벡터공간 V에서 정의된 실수값 함수 f가 다음을 만족할 때 V 위의 **일차 범함수linear functional**라고 부른다.

$$f(\alpha \cdot u + \beta \cdot v) = \alpha \cdot f(u) + \beta \cdot f(v)$$

가 모든 $u,\ v \in V$ 그리고 $\alpha,\ \beta \in R$에 대해 성립.

벡터공간 V에서 정의된 실수값 함수 p가 다음을 만족할 때 **일차이하sublinear 범함수**라고 부른다.

$$p(u + v) \leq p(u) + p(v),\ \text{모든}\ u,\ v \in V$$

그리고

$$p(\alpha \cdot u) = \alpha \cdot p(u),\ \text{모든}\ u \in V\ \text{그리고}\ \alpha \geq 0.$$

한스 한Hans Hahn과 **스테판 바나흐Stefan Banach**가 제시한 다음 정리는 함수해석학의 초석 중 하나이다.

정리 2.10*

p가 벡터공간 V의 일차이하 범함수이고, f_o가 모든 $v \in V_0$에 대해 $f_0(v) \leq p(v)$를 만족하는 V의 부분공간 V_0에서 정의된 일차 범함수라고 하자. 그러면 모든 $v \in V$에 대해 $f \supseteq f_0$ 그리고 $f(v) \leq p(v)$를 만족하는 V에서 정의된 일차 범함수 f가 존재한다.

증명

F를 V의 어떤 부분공간 W에서 정의된 모든 일차 범함수 g의 집합이고 다음이 성립한다고 하자.

$$f_0 \subseteq g \text{ 그리고 } g(v) \leqq p(v), \text{ 모든 } v \in W.$$

우리가 찾는 일차 범함수는 사실 $(F, \subseteq)$의 극대원소이다. 조른의 보조정리의 가정을 입증하기 위해, $\subseteq$으로 순서 정렬된 공집합이 아닌 $F_0 \subseteq F$에 대해 고려해 보자. 만일 $g_0 = \bigcup F_0$이면, $g_0 \in F$인 경우 g_0는 F_0 위의 $\subseteq$ −상계이다. 명백하게, g_0는 실수값을 갖는 함수이고 $g_0 \supseteq f_0$이다. $\subseteq$으로 순서 정렬된 V의 부분공간의 합집합은 V의 부분공간이고, $\text{dom}g_0 = \bigcup_{g \in f_0} \text{dom}g$ 역시 V의 부분공간이다. g_0가 일차임을 보이기 위해 $u, v \in \text{dom}g_0$ 그리고 $\alpha, \beta \in R$임을 고려하자. 그러면 $u \in \text{dom}g$ 그리고 $v \in \text{dom}g'$인 $g, g' \in F_0$가 존재한다. F_0가 $\subseteq$으로 순서 정렬되었으므로, $g \subseteq g'$ 또는 $g' \subseteq g$이다. 첫 번째 경우. $u, v, \alpha \cdot u + \beta \cdot v \in \text{dom}g'$ 그리고 $g_0(\alpha \cdot u + \beta \cdot v) = g'(\alpha \cdot u + \beta \cdot v) = \alpha \cdot g'(u) + \beta \cdot g'(v) = \alpha \cdot g_0(u) + \beta \cdot g_0(v)$; 두 번째 경우도 마찬가지다. 마지막으로, $u \in \text{dom}g$인 임의의 $u \in \text{dom}g_0$ 그리고 $g \in F_0$에 대해 $g_0(u) = g(u) \leqq p(u)$이다. 이것으로 $g_0 \in F$임이 확인되었다.

조른의 보조정리에 의해, $(F, \subseteq)$는 극대원소 f를 갖는다.$\text{dom}f = V$를 보이는 일이 남았다. $\text{dom}f \subset V$이면 f가 극대가 아님을 보인다. $u \in V - \text{dom}f$로 정한다; W가 $\text{dom}f$ 그리고 u로 생성된 V의 부분공간이라고 하자. 모든 $w \in W$를 어떤 $x \in \text{dom}f$ 그리고 $\alpha \in R$에 대해 $w = x + \alpha \cdot u$로 나타낼 수 있으므로, 다음처럼 정의된 함수 f_c는

$$f_c(w) = f(x) + \alpha \cdot c$$

W 위의 일차 범함수이고 $f_c \supset f$이다. 이제 다음을 만족하는 $c \in R$를 선택할 수 있음을 보이면 증명이 끝난다.

$$\textbf{(2.11)} \qquad f_c(x + a \cdot u) = f(x) + \alpha \cdot c \leqq p((x + a \cdot u))$$

모든 $x \in \text{dom}f$ 그리고 $\alpha \in R$.

f의 속성에 의해 $\alpha = 0$에 대해 (2.11)이 보장됨을 바로 알 수 있다. 따라서 다음 두

조건을 만족하는 c를 선택해야 한다 :

(a) 모든 $\alpha > 0$ 그리고 $x \in \mathrm{dom} f$, $f(x) + \alpha \cdot c \leqq p(x + \alpha \cdot u)$.

(b) 모든 $n > 0$ 그리고 $y \in \mathrm{dom} f$, $f(y) + (-\alpha) \cdot c \leqq p(y + (-\alpha) \cdot u)$.

또는,

$$f(y) - p(y - \alpha \cdot u) \leqq \alpha \cdot c \leqq p(x + a \cdot u) - f(x)$$

그리고

(2.12) $$f(\frac{1}{\alpha} \cdot y) - p(\frac{1}{\alpha} \cdot y - u) \leqq c \leqq p(\frac{1}{\alpha} \cdot x + u) - f(\frac{1}{\alpha} \cdot x)$$

가 모든 $x,\ y \in \mathrm{dom} f$ 그리고 $\alpha > 0$에 대해 성립해야 한다. 그러나, 모든 $v,\ t \in \mathrm{dom} f$에 대해,

$$f(v) + f(t) = f(v + t) \leqq p(v + t) \leqq p(v - u) + p(t + u)$$

이고 따라서

$$f(v) - p(v - u) \leqq p(t + u) - f(t).$$

만일 $A = \sup\{f(v) - p(v - u) \mid u \in \mathrm{dom} f\}$ 그리고 $B = \inf\{p(t + u) - f(t) \mid t \in \mathrm{dom} f\}$이면, $A \leq B$를 얻는다. $A \leq c \leq B$인 c를 선택하면 항등식 (2.12)이 성립한다. □

예제 2.13 측도 문제

해석학자의 중요한 문제 중 하나는 구간의 길이 개념을 보다 복잡한 실수 집합으로 확장하는 것이다. 이상적으로, 다음과 같은 속성을 갖는 $P(R)$ 위에서 정의된, 구간 $[0,\ \infty) \cup \{\infty\}$에 속하는 값을 갖는 함수 μ가 필요하다 :

(0) $\mu([a,\ b]) = b - a$, 어떤 $a,\ b \in R,\ a < b$.

(i) $\mu(\varnothing) = 0,\ \mu(R) = \infty$.

(ii) $\{A_n\}_{n=0}^{\infty}$ 이 서로소인 R의 부분집합의 모임이면,

$$\mu\left(\bigcup_{n=0}^{\infty} A_n\right) = \sum_{n=0}^{\infty} \mu(A_n).$$

(이 속성을 셀 수 있는 **가법성** 또는 μ의 $\boldsymbol{\sigma}-$**가법성**이라고 부른다)

(iii) $a \in R,\ A \subseteq R$, 그리고 $A + a = \{x + a \mid x \in A\}$이면, $\mu(A + a) = \mu(A)$

(μ의 **변환 불변성translation invarience**).

μ의 몇 가지 다른 속성은 (0)–(iii)에서 바로 유도할 수 있다(연습문제 2.3).

(iv) $A \cap B = \varnothing$ 이면 $\mu(A \cup B) = \mu(A) + \mu(B)$ (**유한 가법성**).

(v) $A \subseteq B$ 이면 $\mu(A) \leq \mu(B)$ (**단조성monotonicity**).

그러나 선택 공리에 의하면 앞에서 언급한 속성을 갖는 함수 μ가 존재하지 않는다 :

정리 2.14*

속성 (0)–(v)를 따르는 함수 $\mu : P(R) \to [0,\ \infty) \cup \infty$는 존재하지 않는다.

증명

R 위의 동치관계 $\approx$를 다음처럼 정의한다 :

$$x \approx y\text{이면 그리고 그때만 } x - y\text{는 유리수},$$

그리고 선택 공리를 이용해서 $\approx$에 대한 대표 집합 X를 얻을 수 있다. 그러면 다음이 성립함을 쉽게 알 수 있다.

(2.15) $$R = \bigcup\{X + r \mid r\text{은 유리수}\};$$

게다가, 만일 q 그리고 r이 서로 다른 유리수이면, $X+q$ 그리고 $X+r$은 서로소이다. $\mu(X) > 0$에 주목하자 : $\mu(X) = 0$이면, 모든 $q \in Q$에 대해 $\mu(X+q) = 0$, 그리고

$$\mu(R) = \sum_{q \in Q} \mu(X + q) = 0,$$

이므로 모순이다. 셀 수 있는 가법성에 의해 $\mu(X \cap [a.\ b]) > 0$을 폐구간 $[a.\ b]$가 존재한다. $Y = X \cap [a,\ b]$로 놓자. 그러면

(2.16) $$\bigcup_{q \in Q \cap [0,\ 1]} (Y + q) \subseteq [a,\ b+1]$$

좌변은 각각의 측도가 $\mu(Y+q) = \mu(Y) > 0$인 무한히 많은 서로소 집합 $Y+q$의 합집합이다. 따라서 (2.16)의 좌변은 측도가 ∞이고, $\mu([a,\ b+1]) = b+1-a$라는 사실과 모순이다. □

방금 증명한 정리는 μ에 대한 어떤 요구 조건을 완화해야 함을 보여준다. 해석학적 목적을 위해 μ가 R의 모든 부분집합에 대해 정의된다는 조건을 포기하고, μ의 정의역이 적절한 집합 연산에 대해 닫히도록 하는 것이 가장 효과적이다.

정의 2.17

S가 공집합이 아니라고 하자. 다음을 만족하는 모음 $\mathfrak{S} \subseteq P(S)$를 S의 부분집합의 **$\sigma-$대수**라고 한다.

(a) $\varnothing \in \mathfrak{S}$ 그리고 $S \in \mathfrak{S}$.

(b) $X \in \mathfrak{S}$이면 $S - X \in \mathfrak{S}$.

(c) 모든 n에 대해 $X_n \in \mathfrak{S}$이면 $\bigcup_{n=0}^{\infty} X_n \in \mathfrak{S}$ 그리고 $\bigcap_{n=0}^{\infty} X_n \in \mathfrak{S}$.

정의 2.18

S의 부분집합의 $\sigma-$대수 $\mathfrak{S}$ 위의 **$\sigma-$가법 측도additive measure**는 다음을 만족하는 함수 $\mu : \mathfrak{S} \to [0,\ \infty) \cup \{\infty\}$이다.

(i) $\mu(\varnothing) = 0,\ \mu(S) > 0$.

(ii) $\{X_n\}_{n=0}^{\infty}$ 이 $\mathfrak{S}$의 서로소인 집합의 모임이면

$$\mu\left(\bigcup_{n=0}^{\infty} X_n\right) = \sum_{n=0}^{\infty} \mu(X_n)$$

$\mathfrak{S}$의 원소를 **$\mu-$가측measurable 집합**이라고 부른다.

연습문제에 $\sigma-$대수 그리고 $\sigma-$가법 측도에 몇 가지 간단한 예가 있다. 특히, $P(S)$는 S의 부분집합 중에서 가장 큰 $\sigma-$대수이다; $P(S)$ 위에서 정의된 측도를 **S 위 측도measure**라고 부른다.

이 사례에서 증명한 정리는 이제 다음과 같이 다시 공식화될 수 있다.

따름정리 2.19

μ가 다음을 만족하는 R의 부분집합의 $\sigma-$대수 $\mathfrak{S}$ 위의 $\sigma-$가법 측도라고 하자.

(0) 모든 $a,\ b \in R,\ a < b$에 대해, $[a,\ b] \in \mathfrak{S}$이고 $\mu([a,\ b]) = b - a$이다.

(iii) 모든 $a \in R$에 대해, $A \in \mathfrak{S}$이면 $A + a \in \mathfrak{S}$이고 $\mu(A + a) = \mu(A)$이다.

그러면 $\mu-$가측이 아닌 실수 집합이 존재한다. □

실제 해석학에서는 **르베그Lebesgue 가측 집합**의 특정한 $\sigma-$대수 $\mathscr{M}$과 $\mathscr{M}$ 위의 $\sigma-$가법 측도 μ, **르베그 측도**를 구성하여 보조정리의 속성 (0)과 (iii)을 충족시킨다. 따라서 르베그 비가

측 집합의 존재는 선택 공리의 결과다. 로버트 솔로베이Robert Solovay는 이 결과를 증명하기 위해 선택 공리가 필요하다는 것을 보여주었다.

μ의 속성 (0)–(iv)를 약화시키는 다른 방법도 고려되었으며, 집합론의 매우 흥미로운 질문을 끌어냈다. 예를 들어, 조건 (iii) (변환 불변성)을 포기하고 간단하게 모든 $a,\ b \in R,\ a < b$에 대해 $\mu([a,\ b]) = b - a$가 되는 어떤 σ–가법 측도 μ가 존재하는지를 묻는 것이 가능하다. 이 질문은 큰 기수 이론과 깊은 관련이 있으며, 13장에서 다시 이 문제로 돌아간다. 또 다른 흥미로운 가능성은 (ii) (셀 수 있는 가법성)을 포기하고 (iv) (유한 가법성)만 요구하는 것이다. 자명하지 않은 유한 가법 측도가 존재하며(선택 공리 가정) 11장에서 이에 대해 더 자세히 살펴본다.

이제 선택 공리의 다양한 측면에 대한 논의를 다시 시작하겠다. 우선, 셀 수 있는 집합과 실수 수직선의 위상적 그리고 측도론적 속성에 관한 많은 기본적이고 직관적으로 받아들일 수 있는 결과가 있으며, 그것의 증명은 모두 선택 공리에 의존한다. 사례 2.1과 2.2에서 그중 두 가지 결과를 확인했다. 증명할 수 없음에도 어떻게 고급 미적분학을 연구할 수 있는지 상상하기 어렵지만, 체르멜로–프렝켈 집합론에서는 그것을 증명할 수 없는 것으로 알려져 있다. 이는 확실히 선택 공리에 대해 어느 정도 정당성을 부여한다. 그러나 예제 2.1과 2.2의 증명을 면밀히 살펴보면 매우 제한된 형태의 공리만이 필요하다는 것을 알 수 있다; 실제로, 셀 수 있는 선택 공리만 가정하더라도 모든 결과가 여전히 증명될 수 있다.

셀 수 있는 선택 공리Axiom of Countable Choice

셀 수 있는 모든 집합 시스템에 대한 선택 함수가 존재한다.

셀 수 있는 선택 공리는 직관적으로 정당화될 수도 있겠지만 온전한 선택 공리는 그렇지 않다. 이러한 느낌은 선택 공리가 사례 2.7의 비선형 가법 함수의 존재 또는 사례 2.13의 르베그 비가측 집합의 존재와 같은 직관에 반하는 결과를 가져온다는 사실을 인식함으로써 더욱 강화될 수 있다. 덧붙여서, 이러한 결과 중 어느 것도 셀 수 있는 선택 공리에서는 나오지 않는다.

선택 공리가 보편적으로 받아들여지는 이유를 대부분 설명하는 것은 사례 2.9 같은 응용이다. 한–바나흐 정리, 티호노프Tichonov 정리(임의의 콤팩트 위상 공간 시스템의 위상 곱은 콤팩트이다.) 그리고 극대 아이디얼 정리(환의 모든 아이디얼은 극대 아이디얼로 확장될 수 있다.)는 거의 완전한 강도의 선택 공리를 요구하는 증명을 가진 포괄적 일반 정리의 몇 가지 예일 뿐이다; 그들 중 일부는 공리 자체와 동치이다. 실수, 복소수 및 함수와 같이 더 직접적인 수학적 관심 대상에 적용하기 위해 그러한 일반적인 결과가 필요하지 않다는 것이 사실이지만 선택 공리의 대체할 수 없는 역할은 일반적인 위상적 및 대수적 고려 사항을 단순화하여 불필요한 집합론적 세부 사항의 수렁에 빠지는 걸 막는 것이다. 이러한 실용적인 이유로 선택 공리가 항상 집합론에서 그 자리를 유지할 것으로 기대한다.

연습문제

2.1 선택 공리를 사용하지 말고, A가 열린집합이면 두 가지 폐포점 정의가 동치임을 증명하라. [힌트 : X_n이 열린집합이고, 따라서 $X_n \cap Q \neq 0$이고, Q는 순서-정렬될 수 있다.]

2.2 모든 연속인 가법 함수 f가 어떤 $a \in R$에 대한 f_a와 동치임을 증명하라.

2.3 μ가 속성 (0)–(ii)를 만족한다고 가정한다. 속성 (iv) 그리고 (v)를 증명하라. 또한 다음을 증명하라.

(vi) $\mu(A \cup B) = \mu(A) + \mu(B) - \mu(A \cap B)$.

(vii) $\mu\left(\bigcup_{n=0}^{\infty} A_n\right) \leqq \sum_{n=0}^{\infty} \mu(A_n)$.

*2.4 $\mathfrak{S} = \{X \subseteq S \mid |X| \leqq \aleph_0$ 또는 $|S - X| \leq \aleph_0\}$라고 하자. $\mathfrak{S}$가 $\sigma-$대수임을 증명하라.

2.5 $\mathfrak{C}$가 S의 부분집합의 임의의 모임이라고 하자. $\mathfrak{S} = \bigcap\{\mathfrak{T} \mid \mathfrak{C} \subseteq \mathfrak{T}$ 그리고 $\mathfrak{T}$는 S의 부분집합의 $\sigma-$대수$\}$. $\mathfrak{S}$가 $\sigma-$대수임을 증명하라(이것을 $\mathfrak{C}$로 **생성된 $\boldsymbol{\sigma}-$대수**라고 부른다).

2.6 $a \in S$로 정하고 $P(S)$ 위에서 μ를 다음처럼 정의한다 : $a \in A$이면 $\mu(A) = 1$, $a \notin A$이면 $\mu(A) = 0$. μ가 S 위의 $\sigma-$가법 측도임을 보여라.

2.7 $A \subseteq S$에 대해 $A = \varnothing$이면 $\mu(A) = 0$, 아니면 $\mu(A) = \infty$라고 하자. μ가 S 위 $\sigma-$가법 측도임을 보여라.

2.8 $A \subseteq S$에 대해 A가 유한이면 $\mu(A) = |A|$, A가 무한이면 $\mu(A) = \infty$라고 하자. μ는 S 위 $\sigma-$가법 측도이다; 이것을 S 위의 **셈측도counting measure**라고 부른다.

제 9 장

기수의 산술

1. 기수의 무한 합과 곱

5장에서 기수에 대한 산술 연산을 다루었다. 그러한 연산을 일반화하고 무한히 많은 기수의 합과 곱을 정의하는 것이 합리적이다. 예를 들어, 자연스럽게 다음을 예상할 수 있다.

$$\underbrace{1+1+\cdots}_{\aleph_0\text{ 번}} = \aleph_0$$

또는, 더 일반적으로,

$$\underbrace{\kappa+\kappa+\cdots}_{\lambda_0\text{ 번}} = \kappa\cdot\lambda$$

두 기수 κ_1과 κ_2의 합은 $A_1 \cup A_2$의 기수로 정의되었는데, 여기서 A_1과 A_2는 서로소이고 $|A_1| = \kappa_1$ 그리고 $|A_2| = \kappa_2$이다. 따라서 합의 개념을 다음과 같이 일반화한다.

정의 1.1

$\langle A_i \mid i \in I\rangle$가 서로소인 집합 시스템이고, 모든 $i \in I$에 대해 $|A_i| = \kappa_i$라고 하자. $\langle \kappa_i \mid i \in I\rangle$의 합을 다음처럼 정의한다.

$$\sum_{i\in I}\kappa_i = \left|\bigcup_{i\in I} A_i\right|.$$

$\displaystyle\sum_{i\in I}\kappa_i$를 정의하는데 $A_i(i \in I)$라는 특별한 집합을 사용한다. 유한인 경우 $I = \{1,\ 2\}$이고 $\kappa_1 + \kappa_2 = |A_1 \cup A_2|$일 때, A_1 그리고 A_2를 어떻게 선택하느냐와 무관함을 보였다. 그리고

A'_1, A'_2가 $|A'_1| = \kappa_1$, $|A'_2| = \kappa_2$인 또 다른 서로소인 집합이면 $|A'_1 \cup A'_2| = |A_1 \cup A_2|$임도 보였다.

일반적으로 무한 합에 대한 대응하는 보조정리를 증명하려면 선택 공리가 필요하다. 선택 공리가 없으면 다음과 같은 가능성이 있다 : 각각의 A_n 그리고 각각의 A'_n이 두 원소를 갖지만 $\bigcup_{n=0}^{\infty} = A_n$이 $\bigcup_{n=0}^{\infty} = A'_n$과 대등하지 않은 서로소인 두 시스템 $\langle A_n \mid n \in N \rangle$, $\langle A'_n \mid n \in N \rangle$이 존재할 수 있다.

이러한 이유와 많은 다른 고려 사항이 선택 공리에 크게 의존하기 때문에 이제부터는 매번 명시적으로 말하지 않고 선택 공리를 사용한다.

보조정리 1.2

$\langle A_i \mid i \in I \rangle$ 그리고 $\langle A'_i \mid i \in I \rangle$가 모든 $i \in I$에 대해 $|A_i| = |A'_i|$인 서로소인 집합의 시스템이면, $|\bigcup_{i \in I} A_i| = |\bigcup_{i \in I} A'_i|$이다.

증명

각각의 $i \in I$에 대해, A_i에서 A'_i로의 일대일 대응 함수 f_i를 선택한다. 그러면 $f = \bigcup_{i \in I} f_i$는 $\bigcup_{i \in I} A_i$에서 $\bigcup_{i \in I} A'_i$로의 일대일 대응 함수이다. □

이 보조정리는 $\sum_{i \in I} \kappa_i$의 정리를 합당한 것으로 만든다. 무한 합집합이 결합법칙을 만족하므로 (2장 연습문제 3.10), 기수의 무한 합 역시 결합법칙을 따른다(연습문제 1.1 참조). 연산 $\sum$는 다음 같은 합리적인 속성을 갖는다 : 모든 $i \in I$에 대해 $\kappa_i \le \lambda_i$이면, $\sum_{i \in I} \kappa_i \le \sum_{i \in I} \lambda_i$이다 (연습문제 1.2). 하지만, 모든 $i \in I$에 대해 $\sum_i \kappa_i \le \sum_i \lambda_i$를 만족할 필요는 없다(연습문제 1.3).

더해지는 인자가 모두 같다면 유한인 경우처럼 다음이 성립한다 :

모든 $i \in \lambda$에 대해, $\kappa_i = \kappa$이면

$$\sum_{i \in \lambda} \kappa_i = \underbrace{\kappa + \kappa + \cdots}_{\lambda\text{번}} = \kappa \cdot \lambda.$$

(증명하라! 연습문제 1.4 참조.)

무한 합을 계산하는 일은 그렇게 어렵지 않다. 예를 들어, 다음을 생각해 보자.

$$\sum_{n \in N} n = 1 + 2 + 3 + \cdots + n + \cdots (n \in N).$$

이 합계가 $\aleph_0$이라는 것을 쉽게 알 수 있다. 사실, 이것은 일반정리에서 도출된다.

정리 1.3

A의 기수가 무한이고, $\kappa_\alpha (\alpha < \lambda)$가 0이 아닌 기수이며, $\kappa = \sup\{\kappa_\alpha \mid 0 < \lambda\}$라고 하자. 그러면

$$\sum_{\alpha<\lambda} \kappa_\alpha = \lambda \cdot \kappa = \lambda \cdot \sup\{\kappa_\alpha \mid \alpha < \lambda\}.$$

증명

한편으로, 각각의 $\alpha < \lambda$에 대해 $\kappa_\alpha \leqq \kappa$이고, 따라서 $\sum_{\alpha<\lambda} \kappa_\alpha \leq \sum_{\alpha<\lambda} \kappa = \kappa \cdot \lambda$. 다른 한편으로, $\lambda = \sum_{\alpha<\lambda} 1 \leq \sum_{\alpha<\lambda} \kappa_\alpha$에 주목하자. 또한 $\kappa \leqq \sum_{\alpha<\lambda} \kappa_\alpha$이다 : 합 $\sum_{\alpha<\lambda} \kappa_\alpha$는 κ_α들의 상계이고 κ는 최소상계이다. 이제 κ 그리고 λ 모두 $\leqq \sum_{\alpha<\lambda} \kappa_\alpha$이므로, 둘보다 큰 $\kappa \cdot \lambda$ 또한 $\leqq \sum_{\alpha<\lambda} \kappa_\alpha$이다. 정리 1.3의 결론은 이제 칸토어–베른슈타인 정리의 결과이다. □

따름정리 1.4

$\kappa_i (i \in I)$가 기수이고, $|I| = \sup\{\kappa_i, \ |i \in I\}$이면,

$$\sum_{i \in I} \kappa_i = \sup_{i \in I} \kappa_i.$$

(특히, 모든 κ_i들이 서로 다르면 가정이 성립한다.)

두 개의 기수 κ_1 그리고 κ_2의 곱은 데카르트 곱 $A_1 \times A_2$의 기수로 정의되었으며, 여기서 A_1 그리고 A_2는 $|A_i| = \kappa_1$ 그리고 $|A_2| = \kappa_2$인 임의의 집합이다. 이것은 다음과 같이 일반화된다.

정의 1.5

$\langle A_i \mid i \in I \rangle$를 $i \in I$에 대해 $|A_i| = \kappa_i$인 집합 시스템이라 하자. $\langle \kappa_i \mid i \in I \rangle$의 곱을 다음처럼 정의한다.

$$\prod_{i \in I} \kappa_i = \left| \prod_{i \in I} A_i \right|.$$

기수 곱(좌변)에 대해 색인이 있는 모임 $\langle \kappa_i \mid i \in I \rangle$의 데카르트 곱과 동일한 기호를 사용한다. 기호 $\prod$가 어떤 의미를 갖는지 문맥 속에서 항상 명확하다.

다시, $\prod_{i\in I}\kappa_i$의 정의는 특별한 집합 A_i에 실제로 종속되지 않는다.

보조정리 1.6

$\langle A_i \mid i \in I\rangle$ 그리고 $\langle A_i' \mid i \in I\rangle$가 모든 $i \in I$에 대해 $|A_i| = |A_i'|$이면, $|\prod_{i\in I} A_i| = |\prod_{i\in I} A_i'|$이다.

증명

각각의 $i \in I$에 대해, A_i에서 A_i'로의 일대일 대응 함수 f_i를 선택한다. f를 $\prod_{i\in I} A_i$ 위에서 다음처럼 정의된 함수라고 하자 : $x = \langle x_i \mid i \in I\rangle \in \prod_{i\in I} A_i$이면. $f(x) = \langle f_i(x_i) \mid i \in I\rangle$로 놓는다. 그러면 f는 $\prod_{i\in I} A_i$에서 $\prod_{i\in I} A_i'$로의 일대일 대응 함수이다. □

무한 곱은 자연수 유한 곱의 많은 속성을 같게 가지고 있다. 예를 들어, 만일 최소한 하나의 κ_i가 0이면 $\prod_{i\in I}\kappa_i = 0$이다. 또한 곱은 결합법칙을 따른다(연습문제 1.7); 또 다른 간단한 속성으로 만일 모든 $i \in I$에 대해 $\kappa_i \leqq \lambda_i$이면, $\sum_{i\in I}\kappa_i \le \sum_{i\in I}\lambda_i$이다(연습문제 1.8). 모든 곱 인자 κ_i가κ이면, 유한인 경우처럼, 다음과 같다.

$$\prod_{i\in\lambda}\kappa_i = \underbrace{\kappa\cdot\kappa\cdot\cdots}_{\lambda\text{번}} = \kappa^{\lambda}.$$

(증명하라! 연습문제 1.10 참조.) 지수를 포함하는 다음 규칙 또한 유한한 경우에서 무한한 경우로 일반화된다(연습문제 1.11 그리고 1.12 참조) :

$$\Big(\prod_{i\in I}\kappa_i\Big)^{\lambda} = \prod_{i\in I}(\kappa_i^{\lambda}),$$

$$\prod_{i\in I}(\kappa_i^{\lambda_i})\kappa^{\sum_{i\in I}\lambda_i}.$$

무한 곱은 무한 합보다 계산하기에 더 어렵다. 어떤 특별한 경우, 예를 들어 기수의 증가 수열 $\langle \kappa_\alpha \mid \alpha < \lambda\rangle$의 곱 $\prod_{\alpha<\lambda}\kappa_\alpha$를 계산할 때, 몇 가지 간단한 규칙을 증명할 수는 있다. 다음과 같은 매우 특별한 경우만 고려한다 :

$$\prod_{n=1}^{\infty} n = 1\cdot 2\cdot 3\cdot\cdots\cdot n\cdot\cdots \quad (n \in N)$$

먼저, 다음에 주목한다.

$$\prod_{n=1}^{\infty} n \leqq \prod_{n=1}^{\infty} \aleph_0 = \aleph_0^{\aleph_0} = 2^{\aleph_0}.$$

역으로, 다음을 얻는다.

$$2^{\aleph_0} = \prod_{n=1}^{\infty} 2 \leq \prod_{n=2}^{\infty} n = \prod_{n=1}^{\infty} n$$

따라서 다음과 같은 결론을 얻는다.

$$1 \cdot 2 \cdot 3 \cdot \cdots \cdot n \cdot \cdots = 2^{\aleph_0}.$$

이제 기수의 산술에서 다양한 부등식을 유도하는 데 사용할 수 있는 중요한 정리를 증명한다.

1.7 쾨니그Konig's 정리

κ_i 그리고 λ_i $(i \in I)$가 기수이고, 모든 $i \in I$에 대해 $\kappa_i < \lambda_i$이면,

$$\sum_{i \in I} \kappa_i < \prod_{i \in I} \lambda_i.$$

증명

먼저, $\sum_{i \in I} \kappa_i < \prod_{i \in I} \lambda_i$을 보인다. $\langle A_i \mid i \in I \rangle$ 그리고 $\langle B_i \mid i \in I \rangle$가 모든 $i \in I$에 대해 $|A_i| = \kappa_i$ 그리고 $|B_i \mid = \lambda_i$이고 A_i들이 서로소라고 하자. 더해서 모든 $i \in I$에 대해 $A_i \subset B_i$로 가정하자. $\bigcup_{i \in I} A_i$에서 $\prod_{i \in I} B_i$.로의 일대일 함수 f를 찾는다.

모든 $i \in I$에 대해 $d_i \in B_i - A_i$를 선택하고, 함수 f를 다음처럼 정의한다 : 각각의 $x \in \bigcup_{i \in I} A_i$에 대해, i_x가 $x \in A_i$인 유일한 $i \in I$라고 하자. $f(x) = \langle a_i \mid i \in I \rangle$로 놓는데, 여기서

$$a_i = \begin{cases} x & i = i_x, \\ d_i & i \neq i_x. \end{cases}$$

만일 $x \neq y$이면, $f(x) = a$ 그리고 $f(y) = b$로 놓고 $a \neq b$임을 보인다. 만일 $i_x = i_y = i$이면, $a_i = x$인 반면 $b_i = y$이다. 만일 $i_x \neq i_y = i$이면, $a_i = d_i \notin A$인 반면 $b_i = y \in A$이다. 어느 경우든, $f(x) \neq f(y)$이고 따라서 f는 일대일이다.

이제 $\sum_i \kappa_i < \prod_i \lambda_i$를 보이자. $B_i(i \in I)$가 모든 $i \in I$에 대해 $|B_i \mid = \lambda_i$라고 하자. 만일 곱 $\prod_i \lambda_i$가 합 $\prod_i \kappa_i$와 같다면, 다음을 만족하는, 데카르트 곱 $\prod_{i \in I} B_i$의 서로소인

부분집합 X_i를 찾을 수 있을 것이다.

$$\text{모든 } i\text{에 대해 } |X_i| = \kappa_i \text{이고 } \bigcup_{i\in I} X_i = \prod_{i\in I} B_i$$

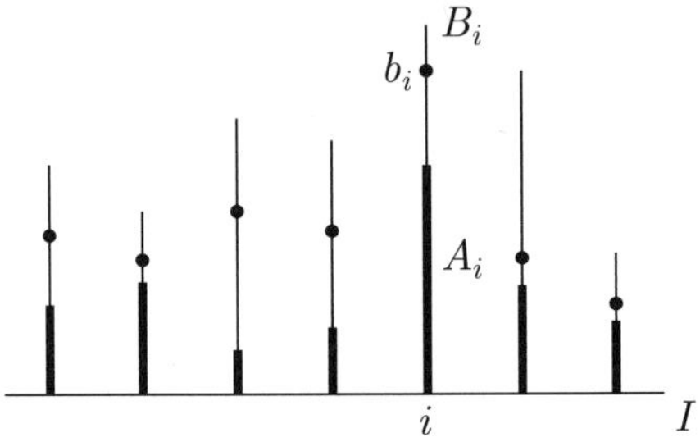

그림 1

이것이 불가능함을 보인다.

각각의 $i \in I$에 대해, 다음으로 놓는다.

(1.8) $$A_i = \{a_i \mid a \in X_i\}(\text{그림 1 참조}).$$

모든 $i \in I$에 대해, $|A_i| \leqq |X_i| = \kappa_i < \lambda_i = |B_i|$이므로 $A_i \subset B_i$를 얻는다. 따라서 $b_i \notin A_i$인 $b_i \in B$가 존재한다. $b = \langle b_i \mid i \in I\rangle$라고 놓자. 이제 b가 어떤 X_i $(i \in I)$의 원소가 아니라는 것을 쉽게 보일 수 있다 : 임의의 $i \in I$에 대해, $b_i \notin A_i$이고, 따라서 (1.8)에 의해 $b_i \notin X_i$이다. 따라서 $\bigcup_{i\in I} X_i$는 전체집합 $\prod_{i\in I} B_i$가 아니고, 모순이다. □

3절에서 쾨니그 정리를 사용한다 : 지금은, 이 정리(그리고 그 증명)가 모든 κ에 대해 $2^\kappa > \kappa$라는 칸토어 정리의 일반화라는 사실만 언급한다.

κ를 무한 합으로 나타내고

$$\kappa = 1 + 1 + \cdots \ (\kappa\text{번})$$

2^κ를 무한 곱으로 나타내면

$$2^\kappa = 2 \cdot 2 \cdot 2 \cdot \cdots \ (\kappa\text{번}).$$

쾨니그 정리를 적용할 수 있고 ($1 < 2$이므로) 다음을 얻는다.

$$\kappa = \sum_{i\in\kappa} 1 < \prod_{i\in\kappa} 2 = 2^\kappa$$

연습문제

1.1 $J_i\ (i \in I)$가 서로소인 집합이고 $J = \bigcup_{i \in I} J_i$이며 $\kappa_j\ (j \in J)$가 기수이면

$$\sum_{i \in I}(\sum_{j \in J_i} \kappa_j) = \sum_{j \in J} \kappa_j.$$

($\sum$의 결합성)

1.2 모든 $i \in I$에 대해 $\kappa_i \leqq \lambda_i$이면

$$\sum_{i \in I} \kappa_i \leqq \sum_{i \in I} \lambda_i.$$

1.3 모든 n에 대해 $\kappa_n \leqq \lambda_n$이지만 $\sum_{n \notin 0}^{\infty} \kappa_n = \sum_{n=0}^{\infty} \lambda_n$은 아닌 어떤 기수 $\kappa_n,\ \lambda_n\ (n \in N)$을 찾아라.

1.4 $\kappa + \kappa + \cdots$ (λ번) $= \lambda \cdot \kappa$을 증명하라.

1.5 **분배법칙**을 증명하라 :

$$\lambda \cdot (\sum_{i \in I} \kappa_i) = \sum_{i \in I}(\lambda \cdot \kappa_i)$$

1.6 $|\bigcup_{i \in I} A_i \leqq \sum_{i \in I} |A_i|.$

1.7 $J_i\ (i \in I)$이 서로소인 집합이고 $J = \bigcup_{i \in I} J_i$이며 $\kappa_j\ (j \in J)$가 기수이면

$$\prod_{i \in I}(\prod_{j \in J_i} \kappa_j) = \prod_{j \in J} \kappa_j.$$

($\prod$의 결합성)

1.8 모든 $i \in I$에 대해 $\kappa_i \leqq \lambda_i$이면

$$\prod_{i \in I} \kappa_i \leqq \prod_{i \in I} \lambda_i.$$

1.9 모든 n에 대해 $\kappa_n \leqq \lambda_n$이지만 $\prod_{n \notin 0}^{\infty} \kappa_n = \prod_{n=0}^{\infty} \lambda_n$은 아닌 어떤 기수 $\kappa_n,\ \lambda_n\ (n \in N)$을 찾아라.

1.10 $\kappa \cdot \kappa \cdots$ (λ번) $= \kappa^{\lambda}$를 증명하라.

1.11 식 $(\prod_{i \in I} \kappa_i)^{\lambda} \leqq \prod_{i \in I}(\kappa_i^{\lambda})$을 증명하라.

[힌트 : 특별한 경우 $(\kappa^\mu)^\lambda = (\kappa^\lambda)^\mu$의 증명을 일반화하라. 5장 정리 1.7.]

1.12 다음 식을 증명하라.

$$\prod_{i\in I}(\kappa^{\lambda_i}) = \kappa^{\sum_{i\in I}\lambda_i}$$

[힌트 : 특별한 경우 $\kappa^\lambda \cdot \kappa^\mu = \kappa^{\lambda+\mu}$의 증명을 일반화하라. 5장 정리 1.7(a).]

1.13 모든 $i \in I$에 대해 $1 < \kappa_i \le \lambda_i$이면, 다음이 성립함을 증명하라.

$$\sum_{i\in I}\kappa_i \leqq \prod_{i\in I}\lambda_i$$

1.14 $\prod\limits_{0<\alpha<w_1}\alpha$의 기수를 계산하라. [정답 : $2^{\aleph_1}$.]

1.15 집합론의 공리를 사용해서 보조정리 1.2의 증명에 나오는 함수 f의 존재를 정당화하라.

2. 정칙 기수 그리고 특이 기수

$\langle\alpha_\nu \mid \nu < \vartheta\rangle$가 길이가 ϑ인 순서수의 초한 수열이라고 하자. $\nu < \mu < \vartheta$ 이면 $\alpha_\nu < \alpha_\mu$ 일 때 증가 수열이라고 한다. 만일 ϑ가 극한순서수이고 $\langle\alpha_\nu \mid \nu < \vartheta\rangle$가 순서수의 증가 수열이면 다음처럼 정의하고

$$\alpha = \lim_{\nu\to\vartheta}\alpha_\nu = \sup\{\alpha_\nu \mid \nu < \vartheta\}$$

α를 증가 수열의 극한이라고 부른다.

정의 2.1

길이 ϑ가 κ보다 작은 극한순서수이고, $\kappa = \lim\limits_{\nu\to\vartheta}\alpha_\nu$인 순서수 $\alpha_\nu < \kappa$의 증가 초한 순열 $\langle\alpha_\nu|\nu < \vartheta\rangle$가 존재할 때 무한기수 κ를 **특이singular** 하다고 한다. 특이하지 않은 무한기수를 **정칙regular**이라고 부른다.

부분집합 $X \subseteq \kappa$가 $\sup X < \kappa$이면 **유계**이고, $\sup X = \kappa$이면 **유계가 아니다**.

정리 2.2

κ가 정칙 기수라 하자.

(a) $X \subseteq \kappa$가 $|X| < \kappa$를 만족하면 X는 유계이다. 따라서 κ의 모든 유계가 아닌 부분집합은 기수가 κ이다.

(b) $\lambda > \kappa$이고 $f : \lambda \to \kappa$이면, $f[\lambda]$는 유계이다.

증명

(a) X가 최대원소를 가지면 자명하다. 따라서 X의 순서형을 극한순서수로 가정하고, $\{\alpha_\nu | \nu < \vartheta\}$가 X를 증가하는 순서로 나열한 것이라고 하자. $|\vartheta| = |X| < \kappa$이므로, $\vartheta < \kappa$이고, κ가 정칙 기수이므로, $\sup X = \lim_{\nu \to \vartheta} \alpha_\nu < \kappa$이다.

(b) $|f[\lambda]| \leq \lambda < \kappa$이므로, (a)에 따라 성립한다. □

특이 순서수의 사례는 기수 $\aleph_\omega$이다;

$$\aleph_\omega = \lim_{n \to \omega} \aleph_n,$$

여기서 각각의 n에 대해 $\omega < \aleph_\omega$ 그리고 $\aleph_n < \aleph_\omega$.
마찬가지로, 기수 $\aleph_{\omega+\omega}$, $\aleph_{\omega \cdot \omega}$, $\aleph_{\omega_1}$ 모두 특이 기수이다 :

$$\aleph_{\omega+\omega} = \lim_{n \to \omega} \aleph_{\omega+n},$$

$$\aleph_{\omega \cdot \omega} = \lim_{n \to \omega} \aleph_{\omega \cdot n},$$

$$\aleph_{\omega_1} = \lim_{\alpha \to \omega_1} \aleph_\alpha.$$

반면에, $\aleph_0$는 정칙 기수이다.
다음 보조정리는 특이 기수의 다른 특징을 보여준다.

보조정리 2.3

무한기수 κ가 특이이면 그리고 그때만 κ개보다 작은 기수의 합이다 : $\kappa = \sum_{i \in I} \kappa_i$, 여기서 $|I| < \kappa$ 그리고 모든 $i \in I$에 대해 $\kappa_i < \kappa$.

증명

κ가 특이이면 $\kappa = \lim_{\nu \to \vartheta} \alpha_\nu$인, 여기서 $\vartheta < \kappa$ 그리고 모든 $\nu < \vartheta$에 대해 $\alpha_\nu < \kappa$, 증가초한 수열이 존재한다. 모든 순서수는 모든 작은 순서수의 집합이므로 이를 다음과 같이 다시 표현할 수 있다 :

$$\kappa = \bigcup_{\nu < \vartheta} \alpha_\nu = \bigcup_{\nu \in \vartheta} (\alpha_\nu - \bigcup_{\xi < \nu} \alpha_\xi).$$

만일 $A_\nu = \alpha_\nu - \bigcup_{\xi < \nu} \alpha_\xi$로 놓으면, $\langle A_\nu \mid \nu < \vartheta \rangle$는 κ개보다 작은 기수 $\kappa_\nu = |A_\nu| = |\alpha_\nu - \bigcup_{\xi < \nu} \alpha_\xi| \leqq |\alpha_\nu| < \kappa$ 집합의 수열이고, A_ν들이 서로소이므로, $\kappa = \bigcup_{\nu < \vartheta} \kappa_\nu$이어야 한다. 따라서 보조정리 2.3의 필요조건이 성립한다.

보조정리의 충분조건을 보이기 위해, $\kappa = \bigcup_{\alpha<\lambda} \kappa_\alpha$ 으로 가정하자. 여기서 λ는 κ보다 작은 기수이고, 모든 $\alpha < \lambda$에 대해, κ_α는 κ보다 작은 기수이다. 정리 1.3에 의해, $\kappa = \lambda \cdot \sup_{\alpha<\lambda}\kappa_\alpha$ 이고, $\lambda < \kappa$이므로, 반드시 $\kappa = \sup_{\alpha<\lambda}\kappa_\alpha$ 이다. 따라서 초한 수열 $\langle \kappa_\alpha \mid \alpha < \lambda \rangle$ 의 치역은 최소상계 κ를 갖고, 모든 $\alpha < \lambda$에 대해 $\kappa_\alpha < \kappa$이므로, (초한 귀납에 의해) 증가이고 극한 κ를 갖는 부분수열을 찾을 수 있다. 명백하게, 부분수열의 길이는 극한서수 $\vartheta < \lambda$이고, 더불어 κ는 특이이다. □

무한기수 $\aleph_\alpha$는 색인 α가 바로 뒤 순서수일 때 즉, 어떤 β에 대해 $\aleph_\alpha = \aleph_{\beta+1}$일 때 바로 뒤 기수라고 한다. 만일 $\kappa = \aleph_\beta$이면 $\aleph_{\beta+1}$을 κ의 **바로 뒤successor**라 부르고 κ^+로 나타낸다. 만일 α가 극한순서수이면, $\aleph_\alpha$를 **극한기수**라고 한다. 만일 $\alpha > 0$이 극한순서수이면, $\aleph_\alpha$는 수열 $\langle \aleph_\beta \mid \beta < \alpha \rangle$ 의 극한이다.

정리 2.4

정리 모든 바로 뒤 $\aleph_{\alpha+1}$은 정칙 기수이다.

증명

정칙 기수가 아니면, $\aleph_{\alpha+1}$ 더 작은 개수의 더 작은 기수의 합이어야 한다 :

$$\aleph_{\alpha+1} = \sum_{i\in I} \kappa_i,$$

여기서 $|I| < \aleph_{\alpha+1}$, 그리고 모든 $i \in I$에 대해 $\kappa_i < \aleph_{\alpha+1}$. 그러면 $|I| < \aleph_\alpha$ 그리고 모든 $i \in I$에 대해 $\kappa_i \le \aleph_\alpha$이고, 다음을 얻는다.

$$\aleph_{\alpha+1} = \sum_{i\in I} \kappa_i \leqq \sum_{i\in I} \aleph_\alpha \aleph_\alpha \cdot |I| \le \aleph_\alpha \cdot \aleph_\alpha = \aleph_\alpha$$

이것은 모순이고, 따라서 $\aleph_{\alpha+1}$은 정칙이다. □

정리 2.4에 의해, 모든 특이 기수는 극한기수이다. 이제 극한기수를 살펴보자.

보조정리 2.5

보조정리 임의로 큰 특이 기수가 있다.

증명

$\aleph_\alpha$를 임의의 기수라고 하고, 다음 수열을 고려하자.

$$\aleph_\alpha,\ \aleph_{\alpha+1},\ \aleph_{\alpha+2},\ \ldots,\ \aleph_{\alpha+n},\ \ldots\ (n \in N)$$

그러면

$$\aleph_{\alpha+\omega} = \lim_{n\to\omega} \aleph_{\alpha+n}$$

이고 따라서 $\aleph_{\alpha+\omega}$는 $\aleph_\alpha$보다 큰 특이 기수이다. □

지금까지 본 모든 셀 수 없는 극한기수는 모두 특이였다. 셀 수 없는 정칙 극한기수가 있는지에 대한 의문이 자연스럽게 일어난다. $\aleph_\alpha$가 그러한 기수라고 하자. α가 극한순서수이므로 다음을 얻는다.

$$\aleph_\alpha = \lim_{\beta\to\alpha} \aleph_\beta$$

즉, $\aleph_\alpha$는 길이 α인 증가 수열의 극한이다. $\aleph_\alpha$가 정칙이므로, 반드시 $\alpha \geqq \aleph_\alpha$이고, 또한 $\alpha \leqq \aleph_\alpha$이므로 다음을 얻는다.

$$(*) \quad \alpha = \aleph_\alpha$$

이 속성은 이미 $\aleph_\alpha$가 매우 커야 함을 시사한다.
조건 $(*)$이 강력해 보이지만, 실제로는 보이는 것만큼 강력하지 않다.

보조정리 2.6

$\aleph_\alpha = \alpha$를 만족하는 임의로 큰 특이 기수 $\aleph_\alpha$가 존재한다.

증명

$\aleph_\gamma$가 임의의 기수라고 하자. 다음 수열을 고려한다:

$$\alpha_0 = \omega_\gamma$$
$$\alpha_1 = \omega_{\alpha_0} = \omega_{\omega_\gamma}$$
$$\alpha_2 = \omega_{\alpha_1} = \omega_{\omega_{\omega_\gamma}}$$
$$\cdots$$
$$\alpha_{n+1} = \omega_{\alpha_n}$$
$$\cdots$$

모든 $n \in N$, 그리고 $\alpha = \lim_{n\to\omega} \alpha_n$으로 놓는다. 명백하게 수열 $\langle \aleph_{\alpha_n} \mid n \in N \rangle$은 극한 $\aleph_\alpha$를 갖는다. 그렇다면 다음을 얻는다.

$$\aleph_\alpha = \lim_{n\to\omega} \aleph_{\alpha_n} = \lim_{n\to\omega} \alpha_{n+1} = \alpha$$

$\aleph_\alpha$는 길이 ω인 더 작은 기수 수열의 극한이므로 특이이다. □

극한기수이자 정칙 기수인 셀 수 없는 기수 $\aleph_\alpha$를 **도달불가능inaccessible**이라고 한다. (더 강력한 속성으로 정의된 기수와 구별하기 위해 종종 약하게 도달불가능이라고 한다–3절 참조). 선택 공리를 포함하는 체르멜로–프렝켈 집합론의 공리만을 사용하여 도달불가능한 기수가 존재한다는 것을 증명하는 것은 불가능하다.

정의 2.7

α가 극한순서수이면, α의 **공종도cofinality**, $\mathrm{cf}(\alpha)$는 최소 순서수 ϑ이고, α는 길이 ϑ인 순서수 증가 수열의 극한이다.

($\mathrm{cf}(\alpha)$는 극한순서수이고 $\mathrm{cf}(\alpha) \leqq \alpha$임에 주목하자.) 그러면 만일 $\mathrm{cf}(\omega_\alpha) < \omega_\alpha$이면 $\aleph_\alpha$는 특이이고, 만일 $\mathrm{cf}(\omega_\alpha) = \omega_\alpha$이면 정칙이다.

α가 기수가 아닌 극한순서수라고 하자. 만일 $\kappa = |\alpha|$로 놓으면, κ에서 α로의 일대일 대응이 존재한다, 또는, 다른 말로, $\{\alpha_\nu \mid \nu < \kappa\} = \alpha$인 길이가 κ인 일대일 수열 $\langle \alpha_\nu \mid \nu < \kappa \rangle$이 존재한다. 이제(초월귀납으로) 증가하면서 극한 α를 갖는 어떤 부분수열을 찾을 수 있다. 부분수열의 길이가 기껏해야 κ이고, $\kappa = |\alpha|$는(α가 기수가 아니므로) α보다 작기 때문에, 결론적으로 $\mathrm{cf}(\alpha) < \alpha$이다.

따라서 다음이 증명되었다.

보조정리 2.8

극한순서수 α가 기수가 아니면 $\mathrm{cf}(\alpha) < \alpha$이다. □

따름정리로, 모든 극한순서수 α에 대해, 다음을 얻는다.

$$\mathrm{cf}(\alpha) = \alpha \text{이면 그리고 그때만, } \alpha\text{는 정규 순서수이다.}$$

보조정리 2.9

모든 극한순서수 α에 대해, $\mathrm{cf}(\mathrm{cf}(\alpha)) = \mathrm{cf}(\alpha)$이다.

증명

$\vartheta = \mathrm{cf}(\alpha)$라고 하자. 명백하게, ϑ는 극한순서수이고, $\mathrm{cf}(\vartheta) \leqq \vartheta$이다. $\mathrm{cf}(\vartheta)$가 ϑ보다 작다는 것을 보여야 한다. 만일 $\gamma = \mathrm{cf}(\vartheta) < \vartheta$이면, $\lim_{\xi \to \gamma} \nu_\xi = \vartheta$인 순서수 $\langle \nu_\xi \mid \xi < \gamma \rangle$의 증가 수열이 존재한다. $\vartheta = \mathrm{cf}(\alpha)$이므로, $\lim_{\nu \to \vartheta} \alpha_\nu = \alpha$인 순서수 $\langle \alpha_\nu \mid \nu < \vartheta \rangle$의 증가 수열이 존재한다. 그러면 수열 $\langle \alpha_{\nu_\xi} \mid \xi < \gamma \rangle$의 길이는 γ이고 $\lim_{\xi \to \gamma} \alpha_{\nu_\xi} = \alpha$이다. 그러나 $\gamma < \vartheta$이고, ϑ가 극한이 α인 증가 수열의 최소 길이로 가정했으므로 모순이다. □

따름정리 2.10

모든 극한순서수 α에 대해, $\text{cf}(\alpha)$는 정규 기수이다. □

연습문제

2.1 $\text{cf}(\aleph_\omega) = \text{cf}(\aleph_{\omega+\omega}) = \omega$.

2.2 $\text{cf}(\aleph_{\omega_1}) = \omega_1,\ \text{cf}(\aleph_{\omega_2}) = \omega_2$.

2.3 α가 보조정리 2.6의 증명에서 정의한 기수라고 하자. $\text{cf}(\alpha) = \omega$임을 보여라.

2.4 $\text{cf}(\alpha)$가, 기수가 $|\alpha|$보다 작은 집합 γ개의 합집합이 α가 되는, 최소 γ임을 보여라.

2.5 $\aleph_\alpha(\alpha > 0)$가 극한기수라고 하자. 극한이 $\aleph_\alpha$이고 길이가 $\text{cf}(\aleph_\alpha)$인 알레프의 증가 수열이 존재함을 보여라.

2.6 κ가 극한기수이고, $\lambda < \kappa$가 정규 무한기수라고 하자. $\lim\limits_{\nu \to cf(\kappa)} \alpha_\nu = \kappa$이고 모든 ν에 대해 $\text{cf}(\alpha_\nu) = \lambda$인 기수의 증가 수열 $\langle \alpha_\nu \mid \nu < \text{cf}(\kappa) \rangle$이 존재함을 보여라.

3. 기수의 지수

$\aleph_\alpha + \aleph_\beta = \aleph_{\alpha \cdot \aleph_\beta} =$ "두 개 중 더 큰 것"이라는 사실로부터 기수의 덧셈과 곱셈은 간단하게 알 수 있지만, 기수의 지수 계산은 다소 복잡하다. 여기서는 완전한 규칙을 제공하지는 않고(사실, 어떤 의미에서 κ^λ 계산의 일반적인 문제는 여전히 해결되지 않았다) κ^λ 계산의 기본 속성만 증명한다. 정칙 기수와 특이 기수 사이에는 차이가 있음이 밝혀졌다.

먼저, $2^{\aleph_\alpha}$ 계산을 알아본다. 칸토어 정리에 의해, $2^{\aleph_\alpha} > \aleph_\alpha$이다; 다시 말해서 다음과 같다.

(3.1) $$2^{\aleph_\alpha} \geqq \aleph_{\alpha+1}$$

칸토어 연속체 가설이 $2^{\aleph_\alpha} > \aleph_1$라는 추측임을 상기하자. 이 가설을 일반화한 것이 일반화된 연속체 가설이다 :

$$2^{\aleph_\alpha} = \aleph_{\alpha+1},\ \text{모든 } \alpha.$$

곧 보여주듯이 일반화된 연속체 가설은 기수의 지수 계산을 매우 단순하게 한다; 실제로, κ^λ를 매우 간단한 규칙으로 계산할 수 있다.

일반화된 연속체 가설은 집합론의 공리고 증명도 반박도 할 수 없다. (15장의 이 주제에 대한 논의 참조.)

일반화된 연속체 가설을 가정하지 않고서는 (3.1)과 다음과 같은 자명한 속성 외에는 $2^{\aleph_\alpha}$과 관련해서 달리 증명할 수 있는 게 별로 없다 :

(3.2) $$2^{\aleph_\alpha} \leqq 2^{\aleph_\beta}, \text{ 모든 } \alpha \leq \beta.$$

다음은 쾨니그 정리에 따른 결과이다.

보조정리 3.3

모든 α에 대해 다음이 성립한다.

(3.4) $$\mathrm{cf}(2^{\aleph_\alpha}) > \aleph_\alpha$$

따라서 $2^{\aleph_\alpha}$는 $\mathrm{cf}(2^{\aleph_\omega}) > \aleph_0$이므로 $\aleph_\omega$일 수 없지만, 보조정리가 $2^{\aleph_0}$이 $\aleph_{\omega_1}$일 수 없음을 내포하지는 않는다. 마찬가지로, $2^{\aleph_1}$은 $\aleph_{\omega_1}$일 수도 또는 $\aleph_\omega$이거나 $\aleph_{\omega+\omega}$ 등등일 수 없다.

증명

$\vartheta = (2^{\aleph_\alpha})$이라고 하자; ϑ는 기수이다. 따라서 $2^{\aleph_\alpha}$은 길이 ϑ인 증가 수열의 극한이고, 다음이 성립한다. (자세한 것은 보조정리 2.3의 증명 참조.)

$$2^{\aleph_\alpha} = \sum_{\nu<\vartheta} \kappa_\nu,$$

여기서 각각의 κ_ν는 $2^{\aleph_\alpha}$보다 작은 기수이다. 쾨니그 정리에 따라(여기서 모든 $\nu < \vartheta$에 대해 $\lambda_\nu = 2^{\aleph_\alpha}$로 놓는다.) 다음을 얻는다.

$$\sum_{\nu<\vartheta} \kappa_\nu < \prod_{\nu<\vartheta} 2^{\aleph_\alpha}$$

따라서 $2^{\aleph_\alpha} < (2^{\aleph_\alpha})^\vartheta$이다. 이제 만일 ϑ가 $\aleph_\alpha$보다 작거나 같으면, 다음과 같아야 하고

$$2^{\aleph_\alpha} < (2^{\aleph_\alpha})^\vartheta \leqq (2^{\aleph_\alpha})^{\aleph_\alpha} = 2^{\aleph_\alpha \cdot \aleph_\alpha} = 2^{\aleph_\alpha},$$

이는 모순이다. □

부등식 (3.1), (3.2), 그리고 (3.4)가 기수 $\aleph_\alpha$가 정칙일 때 연산 $2^{\aleph_\alpha}$에 대해 증명할 수 있는 속성 전부이다. 만일 $\aleph_\alpha$가 특이이면, $2^{\aleph_\alpha}$의 속성을 규정하는 다른 다양한 규칙이 존재한다. 그중 하나를 여기서 증명한다(정리 3.5); 11장에서 실버 정리(정리 4.1)를 증명한다 : 만일 $\aleph_\alpha$가 공종도 $\mathrm{cf}(\aleph_\alpha) \geqq \aleph_1$의 특이 기수이고, 모든 $\xi < \alpha$에 대해 $2^{\aleph_\xi} = \aleph_{\xi+1}$이면, $2^{\aleph_\alpha} = \aleph_{\alpha+1}$이다.

정리 3.5

$\aleph_\alpha$가 특이 기수라고 하자. $2^{\aleph_\xi}$의 값이 모든 $\xi < \alpha$에 대해, 예를 들어 $2^{\aleph_\xi} = \aleph_\beta$라고 가정한다. 그러면 $2^{\aleph_\alpha} = \aleph_\beta$이다.

정리는 $\aleph_\beta$가 $\aleph_\alpha$보다 크다는 것을 내포한다. 예를 들어, 만일 모든 $n < \omega$에 대해 $2^{\aleph_n} = \aleph_{\omega+5}$임을 안다면 $2^{\aleph_\alpha} = \aleph_\beta$이다.

증명

$\aleph_\alpha$가 특이이므로, 보조정리 2.3에 의해, 모든 $i \in I$에 대해 $\kappa_i < \aleph_\alpha$인 기수의 모임 $\langle \kappa_i \mid I \in I \rangle$이 존재하고, $|I| = \aleph_\gamma$는 $\aleph_\alpha$ 보다 작은 기수이고 $\aleph_\alpha = \sum_{i \in I} \kappa_i$이다. 가정에 의해, 모든 $i \in I$에 대해 $2^{\kappa_i} = \aleph_\beta$이고, 또한 $2^{\aleph_\gamma} = \aleph_\beta$이므로, 따라서

$$2^{\aleph_\alpha} = 2^{\sum_{i \in I} \kappa_i} = \prod_{i \in I} 2^{\kappa_i} = \prod_{i \in I} \aleph_\beta = \aleph_\beta^{\aleph_\gamma} = (2^{\aleph_\gamma})^{\aleph_\gamma} = 2^{\aleph_\gamma} = \aleph_\beta.$$

□

이제 임의의 무한기수 $\aleph_\alpha$ 그리고 $\aleph_\beta$에 대한 $\aleph_\alpha^{\aleph_\beta}$를 계산하는 문제에 접근해 본다. 먼저, 다음을 확인한다.

보조정리 3.6

만일 $\alpha \leqq \beta$이면, $\aleph_\alpha^{\aleph_\beta} = 2^{\aleph_\beta}$이다.

증명

명백하게, $2^{\aleph_\beta} \leqq \aleph_\alpha^{\aleph_\beta}$이다. 또한 $\aleph_\alpha \leq 2^{\aleph_\alpha}$이고 $\aleph_\beta = \max\{\aleph_\alpha, \aleph_\beta\}$이므로 다음을 얻는다.

$$\aleph_\alpha^{\aleph_\beta} \leqq (2^{\aleph_\alpha})^{\aleph_\beta} = 2^{\aleph_\alpha \cdot \aleph_\beta} = 2^{\aleph_\beta}$$

□

$\alpha > \beta$에 대한 $\aleph_\alpha^{\aleph_\beta}$를 계산할 때 다음이 유용함을 알 수 있다.

보조정리 3.7

$\alpha \geqq \beta$이고 S가 $|X| = \aleph_\beta$인 모든 부분집합 $X \subseteq \omega_\alpha$의 집합이라고 하자. 그러면

$$|S| = \aleph_\alpha^{\aleph_\beta}$$

이다.

증명

먼저 $\aleph_\alpha^{\aleph_\beta} \leqq |S|$ 임을 보인다. S' 이 $|X| = \aleph_\beta$ 인 모든 부분집합 $X \subseteq \omega_\beta \times \omega_\alpha$ 의 집합이라고 하자. $\aleph_\beta \cdot \aleph_\alpha = \aleph_\alpha$ 이므로 $|S'| = |S|$ 이다. 이제 모든 함수 $f : \omega_\beta \to \omega_\alpha$ 가 집합 S' 의 원소이고, 따라서 $\omega_\alpha^{\omega_\beta} \subseteq S'$ 이다. 그러므로, $\aleph_\alpha^{\aleph_\beta} \leqq |S|$ 이다.

역으로. 만일 $X \in S$ 이면, X 를 치역으로 하는 ω_β 위 함수 f 가 존재한다. 각각의 $X \in S$ 에 대해 f 를 하나 뽑아서 $f = F(X)$ 로 놓는다. 명백하게, $X \neq Y$ 이고 $f = F(X)$ 이며 $g = F(Y)$ 이면 $X = \mathrm{ran} f$ 그리고 $Y = \mathrm{ran} g$ 이고, 그러면 $f \neq g$ 이다. 따라서 F 는 S 에서 $\aleph_\alpha^{\aleph_\beta}$ 로의 일대일 함수이고, 그러므로 $|S| \leqq \aleph_\alpha^{\aleph_\beta}$ 이다. □

이제 일반화된 연속체 가설하에 정칙 기수 $\aleph_\alpha$ 에 대한 $\aleph_\alpha^{\aleph_\beta}$ 를 계산할 차례이다.

정리 3.8

일반화된 연속체 가설이 사실이라고 가정하자. 만일 $\aleph_\alpha$ 가 정칙 기수이면 다음이 성립한다.

$$\aleph_\alpha^{\aleph_\beta} = \begin{cases} \aleph_\alpha & \beta < \alpha, \\ \aleph_{\beta+1} & \beta \geqq \alpha. \end{cases}$$

증명

만일 $\beta \geqq \alpha$ 이면, 보조정리 3.6에 의해 $\aleph_\alpha^{\aleph_\beta} = 2^{\aleph_\beta} = \aleph_{\beta+1}$ 이다. 따라서 $\beta < \alpha$ 그리고 $S = \{X \subseteq \omega_\alpha | \, |X| = \aleph_\beta\}$ 로 놓자. 보조정리 3.7에 의해, $|S| = \aleph_\alpha^{\aleph_\beta}$ 이다. 정리 2.2(a)에 의해, 모든 $X \in S$ 는 ω_α 의 유계 부분집합이다. 따라서, $B = \bigcup_{\delta<\omega_\alpha} P(\delta)$ 를 ω_α 의 모든 유계 부분집합의 모임으로 놓자. $|B| \leq \aleph_\alpha$ 이 성립함을 보일 것이다; 그러면 $S \subset B$ 이므로, $\aleph_\alpha^{\aleph_\beta} = \aleph_\alpha$ 이 성립한다.

$B = \bigcup_{\delta<\omega_\alpha} P(\delta)$ 이므로, 다음을 얻는다.

$$|B| \leqq \sum_{\delta<\omega_\alpha} 2^{|\delta|}$$

하지만, 모든 기수 $\aleph_\gamma < \aleph_\alpha$ 에 대해, $2^{\aleph_\gamma} = \aleph_{\gamma+1} \leqq \aleph_\alpha$ 이고 따라서, 모든 $\delta < \omega_\alpha$ 에 대해 $2^{|\delta|} \leqq \aleph_\alpha$ 이므로 다음을 얻는다.

$$|B| \leqq \sum_{\delta<\omega_\alpha} 2^{|\delta|} \leqq \sum_{\delta<\omega_\alpha} \aleph_\alpha = \aleph_\alpha \cdot \aleph_\alpha = \aleph_\alpha$$

□

특이 기수 $\aleph_\alpha$에 대한 유사한 (그러나 다소 더 복잡한) 공식을 증명하는데, 먼저 보조정리 3.3을 일반화할 필요가 있다.

보조정리 3.9

모든 기수 $\kappa > 1$ 그리고 모든 α에 대해, $\mathrm{cf}(\kappa^{\aleph_\alpha}) > \aleph_\alpha$이다.

증명

$2^{\aleph_\alpha}$를 $\kappa^{\aleph_\alpha}$로 대체하면 보조정리 3.3의 증명과 완전하게 같다. □

정리 3.10

일반화된 연속체 가설이 사실이라고 가정하자. 만일 $\aleph_\alpha$가 특이 기수이면 다음이 성립한다.

$$\aleph_\alpha^{\aleph_\beta} = \begin{cases} \aleph_\alpha & \aleph_\beta < \mathrm{cf}(\aleph_\alpha), \\ \aleph_{\alpha+1} & \mathrm{cf}(\aleph_\alpha) \leqq \aleph_\beta \leqq \aleph_\alpha, \\ \aleph_{\beta+1} & \aleph_\beta \geqq \aleph_\alpha \end{cases}$$

증명

만일 $\beta \geqq \alpha$이면, $\aleph_\alpha^{\aleph_\beta} = 2^{\aleph_\beta} = \aleph_{\beta+1}$이다. 만일 $\aleph_\beta < \mathrm{cf}(\aleph_\alpha)$이면, $|X| = \aleph_\beta$인 모든 부분집합 $X \subseteq \omega_\alpha$는 유계 부분집합이고, 정규 $\aleph_\alpha$의 경우에 사용한 것과 완전히 같은 논증에 따라 $\aleph_\alpha^{\aleph_\beta} = \aleph_\alpha$이다.

따라서 $\mathrm{cf}(\aleph_\alpha) \leqq \aleph_\beta \leqq \aleph_\alpha$로 놓자. 한편으로, 다음을 얻고

$$\aleph_\alpha \leqq \aleph_\alpha^{\aleph_\beta} \leqq \aleph_\alpha^{\aleph_\alpha} = 2^{\aleph_\alpha} = \aleph_{\alpha+1}.$$

다른 한편으로, 보조정리 3.9에 의해 $\mathrm{cf}(\aleph_\alpha^{\aleph_\beta}) > \aleph_\beta$이고, $\aleph_\beta \geq \mathrm{cf}(\aleph_\alpha)$이므로, $\mathrm{cf}(\aleph_\alpha^{\aleph_\beta}) \neq \mathrm{cf}(\aleph_\beta)$이고, 그러므로 $\aleph_\alpha^{\aleph_\beta} \neq \aleph_\alpha$이다. 따라서 반드시 $\aleph_\alpha^{\aleph_\beta} = \aleph_{\alpha+1}$이다. □

만일 일반화된 연속체 가설을 받아들이지 않으면 상황이 한층 더 복잡해진다. 다음 정리만 증명한다.

3.11 하우스도르프 공식 Hausdorff's Formula

모든 α 그리고 모든 β에 대해,

$$\aleph_{\alpha+1}^{\aleph_\beta} = \aleph_\alpha^{\aleph_\beta} \cdot \aleph_{\alpha+1}.$$

증명

만일 $\beta \geqq \alpha+1$ 이면, $\aleph_{\alpha+1}^{\aleph_\beta} = 2^{\aleph_\beta}$, $\aleph_\alpha^{\aleph_\beta} = 2^{\aleph_\beta}$, 그리고 $\aleph_{\alpha+1} \leqq \aleph_\beta \leqq 2^{\aleph_\beta}$ 이다; 따라서 공식이 성립한다. 그러므로 $\beta \leqq \alpha$ 라고 가정하자. $\aleph_\alpha^{\aleph_\beta} \leqq \aleph_{\alpha+1}^{\aleph_\beta}$ 그리고 $\aleph_{\alpha+1} \leqq \aleph_{\alpha+1}^{\aleph_\beta}$ 이므로, $\aleph_{\alpha+1}^{\aleph_\beta} \leqq \aleph_\alpha^{\aleph_\beta} \cdot \aleph_{\alpha+1}$ 을 보이는 것으로 충분하다.

각각의 함수 $f : \omega_\beta \to \omega_{\alpha+1}$ 은 유계이다; 즉, ($\omega_{\alpha+1}$ 은 정칙이고 $\omega_\beta < \omega_{\alpha+1}$ 이므로) 모든 $\xi < \omega_\beta$ 에 대해 $f(\xi) < \gamma$ 인 $\gamma < \omega_{\alpha+1}$ 가 존재한다. 그러므로,

$$\omega_{\alpha+1}^{\omega_\beta} = \bigcup_{\gamma<\omega_{\alpha+1}} \gamma^{\omega_\beta}.$$

이제 모든 $\gamma < \omega_{\alpha+1}$ 은 기수가 $|\gamma| \leqq \aleph_\alpha$ 이고, (연습문제 1.6에 의해)

$$\Big| \bigcup_{\gamma<\omega_{\alpha+1}} \gamma^{\omega_\beta} \Big| \leqq \sum_{\gamma<\omega_{\alpha+1}} |\gamma|^{\aleph_\beta}$$

이다. 그러므로

$$\aleph_{\alpha+1}^{\aleph_\beta} \leqq \sum_{\gamma<\omega_{\alpha+1}} |\gamma|^{\aleph_\beta} \leq \sum_{\gamma<\omega_{\alpha+1}} \aleph_\alpha^{\aleph_\beta} = \aleph_\alpha^{\aleph_\beta} \cdot \aleph_{\alpha+1}.$$

□

이 정리를 이용하면 $\aleph_\alpha^{\aleph_\beta}$ 의 몇 가지 간단한 경우를 계산할 수 있다(연습문제 3.5 참조).

무한기수 $\aleph_\alpha$ 는 모든 $\beta < \alpha$ 에 대해 $2^{\aleph_\beta} < \aleph_\alpha$ 일 때 **강한 극한기수**이다; 명백하게 강한 극한기수는 $\aleph_\alpha = \aleph_{\gamma+1}$ 이면 $2^{\aleph_\gamma} > \aleph_\alpha$ 이므로 극한기수이다. 모든 극한기수가 반드시 강한 극한기수는 아니다 : $2^{\aleph_0}$ 가 $\aleph_\omega$ 보다 크면 $\aleph_\omega$ 는 반례이다. 그러나 일반화된 연속체 가설을 가정하면 모든 극한기수는 강한 극한기수이다.

정리 3.12

만일 $\aleph_\alpha$ 가 강한 극한기수이고 κ 그리고 λ 가 $\kappa < \aleph_\alpha$ 그리고 $\lambda < \aleph_\alpha$ 인 무한기수이면, $\kappa^\lambda < \aleph_\alpha$ 이다.

증명

$\kappa^\lambda < (\kappa \cdot \lambda)^{\kappa\cdot\lambda} = 2^{\kappa\cdot\lambda} < \aleph_\alpha$ □

셀 수 없는 기수 κ 가 정칙이면서 강한 극한기수일 경우 **강하게 도달불가능**하다. (따라서 강하게 도달불가능한 모든 기수는 약하게 도달불가능하며, 일반화된 연속체 가설을 가정하면, 약하게 도달불가능한 모든 기수는 강하게 도달불가능하다.) 더 작은 기수로부터 일반적인 집합론적 연산으로 얻을 수 없을 때 그러한 기수를 도달불가능하다고 부른다 :

정리 3.13

κ가 강하게 도달불가능한 기수라고 하자.

(a) X의 기수$<\kappa$이면, $P(X)$의 기수$<\kappa$이다.

(b) 각각의 $X\in S$의 기수$<\kappa$이고 $|S|<\kappa$이면, $\bigcup S$의 기수$<\kappa$이다.

(c) $|X|<\kappa$ 그리고 $f:X\to\kappa$이면, $\sup f[X]<\kappa$이다.

증명

(a) κ는 강한 극한기수.

(b) $\lambda=|S|$이고 $\mu=\sup\{|X|\ |X\in S\}$라고 하자. 그러면 (정리 2.2(a)에 의해) κ가 정칙이므로 $\mu<\kappa$이고 $|\bigcup S|\leq\lambda\cdot\mu<\kappa$이다.

(c) 정리 2.2(b)에 의함. □

연습문제

3.1 $2^{\aleph_\beta}\geqq\aleph_\alpha$이면, $\aleph_\alpha^{\aleph_\beta}=2^{\aleph_\beta}$이다.

3.2 연습문제 3.1의 일반화를 증명하라 : $\aleph_\gamma^{\aleph_\beta}\geqq\aleph_\alpha$인 $\gamma<\alpha$가 존재하고, 예를 들어 $\aleph_\gamma^{\aleph_\beta}=\aleph_\delta$이면, $\aleph_\alpha^{\aleph_\beta}=\aleph_\delta$이다.

3.3 α가 극한순서수이고 $\aleph_\beta<\mathrm{cf}(\aleph_\alpha)$라고 하자. 모든 $\xi<\alpha$에 대해 $\aleph_\xi^{\aleph_\beta}\leqq\aleph_\alpha$이면, $\aleph_\alpha^{\aleph_\beta}=\aleph_\alpha$이다.

[힌트 : $X\subseteq\omega_\alpha$가 $|X|=\aleph_\beta$를 만족하면, 어떤 $\xi<\alpha$에 대해 $X\subseteq\omega_\xi$.]

3.4 만일 $\aleph_\alpha$가 강하게 도달불가능하고 $\beta<\alpha$이면, $\aleph_\alpha^{\aleph_\beta}=\aleph_\alpha$이다.

[힌트 : 연습문제 3.3 사용.]

3.5 만일 $n<\omega$이면, $\aleph_n^{\aleph_\beta}=\aleph_n\cdot 2^{\aleph_\beta}$이다.

[힌트 : 하우스도르프 공식을 n번 적용.]

3.6 $\prod_{n<\omega}\aleph_n=\aleph_\omega^{\aleph_0}$임을 증명하라.

[힌트 : $A_i(i<\omega)$를 ω의 서로소인 무한 부분집합이라고 놓자. 그러면

$$\prod_{n<\omega}\aleph_n\geqq\prod_{i<\omega}(\prod_{n\in A_i}\aleph_n)\geqq\prod_{i<\omega}(\sum_{n\in A_i}\aleph_n)\geqq\prod_{i<\omega}\aleph_\omega=\aleph_\omega^{\aleph_0}.$$

역방향은 쉽다.]

3.7 다음을 증명하라.

$$\aleph_\omega^{\aleph_1} = \aleph_\omega^{\aleph_0} \cdot 2^{\aleph_1}$$

[힌트 : $\aleph_\omega^{\aleph_1} = (\sum_{n<\omega} \aleph_n)^{\aleph_1} \leqq (\prod_{n<\omega} \aleph_n)^{\aleph_1} = \prod_{n<\omega} \aleph_n^{\aleph_1} = \prod_{n<\omega} \aleph_n^{\aleph_1} = \prod_{n<\omega} (\aleph_n \cdot 2^{\aleph_1}) = (\prod_{n<\omega} \aleph_n) \cdot (2^{\aleph_1})^{\aleph_0} = \aleph_\omega^{\aleph_0} \cdot 2^{\aleph_1}$]

제 10 장

실수 집합

1. 정수와 유리수

3장에서 자연수와 그 순서를 정의하고 자연수에 대한 산술 연산을 정의하는 방법을 보여주었다. 수학의 기초를 구축하는 데 있어서, 다음 논리적 단계는 정수와 유리수를 정의하는 것이다. 두 경우 모두에 대한 지침이 되는 아이디어는 자연수에 대해 부분적으로만 정의된 산술 연산(정수의 경우 뺄셈, 유리수의 경우 나눗셈)을 완전한 연산으로 만드는 것인데, 이는 집합론보다 대수학 영역에 속하는 게 더 적합하다. 따라서 주요 아이디어를 개략적으로 설명하는 데 그치고, 거의 모든 증명을 생략한다. 그러한 증명은 대부분 추상 대수 교과서에서 찾을 수 있다. 그럼에도 독자는 연습문제를 통해 그것의 일부 또는 전부를 풀어 보는 게 더 좋다.

3장 연습문제 4.3에서 $n \geq m$인 자연수 쌍 $(n,\ m)$의 뺄셈을 정의했다. 그 경우, $n-m$은 $n = m+k$인 유일한 자연수 k이다. 만일 $n < m$이면, 그런 자연수 k가 존재하지 않고 $n-m$이 정의되지 않는다. 그 경우 $n-m$을 정의하려면, 반드시 “새로운” 객체가 되어야 한다; 당장은 그것을 간단하게 순서쌍 $(n,\ m)$로 나타낸다. 그러나, 직관적으로 익숙한 정수 산술의 속성은 서로 다른 순서쌍이 같은 정수를 표현해야 할 수도 있음을 시사한다 : 예를 들어, $(2,\ 5)$ 그리고 $(6,\ 9)$ 둘 다 $-3[2-5 = 6-9 = -3]$을 나타낸다. 일반적으로, $(n_1,\ m_1)$ 그리고 $(n_2,\ m_2)$가 같은 정수를 나타내면 그리고 그때만 $n_1 - m_1 = n_2 - m_2$이다. 지금 시점에서, 이는 직관적으로만 이해가 되지만, 다음의 형태로 다시 쓸 수 있다.

$$n_1 + m_2 = n_2 + m_1$$

이것은(앞에서 정의한) 자연수의 덧셈만 포함한다. 이러한 논리 전개가 다음의 정의와 결과를 낳는다.

$Z' = N \times N$이라고 하자. Z' 위의 관계 $\approx$를 $(a,\ b) \approx (c,\ d)$이면 그리고 그때만 $a+d = b+c$라고 정의한다. 이 관계 $\approx$은 Z' 위의 동치관계이다. (물론 이것은 반드시 확인해야 한다.)

$Z = Z'/\approx$를 모듈로 $\approx$에 대한 Z'의 모든 동치 클래스의 집합이라고 하자. Z를 **모든 정수의 집합**이라고 부른다; 이 집합의 원소가 **정수**이다.

정의의 즉각적인 결과 중 하나가 집합론적으로 흥미를 끈다.

정리 1.1

모든 정수의 집합 Z는 셀 수 있는 집합이다.

증명

4장 정리 3.13. 4장 정리 3.12은 다른 증명을 제공한다. □

다음으로, Z 위 관계 $<$를 다음처럼 정의한다 : $[(a,\ b)] < [(c,\ d)]$이면 그리고 그때만 $a+d < b+c$. [직관적으로 $(a,\ b)$는 $a-b$를 그리고 $(c,\ d)$는 $c-d$를 나타내므로, $a-b < c-d$는 $a+d < b+c$를 의미한다.]

관계 $<$ 가 잘 정의되어 있다는 것(즉, $[(a,\ b)] < [(c,\ d)]$의 참 또는 거짓은 $(a,\ b)$와 $(c,\ d)$의 대표자 선택에 따라 달라지지 않고, 각각의 동치 클래스에 따라서만 달라짐) 그리고 그것이 선형 순서라는 것을 증명할 수 있다.

마지막으로, 각각의 정수 $[(a,\ b)]$에 대해 $a \geq b$이거나, 이 경우 $(a,\ b) \approx (a-b,\ 0)$ (여기서 $-$는 이 경우에 정의된, 자연수의 뺄셈을 나타낸다.), 또는 $a < b$, 이 경우 $(a,\ b) \approx (0,\ b-a)$임을 알 수 있다. 이는 각 정수가 $(n,\ 0)$, $n \in N$ 또는 $(0,\ n)$, $n \in N - \{0\}$ 형태의 유일한 쌍을 포함한다는 것을 의미한다. 따라서 $[(n,\ 0)]$는 양의 정수이고 $[(0,\ n)]$은 음의 정수이다. $F(n) = [(n,\ 0)]$로 정의되는 함수 $F : N \to Z$은 일대일이고 순서를 유지한다. [즉, $m < n$이면 $F(m) < F(n)$.]. $[(n,\ 0)]$ 형태인 각각의 정수를 대응하는 자연수 n으로 나타내고, $[(0,\ n)]$ 형태인 각각의 정수를 $-n$으로 나타낸다. 따라서, 예상대로 $-3 = [(0,\ 3)] = [(2,\ 5)] = [(6,\ 9)]$이다.

이제 나머지 이론은 간단해졌다. $(Z,\ <)$의 끝점이 없다거나 $\{x \in Z \mid a < x < b\}$, $a,\ b \in Z$, $a < b$의 원소 개수가 무한임을 증명할 수 있다. 또한, 공집합이 아닌 모든 위로 유계인 정수의 집합은 최대원소를 갖고, 공집합이 아닌 모든 아래로 유계인 정수의 집합은 최소원소를 갖는다. 정수의 **덧셈**과 **곱셈**은 다음처럼 정의할 수 있고,

$$[(a,\ b)] + [(c,\ d)] = [(a+c,\ b+d)],$$

$$[(a,\ b)] \cdot [(c,\ d)] = [(ac+bd,\ ad+bc)]$$

이 연산이 보통의 대수 법칙(교환법칙, 결합법칙, 덧셈에 대한 곱셈의 분배법칙)을 따름을 증명할 수 있으며, 자연수인 정수의 경우, 정수의 덧셈과 곱셈은 자연수의 덧셈과 곱셈과 일치함을 증명할 수 있다.

뺄셈은 다음처럼 정의하는데,

$$[(a,\ b)] - [(c,\ d)] = [(a,\ b)] + (-[(c,\ d)])$$

여기서 $-[(c,\ d)] = [(d,\ c)]$은 $[(c,\ d)]$의 **보수opposite**이다. 앞선 표기와 마찬가지로 $-[(n,\ 0)] = [(0,\ n)] = -n$ 그리고 $-[(0,\ n)] = [(n,\ 0)] = n$임에 주목하자.

정수 a의 절대값 $|a|$는, 다음처럼 정의한다.

$$|a| = \begin{cases} a & a \geq 0; \\ -a & a < 0 \end{cases}$$

이러한 개념의 추가 속성은 필요에 따라 증명할 수 있다. 모든 정수 쌍에 대해 덧셈, 뺄셈, 곱셈이 정의된다. 나누기가 항상 수행될 수는 없다는 불편함이 남아 있다.

$a = b \cdot x$를 만족하는 유일한 정수 x가 존재할 때, 정수 a가 정수 b로 **나눌 수 있다**고 말한다; 이 유일한 x를 a 그리고 b의 **몫**이라고 부른다. 정수 체계를 확장하여 모든 a가 모든 b로 나누어 떨어지고 모든 유용한 산출 법칙이 확장된 체계에서도 유효하게 하고 싶다. 이제, 만일 확장된 체계에서 모든 x에 대해 $0 \cdot x = 0$이 성립하면, 어떤 수 a도 0으로 나눌 수 없다는 걸 바로 알 수 있다; $a \neq 0$ 또는 $a = 0$ 인지에 따라서 방정식 $a = 0 \cdot x$는 근이 없거나 많은 근을 갖는다. 희망할 수 있는 최상의 방법은 모든 a 그리고 모든 $b \neq 0$에 대해서 $a = b \cdot x$를 만족하는 유일한 정수 x가 존재하도록 확장하는 것이다.

$Q' = Z \times (Z - 0) = \{(a,\ b) \in Z^2 \mid b \neq 0\}$라고 하자. Q'를 Z에 대한 **분수fractions**의 집합 이라 부르고 $(a,\ b) \in Q'$에 대해 $(a,\ b)$ 대신 a/b로 쓴다. 집합 Q' 위의 동치관계 $\approx$를 다음처럼 정의한다.

$$\frac{a}{b} \approx \frac{c}{d}\text{이면 그리고 그때만 } a \cdot d = b \cdot c$$

$Q = Q'/\approx$를 모듈로 $\approx$에 대한 Q'의 동치 클래스의 집합이라고 하자. Q를 **유리수**라고 부른다; 유리수 a/b를 $[a/b]$로 나타낸다. [뒤에서, 괄호는 습관적으로 생략되며 유리수와 그것을 나타내는 (많은) 분수를 구별하지 않는다.]

분명하게 정수 집합 Z에서 유리수로의 일대일 함수 i가 존재한다 :

$$i(a) = \left[\frac{a}{1}\right].$$

(뒤에서, 정수를 그것에 대응하는 유리수와 구분한다.) 이제 유리수의 덧셈과 곱셈을 정의한다 :

$$\left[\frac{a}{b}\right] + \left[\frac{c}{d}\right] = \left[\frac{a \cdot d + b \cdot c}{b \cdot d}\right],$$
$$\left[\frac{a}{b}\right] \cdot \left[\frac{c}{d}\right] = \left[\frac{a \cdot c}{b \cdot d}\right]$$

기초를 만족스럽게 다지려면 다음 사항을 증명해야 한다 :

(a) 유리수의 덧셈과 곱셈은 잘 정의된다(즉, 대표의 선택으로부터 독립이어야 한다).

(b) 정수에 대해, 새 정의가 이전 것과 일치해야 한다 : 즉, 모든 $a,\ b \in Z$에 대해, $i(a+b) = i(a) + i(b)$ 그리고 $i(a \cdot b) = i(a) \cdot i(b)$.

(c) 유리수의 덧셈과 곱셈이 보통의 대수 법칙을 만족한다.

(d) $A \in Q,\ B \in Q$, 그리고 $B \neq [0/1]$이면, 방정식 $A = B \cdot X$은 유일한 해 $X \in Q$를 갖는다. 따라서 나누는 수가 0이 아닌 한 유리수의 **나눗셈**이 정의된다; 이 연산을 $\div : X = A \div B$로 나타낸다.

마지막으로, 정수의 순서를 유리수로 확장한다.

먼저, 각각의 유리수는 분모 b가 0보다 클 때, 분수 a/b로 표현될 수 있다는 점에 주목한다 :

$$\left[\frac{a}{b}\right] = \left[\frac{-a}{-b}\right] \text{ 그리고 } b > 0 \text{ 또는 } -b > 0.$$

이제 유리수의 자연스러운 순서를 정의한다 :

$$\text{만일 } b > 0 \text{ 그리고 } d > 0\text{이면, } \left[\frac{a}{b}\right] = \left[\frac{c}{d}\right] \text{이면 그리고 그때만 } a \cdot d < b \cdot c\text{이다.}$$

$b > 0,\ d > 0$일 때 이 정의가 대표 선택에 종속되지 않는다는 것, $<$가 실제로 선형 순서라는 것, $a,\ b \in Z$에 대해 $a < b$이면 그리고 그때만 $[a/1] < [b/1]$인 것, 일반적인 대수 법칙(예 : $a < b$이면 $a + c < b + c$ 등)이 성립한다는 것을 증명하는 일을 연습으로 남긴다.

정리 1.2

유리수 집합 Q는 셀 수 있는 집합이다.

증명

4장 정리 3.13이다. 4장 정리 3.12는 다른 증명을 제공한다. □

다음은 4장에서 언급했었다.

정리 1.3

$(Q,\ <)$는 조밀한 선형 순서 집합이고 끝점이 없다. 실제로, 모든 $r \in Q$에 대해 $r < n$인 $n \in N$이 존재한다.

증명

Q는 무한이다 : $a/b - 1 < a/b < a/b + 1$이므로, Q는 끝점을 갖지 않는다. 만일 $r \leq 0$이면 $n = 1$을 취할 수 있다. 만일 $r > 0$이면, $r = a/b\ a > 0,\ b > 0,\ a,\ b \in N$

으로 놓고, $n = a + 1$을 취한다.

$(Q, <)$가 조밀함을 보이는 일이 남았다. r, s가 $r < s$를 만족한다고 하자; $r = a/b$ 그리고 $s = c/d$, 여기서 $b > 0$ 그리고 $d > 0$인 것으로 가정한다. 이제 다음으로 놓으면

$$x = \frac{a \cdot d + b \cdot c}{2 \cdot b \cdot d}$$

[즉, $x = (r + s)/2$]. $r < x < s$이다. □

유리수의 십진수(또는 일반적으로 p 진수) 전개에 대한 몇 가지 설명으로 이 절을 마무리한다. 모든 정수 $p > 1$를 수 체계의 **진수base**로 사용할 수 있다. 일반적으로 사용되는 것은 $p = 10$이다. 또 다른 유용한 경우가 $p = 2$이다.

보조정리 1.4

주어진 유리수 r에 대해, $e \leq r < e + 1$인 유일한 정수 e가 존재한다. e를 r의 정수 부분이라 부르고, $e = [[r]]$로 쓴다.

증명

$r = a/b,\ b > 0$라고 하자. $a \geq 0,\ 1 \leq b$로 가정해서, $a \leq a \cdot b$이고 $r = a/b \leq a \in Z$라고 하자. 그러면 $S = \{x \in Z \mid x \leq r\} \subseteq Z$는 상계 $a \in Z$를 갖는다. 만일 $a < 0$이면, 0은 S의 상계이다. 그러므로, S는 최대원소 e를 갖는다. 그러면 $e \leq r < e + 1$이고, 명백하게 e는 이 속성을 갖는 유일한 정수이다. □

정수를 진수 p로 전개하는 것은 충분히 잘 알려져 있다. 보조정리 1.4에 의해, $r = [[r]] + q$인데, 여기서 $[[r]]$은 정수이고 $q \in Q,\ 0 \leq q < 1$이다. q의 전개에만 집중한다.

다음처럼 귀납으로 숫자 $0, 1, \ldots, p - 1$의 수열을 구성한다 :

$a_1/p \leq (a_1 + 1)/p$을 만족하는 $a_1 \in \{0, \ldots, p - 1\}$을 찾아 $a_1 = [[q \cdot p]]$로 놓는다.

다음으로 $a_1/p \leq a_2/p^2 \leq q < a_1/p + (a_2 + 1)/p^2$를 만족하는 $a_2 \in \{0, \ldots, p - 1\}$를 찾아 $a_2 = [[(q - a_1/p) \cdot p^2]]$으로 놓는다.

일반적으로, 다음을 만족하는 $a_k \in \{0, \ldots, p - 1\}$를 찾는다.

$$\frac{a_1}{p} + \cdots + \frac{a_k}{p^k} \leq q < \frac{a_1}{p} + \cdots + \frac{a_k + 1}{p^k}$$

$$\left(a_k = \left[\left[\left(\frac{q - a_1}{p} - \cdots - \frac{a_{k-1}}{p^{k-1}}\right) \cdot p^k\right]\right]\right)$$

수열 $\langle a_i \mid i \in N \rangle$를 **진수** p인 q**의 전개라고 부른다**. $p = 10$일 때, 관례로 $q = 0.a_1a_2a_3 \cdots$.로 표기한다.

다음을 보일 수 있다.

(a) 모든 $j \ge i$에 대해 $a_j = p - 1$인 i는 존재하지 않는다.

(b) 모든 $n \ge n_0$에 대해 $a_{n+l} = a_n$인 $n \in N$ 그리고 $l > 0$이 존재한다. (결국 이 전개는 주기적이고 주기는 l이다.)

더구나, 만일 $q = a/b$이면, $l \le |b|$인 주기 l을 찾을 수 있다. 역으로. 속성 (a) 그리고 (b)를 갖는 각각의 수열 $\langle a_i \mid i \in N \rangle$는 어떤 유리수 $q(0 \le q < 1)$의 전개이다.

연습문제

1.1 이 절의 본문에서 주장한 속성 일부를 증명하라.

1.2 만일 $r \in Q,\ r > 0$이면, $1/n < r$인 $n \in N - \{0\}$이 존재한다.
[힌트 : 정리 1.3에서 언급한 사실을 사용하라.]

2. 실수

모든 실수의 집합 R과, 유리수의 완성으로써, 자연스러운 선형 순서 $<$가 4장 5절에서 정의되었다. 특히, 공집합이 아닌 모든 위로 유계인 실수의 집합은 최소상계를 갖고, 공집합이 아닌 모든 아래로 유계인 실수의 집합은 최대하계를 갖는다. 실수의 대수 연산에 관해 고려해 보자. 먼저 유용한 보조정리를 증명한다.

보조정리 2.1

모든 $x \in R$ 그리고 $n \in N - \{0\}$에 대해, $r < x \le s$ 그리고 $s - r \le 1/n$인 $r,\ s \in Q$가 존재한다.

증명

$r_0 < x < s_0$인 어떤 $r_0,\ s_0 \in Q$과 $k > n(s_0 - r_0)$인 어떤 $k \in N - \{0\}$를 정한다. 유리수의 증가하는 유한수열 $\langle r_i \rangle_{i=0}^{k}$을 생각해 보자. 여기서 $r_i = r_0 + i/n$이다. j가 $r_i < x$인 가장 큰 i라고 하자; $j < k$임에 주목하라. 이제 $r_j < x \le r_{j+1}$ 그리고 $r_{j+1} - r_j = 1/n$를 얻었다. $r = r_j,\ s = r_{j+1}$로 취하는 것으로 증명이 끝난다. □

이제 실수에 대한 덧셈 연산을 정의한다.

정의 2.2

$x,\ y \in R$이라고 하자. $x+y = \inf\{r+s \mid r,\ s \in Q,\ x \le r,\ y \le s\}$이다. (우변의 $+$ 기호는 유리수의 덧셈이다.)

공집합이 아닌 집합이 아래로 유계이므로 최대하계가 존재한다는 점에 주목한다. ($p+q$의 정의에 의해, 임의의 $p,\ q \in Q$에 대해 $p < x,\ q < y$이다.) x 그리고 y가 모두 유리수인 경우, 새로운 정의 아래, $x+y$ 역시 $x+y$와 같으며, 여기서 $+$는 이전에 정의한 유리수의 덧셈이다.

보조정리 2.3

$x,\ y,\ z \in R$이라고 하자.

(i) $x+y = y+x$.

(ii) $(x+y)+z = x+(y+z)$.

(iii) $x+0 = x$.

(iv) $x+w=0$인 유일한 $w \in R$가 존재한다. x의 보수는 $w=-x$로 나타낸다.

(v) $x<y$이면 $x+z<y+z$이다.

증명

최소상계와 최대하계의 간단한 속성 몇 개를 사용한다. (연습문제 2.1 사용). (i), (ii), 그리고 (iii)은 유리수 대응되는 속성으로부터 바로 얻을 수 있다.

(iv) $x = \inf\{s \in Q \mid x \le s\} = \sup\{r \in Q \mid r < x\}$임을 상기하자. 따라서 $w = \inf\{-r \mid r \in Q,\ r < x\}$로 놓을 수 있고, $x+w = \inf\{s-r \mid r,\ s \in Q,\ x \le s,\ s \le r,\ r < x\}$를 얻는다. $r < x,\ x \le s$이면 $s-r > 0$이므로, $x+w \ge 0$이다. $x+w > 0$이라고 가정하자; R에서의 Q의 조밀함과 연습문제 1.2에 의해 $1/n < x+w$인 $n \in N - \{0\}$이 존재한다. 하지만, 보조정리 2.1에 의해 $s-r \le 1/n$인 어떤 $r,\ s \in Q,\ r < x \le s$의 존재가 보장된다. 그러므로 $x+w \le 1/n$이고, 모순이다. 이것은 속성 $x+w=0$를 갖는 w가 존재함을 보여준다. 또한 $x+v=0$이면, ((i), (ii). 그리고 (iii)을 사용해서) $w = w+0 = 0+w = (v+x)+w = v+(x+w) = v+0 = v$를 얻고, 따라서 w가 유일하게 결정된다.

(v) $x<y$이면 $x+z \le y+z$임은 덧셈의 정의(그리고 연습문제 2.1)로부터 바로

알 수 있다. $x+z=y+z$, $x=x+0=x+(z+(-z))=(x+z)+(-z)=(y+z)+(-z)=y+(z+(-z))=y+0=y$, 모순이다. □

양의 실수에 대한 곱셈 연산도 유사한 방식으로 정의할 수 있다. $R^+=\{x\in R\mid x>0\}$로 놓는다.

정의 2.4

$x,\ y\in R^+$이라고 하자. $x\cdot y=\inf\{r\cdot s\mid r,\ s\in Q,\ x\le r,\ y\le s\}$이다.

보조정리 2.5

$x,\ y,\ z\in R^+$이라고 하자.

(vi′) $x\cdot(y+z)=x\cdot y+x\cdot z$.

(vii′) $x\cdot y=y\cdot x$.

(viii′) $(x\cdot y)\cdot z=x\cdot(y\cdot z)$.

(ix′) $x\cdot 1=x$.

(x′) $x\cdot w=1$인 유일한 $w\in R^+$가 존재한다. x의 역수는 $w=1/x$로 나타낸다.

(xi′) $x<y$이면 $x\cdot z<y\cdot z$이다.

증명

보조정리 2.3과 완전히 같다. (x′)의 경우 $w=\inf\{1/r\mid r\in Q,\ 0<r<x\}$로 놓는다. □

이제 모든 실수로 곱셈을 확장하는 일은 쉬운 문제이다. 먼저 $x\in R$의 절대값을 정의한다 :

$$|x|=\begin{cases}x & x\ge 0;\\ -x & x<0\end{cases}$$

그리고 $x\neq 0$에 대해, $|x|\in R^+$임에 주목하자. ($x<0$이면 $0=x+(-x)<0+(-x)=-x$.)

정의 2.6

$x,\ y \in R$에 대해, 다음과 같다.

$$|x| = \begin{cases} |x| \cdot |y| & x > 0,\ y > 0 \text{ 또는 } x < 0,\ y < 0; \\ -(|x| \cdot |y|) & x > 0,\ y < 0 \text{ 또는 } x < 0,\ y > 0; \\ 0 & x = 0 \text{ 또는 } y = 0. \end{cases}$$

이 정의가 1절의 유리수 곱셈의 정의와 일치한다는 것을 보여주는 간단하지만, 지루하고 인내가 필요한 다음 보조정리의 증명을 연습으로 남긴다.

보조정리 2.7

$x,\ y,\ z \in R$라고 하자.

(vi) $x \cdot (y + z) = x \cdot y + x \cdot z$.

(vii) $x \cdot y = y \cdot x$.

(viii) $(x \cdot y) \cdot z = x \cdot (y \cdot z)$.

(ix) $x \cdot 1 = x$.

(x) 각각의 $x \in R$에 대해, $x \neq 0$이면, $x \cdot w = 1$인 유일한 $w \in R$가 존재한다.

(xi) $x < y$ 그리고 $z > 0$이면 $x \cdot z < y \cdot z$이다.

앞에서, (x)의 유일한 w를 $1/x$로 나타냈다. 마찬가지로 0이 아닌 실수 x의 **나눗셈**을 정의한다 : $y \div x = y \cdot (1/x)$.

속성 (i)–(v) 그리고 (vi)–(xi)를 모두 만족하는 구조 $\mathfrak{A} = (A,\ <,\ +,\ \cdot,\ 0,\ 1)$를 대수학의 **순서체ordered field**라고 부른다. 여기서 $<$는 선형 순서, $+$ 그리고 $\cdot$는 이항연산, 그리고 $0,\ 1$은 상수이다. 따라서 보조정리 2.3과 2.5의 내용은 (위에서 정의한 통상적인 순서와 산술연산 포함하는) 실수가 순서체라는 말로 요약할 수 있다. 실수의 순서가 완전하므로 이것은 **완비순서체complete ordered field**이다.

정리 2.8

구조 $\mathfrak{R} = \langle R,\ <,\ +,\ \cdot,\ 0,\ 1\rangle$은 완비순서체이다.

완비순서체가 유일하다는 것을 증명할 수 있다. 즉, 만일 $\mathfrak{A} = (A,\ <,\ +,\ \cdot,\ 0,\ 1)$이면 역시 완비순서체이고, 따라서 $\mathfrak{A}$ 그리고 $\mathfrak{R}$은 동형이다. 이 증명은 상당히 많은 양의 대수학을 요구하므로 여기서는 제시하지 않는다. (하지만, 연습문제 2.5 참조.)

4장 6절에서 사용한 실수에 대한 잘 알려진 사실을 언급하는 것으로 이 절을 마무리한다. 증명은 연습으로 남긴다.

정리 2.9 진수 p로의 실수 전개

$p \geq 2$를 자연수라고 하자. 모든 실수 $0 \leq a < 1$에 대해 다음을 만족하는 유일한 실수 수열 $\langle a_n \rangle_{n=1}^{\infty}$이 존재한다.

(a) $0 \leq a_n < p$, 모든 $n = 1,\ 2,\ \ldots$

(b) 모든 $n > n_0$에 대해 $a_n = p - 1$인 n_0가 존재하지 않는다.

(c) $a_1/p + \cdots + a_n/p^n \leq a < a_1/p + \cdots + (a_n + 1)/p^n$, 각각의 $n \geq 1$.

실수 a가 유리수이면 그리고 그때만 $\langle a_n \rangle_{n=1}^{\infty}$는 궁극적으로 주기적이다.

연습문제

2.1 $A \subseteq B \subseteq R,\ A \neq \varnothing$라고 하자. B가 아래로 유계이면 $\inf B \leq \inf A$이다. B가 위로 유계이면 $\sup A \leq \sup B$이다. 더해서, 모든 $b \in B$에 대해 $a \leq b$인 $a \in A$가 존재하면 $\inf B = \inf A$이다. sup에 대해서도 마찬가지이다.

2.2 모든 $x \in R^+$ 그리고 $n \in N - \{0\}$에 대해 $0 < r < x \leq s$ 그리고 $1 < s/r \leq 1 + 1/n$인 $r,\ s \in Q$가 존재한다.

[힌트 : $0 < r_0 < x$인 $r_0 \in Q$와, $kr_0 > n$인 $k \in N - \{0\}$로 정한다. 보조정리 2.1을 사용해서 $r,\ s \in Q,\ r_0 < r \leq s$를 찾고, 그러면 $s - r < 1/k$이고, s/r을 계산한다.]

2.3 만일 $a,\ b \in R,\ b \neq 0$이면, 방정식 $a = b \cdot x$가 유일한 해를 가짐을 증명하라.

2.4 모든 $a \in R^+$에 대해 $x \cdot x = a$인 유일한 $x \in R^+$가 존재함을 증명하라.

2.5 모든 완비순서체가 R과 동형임을 증명하라.

[힌트 :

1. 주어진 완비순서체 $\mathfrak{A} = \langle A,\ <,\ +,\ \cdot,\ 0,\ 1 \rangle$에 대해 $+$와 $\cdot$에 대한 $\{0,\ 1\}$의 닫힘 C를 고려한다. $\mathfrak{C}$가 $\mathfrak{A}$의 순서와 연산을 C로 제한하여 얻은 구조라 하자. $\mathfrak{C}$가 (유일하게) $\mathfrak{Q} = \langle Q,\ <,\ +,\ \cdot,\ 0,\ 1 \rangle$와 동형임을 보인다. 이것은 증명의 "대수적"인 부분이다.

2. 모든 $a \in A$에 대해 $a \leq c$인 $c \in C$가 존재함을 보인다. (그렇지 않으면, $S = \{a \in$

$A \mid a > c$, 모든 $c \in C\}$는 공집합이 아니고 아래로 유계이고, $a \in S$이면 $a - 1 \in S$이므로, 최대하계를 갖지 않는다.)

3. 단계 2를 사용해서 C가 $(A, <)$에서 조밀함을 보인다.
4. 단계 3을 사용해서. $\mathfrak{Q}$그리고 $\mathfrak{C}$ 사이의 동형사상이 $\mathfrak{R}$ 그리고 $\mathfrak{A}$ 사이의 동형사상으로 유일하게 확장됨을 보인다.]

2.6 (복소수) $C = R \times R$이고, C 위의 덧셈과 곱셈을 다음처럼 정의하자 :

$$(a_1, a_2) + (b_1, b_2) = (a_1 + b_1, a_2 + b_2);$$

$$(a_1, a_2) \cdot (b_1, b_2) = (a_1 \cdot b_1 - a_2 \cdot b_2, a_1 \cdot b_2 + a_2 \cdot b_1).$$

$+$와 $\cdot$가 보조정리 2.3의 (i)–(iv) 그리고 보조정리 2.7의 (vi)–(x)을 만족함을 보여라.

3. 실선의 위상

이전 절의 주요 결과는 실수 체계를 완비순서체로 특성화했다는 것이다. 이는 실선의 위상적 속성을 연구하는 일반적인 출발점이 된다. 이 절에서 이 주제에 대한 몇 가지 기본적인 정의와 정리를 제공한다. 여기에서 목표는 지금까지 발전시킨 집합론이 해석학을 위한 만족스러운 기초를 제공한다는 주장을 정당화하고, 앞에서 증명한 사실의 몇 가지 결과를 보여주고, 다른 분야에서 사용된 몇 가지 개념과 정리에 대한 유용한 참고 자료를 제공하는 것이다. 고급 미적분을 공부했다면 여기서 다루는 내용의 대부분을 알고 있을 것이다. 어떤 경우든 이 절을 건너뛰고 필요한 경우에만 참고할 수 있다.

익숙한 개념에 대한 정의부터 시작한다.

정의 3.1

$(P, <)$가 선형 순서이고, $a, b \in P$, $a < b$라고 하자. 끝점이 a 그리고 b인 (유계) **열린구간**은 집합 $(a, b) = \{x \in P \mid a < x < b\}$이다. 끝점이 a 그리고 b인 (유계) **닫힌구간**은 집합 $[a, b] = \{x \in P \mid a \le x \le b\}$이다. **유계가 아닌 열린구간과 닫힌구간** (a, ∞), $(-\infty, a)$, $[a, \infty)$, $(-\infty, a]$, 그리고 $(-\infty, \infty) = P$ 역시 보통의 방식으로 정의한다 : 예를 들어, $(a, \infty) = \{x \in P \mid a < x\}$이다. 열린구간에 대해 표준 표기법 (a, b)를 사용하는데, 이는 순서쌍에 대한 표기법과 충돌하지만, 맥락상 의미는 항상 명확하다.

다음 정리는 R에 셀 수 있는 조밀한 부분집합이 존재함에 따른 결과이다.

정리 3.2

R의 모든 서로소인 열린구간의 시스템은 기껏해야 셀 수 있다.

증명

$P = Q \cap \bigcup S$라고 하자. 여기서 S는 R의 서로소인 열린구간의 시스템이고 Q는 모든 유리수의 집합이다. Q는 R에서 조밀하므로 S의 각각의 열린구간은 P의 원소를 하나 이상 포함한다. S의 원소는 서로소이므로 P의 각각의 원소는 S의 유일한 열린구간에 포함된다. P의 각 원소에 그것이 속하는 S의 유일한 열린구간을 할당하는 함수는 기껏해야 셀 수 있는 집합 P에서 S로의 함수이다. 따라서 S는 4장의 정리 3.4에 따라 기껏해야 셀 수 있다. □

이번 세기 초에 나온 집합론의 유명한 문제를 언급하기에 알맞은 시점에 도달했다 : $(P, <)$가 끝점이 없는 완전 선형 순서 집합이고, 모든 서로소인 열린구간의 시스템이 기껏해야 셀 수 있다고 하자. $(P, <)$가 실선과 동형인가? 이것이 수슬린Suslin의 문제이다. 연속체 가설과 마찬가지로 수십 년 동안 풀리지 않았다. 집합론 모델의 도움으로, 연속체 가설과 마찬가지로, 체르멜로–프렝켈 집합론의 공리에서 증명되거나 반박될 수 없다는 것이 확인되었다.

15장에서 이러한 문제에 대해 자세히 알아볼 수 있다.

정의 3.3

모든 공집합이 아닌 S의 유한 부분시스템이 공집합이 아닌 교집합을 가질 때, 집합 S의 시스템은 **유한 교집합 속성**을 갖는다.

유한 교집합 속성을 갖는 집합 시스템의 예로 공집합이 아닌 집합의 비증가 수열의 치역 즉, $S = \{A_n \mid n \in N\}$을 들 수 있다. 여기서 모든 $n,\ n' \in N,\ n \leq n'$에 대해 $A_n \neq \varnothing,\ A_n \supseteq A_n$이다.

다음 정리는 실선의 완전성의 결과이다.

정리 3.4

유한 교집합 속성을 갖는 R의 닫힌 유계 구간의 공집합이 아닌 시스템은 모두 공집합이 아닌 교집합을 갖는다.

증명

S가 그런 시스템이라고 하자. $A = \{x \in R \mid [x,\ y] \in S,$ 어떤 $y \in R\}$를 구간 S의 모든 왼쪽 끝점의 집합으로 놓는다. A가 위로 유계임을 보인다. $[a,\ b] \in S$로 놓으면, 확실하게 $x \leq b$인데, 이는 반대의 경우 $a < b < x < y$를 얻고 구간 $[x,\ y]$, $[a,\ b]$가 서로소이므로, S의 $2-$원소 부분집합 $\{[x,\ y],\ [a,\ h]\}$에 대한 유한 교집합 속성에 위배된다. 따라서 b는 A 위의 상계이다. 완전성 속성에 의해, A는 최소상계 $\overline{a}$를 갖는다. 만일 $[a,\ b]$가 S의 구간이면, $a \in A$이므로 $a \leq \overline{a}$이고, b가 A 위의 상계이므로 $\overline{a} \leq b$이다. 따라서 어떤 $[a,\ b] \in S$에 대해 $\overline{a} \in [a,\ b]$이고 $\bigcap S$는 공집합이 아니다. □

또한 실선의 완전성은 극한 개념이 잘 작동하는 이유이기도 하다. 미적분학에서 매우 친숙한 몇 가지 정의를 떠올려본다.

정의 3.5

$\langle a_n \mid n \in N \rangle$이 실수의 무한수열이라고 하자.

(a) $n < n'$인 모든 $n,\ n' \in N$에 대해 $a_n \leq a_{n'}$이 성립하면 $\langle a_n \rangle$은 **비감소** 수열이다. $n < n'$에 대해 $a_n < a_{n'}$이 성립하면 **증가** 수열이다.

(b) 치역 $\{a_n \mid n \in N\}$이 위로 유계이면 $\langle a_n \rangle$은 **위로 유계**이다. **아래로 유계**도 마찬가지다. $\langle a_n \rangle$이 위 그리고 아래로 유계이면 $\langle a_n \rangle$은 **유계**이다.

(c) 모든 $\epsilon > 0,\ \epsilon \in R$에 대해, $n \geq n_0$이면 $|a_n - a| < \epsilon$인 $n_0 \in N$가 존재하면, $\langle a_n \rangle$은 **극한 a를 갖는다 [a로 수렴한다]**.

(d) 모든 $\epsilon > 0,\ \epsilon \in R$에 대해, $m,\ n \geq n_0$이면 $|a_m - a_n| < \epsilon$인 $n_0 \in N$가 존재하면, $\langle a_n \rangle$은 **코시Cauchy 수열**이다.

수렴에 대한 몇 가지 기본 정리를 제시한다. R의 완전성이 증명에서 결정적인 역할을 한다는 점에 유의하라.

정리 3.6

위로 유계인 모든 비감소 실수 수열은 극한을 갖는다.

증명

$\{a_n \mid n \in N\}$이 위로 유계이면, 최소상계 $\overline{a}$를 갖는다. $\langle a_n \mid n \in N\rangle$이 $\overline{a}$로 수렴함을 보인다. $\epsilon > 0$이 주어졌다고 하자. $\overline{a} - \epsilon < \overline{a}$이고, $\overline{a}$가 $\{a_n \mid n \in N\}$ 위의 최소상계이므로, $\overline{a} - \epsilon < a_{n_0}$인 n_0가 존재한다. 이제 모든 $n \geq n_0$에 대해, $\overline{a} - \epsilon < a_{n_0} \leq a_n \leq \overline{a} < \overline{a} + \epsilon$ 즉, $|a_n - \overline{a}| < \epsilon$을 얻었다. 따라서 $\langle a_n\rangle$은 $\overline{a}$로 수렴한다. □

정의 3.7

$\langle k_n \mid n \in N\rangle$이 자연수의 증가 수열이라고 하자. 수열 $\langle a_{k_n} \mid n \in N\rangle$을 $\langle a_n \mid n \in N\rangle$의 부분수열이라고 부른다. (이것은 그냥 합성 $\langle a_n\rangle \circ \langle k_n\rangle$임에 주목한다.)

정리 3.8

실수의 모든 유계 수열은 수렴하는 부분수열을 갖는다.

증명

$\langle a_n \mid n \in N\rangle$이 유계라고 하자. $b_n = \inf\{a_k \mid k \geq n\}$로 놓고 수열 $\langle b_n \mid n \in N\rangle$이 비감소이고 위로 유계임을 확인하자(모든 $\langle a_n\rangle$ 위의 상계는 $\langle b_n\rangle$ 위의 상계). 정리 3.6에 의해 $\langle b_n\rangle$은 극한 $\overline{a}$를 갖는다. 순환으로 극한 a를 갖는 부분수열 $\langle a_n\rangle$를 구성한다 :

$$k_0 = 0,\ \text{즉},\ a_{k_0} = a_0;$$

주어진 k_n에 대해, k_{n+1}을 $k > k_0$ 그리고 다음을 따르는 최소 $k \in N$로 놓는다.

$$\overline{a} - \frac{1}{n+1} < a_k < \overline{a} + \frac{1}{n+1}$$

그러한 k가 존재함을 증명해야 한다. 그러나 $\overline{a} = \sup\{b_n \mid n \in N\}$이고(정리 3.6의 증명 참조) 따라서 다음을 만족하는 $i > k_n$가 존재한다.

$$\overline{a} - \frac{1}{n+1} < b_i \leq \overline{a}$$

또한, $b_i = \inf\{a_k \mid k \geq i\}$이고 따라서 다음을 만족하는 $k \geq i$가 존재한다.

$$b_i \leq a_k < \overline{a} + \frac{1}{n+1}$$

이제 다음을 따르는 $k > k_n$를 얻었고 바로 찾던 것이다.

$$\overline{a} - \frac{1}{n+1} < a_k < \overline{a} + \frac{1}{n+1}$$

$\langle a_n\rangle$의 부분수열 $\langle a_{k_n} \mid n \in N\rangle$은 모든 $n \geq 1$에 대해, $|a_{k_n} - \overline{a}| < 1/n$이다. 이것으

로부터 $\langle a_{k_n} \rangle$이 $\overline{a}$로 수렴함을 쉽게 알 수 있다. (연습문제 3.4 참조). □

정리 3.9

실수의 모든 코시 수열은 수렴한다.

증명

모든 코시 수열은 유계이다 : 만일 $\langle a_n \rangle$이 코시 수열이면, 정의 3.5(d)의 $\epsilon = 1$로 놓는다; 결과는 모든 $n \geq n_0$에 대해 $|a_{n_0} - a_n| < 1$인 $n_0 \in N$이다. (또한 $m = n_0$로 놓는다). 따라서 모든 $n \geq n_0$에 대해 $a_{n_{0-1}} < a_n < a_{n_0} + 1$이고, 다음으로 놓아

$$M_1 = \max\{a_0,\ \ldots,\ a_{n_0 - 1},\ a_{n_0} + 1\}$$

$$M_2 = \min\{a_0,\ \ldots,\ a_{n_0 - 1},\ a_{n_0} + 1\}$$

원하는 $\{a_n \mid n \in N\}$ 위의 상, 하계를 생성한다.

정리 3.8에 의해, $\langle a_n \rangle$은 $\overline{a} \in R$로 수렴하는 부분수열 $\langle a_{k_n} \rangle$을 갖는다; $\langle a_n \rangle$ 자체가 $\overline{a}$로 수렴함을 증명한다. 따라서 $\epsilon > 0$이 주어졌다고 하자; $\langle a_{k_n} \rangle$이 $\overline{a}$로 수렴하기 때문에 모든 $n \geq n_0$에 대해 $|a_{k_n} - \overline{a}| < \epsilon/2$인 $n_0 \in N$가 존재한다. $\langle a_n \rangle$이 코시 수열이기 때문에, 모든 $m,\ n \geq n_1$에 대해 $|a_m - a_n| < \epsilon/2$인 $n_1 \in N$이 존재한다. $n_2 = \max\{n_0,\ n_1\}$로 놓자. 만일 $n \geq n_2$이면 $|a_n - \overline{a}| \leq |a_n - a_{k_{n_2}}| + |a_{k_{n_2}} - \overline{a}| < \epsilon/2 + \epsilon/2 = \epsilon$이고 $\langle a_n \rangle$이 극한 $\overline{a}$을 가짐을 확실히 했다. □

이제 연속함수 그리고 열린집합과 닫힌집합으로 관심을 돌린다.

정의 3.10

모든 $\epsilon > 0$에 대해 $\delta > 0$가 존재해서, 모든 $x \in R$에 대해 $|x - a| < \delta$이면 $|f(x) - f(a)| < \epsilon$일 때, 함수 $f : R \to R$는 $\boldsymbol{a} \in \boldsymbol{R}$**에서 연속**이다. 모든 $a \in R$에서 연속일 때 f는 **연속**이다. 모든 $a \in A$에 $\delta > 0$가 존재해서, $|x - a| < \delta$이면 $x \in A$ 일 때, $A \subseteq R$는 **열린집합**이다. [또는, 다른 말로, 열린구간 $(a - \delta,\ a + \delta) \subseteq A$.] 상대적 여집합 $R - B$가 **열린집합**일 때, 집합 B는 **닫힌집합**이다.

연속함수는 특히 간단하며 해석학의 주요 연구 대상이다. 여기에서 연속함수가(유리수 같은) R의 조밀한 부분집합 위에서 값이 유일하게 결정된다는 것을 보여주는 일만 필요하다.

정리 3.11

$D \subseteq R$가 R에서 조밀하다고 하자. 만일 $f \upharpoonright D = g \upharpoonright D$이고 여기서 f 그리고 g가 연속이면, $f = g$이다.

증명

$f \neq g$로 가정하자; 그러면 어떤 $a \in R$에 대해 $f(a) \neq g(a)$이다. $\epsilon = |f(a) - g(a)|/2$로 놓자. f 그리고 g 모두 a에서 연속으로 가정했기 때문에 $|x-a| < \delta_1$ 이면 $|f(x) - f(a)| < \epsilon$이고, $|x-a| < \delta_2$이면 $|g(x) - g(a)| < \epsilon$인 $\delta_1,\ \delta_2 > 0$가 존재한다. D의 조밀성에 의해 $|x-a| < \min\{\delta_1,\ \delta_2\}$인 $x \in D$의 존재가 보장된다. 그러나 $|f(a) - g(a)| \leq |f(a) - f(x)| + |f(x) - g(x)| + |g(x) - g(a)| < \epsilon + 0 + \epsilon = |f(a) - g(a)|$이고, 모순이다. [중간 항을 0으로 대체할 때 $x \in D$에 대해 $f(x) = g(x)$라는 사실을 사용했다.] □

마찬가지로, 열린집합과 닫힌집합 개념은 비교적 간단하고 잘 동작한다. 정의에 의해 열린집합이면 그리고 그때만 그것은 열린구간 시스템의 합집합임이 명백하다. 결과적으로, 임의의 열린집합 시스템의 합집합은 열린집합이고 임의의 닫힌집합 시스템의 교집합은 닫힌집합이다. 열린구간은 열린집합의 가장 단순한 사례이다; 닫힌구간, 유한집합, 그리고 $\{1/n \mid n \in N - \{0\}\} \cup \{0\}$은 전형적인 닫힌집합의 사례이다. 다른 예는 다음 보조정리를 사용하여 얻을 수 있다.

보조정리 3.12

열린집합의 유한 시스템의 교집합은 열린집합이다. 닫힌집합의 유한 시스템의 합집합은 닫힌집합이다.

증명

A_1 그리고 A_2가 열린집합이라고 하자. 만일 $a \in A_1 \cap A_2$이면, $\delta_1,\ \delta_2 > 0$가 존재해서 $|x-a| < \delta_1$이면 $x \in A_1$이고 $|x-a| < \delta_2$이면 $x \in A_2$이다. $\delta = \min\{\delta_1,\ \delta_2\}$로 놓자; 그러면 $\delta > 0$ 그리고 $|x-a| < \delta$이면 $x \in A_1 \cap A_2$. 이러한 주장은 두 열린집합의 교집합은 열린집합이라는 것을 증명한다. 열린집합의 유한 시스템에 대한 주장은 귀납으로 증명되고, 닫힌집합에 대한 주장은 R에서 상대적 여집합을 취하고 드 모르간De Morgan 법칙을 사용하여 증명된다. (1장 4절 참조). □

정리 3.13

$f : R \to R$에 대한 다음 명제는 동치이다 :

(a) f는 연속이다.

(b) $A \subseteq R$가 열린집합이면 $f^{-1}[A]$도 열린집합이다.

(c) $B \subseteq R$가 닫힌집합이면 $f^{-1}[B]$도 닫힌집합이다.

증명

(a)이면 (b). f가 연속이라고 가정하자. 만일 $a \in f^{-1}[A]$이면, $f(a) \in A$이고 따라서 $|y - f(a)| < \epsilon$이면 $y \in A$인 $\epsilon > 0$이 존재한다(A가 열린집합이기 때문). 연속의 정의에 의해 $|x - a| < \delta$이면 $|f(x) - f(a)| < \epsilon$인 $\delta > 0$가 존재한다. 따라서 $|x - a| < \delta$이면 $f(x) \in A$인 $\delta > 0$를 찾았다. 즉, $x \in f^{-1}[A]$이고, $f^{-1}[A]$가 열린집합임을 의미한다.

(b)이면 (a). $a \in R$ 그리고 $\epsilon > 0$이라고 하자. (b)이면 $f^{-1}[(f(a) - \epsilon,\ f(a) + \epsilon)]$는 열린집합(그리고 a를 포함)이다. 따라서 $|x - a| < \delta$이면 $x \in f^{-1}[(f(a) - \epsilon,\ f(a) + \epsilon)]$인 $\delta > 0$가 존재한다. 즉, $f(x) \in (f(a) - \epsilon,\ f(a) + \epsilon)$이고 a에서 f가 연속임을 의미한다.

2장 연습문제 3.6(b)에 의해 (b) 그리고 (c)는 동치이다. □

이 절의 나머지 부분에서는 열린집합과 닫힌집합에 대한 몇 가지 결과를 증명한다. 다음 보조정리는 5장에서 모든 열린집합의 시스템의 기수를 결정하는 데 사용된다.

보조정리 3.14

모든 열린집합은 유리수 끝점을 갖는 열린구간의 시스템의 합집합이다.

증명

A는 열린집합이고 S는 유리수 끝점을 갖는 A에 속하는 모든 열린구간의 시스템이라고 하자. 분명하게, $\bigcup S \subseteq A$이다; 만일 $a \in A$이면 어떤 $\delta > 0$에 대해 $(a - \delta,\ a + \delta) \subseteq A$이고, R에서 Q의 밀집성을 사용해서 $a - \delta < r_1 < a < r_2 < a + \delta$인 $r_1,\ r_2 \in Q$를 찾는다. 이제 $a \in (r_1,\ r_2) \subseteq A$이고, $a \in \bigcup S$이므로, $\bigcup S = A$이다. □

닫힌집합을 열린집합의 여집합으로 정의했다. 닫힌집합을 그것에 속하는 점의 행위 측면에서 특성화하는 것이 유용하다.

정의 3.15

모든 $\delta > 0$에 대해 $|x - a| < \delta$인 $x \in A,\ x \neq a$가 존재하면, $a \in R$는 $A \subseteq R$의 **쌓인점accumulation point**이다. $a \in A$이고 $|x - a| < \delta,\ x \neq a$이면 $x \notin A$인 $\delta > 0$가 존재하면, $a \in R$는 $A \subseteq R$의 **고립점isolated point**이다.

A의 모든 원소는 고립점이거나 쌓인점이고, A에 속하지 않는 A의 쌓인점이 있을 수 있다는 것을 쉽게 알 수 있다.

정리 3.16

$A \subseteq R$가 열린집합이면 그리고 그때만 A의 모든 쌓인점은 A에 속한다.

증명

A가 닫힌집합 즉, $R - A$가 열린집합이라고 가정하자. $a \in R - A$이면 $|x - a| < \delta$이면 $x \in R - A$인 $\delta > 0$가 존재하고, 따라서 a는 A의 쌓인점이 아니다. 그러므로 A의 모든 쌓인점은 A에 속한다.

역으로, A의 모든 쌓인점이 A에 속한다고 가정하자. 만일 $a \in R - A$이면, 이것은 A의 쌓인점이 아니고, 따라서 $|x - a| < \delta$인 $x \in A,\ x \neq a$를 갖지않는 $\delta > 0$가 존재한다. 하지만 그러면 $|x - a| < \delta$이면 $x \in R - A$이고, 따라서 $R - A$는 열린집합이고 A는 닫힌집합이다. □

하나의 응용 사례로써 정리 3.4를 일반화한다.

정리 3.17

유한 교집합 속성을 갖는 닫힌 유계 집합의 모든 공집합이 아닌 시스템은 공집합이 아닌 교집합을 갖는다.

증명

S가 그런 조건을 만족하는 집합이라고 하자. S의 임의의 공집합이 아닌 유한 부분시스템 T의 교집합이 공집합이 아닌 닫힌 유계 집합임에 주목한다. 따라서, $\overline{S} = \{\bigcap T \mid T$는 역시$S$의 공집합이 아닌 유한 부분시스템$\}$ 역시 유한 교집합 속성을 갖는 닫힌 유계 집합의 공집합이 아닌 시스템이고, $\overline{S}$의 임의의 공집합이 아닌 유한 부분시스템의 교집합은 실제로 $\overline{S}$에 속한다는 추가 속성을 갖는다. 명백하게 $\bigcap S = \bigcap \overline{S}$이므로, $\bigcap \overline{S} \neq \varnothing$이 증명된다.

이 증명은 정리 3.4의 증명과 아주 가깝다. $A=\{\inf F \mid F\in\overline{S}\}$로 놓자. A가 위로 유계임을 보인다. $G\in\overline{S}$로 놓는다; 그러면 임의의 $F\in\overline{S}$에 대해, $F\cap G\in\overline{S}$ 그리고 $\inf F\le\inf(F\cap G)\le\sup(F\cap G)\le\sup G$를 얻고, 따라서 A는 $\sup G$에 의해 제한된다. 완전성 속성에 의해, A는 최소상계 $\overline{a}$를 갖는다. 임의의 $F\in\overline{S}$에 대해 $\overline{a}\in F$ 임을 보이면 증명이 끝난다.

$\overline{a}\notin F$라고 가정하자. $\overline{a}$의 정의에 의해, 임의의 $\delta>0$에 대해 $\overline{a}-\delta<\inf H\le\overline{a}$인 $H\in\overline{S}$가 존재한다. $H\cap F\in\overline{S}$ 그리고 $\inf H\le\inf(H\cap F)$이므로, 또한 $\overline{a}<\inf(H\cap F)\le\overline{a}<\overline{a}+\delta$이다. 최대하계의 정의에 의해 $\inf(H\cap F)\le x<\overline{a}+\delta$인 $x\in H\cap F$가 존재한다. 결론으로, 각각의 $\delta>0$에 대해, $x\ne\overline{a}$ ($\overline{a}\notin F$로 가정했음)이고 $|x-\overline{a}|<\delta$인 $x\in F$가 존재한다. 그러나 이것은 $\overline{a}$가 F의 쌓인점이고, F가 닫힌집합이므로, $\overline{a}\in F$이므로, 모순이다. □

닫힌집합은 모든 쌓인점을 포함한다; 또한, 고립점은 포함할 수도 있고 포함하지 않을 수도 있다. 고립점이 없는 닫힌집합의 예는 모든 닫힌구간이다. $[0,\ 1]\cup N$은 (무한히 많은) 고립점이 있는 닫힌집합의 예이다. 고립점이 없는 공집합이 아닌 닫힌집합은 특히 잘 활용된다; 이를 **완전 집합perfect sets**이라고 한다. 다음 절에서 완전 집합을 닫힌집합의 구조를 분석하는 도구로 사용한다. 완전 집합이 많이 사용됨에도 불구하고, 흔히 사용하는 닫힌구간과 상당히 다를 수 있음을 보여주는 것으로 이 절을 맺는다.

예제 3.18 칸토어 집합Cantor set

$S=\mathrm{Seq}(\{0,\ 1\})=\bigcup_{n\in N}\{0,\ 1\}^N$가 0과 1의 모든 유한수열의 집합이라고 하자. 다음처럼 닫힌구간의 시스템 $D=\langle D_s \mid s\in S\rangle$를 구성한다 :

$D_{\langle\rangle}=[0,1]$;

$D_{\langle 0\rangle}=[0,\frac{1}{3}]$, $D_{\langle 1\rangle}=[\frac{2}{3},1]$;

$D_{\langle 0,0\rangle}=[0,\frac{1}{9}]$, $D_{\langle 0,1\rangle}=[\frac{2}{9},\frac{1}{3}]$, $D_{\langle 1,0\rangle}=[\frac{2}{3},\frac{7}{9}]$; $D_{\langle 1,1\rangle}=[\frac{8}{9},1]$, 등등.

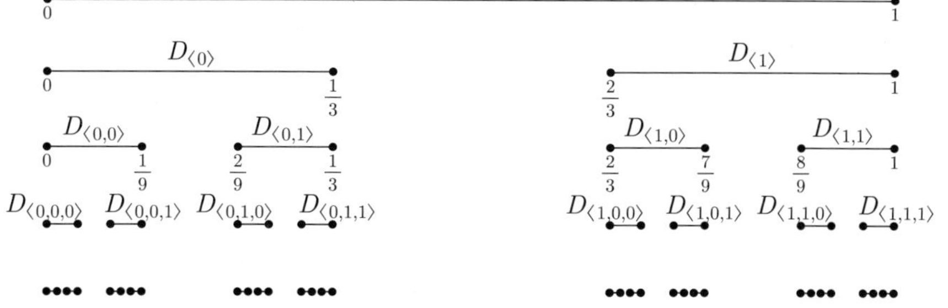

일반적으로, 만일 $D_{\langle s_0,\ \ldots,\ s_{n-1}\rangle} = [a,\ b]$이면, $D_{\langle s_0,\ \ldots,\ s_{n-1},\ 0\rangle} = [a,\ a + \frac{1}{3}(b-a)]$ 그리고 $D_{\langle s_0,\ \ldots,\ s_{n-1},\ 1\rangle} = [a + \frac{2}{3}(b-a),\ b]$를 $[a,\ b]$의 첫 번째 그리고 마지막 3등분으로 놓는다. 시스템 D의 존재는, 조금 시간을 두고 생각해 보면, 순환 정리로 정당화된다 : 실제로 수열 $\langle D^n \mid n \in N\rangle$을 순환으로 정의했고, 여기서 각각의 D^n은 $\{0,\ 1\}^n$으로 색인된 닫힌구간의 시스템이다 : $D^0_{\langle\rangle} = [0,\ 1]$; D^n을 정의한 후, D^{n+1}을 정의하므로 모든 $\langle s_0,\ \ldots,\ s_{n-1}\rangle \in \{0,\ 1\}^n$에 대해, $D^{n+1}_{\langle s_0,\ \ldots,\ s_{n-1},\ 0\rangle} = [a,\ a + \frac{1}{3}(b-a)]$ 그리고 $D^{n+1}_{\langle s_0,\ \ldots,\ s_{n-1},\ 1\rangle} = [a + \frac{2}{3}(b-a),\ b]$ 여기서 $[a,\ b] = D^n_{\langle s_0,\ \ldots,\ s_{n-1}\rangle}$이고, 다음으로 $D = \bigcup_{n\in N} D^n$으로 놓는다.

이제 $F_n = \bigcup\{D_s \mid s \in \{0,\ 1\}^n\}$놓으면, $F_0 = [0,\ 1]$, $F_1 = [0,\ \frac{1}{3}] \cup [\frac{2}{3},\ 1]$, 등등이다. F_n이 닫힌구간의 유한 시스템의 합집합이므로, 역시 닫힌집합임에 주목하자. (보조정리 3.12 참조). 따라서 집합 $F = \bigcap_{n\in N} F_n$ 또한 닫힌집합이다 : 이 집합을 **칸토어 집합**이라고 부른다.

임의의 $f \in \{0,\ 1\}^N$에 대해, $D_f = \bigcap_{n\in N} D_{f\restriction n}$으로 놓는다. $D_f \subseteq F$ 그리고 $D_f \neq \varnothing$(정리 3.4)임에 주목한다. 더군다나, 구간 $D_{f\restriction n}$의 길이는 $1/3^n$이므로, 시스템 $\langle D_{f\restriction n} \mid n \in N\rangle$에서 구간 길이의 최대하계는 0이다. 따라서 D_f는 유일한 원소를 갖는다 : $D_f = \{d_f\}$. 역으로, 임의의 $a \in F$에 대해 $a = d_f$인 유일한 $f \in \{0,\ 1\}^N$가 존재한다 : $f = \bigcup\{s \in \mathrm{Seq}(\{0,\ 1\}) \mid a \in D_s\}$로 놓자. (이런 주장을 2장 연습문제 3.13과 비교해 보라.) 따라서 $d = \langle d_f \mid f \in \{0.1\}^N\rangle$는 $\{0,\ 1\}^N$에서 F로의 일대일 대응 함수이고, 결론으로 칸토어 집합의 기수는 연속체 $2^{\aleph_0}$이다.

집합 F의 다른 많은 흥미로운 속성 중 두 가지를 증명한다.

(1) 칸토어 집합은 완전 집합이다.

증명

F가 닫힌집합이고 공집합이 아니라는 것을 이미 알고 있으므로, F가 고립점을 가지고 있지 않다는 것을 증명해야 한다. $a \in F$이고 $\delta > 0$이라고 하자; $|x - a| < \delta$인 $a \in F,\ x \neq a$를 찾아야 한다. $1/3^n < \delta$인 $n \in N$을 취한다. 어떤 $f \in \{0,\ 1\}^N$에 대해 $a = d_f$임을 알고 있다; $x = d_g$로 놓는다. 여기서 g는 $g \restriction n = f \restriction n$ 그리고 $f \neq g$를 만족하는 0과 1의 어떤 수열이다. 그러면 $a \neq x$이지만, $a,\ x \in D_{f\restriction n} = D_{g\restriction n}$의 길이는 $1/3^n < \delta$이고, 따라서 원하는 $|x - a| < \delta$를 얻는다. □

(2) $[0,\ 1]$에서 칸토어 집합의 상대 여집합은 $[0,\ 1]$에서 조밀하다.

증명

$0 \le a < b \le 1$이라고 하자; $(a,\ b)$에 F에 속하지 않는 원소가 있음을 보인다. $\frac{1}{3^n} < \frac{1}{2}(b-a)$인 $n \in N$을 취한다. k를 $\frac{k}{3^n} \ge a$인 가장 작은 자연수로 놓는다; 그러면 $a \le \frac{k}{3^n} < \frac{k+1}{3^n} < b$이다. 다음 열린구간은

$$\left(\frac{3k+1}{3^{n+1}},\ \frac{3k+2}{3^{n+1}}\right)\ \left(\left[\frac{k}{3^n},\ \frac{k+1}{3^n}\right] \text{의 가운데 3등분}\right)$$

확실히 F와 서로소이고, $(a,\ b)$에 F에 속하지 않는 원소가 있음을 알 수 있다. □

연습문제

3.1 서로소인 열린집합의 모든 시스템은 기껏해야 셀 수 있다. 닫힌집합에 대해서 이 주장은 거짓이다.

3.2 S가 R의 닫힌 유계 구간의 공집합이 아닌 시스템이라고 하자. 만일 $\inf\{b-a \mid [a,\ b] \in S\} = 0$이면, $\bigcap S$은 기껏해야 원소 1개를 포함한다.

3.3 $(P,\ <)$가 조밀한 선형 순서 집합이고 여기서 유한 교집합 속성을 갖는 닫힌 유계 구간의 모든 공집합이 아닌 시스템이 공집합이 아닌 교집합을 갖는다고 하자. 그러면 p는 완전하다. (정리 3.4의 역.)

3.4 $\langle a_n \rangle_{n=0}^{\infty}$이 a로 수렴하면 그리고 그때만 모든 $k \in N,\ k > 0$에 대해, 모든 $n \ge n_0$에 대해 $|a_n - a| < 1/k$이 성립하는 $n_0 \in N$가 존재한다.

3.5 만일 $\langle a_n \rangle_{n=0}^{\infty}$이 a 그리고 b로 수렴하면 $a = b$ 이다(극한의 유일성). 이 때문에, 극한이 존재하는 경우, 극한을 나타내는 보통의 표기 $\lim_{n\to\infty} a_n$이 정당하다.

3.6 실수의 모든 수렴하는 수열은 코시 수열이다.

3.7 정리 3.8의 증명에서 사용한 수 $\overline{a} = \sup\{\inf\{a_k \mid k \ge n\} \mid n \in N\}$를 $\langle a_n \rangle$의 **아래끝 lower** 극한이라 부르고 $\liminf_{n\to\infty} a_n$으로 나타낸다. 마찬가지로, $\overline{b} = \inf\{\sup\{a_k \mid k \ge n\} \mid n \in N\}$를 $\langle a_n \rangle$ **위끝upper** 극한이라 부르고 $\limsup_{n\to\infty} a_n$으로 나타낸다.
다음을 증명하라.

(a) 모든 유계 수열에 대해 $\overline{b}$가 존재하고 $\overline{a} \le \overline{b}$.

(b) c가 $\langle a_n \rangle$의 어떤 부분수열의 극한이면, $\overline{a} \le c \le \overline{b}$이다.

(c) $\langle a_n \rangle$이 수렴하면 그리고 그때만 $\overline{a} = \overline{b}$이다. (그 경우, $\overline{a}$는 그것의 극한.)

3.8 임의의 $a \in R$에 대해, $\langle a_n \rangle$이 a로 수렴하는 부분수열을 갖는 수열 $\langle a_n \rangle$이 존재한다. [힌트 : 모든 유리수의 나열을 생각해 보라.]

3.9 $f : R \to R$가 $a \in R$에서 연속이면 그리고 그때만 모든 $n \in N$에 대해, 모든 $x \in R$에 대해 $|x - a| < 1/k$ 이면 $|f(x) - f(a)| < 1/n$이 성립하는 $k \in N$가 존재한다.

3.10 $f : R \to R$가 연속이고 $a,\ b,\ y \in R,\ a < b$ 그리고 $f(a) \le y \le f(b)$라고 하자. $f(x) = y$인 $x \in R,\ a \le x \le b$가 존재함을 증명하라 (중간값 정리).

[힌트 : $x = \sup\{z \in [a,\ b] \mid f(z) \le y\}$.]

3.11 $f : R \to R$가 연속이고 $a,\ b \in R,\ a < b$라고 하자. f에 대한 $[a,\ b]$의 상이 닫힌집합임을 증명하라.

3.12 $f : R \to R$가 연속이고 $a,\ b \in R,\ a < b$라고 하자. 모든 $z \in [a,\ b]$에 대해 $f(x) \ge f(z)$인 $x \in [a,\ b]$가 존재함을 증명하라. 그러므로, f에 대한 $[a,\ b]$의 상은 유계이다.

3.13 A가 열린집합이고 $\langle x_n \rangle$이 $a \in A$로 수렴하면, 모든 $n \ge n_0$에 대해 $a_n \in A$인 $n_0 \in N$가 존재한다.

3.14 모든 $\delta > 0$에 대해 $|x - a| < \delta$인 $x \in A$가 존재하면, $a \in R$는 $A \subseteq R$의 **폐포점**이다. $a \in R$가 폐포점이면 그리고 그때만 그 점은 A의 고립점이거나 아니면 A의 쌓인점이다. $\overline{A}$가 A의 모든 폐포점의 집합이라고 하자. A가 닫힌집합이면 그리고 그때만 $A = \overline{A}$이다.

3.15 모든 열린집합은 서로소인 열린구간의 시스템의 합집합이다.

[힌트 : A가 열린집합이고 $a \in A$이면, $\bigcup\{(x,\ y) \mid a \in (x,\ y) \subseteq A\}$은 열린구간이다.]

3.16 교집합이 공집합인 닫힌집합의 감소수열 예를 제시하라.

3.17 닫힌구간 $[a,\ b]$ 대신, 연습문제 3.11과 3.12가 임의의 닫힌 유계 집합 C에 대해서도 참임을 보여라.

3.18 $(Q,\ <)$를 다른 방법으로 구성해 본다. 각각의 유리수 $p > 0$에 대해, 모든 $n \ge n_0$에 대해 $|a_n - a_{n_0}| < p$인 n_0가 존재할 때, 유리수의 수열 $\langle a_n \rangle_{n=0}^{\infty}$은 **코시 수열**이다. C가 모든 유리수 코시 수열의 집합이라고 하자. C 위 동치관계를 다음으로 정의한다. $\langle a_n \rangle_{n=0}^{\infty} \approx \langle b_n \rangle_{n=0}^{\infty}$이면 그리고 그때만 각각의 $p > 0$에 대해, 모든 $n \ge n_0$에 대해 $|a_n - a_{n_0}| < p$인 n_0가 존재한다. 그리고 C의 원순서관계는 다음으로 정의한다. $\langle a_n \rangle_{n=0}^{\infty} \preccurlyeq \langle b_n \rangle_{n=0}^{\infty}$이면 그리고 그때만 각각의 $p > 0$에 대해, 모든 $n \ge n_0$에 대해 $a_n - b_n < p$인 n_0가 존재한다. 다음을 증명하라.

(a) $\approx$는 C 위의 동치관계이다.

(b) $\preccurlyeq$는 $C/\approx$의 선형 순서를 정의한다.

(c) 순서집합 $C/\approx$는 R과 동형이다.

4. 실수 집합

연속체 가설은 모든 실수 집합이 기껏해야 셀 수 있거나 기수가 연속체라고 가정한다. 연속체 가설은 체르멜로–프렝켈 집합론에서 증명할 수 없지만, 예를 들어 위상적으로, 어떤 의미에서 단순한 집합에 주의를 돌리면 상황이 다르다. 이 절에서는 이러한 유형의 몇 가지 결과를 살펴본다.

정리 4.1

실수의 모든 공집합이 아닌 열린집합의 기수는 $2^{\aleph_0}$이다.

증명

미적분학에서 흔히 사용하는 함수 $\tan x$는 열린구간 $(-\pi/2,\ \pi/2)$에서 실선 R로 가는 일대일 대응 함수이다; 그러므로, 구간 $(-\pi/2,\ \pi/2)$의 기수는 $2^{\aleph_0}$이다. 만일 $(a,\ b)$ 그리고 $(c,\ d)$가 두 개의 열린구간이면, 다음 함수는

$$f(x) = c + \frac{d-c}{b-a}(x-a)$$

$(a,\ b)$에서 $(c,\ d)$로의 일대일 대응 함수이다; 이것은 모든 열린구간의 기수가 $2^{\aleph_0}$임을 나타낸다. 마지막으로, 모든 공집합이 아닌 열린집합은 열린구간의 공집합이 아닌 시스템의 합집합이고, 따라서 기수는 적어도 $2^{\aleph_0}$이다. 또한 R의 부분집합이므로, 기수는 기껏해야 $2^{\aleph_0}$이다. □

정리 4.2

정리 모든 완전 집합의 기수는 $2^{\aleph_0}$이다.

먼저 모든 완전 집합이 두 개의 분리된 완전 부분집합을 포함한다는 것을 보여주는 보조정리를 증명한다("분할" 보조정리). P가 R의 모든 완전 부분집합의 시스템이라고 하자.

보조정리 4.3

모든 $F \in P$에 대해 $G_0(F) \subseteq F$, $G_1(F) \subseteq F$ 그리고 $G_0(F) \cap G_1(F) = \varnothing$인 P에서 P로 가는 함수 G_0 그리고 G가 존재한다.

증명

모든 완전 집합 F에 대해, $F \cap (-\infty,\ r]$ 그리고 $F \cap [s,\ +\infty)$가 모두 완전 집합인 유리수 $r,\ s,\ r < s$가 존재함을 보인다.

F가 아래로 유계이면 (이 경우 $\alpha \in F$) $\alpha = \inf F$이고 아니면 $\alpha = -\infty$로 놓자. 비슷하게, F가 위로 유계이면 $(\beta \in F)\beta = \sup F$이고 아니면 $\beta = +\infty$놓는다. 두 가지 경우가 가능하다 :

(a) $(\alpha,\ \beta) \subseteq F$. 이 경우, $\alpha < r < s < \beta$인 임의의 $r,\ s \in Q$는 원하는 속성을 갖는다 : 예를 들어, $\alpha \in R$이면, $F \cap (-\infty,\ r] = [\alpha,\ r]$이다; 아니면 $F \cap (-\infty,\ r] = (-\infty,\ r]$이다(그리고 모든 닫힌구간은 완전 집합임에 주목했다).

(b) $(\alpha,\ \beta) \nsubseteq F$. 그러면 $a \in (\alpha,\ \beta),\ a \notin F$가 존재한다. 집합 F는 닫힌집합이고 (즉, 그것의 여집합은 열린집합), 따라서 $(a - \delta,\ a + \delta) \cap F = \varnothing$인 $\delta > 0$가 존재한다. $\alpha < a - \delta(\alpha = \inf F$이므로, $x \in F,\ \alpha < x < a$가 존재)이고 비슷하게 $a + \delta < \beta$임에 주목하자. $a - \delta < r < a < s < a + \delta$인 $r,\ s \in Q$는 원하는 속성을 갖는다 : 예를 들어, $F \cap (-\infty,\ r]$ 는 분명하게 닫혔고 공집합도 아니다($F \cap (-\infty,\ r] = F \cap (-\infty,\ a]$.) 만일 이것이 고립점 b를 갖는다면, $x \in (b - \delta',\ b + \delta'),\ x \neq b$이면 $x \notin F \cap (-\infty,\ r] = F \cap (-\infty,\ a + \delta)$인 $\delta' \leq \delta$ 존재한다. 그러나 그러한 x에 대해, $x < b + \delta' \leq r + \delta' < a + \delta' \leq a + \delta'$이고, 따라서 $x \in (-\infty,\ a + \delta)$이다. $x \notin F$라고 결론을 내릴 수 있고, b가 F의 고립점임을 보인 셈이다. 그러나 이는 F가 완전이라는 가정에 모순이다.

보조정리의 증명을 끝내기 위해, 모든 유리수 순서쌍의 셀 수 있는 나열 $\langle (r_n,\ s_n) \mid n \in N \rangle$을 정하고, $G_0(F) = F \cap (-\infty,\ r_n],\ G_1(F) = F \cap [s_n,\ \infty)$을 정의하는데, 여기서 $(r_n,\ s_n)$은 $r_n < s_n$이고, $F \cap (-\infty,\ r_n]$ 그리고 $F \cap [s_n,\ \infty)$ 두 집합 모두 완전인 (앞의 나열에서) 첫 번째 유리수 순서쌍이다. □

정리 4.2를 증명하기 위해서는 한 가지 결과가 더 필요하다. 임의의 공집합이 아닌 유계 집합에 대해 A의 **지름**, $\mathrm{diam}(A)$를 $\sup A - \inf A$로 정의한다. 다음 보조정리는 모든 완전 집합은 임의로 작은 지름의 완전 부분집합을 갖는다는 것을 보여준다.

보조정리 4.4

각각의 $F \in P$ 그리고 각각의 $n \in N,\ n \neq 0$에 대해, $H(F,\ n) \subseteq F$ 그리고 $\mathrm{diam}(H(F,\ n)) \leq 1/n$인 함수 $H : P \times (N - \{0\}) \to P$가 존재한다.

증명

$F \in P$, $n \in N$, $n > 0$이라고 하자. $F \cap (m/n,\ (m+1)/n) \neq 0$인 $m \in Z$가 존재한다. (그렇지 않으면, $F \subseteq \{m/n \mid m \in Z\}$이고, 따라서 F의 모든 점이 고립점이 된다.) 이 속성을 갖는 최소의 $m \geq 0$을 취하고, 만일 그것이 존재하지 않으면 이 속성을 갖는 최대의 $m < 0$을 취한다. $a = \inf F \cap (m/n,\ (m+1)/n)$ 그리고 $b = \sup F \cap (m/n,\ (m+1)/n)$으로 놓자. 명백하게, $m/n \leq a \leq b \leq (m+1)/n$이고, 따라서 $b - a \leq 1/n$이다. $H(F,\ n) = F \cap [a,\ b]$로 정의한다. 분명하게, F는 닫힌집합이고 $F \neq \varnothing$이다. 최대하계의 정의에 의해 a와 b 모두 $H(F,\ n)$의 고립점이 아니다. 앞선 보조정리 증명 (b)의 경우에 사용한 논의에 따라 $x \in (a,\ b) \subseteq (m/n,\ (m+1)/n)$도 $H(F,\ n)$의 고립점이 아니고, 따라서 $H(F,\ n)$은 완전이다. □

정리 4.2의 증명

이제 이 증명은 쉽다. 칸토어 집합의 기수가 $2^{\aleph_0}$라는 것을 보여주기 위해 3절에서 사용한 논의와 매우 유사하다. F가 완전 집합이라고 하자; F의 완전 부분집합 $\langle F_s \mid s \in S \rangle$의 시스템을, 여기서 $S = \mathrm{Seq}(\{0,\ 1\})$, 다음처럼 구성한다 :

$$F_{\langle\rangle} = F;$$

$$F_{\langle s_0,\ \ldots,\ s_{n-1},\ 0\rangle} = H(G_0(F_{\langle s_0,\ \ldots,\ s_{n-1}\rangle}),\ n);$$

$$F_{\langle s_0,\ \ldots,\ s_{n-1},\ 1\rangle} = H(G_1(F_{\langle s_0,\ \ldots,\ s_{n-1}\rangle}),\ n)$$

임의의 $f \in \{0,\ 1\}^N$에 대해 $F_f = \bigcap_{n \in N} F_{f \upharpoonright n}$으로 놓자. 정리 3.17에 의해 $F_f \neq \varnothing$이다. 더구나, F_f는 유일한 원소를 포함한다 : $x,\ y \in F_f$이면, 모든 $n \in N$, $n \neq 0$에 대해 $|x - y| \leq \mathrm{diam}(F_f) \leq \mathrm{diam}(F_{f \upharpoonright n}) \leq 1/n$이므로 $x = y$이다. d_f를 F_f의 유일한 원소로 놓자. 함수 $\langle d_f \mid f \in \{0,\ 1\}^N \rangle$는 $\{0,\ 1\}^N$에서 F로의 함수(전사일 필요는 없음)이고, 이는 F의 기수가 최소한 $2^{\aleph_0}$임을 보여준다. 또한 $F \subseteq R$이므로, 기수는 기껏해야 $2^{\aleph_0}$이다. 이제 칸토어–베른슈타인 정리에 따라 정리 4.2가 성립한다. □

다음은 닫힌집합도 연속체 가설과 일치한다는 것을 보여주는 일이다 : 즉, 닫힌집합은 기껏해야 셀 수 있거나 기수가 $2^{\aleph_0}$이다. 이는 정리 4.2와 다음 정리의 직접적인 결과이다 :

정리 4.5

모든 셀 수 없는 닫힌집합은 완전 부분집합을 포함한다.

따름정리 4.6

모든 닫힌 실수 집합은 기껏해야 셀 수 있거나 기수가 $2^{\aleph_0}$ 이다.

정리 4.5에 대한 두 가지 증명을 제시한다 : 첫 번째 증명은 매우 간단하다; 그러나 기껏해야 셀 수 있는 집합의 모든 셀 수 있는 시스템의 합집합은 기껏해야 셀 수 있다는 사실을 사용한다. 이를 증명하려면 선택 공리가 필요하다(8장 참조). 두 번째 증명은 선택 공리에 전혀 의존하지 않는다 : 이것은 또한 닫힌집합의 구조에 대한 더 깊고 흥미로운 분석을 제공한다. 이 증명은 초한 순환을 사용한다(6장 참조).

정리 3.5의 증명

A가 실수의 집합이라고 하자. 모든 $\delta > 0$에 대해 $|x-a| < \delta$인 모든 $x \in A$의 집합이 셀 수 있는 집합일 때 $a \in R$를 A의 **응집점condensation point**이라고 한다. 정의에 따라 A의 모든 응집점은 A의 쌓인점이다. A의 모든 응집점의 집합을 A^c로 나타낸다.

(1) A^c는 닫힌집합이다.

증명

보조정리 3.16에 의해 A^c의 모든 쌓인점이 A^c에 속함을 보이는 것으로 충분하다. 만일 a가 A^c의 쌓인점이고 $\delta > 0$이면, $|x-a| < \delta$인 $x \in A^c$가 존재한다. $\epsilon = \delta - |x-a| > 0$으로 놓자. $|y-x| < \epsilon$인 $y \in A$가 셀 수 없을 만큼 많이 존재한다; 그러나 앞에서 정한 ϵ은, 만일 $|y-x| < \epsilon$이면 $|y-a| \leq |y-x| + |x-a| < \epsilon + |x-a| = \delta$를 보장하고, 따라서 $|y-a| < \delta$인 $y \in A$가 셀 수 없을 만큼 많이 존재하고, $a \in A^c$이다. □

F가 닫힌집합이라고 하자; 그러면 $F^c \subseteq F$ (보조정리 3.10 참조)이다. 다음으로 살펴볼 사실은 다음과 같다.

(2) $C = F - F^c$는 기껏해야 셀 수 있다.

증명

$a \in C$이면, a는 F의 응집점이 아니고, 따라서 $F \cap (a-\delta,\ a+\delta)$가 기껏해야 셀 수 있는 $\delta > 0$가 존재한다. 실수에서 유리수의 조밀성에 의해 $a-\delta < r < a < s < a+\delta$를 만족하는 유리수 $r,\ s$의 존재가 보장된다. 이는 각각의 $a \in C$에 대해, $a \in F \cap (r,\ s)$이고 $F \cap (r,\ s)$가 기껏해야 셀 수 있는, 유리수 끝점을 갖는 열린구간 $(r,\ s)$가 존재함을 나타낸다; 다시 말해, $C \subseteq \bigcup\{F \cap (r,\ s) \mid r,\ s \in Q,\ r < s,$ 그리고 $F \cap (r,\ s)$는 기껏해야 셀 수 있다.$\}$. 하지만 포함 관계식의 우변 집합은 기껏해야 셀 수 있는 집합의 기껏해야 셀 수 있는 시스템의 합집합이므로, 결과적으로 C도 기껏해야 셀 수 있는 집합이다. (여기서 선택 공리에 따른 사실을 사용한다.) □

(3) F가 셀 수 없는 집합이면, F^c는 완전 집합이다.

증명

F^c는 닫힌집합이고 [사실 (1)] 공집합이 아니다 [사실 (2)]. F^c가 고립점을 갖지 않는다는 것을 보여야 한다. 따라서 $a \in F^c$가 F^c의 고립점이라고 하자. 그러면 $|x-a| < \delta,\ x \neq a$이면 $x \notin F^c$인 $\delta > 0$가 존재한다. 그러나 그렇다면, 이 δ에 대해, $|x-a| < \delta$이고 $x \in F$이면 $x = a$이거나 $x \in F - F^c$이고, 사실 (2)에 의해 기껏해야 셀 수 있는 집합이다. 따라서 $|x-a| < \delta$인 기껏해야 셀 수 있을 만큼 많은 $x \in F$가 존재하고, $a \in F^c$의 가정에 모순이다. □

사실 (3)으로 정리 4.5의 증명이 끝난다. □

정리 4.5의 다른 증명을 위해, 그리고 그 자체가 갖는 의미를 위해, 닫힌집합의 구조에 대한 다소 더 깊은 분석을 시작한다. 일반적으로 닫힌집합은 고립점을 가질 수 있다는 점에서 완전 집합과 다르다. 먼저 다음을 증명한다.

정리 4.7

모든 닫힌집합은 기껏해야 셀 수 있을 만큼 많은 고립점을 포함한다.

증명

만일 a가 닫힌집합 F의 고립점이면, 열린구간 $(a-\delta,\ a+\delta)$에 있는 F의 유일한 원소가 a인 $\delta > 0$가 존재한다. 실수에서 유리수의 조밀성에 의해, $a-\delta < r < a < s < a+\delta$인 $r,\ s \in Q$를 찾을 수 있고, 따라서 a는 유리수 끝점을 갖는 열린구간 $(r,\ s)$에 있는 F의 유일한 원소이다. F의 유일한 원소를 포함하는 유리수 끝점을 갖는 각각의 열린구간에 해당 원소를 값으로 할당하는 함수는, 기껏해야 셀 수 있는 집합을 F의 모든 고립점 집합으로 사상하는 전사함수이다. 4장 정리 3.4에서 따라 증명이 끝난다. □

정의 4.8

$A \subseteq R$이라고 하자; A의 모든 쌓인점의 집합을 A의 **유도집합derived set**이라하고, A'로 나타낸다.

A가 닫힌집합이면 그리고 그때만 $A' \subseteq A$이고, 완전 집합이면 그리고 그때만 $A \neq \varnothing,\ A' = A$임은 쉽게 보일 수 있다. 또한, 유도집합 자체는 닫힌집합이다. (이 결과에 대해서는 연습문제 4.4를 참조하라.) 정리 4.7에 의하면 임의의 닫힌집합 F에 대해, 자신의 고립점들의 집합 $F - F'$는 기껏해야 셀 수 있다. 이러한 사실들을 닫힌집합의 기수를 탐구하기 위한 전략으로 삼는다.

$F \neq \varnothing$가 닫힌집합이라고 하자. 만일 $F = F'$이면 F는 완전 집합이고 $|F| = 2^{\aleph_0}$이다. 그렇지 않으면, $F = (F - F') \cup F'$ 그리고 $|F - F'| \leq \aleph_0$이므로, 따라서 더 작은 닫힌집합 F'의 기수를 정하면 된다. 만일 $F' = \varnothing$이면 $F = F - F'$는 고립점만 포함하고 $|F| \leq 2^{\aleph_0}$이다.

만일 F'가 완전 집합이면 $|F'| = 2^{\aleph_0}$이고, 따라서 $|F| = 2^{\aleph_0}$이다. 그러나, F'가 다시 고립점을 갖는 것도 가능하다; 예를 들어, $F = N \cup \{m - \frac{1}{n} \mid m,\ n \in N,\ m \geq 1,\ n > 1\}$를 생각해 보라. 이 경우 그 과정을 반복해서 $F'' = (F')'$를 조사해 볼 수 있다. 만일 $F'' = \varnothing$ 이거나 F''가 완전 집합이면, $|F| \leq \aleph_0$ 또는 $|F| = 2^{\aleph_0}$을 얻는다. 그러나 F''가 다시 고립점을 가질 수 있고, 분석을 계속해야 한다. 순환으로 다음과 같은 무한수열 $\langle F_n \mid n \in N\rangle$을 정의할 수 있다 :

$$F_0 = F;$$
$$F_{n+1} = (F_n)'.$$

모든 F_n은 닫힌집합이다; 만일 어떤 $n \in N$에 대해 $F_n = \varnothing$이거나 또는 F_n이 완전 집합이면, $|F| \leq \aleph_0$ 또는 $|F| = 2^{\aleph_0}$을 얻는다. 불행하게도, 모든 F_n이 고립점을 가질 수도 있다. 그렇다면 $F_\omega = \bigcap_{\{n \in N\}} F_n$를 정의할 수 있다; 이것은 다시 닫힌집합이고, 모든 F_n보다 더 작다. 만일 F_ω가 완전 집합이면 $|F| \geq |F| = 2^{\aleph_0}$을 얻고, $F_\omega = \varnothing$이면 $F = \bigcup_{n \in N} (F_n - F_{n+1})$는 셀 수 있는 집합의 셀 수 있는 합집합이고, (선택 공리를 사용하지 않고) 셀 수 있는 집합임을

증명할 수 있다. F_ω 조차 고립점을 가질 수 있다는 것이 문제다! (이런 일이 일어나는 집합 F를 구성하는 일은 다소 복잡하다, 그래도 연습문제 4.5 그리고 4.6을 참조하라.) 따라서, 계속해서 $F_{\omega+1} = F'_\omega$, $F_{\omega+2} = F'_{\omega+1}$, $\ldots$을 고려해야 하고, 필요한 경우, $F_{\omega+\omega} = \bigcap_{n\in N} F_{\omega+n}$ 등등을 계속 따져봐야 한다. 집합이 작을수록, 이 과정이 결국 완전 집합이나 $\varnothing$에 도달해서 멈출 수 있다는 희망이 크다. 이것이 게오르크 칸토어가 초한수 또는 순서수 이론을 개발하게 된 원래의 동기였다.

정의 4.9

A가 실수 집합이라고 하자. 모든 α에 대해, α에 대한 순환으로, 다음처럼 정의한다.

$$A^{(0)} = A;$$
$$A^{(\alpha+1)} = (A^{(\alpha)})' = A^{(\alpha)}\text{로 유도한 집합};$$
$$A^{(\alpha)} = \bigcap_{\xi<\alpha} A^{(\xi)} \ (\alpha\text{는 극한순서수})$$

정리 4.10

F가 실수의 닫힌집합이라고 하자. 다음을 만족하는 기껏해야 셀 수 있는 순서수 Θ가 존재한다.

(a) 모든 $\alpha < \Theta$에 대해, 집합 $F^{(\alpha)} - F^{(\alpha+1)}$은 공집합이 아니고 기껏해야 셀 수 있다.

(b) $F^{(\Theta+1)} = F^{(\Theta)}$.

(c) $P = F^{(\Theta)}$는 공집합이거나 아니면 완전 집합이다.

(d) $C = F - P$는 기껏해야 셀 수 있다.

특히, 이 정리에 의해 각각의 셀 수 없는 닫힌집합 F를 완전 집합 P와 기껏해야 셀 수 있는 집합 C로 **분해decomposition**할 수 있다.

증명

각각의 α에 대해, 집합 $F^{(\alpha)}$는 닫혀있다. 닫힌집합의 유도집합은 닫혀있고, 닫힌 집합의 교집합도 닫혀있기 때문에 이것은 귀납으로 쉽게 보일 수 있다. 각각의 α에 대해, 집합 $F^{(\alpha)} - F^{(\alpha+1)}$은 $F^{(\alpha)}$의 모든 고립점의 집합이고, 따라서 정리 4.7에 의해 기껏해야 셀 수 있다.

$F^{(\alpha+1)} \neq F^{(\alpha)}$이기만 하면, 초한 수열 $\langle F^{(\alpha)}\rangle$는 감소이다. (즉, $\alpha < \beta$이면 $F^{(\alpha)} \supset$

$F^{(\alpha+1)}$이다.) 치환 공리 스키마에 의해 $F^{(\Theta+1)} = F^{(\Theta)}$인 순서수 Θ가 존재한다. [이것을 확인하려면, 모든 α에 대해 $F^{(\alpha)} - F^{(\alpha+1)} \neq \varnothing$으로 가정하고 γ를 $P(F)$의 하르톡스 수로 놓는다. 함수 $g(\alpha) = F^{(\alpha)} - F^{(\alpha+1)}$, $\alpha < \gamma$는 γ에서 $P(F)$로의 일대일 함수이고, 모순이다.] Θ를 가장 작은 순서수로 놓자. [사실, 이어지는 논증의 결과로 Θ는 ω_1보다 작은 순서수이다.]

$P = F^{(\Theta)}$로 놓자. 그러면 $(F^{(\Theta)})' = F^{(\Theta)}$이고 따라서 집합 P는 공집합이거나 아니면 완전 집합이다. $C = F - P$라고 하자.

$\langle J_0,\ J_1,\ \ldots,\ J_n,\ \ldots\rangle$을 유리수 끝점을 갖는 모든 열린구간의 수열이라고 하자. 각각의 $a \in C$에 대해, α_a가 $a \in F^{(\alpha)} - F^{(\alpha+1)}$인 유일한 $\alpha < \Theta$이고 다음과 같다고 놓는다.

$$f(a)\text{는 } J_n \cap F^{(\alpha_a)} = \{a\}\text{인 최소의 } n.$$

a는 $F^{(\alpha_a)}$의 고립점이고, $F^{(\alpha_a)}$와 공통인 유일한 점 a를 갖는 구간 J_n이 존재하므로, 따라서 f는 잘 정의된다.

함수 f는 C에서 ω로의 대응이다. f가 일대일 함수임을 보이면 증명이 끝난다. 따라서 $a,\ b \in C$로 놓고 $f(a) = f(b) = n$라고 가정하자. $\alpha_a \leq \alpha_b$라고 해보자. 그러면 $F^{(\alpha_b)} \subseteq F^{(\alpha_a)}$이고, $b \in J_n \cap F^{(\alpha_b)} \subseteq J_n \cap F^{(\alpha_a)}$, 따라서 $b = a$이다. 그러므로 f는 일대일이고 C는 기껏해야 셀 수 있다. □

모든 셀 수 없는 닫힌집합은 완전 부분집합을 갖는다. 이는 완전 부분집합을 갖지 않는 셀 수 없는 실수 집합의 단순한 예가 존재하지 않을 수 있음을 시사한다. 그리고 실제로, 그러한 예를 찾으려면 선택 공리를 사용해야 한다.

예제 4.11

완전 부분집합을 갖지 않는 셀 수 없는 집합.

선택 공리를 사용해서, 두 개의 서로소인 집합 X 그리고 Y를 생성한다. 여기서 X 그리고 Y의 기수는 모두 $2^{\aleph_0}$이고, 둘 다 완전 부분집합을 갖지 않는다. 다음에 정의할 두 일대일 수열 $\langle x_\alpha \mid \alpha < 2^{\aleph_0}\rangle$, $\langle y_\alpha \mid \alpha < 2^{\aleph_0}\rangle$의 범위로써 X 그리고 Y를 구성한다.

5장에서 증명했듯이, 실수의 모든 닫힌집합의 개수는 $2^{\aleph_0}$이다. 따라서 단지 $2^{\aleph_0}$개의 실수 완전 집합이 존재하고, $\langle P_\alpha \mid \alpha < 2^{\aleph_0}\rangle$를 $2^{\aleph_0}$에서 모든 완전 실수 집합으로 가는 어떤 일대일 대응 함수로 놓는다. $\langle x_\alpha\rangle$ 그리고 $\langle y_\alpha\rangle$를 구성하기 위해, $\alpha < 2^{\aleph_0}$에 대한 초한 순환을 진행한다.

P_0의 서로 다른 두 원소 x_0 그리고 y_0를 선택한다. $\langle x_\xi \mid \xi < \alpha\rangle$ 그리고 $\langle y_\xi \mid \xi < \alpha\rangle$

를 구성하기 위해 (여기서 $\alpha < 2^{\aleph_0}$), 다음 집합의 기수가 ($|P_\alpha| = 2^{\aleph_0}$ 그리고 $|\alpha| < 2^{\aleph_0}$ 이므로) $2^{\aleph_0}$ 임에 주목하고,

$$P_\alpha - (\{x_\xi \mid \xi < \alpha\} \cup \{y_\xi \mid \xi < \alpha\})$$

둘 다 모든 $x_\xi,\ y_\xi(\xi < \alpha)$와 다른 $x_\alpha,\ y_\alpha \in P_\alpha$를 선택한다.

수열 $\langle x_\xi \mid \xi < 2^{\aleph_0} \rangle$ 그리고 $\langle y_\xi \mid \xi < 2^{\aleph_0} \rangle$은 일대일이고, 각각의 치역 X 그리고 Y는 기수 $2^{\aleph_0}$ 인 서로소인 집합이다. X 그리고 Y 모두 완전 부분집합을 갖지 않는다 : 만일 P가 완전 집합이면, 어떤 $\alpha < 2^{\aleph_0}$에 대해 $P = P_\alpha$이고, $x_\alpha \in P \cap X$ 그리고 $y_0 \in P \cap Y$이므로 $P \cap X \neq \varnothing \neq P \cap Y$이다. □

연습문제

4.1 모든 완전 집합은 $[a,\ b]$, $(-\infty,\ a]$, $[b,\ +\infty)$, 또는 $R = (-\infty,\ +\infty)$ 형태의 구간이거나, 두 서로소인 완전 집합의 합집합이다.

4.2 셀 수 있는 집합의 모든 셀 수 있는 시스템의 합집합은 셀 수 있다고 가정하자. 모든 셀 수 없는 닫힌집합은 두 개의 서로소인 셀 수 없는 닫힌집합을 포함함을 증명한다(닫힌집합에 대한 "분할" 보조정리).

4.3 연습문제 4.2를 사용해서 모든 셀 수 없는 닫힌집합이 기수 $2^{\aleph_0}$ 이라는 사실을 다시 한번 증명해 보라.

4.4 A'이 $A \subseteq R$의 유도 집합이라고 하자. A'은 닫힌집합이다. A가 닫힌집합이면 그리고 그때만 $A' \subseteq A$이다. A가 완전 집합이면 그리고 그때만 $A' = A$ 그리고 $A \neq \varnothing$이다.

4.5 집합 $F = \{1\} \cup \{1 - 1/2^{n_1} \mid n_1 \geq 1\} \cup \{1 - 1/2^{n_1} - 1/2^{n_1+n_2} \mid n_1 \geq 1,\ n_2 \geq 1\}$는 닫힌집합이고, $F' = \{1\} \cup \{1 - 1/2^{n_1} \mid n_1 \geq 1\}$, $F'' = \{1\}$이며, $F''' = \varnothing$이다.

4.6 집합 $F = \{1\} \cup \{1 - 1/2^{n_1} - 1/2^{n_1+n_2} - \cdots - 1/2^{n_1+n_2+\cdots+n_k} \mid k \leq n_1$ 그리고 모든 $i \leq k$에 대해 $n_i \geq 1\}$는 $F_\omega = \bigcap_{n \in N} F_n = \{1\}$를 포함한다.

4.7 닫힌집합 F의 분해 $P \cup C$는 (여기서 $P \cap C = \varnothing$이고, P는 완전 집합이며, C는 기껏해야 셀 수 있음) 유일하다; 즉, $F = P_1 \cup C_1$이면 (여기서 P_1은 완전 집합이고 P_1과 C_1은 서로소이며 $|C_i| \leq \aleph_0$), $P_1 = P$ 그리고 $C_1 = C$이다. [힌트: P는 F의 모든 응집점의 집합이다.]

5. 보렐집합

정리 4.1과 따름정리 4.6은 열린집합과 닫힌집합이 기껏해야 셀 수 있거나 기수가 $2^{\aleph_0}$ 임을 나타낸다. 더 복잡하지만, 여전히 상대적으로 간단한 집합에 대해 비슷한 결과를 증명하려는 유혹이 따른다. 그러한 집합을 어떻게 얻을 수 있을까? 한 가지 아이디어는 합집합과 교집합과 같은 집합적 연산을 사용하는 것이다. 이제 열린집합의 유한 시스템의 합집합 또는 교집합 역시 열린집합이라는 사실로부터, 이런 방식으로는 새로운 집합을 얻을 수 없으며 닫힌집합의 경우도 마찬가지이다. 다음 논리적 수순은 셀 수 있는 시스템의 합집합과 교집합을 고려하는 것이다. **보렐집합**은 셀 수 있을 만큼 합집합과 교집합을 반복적으로 취함으로써 열린집합과 닫힌집합에서 얻을 수 있는 실수 집합으로 정의한다.

정의 5.1

다음 속성을 만족하는 어떤 집합 $B \subseteq R$가 모든 $S \subseteq P(R)$의 시스템에 속하면 **보렐 Borel집합**이다.

(a) 모든 열린집합과 모든 닫힌집합은 S에 속한다.

(b) 만일 각각의 $n \in N$에 대해 $B_n \in S$이면 $\bigcup_{n=0}^{\infty} B_n$ 그리고 $\bigcap_{n=0}^{\infty} B_n$은 S에 속하고, $\mathcal{B}$는 모든 보렐집합의 시스템을 나타낸다.

다시 말해서, $\mathcal{B} = \bigcap\{S \subseteq p(R) \mid S$는 속성 (a) 그리고 (b)를 만족한다.$\}$는 가장 작은 실수 집합의 모임으로, 모든 열린집합 그리고 닫힌집합을 포함하고, 셀 수 있는 합집합과 교집합에 대해 "닫힌"집합이다. [$P(R)$이 속성 (a) 그리고 (b)를 만족하므로, 교집합이 정의됨에 주목하자.] 이 정의를 이용해서 보렐집합의 몇 가지 속성을 증명할 수 있다. 예를 하나 들어본다(또한 연습문제 5.1, 5.2 참조).

S의 부분집합에 대한 $\sigma-$대수의 개념은 8장 2.17에서 정의하였다.

정리 5.2

모든 보렐집합의 모임 B는 R의 부분집합의 $\sigma-$대수이다.

증명

$C = \{X \subseteq R \mid R - X \in \mathcal{B}\}$이라고 하자. C가 정의 5.1의 속성 (a) 그리고 (b)를 만족함을 보인다.

X가 열린집합이면, $R - X$는 닫힌집합이고, 따라서 $R - X \in \mathcal{B}$ 그리고 $X \in C$이다.

비슷하게, X가 닫힌집합이면 $X \in C$이다. 이것으로 C는 속성 (a)를 만족한다.

각각의 $n \in N$에 대해 $B_n \in C$이면, 각각의 $n \in N$에 대해 $R - B_n \in \mathcal{B}$이고, 따라서 $R - \bigcup_{n=0}^{\infty} B_n = \bigcap_{n=0}^{\infty}(R - B_n) \in \mathcal{B}$이고 $\bigcup_{n=0}^{\infty} B_n \in C$이다. 이것으로 교집합에 대한 논증과 비슷하게 C는 속성 (b)를 갖는다.

결론으로 $\mathcal{B} \subseteq C$이다. 따라서 $X \in \mathcal{B}$이면 $X \in C$이고, 이어서 $R - X \in \mathcal{B}$이다. □

정리 5.2는 모든 보렐집합의 모임 $\mathcal{B}$가 모든 열린집합(또는 모든 닫힌집합)에 의해 생성된 $\sigma-$대수임을 보여준다; 8장의 연습문제 2.5 참조. 그러나 보렐집합에 대한 더 심층적인 연구를 위해서는 이것의 특징을 더 명확하게 할 필요가 있다. 어떤 것이 보렐집합인지 다시 한번 살펴본다.

우선, (a)에 의해 모든 열린집합과 닫힌집합은 보렐집합이다. 다음처럼 정의한다.

$$\sum_{1}^{0} = \{B \subseteq R \mid B\text{는 열린집합}\};$$

$$\prod_{1}^{0} = \{B \subseteq R \mid B\text{는 닫힌집합}\}$$

따라서 $\sum_{1}^{0} \subseteq \mathcal{B}$, $\prod_{1}^{0} \subseteq \mathcal{B}$이다. 다음으로, 열린집합의 셀 수 있는 합집합과 교집합은 (b)에 의해 반드시 보렐집합이다. 열린집합의 셀 수 있는 합집합은 열린집합(정리 3.11에 따르는 해설 참조)이고 새로운 집합을 생성하지 않는다; 따라서 다음을 정의한다.

$$\prod_{2}^{0} = \{B \subseteq R \mid B = \bigcap_{n=0}^{\infty} B_n \text{ 여기서 각각의 } B_n \in \sum_{1}^{0}\}$$

분명히 $\sum_{1}^{0} \subseteq \prod_{2}^{0}$이고, 포함관계의 등호가 성립하지 않는다는 것을 증명할 수 있으며(연습문제 5.3 참조), 따라서 이 방법으로 어떤 새로운 보렐집합을 만들 수 있다. 비슷하게 다음을 정의하고

$$\sum_{2}^{0} = \{B \subseteq R \mid B = \bigcup_{n=0}^{\infty} B_n \text{ 여기서 각각의 } B_n \in \prod_{1}^{0}\}$$

$\prod_{1}^{0} \subset \sum_{2}^{0} \subseteq \mathcal{B}$임을 증명할 수 있다.

또한 $\prod_{1}^{0} \subset \prod_{2}^{0}$ 그리고 $\sum_{1}^{0} \subseteq \sum_{2}^{0}$도 참이다. (연습문제 5.3 참조). 순환으로 같은 절차를

계속할 수 있다. 다음을 정의하고

$$\sum_3^0 = \{B \subseteq R \mid B = \bigcup_{n=0}^{\infty} B_n \text{ 여기서 각각의 } B_n \in \prod_2^0\}$$

비슷하게 다음도 정의한다.

$$\prod_3^0 = \{B \subseteq R \mid B = \bigcap_{n=0}^{\infty} B_n \text{ 여기서 각각의 } B_n \in \sum_2^0\}$$

일반적으로, 임의의 $k > 0$에 대해,

$$\sum_{k+1}^0 = \{B \subseteq R \mid B = \bigcup_{n=0}^{\infty} B_n \text{ 여기서 각각의 } B_n \in \prod_k^0\}$$

이고

$$\prod_{k+1}^0 = \{B \subseteq R \mid B = \bigcap_{n=0}^{\infty} B_n \text{ 여기서 각각의 } B_n \in \sum_2^0\}$$

이다.

귀납으로, 모든 $k \in N,\ k > 0$에 대해 $\sum_k^0 \subseteq \mathcal{B}$ 그리고 $\prod_k^0 \subseteq \mathcal{B}$이다. 또한 (증명은 생략하나 선택 공리를 사용해서) 다음을 보일 수 있고,

$$\sum_k^0 \cup \prod_k^0 \subset \sum_{k+1}^0 \text{ 그리고 } \sum_k^0 \cup \prod_k^0 \subset \prod_{k+1}^0,$$

따라서 이 계층 구조는 각 레벨에서 새로운 보렐집합을 생성한다. 모든 보렐집합이 이런 방식으로 얻어지기를 바랄 수도 있다. 즉, $\mathcal{B} = \bigcup_{k=1}^{\infty} \sum_k^0 = \bigcup_{k=1}^{\infty} \prod_k^0$이기를 희망한다. 하지만 그렇지 않다. 각각의 $n \in N$에 $B_n \in \sum_{n+1}^0 \subseteq \mathcal{B}$인 수열 $\langle B_n \mid n \in N \rangle$이 존재하지만, 그러나 $\bigcup_{n=0}^{\infty} B_n$ 또는 $\bigcap_{n=0}^{\infty} B_n$ 은 어떤 $\sum_k^0$ 또는 $\prod_k^0$에 속하지 않는다. (물론 이것이 보렐집합이기는 하다.) 다시 한번 "초한"으로의 계층구조 생성이 필요하다는 것을 알 수 있다.

정의 5.3

모든 순서수 $n < w_1$에 대해 다음처럼 실수 집합의 모음 $\sum_\alpha$ 그리고 $\prod_\alpha$를 정의한다 :

(a) $\sum_1^0 = \{B \subseteq R \mid B\text{는 열린집합}\};$

$$\prod_1^0 = \{B \subseteq R \mid B.\text{는 닫힌집합}\};$$

(b) $\sum_{\alpha+1}^0 = \{B \subseteq R \mid B = \bigcup_{n=0}^{\infty} B_n$ 여기서 각각의 $B_n \in \prod_{\alpha}^0\}$

$\prod_{\alpha+1}^0 = \{B \subseteq R \mid B = \bigcap_{n=0}^{\infty} B_n$ 여기서 각각의 $B_n \in \sum_{\alpha}^0\}$

(c) $\sum_{\alpha}^0 = \{B \subseteq R \mid B = \bigcup_{n=0}^{\infty} B_n$ 여기서 어떤 $\beta < \alpha$에 대해 각각의 $B_n \in \prod_{\beta}^0\}$

$\prod_{\alpha}^0 = \{B \subseteq R \mid B = \bigcap_{n=0}^{\infty} B_n$ 여기서 어떤 $\beta < \alpha$에 대해 각각의 $B_n \in \sum_{\beta}^0\}$ (α는 극한순서수)

[다음 보조정리를 고려하면, (b) 대신에 바로 뒤 순서수에 대해서도 (c)를 사용할 수 있다.]

보조정리 5.4

(i) 모든 $\alpha < \omega_1$에 대해, $\sum_{\alpha}^0 \subseteq \prod_{\alpha+1}^0$ 그리고 $\prod_{\alpha}^0 \subseteq \sum_{\alpha+1}^0$이다.

(ii) 모든 $\alpha < \omega_1$, $\sum_{\alpha}^0 \subseteq \sum_{\alpha+1}^0$ 그리고 $\prod_{\alpha}^0 \subseteq \prod_{\alpha+1}^0$이다.

(iii) $B \in \sum_{\alpha}^0$이면, $R - B \in \prod_{\alpha}^0$이다; $B \in \prod_{\alpha}^0$이면, $R - B \in \sum_{\alpha}^0$이다.

(iv) 각각의 $n \in N$에 대해 $B_n \in \sum_{\alpha}^0$이면, $\bigcup_{n=0}^{\infty} B_n \in \sum_{\alpha}^0$이다; 각각의 $n \in N$에 대해 $B_n \in \prod_{\alpha}^0$이면, $\bigcap_{n=0}^{\infty} B_n \in \prod_{\alpha}^0$이다.

(v) $\alpha < \beta$이면 $\sum_{\alpha}^0 \subseteq \sum_{\beta}^0$, $\sum_{\alpha}^0 \subseteq \prod_{\beta}^0$이고, $\prod_{\alpha}^0 \subseteq \prod_{\beta}^0$, $\prod_{\alpha}^0 \subseteq \sum_{\beta}^0$이다.

증명

(i) 자명하다 : 정의 5.3(b)에서, 모든 n에 대해 $B_n = B$로 놓는다.

(v) 모든 열린집합은 $\sum_2^0$에 속하고 (연습문제 5.3 참조), 비슷하게, 모든 닫힌집합은 $\prod_2^0$에 속한다. 따라서 $\sum_1^0 \subseteq \sum_2^0$ 그리고 $\prod_1^0 \subseteq \prod_2^0$이다. 또한, (i)에 의해 $\prod_1^0 \subseteq \sum_2^0$ 그리고 $\sum_1^0 \subseteq \prod_2^0$이다. 그러면 계속해서 β에 대한 귀납으로 모든 $\alpha < \beta$에 대해 주장이 성립함을 증명한다.

(ii) (v)를 따른다.

(iii) α에 대한 귀납으로.

(iv) 이 유익한 주장은 셀 수 있는 선택 공리를 필요로 한다 : 각각의 n에 대해, $B_n \in \sum_\alpha^0$이면, 집합 $B_{mn} \in \bigcup_{\gamma<\alpha} \prod_\gamma^0$의 어떤 셀 수 있는 모임 $\{B_{mn} \mid m \in N\}$에 대해 $B_n = \bigcup_{m=0}^{\infty} B_{mn}$ 이다. 각각의 n에 대해, 그러한 모임 하나를 선택하면 (그것의 나열 순서 $\langle B_{mn} \mid m \in N \rangle$에 따라), 다음은

$$\bigcup_{n=0}^{\infty} B_n = \bigcup_{n=0}^{\infty} \bigcup_{m=0}^{\infty} B_{mn}$$

셀 수 있는 모임 $\{B_{mn} \mid (n,\ m) \in N \times N\}$의 합집합이고 따라서 $\sum_\alpha^0$에 속한다.

$\prod_\alpha^0$에 대한 증명도 비슷하다. □

α에 대한 귀납으로, 각각의 $\sum_\alpha^0$ 그리고 각각의 $\prod_\alpha^0$가 보렐집합으로 구성되어 있음이 명백하다. 그러나 중요한 것은 이 계층이 모든 보렐집합을 소진한다는 점이다.

정리 5.5

어떤 실수 집합이 보렐집합이면 그리고 그때만 그 집합은 어떤 $\alpha < \omega_1$에 대해 $\sum_\alpha^0$에 속한다. (그리고 그때만 어떤 $\alpha < \omega_1$에 대해 $\prod_\alpha^0$에 속한다).

증명

다음 집합이

$$S = \bigcup_{\alpha<\omega_1} \sum_{\alpha}^{0} = \bigcup_{\alpha<\omega_1} \prod_{\alpha}^{0}$$

셀 수 있는 합집합 그리고 교집합에 대해 닫혀있음을 보이는 것으로 충분하다. 따라서 $\{B_n \mid n \in N\}$이 S에 속하는 집합의 셀 수 있는 모임이라고 하자. 예를 들어 $\bigcup_{n=0}^{\infty} B_n$이 S에 속함을 보인다.

각각의 n에 대해 α_n을 $B_n \in \prod_{\alpha}^{0}$인 최소의 α라고 하자. 집합 $\{\alpha_n \mid n \in N\}$은 ω_1보다 작은 순서수의 기껏해야 셀 수 있는 집합이고 따라서 (셀 수 있는 선택 공리에 의해) 이것의 최소상계 $\alpha = \sup\{\alpha_n \mid n \in N\} = \bigcup\{\alpha_n \mid n \in N\}$는 ω_1 보다 작은 어떤 순서수이다. 보조정리 5.4에 따라 각각의 n에 대해 $B_n \in \prod_{\alpha}^{0}$이다. 결과적으로, $\bigcup_{n=0}^{\infty} B_n$은 $\sum_{\alpha+1}^{0}$에 속하고 따라서 S에 속한다. □

증명을 하지는 않겠지만, 정리 4.5가 모든 보렐집합으로 확장될 수 있음에 주목하자 : 모든 셀 수 없는 보렐집합은 완전 부분집합을 포함한다. 특히, 모든 셀 수 없는 보렐집합의 기수는 $2^{\aleph_0}$이다. 8장에서 실수의 르베그 측정 가능 집합의 $\sigma-$대수 $\mathscr{M}$을 언급했다; 물론, $\mathcal{B} \subseteq \mathscr{M}$이지만, 보렐집합이 아닌 르베그 측정 가능 집합 또한 존재한다. 사실, 체르멜로-프렝켈 집합론에서는 모든 셀 수 없는 르베그 측정 가능 집합의 기수가 $2^{\aleph_0}$임을 증명할 수 없다.

보렐 계층의 구성은 매우 일반적인 절차의 특별한 한 경우일 뿐이다. 여기서 사용한 무한 합집합과 교집합은 어떤 의미에서 보통의 연산 $\cup$ 및 $\cap$의 일반화임을 알 수 있다. F가 A^N(A의 원소의 모든 무한수열의 집합)의 부분집합에서 A로 가는 함수일 때, F를 A에 대한 (셀 수 있는) **무한 연산**으로 정의하고, **무한 연산을 갖는 구조**를 도입한다. 이것은 유형의 정의를, $f_j \in N \cup \{N\}$을 허용하고 F_j가 $f_j = N$이기만하면 무한 연산인 것으로 가정하는 방식으로 확장하여(3장 5절 참조) 형식적으로 수행할 수 있다. 집합 $B \subseteq A$가 **닫혀 있다**는 정의는 본질적으로 변하지 않는다 : 만일 $f_j = N$이면 모든 $i \in N$ 그리고 정의된 F_j에 대해 $a_i \in B$를 만족하는 모든 $\langle a_i \mid i \in N\rangle$에 대해 $F_j(\langle a_i \mid i \in N\rangle) \in B$일 필요가 있다. 집합 $C \subseteq A$의 폐포 $\overline{C}$는 여전히 C의 모든 원소를 포함하는 최소 닫힌집합이다.

이러한 용어상으로, 보렐집합의 시스템은 무한 합집합과 교집합 아래, 모든 열린집합과 닫힌집합 시스템의 폐포일 뿐이다. 더 정확하게, $\mathfrak{A} = \langle A, F_1, F_2\rangle$로 놓으면, 여기서 $A = P(R)$, $F_1(\langle B_i \mid i \in N\rangle) = \bigcup_{i=0}^{\infty} B_i$, 그리고 $F_2(\langle B_i \mid i \in N\rangle) = \bigcup_{i=0}^{\infty} B_i$, 그리고 $C = \{B \subseteq R \mid B$

는 열린집합이거나 닫힌집합} 이면, $\mathcal{B} = \overline{C}$ 이다.

연습문제 5.9는 무한 연산과 어떤 수학적 관심 대상의 닫힌 부분집합을 포함하는 구조의 또 다른 예이다.

폐포에 대한 한 가지 중요한 일반적인 질문은 그것의 기수에 대한 것이다. 4장의 정리 3,14에서 이 질문의 답을 제공하는 가장 간단한 결과를 증명했다. 그때 C는 기껏해야 셀 수 있고 모든 연산은 유한하다고 가정했다. 이제 이것을 먼저 임의의 C에 대해 일반화한 다음, 무한 연산을 갖는 구조에 대해 일반화한다.

정리 5.6

$\mathfrak{A} = (A, \langle R_0, \ldots, R_{m-1} \rangle, \langle F_0, \ldots, F_{n-1} \rangle)$가 구조이고 $C \subseteq A$라고 하자. $\overline{C}$를 C의 폐포로 놓는다. 만일 C가 유한이면, $\overline{C}$는 기껏해야 셀 수 있다 : 만일 C가 무한이면, $|\overline{C}| = |C|$이다.

증명

3장 정리 5.10에서 $\overline{C} = \bigcup_{i=0}^{\infty} C_i$, 여기서 $C_0 = C$ 그리고 $C_{i+1} = C_i \cup F_0[C_i^{f_0}] \cup \cdots \cup F_{n-1}[C_i^{f_{n-1}}]$을 증명했다. 만일 C가 유한이면, 그러한 C_i는 유한이고, $|C| \le \aleph_0$이다. 만일 C가 무한이고 $|C| \le \aleph_\alpha$이면; 귀납으로 모든 k에 대해 $|C_k| \le \aleph_\alpha$ 임을 증명한다 : C_i에 대해 이것이 참이라고 가정하자; 그러면 $|C_i^{f_j}| \le \aleph_\alpha^{f_j} = \aleph_\alpha$, $|F_j[C_i^{f_j}]| \le \aleph_\alpha$, 그리고 $|C_{i+1}| \le \aleph_\alpha$이다. 따라서 $|\overline{C}| = \aleph_0 \cdot \aleph_\alpha = \aleph_\alpha$이다. □

$\mathfrak{A}$가 무한 연산을 갖는 구조일 때, 정리 5.6을 일반화할 수 있지만 기수를 추정하는 일은 다르다. $\mathfrak{A}$가 구조이고, 단순하게, $\mathfrak{A}$가 단 하나의 연산 F를 갖고 F가 무한 연산이라고 가정하자(물론 이 결과는 두 개 이상의 연산을 갖는 구조로 일반화할 수 있다). $\mathfrak{A}$의 전체집합은 A이고, F는 A^ω의 부분집합에서 A로의 함수이다. 여기서 A^ω는 A에 속하는 값을 갖는 모든 수열의 $\langle a_n \mid n \in N \rangle$의 집합이다.

정리 5.7

$\mathfrak{A} = (A, F)$가 구조이고, 여기서 F는 A^ω의 부분집합에서 A로의 함수이고, $C \subseteq A$라고 하자. $\overline{C}$는 $\mathfrak{A}$에 속하는 C의 폐포로 놓는다. 즉,

$$\overline{C} = \bigcap \{X \subseteq A \mid F[X^\omega] \subseteq X \text{ 그리고 } C \subseteq X\}.$$

만일 C가 최소한 두 원소를 가지면, $|\overline{C}| \le |C|^{\aleph_0}$이다.

증명

A의 부분집합의 ω_1−수열

$$C_0 \subseteq C_1 \subseteq \cdots \subseteq C_\alpha \subseteq \cdots \ (\alpha < \omega_1)$$

을 다음처럼 구성한다 :

$$C_0 = C;$$
$$C_{\alpha+1} = C_\alpha \cup F[C_\alpha^\omega];$$
$$C_\alpha = \bigcup_{\xi<\alpha} C_\xi,\ \alpha\text{가 극한순서수인 경우.}$$

$\overline{C}$를 $\mathfrak{U}$에 속하는 C의 폐포로 놓고 $D = \bigcup_{\alpha<\omega_1} C_\alpha$로 놓자. α에 대한 귀납으로 $C_0 \subseteq \overline{C}$를 얻고, 따라서 $D \subseteq \overline{C}$이다. 한편으로, 만일 $\langle a_n \mid n \in N\rangle$이 D의 수열이면, 어떤 $\alpha < \omega_1$에 대해 $\langle a_n \mid n \in N\rangle \in C_\alpha$이다 : 각각의 n에 대해 ξ_n이 $a_n \in C_\xi$인 최소의 ξ이고, $\alpha = \sup\{\xi_n \mid n \in N\}$로 놓는다. 그리고 만일 $\langle a_n \mid n \in N\rangle \in \mathrm{dom} F$이면 $F(\langle a_n \mid n \in N\rangle) \in C_{\alpha+1}$이다; 따라서 $F[D^\omega] \subseteq D$이고, 결국 $D \supseteq \overline{C}$이다.

그러므로 $\overline{C} = \bigcup_{\alpha<\omega_1} C_\alpha$이다. $\overline{C}$의 크기를 추정하기 위해, 먼저 α에 대한 귀납으로 $|C_\alpha| \le |C|^{\aleph_0} \cdot 2^{\aleph_0}$를 증명한다. 이것은 $\alpha = 0$에 대해 확실하게 참이다. 만일 이 추정이 α에 대해 참이면 다음이 성립한다.

$$|C_{\alpha+1}| \le |C_\alpha| + |C_\alpha|^{\aleph^0} \le (|C|^{\aleph^0} \cdot 2^{\aleph^0})^{\aleph^0} = |C|^{\aleph_0} \cdot 2^{\aleph_0}$$

만일 α가 극한순서수이고, 모든 $\xi < \alpha$에 대해 추정이 참이면 ($|\alpha| \le \aleph_0$이므로) 다음이 성립한다.

$$|C_\alpha| \le |\alpha| \cdot |C|^{\aleph^0} \cdot 2^{\aleph^0} = |C|^{\aleph_0} \cdot 2^{\aleph_0}$$

마지막으로, $\aleph_1 \cdot 2^{\aleph_0} = 2^{\aleph_0}$이므로 다음을 얻는다.

$$|\overline{C}| \le \aleph_1 \cdot |C|^{\aleph^0} \cdot 2^{\aleph^0} = |C|^{\aleph_0} \cdot 2^{\aleph_0}$$

그리고 $|C| \ge 2$이면 $|C|^{\aleph_0} \ge 2^{\aleph_0}$이고, $|\overline{C}| \le |C|^{\aleph_0}$를 얻는다. □

연습문제

5.1 X가 보렐집합이고 $a \in R$이면 $X + a = \{x + a \mid x \in X\}$도 보렐집합이다.

[힌트 : 정리 5.2 증명의 모방.]

5.2 만일 X가 보렐집합이고 $f : R \to R$가 연속함수이면, $f^{-1}[X]$는 보렐집합이다.

5.3 모든 열린구간이 닫힌구간의 셀 수 있는 시스템의 합집합임을 증명하고 이 사실로부터 $\sum^0_1 \subseteq \sum^0_2$임을 확인하라. $\prod^0_1 \subseteq \sum^0_2$이므로, 결론으로 $\sum^0_1 \subset \sum^0_2$ 그리고 $\prod^0_1 \subset \sum^0_2$임도 확인하라. 이를 통해 $\prod^0_1 \subset \prod^0_2$ 그리고 $\sum^0_1 \subset \prod^0_2$임을 바로 알 수 있다.

5.4 귀납으로 모든 $n \in N$에 대해 $\sum^0_n \cup \prod^0_n \subseteq \sum^0_{n+1} \cup \prod^0_{n+1}$ 임을 증명하라.

5.5 각각의 α에 대해, $\sum^0_\alpha$ 그리고 $\prod^0_\alpha$ 둘 다 유한 합집합과 교집합에 대해 닫힌집합임을 증명하라. 즉, 만일 $B_1 \in \sum^0_\alpha$ 그리고 $B_2 \in \sum^0_\alpha$이면 $B_1 \cup B_2 \in \sum^0_\alpha$ 그리고 $B_1 \cap B_2 \in \sum^0_\alpha$이고, $\prod^0_\alpha$에 대해서도 비슷하다.

5.6 $f : R \to R$를 연속함수라고 하자. 만일 $B \in \sum^0_\alpha$이면, $f^{-1}[B] \in \sum^0_\alpha$이다. $\prod^0_\alpha$도 비슷하다.

5.7 모든 보렐집합의 집합 $\mathcal{B}$의 기수는 $2^{\aleph_0}$임을 보여라.

5.8 보렐집합은 무한 합집합과 무한 교집합 아래 유리수 끝점을 갖는 모든 열린구간 집합의 폐포임을 증명하라. 이는 무한 연산을 갖는 구조에서, 셀 수 있는 집합의 폐포가 아마도 셀 수 없는 집합임을 보여준다.

5.9 Fn이 R의 부분집합에서 R로 가는 모든 함수의 집합이라고 하자. Fn의 무한연산 lim (극한)을 다음처럼 정의한다 : $\lim(\langle f_i \mid i \in N \rangle) = f$, 여기서 우변의 극한이 존재하면 $f(x) = \lim_{i\to\infty} f_i(x)$이고, 아니면 정의되지 않는다. 연산 lim에 대한 모든 연속함수 집합의 폐포의 원소를 **베르Baire** 함수라고 한다. 베르 함수가 연속일 필요는 없음을 보여라. 특히, 정수와 유리수의 특성 함수가 베르 함수임을 보여라.

5.10 $\alpha < \omega_1$에 대해, **클래스** α의 (R의 부분집합에서 R로 가는) 함수를 다음처럼 정의한다 : 클래스 0인 함수는 모든 연속함수이다; 만일 $f = \lim_{n\to\infty} f_n$이고 여기서 각각의 f_n이 α보다 작은 어떤 클래스이면 f의 클래스는 α이다. 베르 함수는 정확하게 어떤 $\alpha < \omega_1$에 대한 클래스 α 함수임을 보여라.

5.11 모든 베르 함수 집합의 기수는 $2^{\aleph_0}$임을 보여라.

제 11 장

필터, 초필터

1. 필터, 아이디얼

이 장에서는 집합의 더 깊고 일반적 속성을 연구한다. 이전 장과 달리 자연수나 실수 집합에 국한하지 않으며, 기수와 순서수에만 관심을 두지도 않는다. 여기서는 집합의 추상적인 모임을 다루고 그 속성을 조사한다. 집합론의 응용에서 근본적으로 중요해진 몇 가지 개념을 소개한다. 그러한 개념에 대한 더 깊은 연구가 큰 기수 이론으로 이어진다는 것이 흥미롭다. 큰 기수는 13 장에서 연구한다.

집합의 **필터**를 소개하는 것에서 시작해 보자. 필터는 많은 수학 분야에서 중요한 역할을 한다.

정의 1.1

S가 공집합이 아닌 집합이라고 하자. S 위 **필터filter**는 다음 조건을 만족하는 S의 부분집합의 모임 F이다 :

(a) $S \in F$ 그리고 $\varnothing \notin F$.

(b) $X \in F$ 그리고 $Y \in F$이면, $X \cap Y \in F$.

(c) $X \in F$ 그리고 $X \subseteq Y \subseteq S$이면, $Y \in F$.

S 위 필터의 자명한 예는 집합 S 자체로만 구성된 모임 $F = \{S\}$이다. S 위의 이 **자명한 필터**는 S 위의 가장 작은 필터이다; 이것은 S 위의 모든 필터에 포함된다.

A를 S의 공집합이 아닌 부분집합이라고 하고, 다음 모임을 생각해 보자.

$$F = \{X \subseteq S \mid X \supseteq A\}.$$

이렇게 정의된 모임 F는 정의 1.1을 만족하므로 S에 대한 필터이다. 이것을 ***A*로 생성된 *S***

위 **주필터principal filter**라고 한다.

만일 이 예에서, 집합 A가 단지 하나의 원소 a를 가지면, 즉, $A = \{a\}$ 여기서 $a \in S$이면, 주필터

$$F = \{X \subseteq S \mid a \in A\}$$

는 극대이다 : $F' \supset F$인 S 위 필터 F'는 없다. ($X \in F' - F$이면 $a \notin X$이지만, 그러나 또한 $\{a\} \in F'$이고, 따라서 $\varnothing = X \cap \{a\} \in F'$, 즉 모순이다).

곧이어 주필터가 아닌 극대 필터가 존재한다는 것을 증명한다.

주필터가 아닌 필터의 예를 들기 위해, 무한집합 S에 대해 다음으로 놓는다.

(1.2) $$F = \{X \subseteq S \mid S - X\text{는 유한}\}.$$

F는 S의 모든 **쌍대유한cofinite** 부분집합의 필터이다. ($S - X$가 유한이면 X는 S의 **쌍대유한** 부분집합이다.) S의 두 쌍대유한 부분집합의 교집합이 S의 쌍대유한 부분집합이기 때문에 F는 필터이다. $A \in F$이면 $X \in F$ 인 A의 진부분집합 X가 존재하기 때문에 F는 주필터가 아니다. (X가 A의 임의의 쌍대유한 부분집합이면, $X \neq A$.)

정의 1.3

S가 공집합이 아닌 집합이라고 하자. S 위 **아이디얼ideal**은 다음 조건을 만족하는 S의 부분집합의 모임 I이다 :

(a) $\varnothing \in I$ 그리고 $S \notin I$.

(b) $X \in I$ 그리고 $Y \in I$이면, $X \cup Y \in I$.

(c) $Y \in I$ 그리고 $X \subseteq Y$이면, $X \in I$.

S 위의 **자명한 아이디얼**은 아이디얼 $\{\varnothing\}$이다. **주아이디얼**은 다음 형태의 아이디얼이고,

(1.4) $$I = \{X \mid X \subseteq A\}$$

여기서 $A \subseteq S$이다.

필터와 아이디얼의 관계를 알아보기 위해, F가 S 위 필터이면 다음은

(1.5) $$I = \{S - X \mid X \in F\}$$

아이디얼이고, 역으로, I가 아이디얼이면 다음은

(1.6) $$F = \{S - X \mid X \in I\}$$

필터이다. (1.5) 그리고 (1.6) 관계에 있는 두 객체를 서로에 대한 **쌍대dual**라고 부른다.

S의 쌍대유한 부분집합의 필터는 S의 유한 부분집합의 아이디얼의 쌍대이다. 연습문제 1.2와 1.3에서 주아이디얼이 아닌 다른 예를 볼 수 있다.

G의 모든 공집합이 아닌 유한 부분집합 $\{X_1, \ldots, X_n\}$가 공집합이 아닌 교집합 $X_1 \cap \cdots \cap X_n \neq \varnothing$를 가질 때 공집합이 아닌 모임 G가 **유한 교집합 속성**을 갖는다는 10장의 정의 3.3을 상기하자.

정의 1.1의 (a)와 (b)에 따라 모든 필터는 유한 교집합 속성을 갖는다. 사실, G가 필터 F의 임의의 부분모임이면, G는 유한 교집합 속성을 갖는다.

반대로, 유한 교집합 속성을 갖는 모든 집합은 어떤 필터의 부분모임이다.

보조정리 1.7

$G \neq \varnothing$가 S의 부분집합의 모임이고 유한 교집합 속성을 갖는다고 하자. 그러면 $G \subseteq F$인 S 위 필터 F가 존재한다.

증명

F가 S의 모든 부분집합 X의 모임이고, 다음을 만족하는 G 유한 부분집합 $\{X_1, \ldots, X_n\}$이 존재한다는 속성을 갖는다고 하자.

$$X_1 \cap \cdots \cap X_n \subseteq X.$$

명백하게, S 자체는 F에 속하고, G가 유한 교집합 속성을 가지므로, $\varnothing$은 F에 속하지 않는다. 정의 1.1의 조건 (c)는 F에 의해 확실히 만족한다. 조건 (b)의 경우, 어떤 $X_1, \ldots, X_n \in G$에 대해 $X \supseteq X_1 \cap \cdots \cap X_n$이고 어떤 $Y_1, \ldots, Y_m \in G$에 대해 $Y \supseteq Y_1 \cap \cdots \cap Y_m$이면, $X \cap Y \supseteq X_1 \cap \cdots \cap X_n \cap Y_1 \cap \cdots \cap Y_m$이므로 $X \cap Y \in F$이다. 따라서 F는 필터이다. □

보조정리 1.7에서 구성한 필터 F는 모임 G를 확장한 S 위 최소 필터이다. 이때 G가 필터 F를 **생성**했다고 말한다. 연습문제 1.6을 참고하라.

예제 1.8

S가 유클리드 공간이고 a가 S의 한 점이라고 하자. $a \in U$인 S의 모든 열린집합 U의 모임 G를 고려해 보자. 그러면 G는 유한 교집합 속성을 갖고 따라서 S 위 필터 F를 생성한다. F는 a의 **이웃 필터**이다.

예제 1.9 밀도

A를 자연수의 집합이라고 하자. 각각의 $n \in N$에 대해, $A(n) = |A \cap \{0, \ldots, n-1\}|$ 이 n보다 작은 A 원소의 개수를 나타낸다고 하자. 다음 극한이

$$d(A) = \lim_{n \to \infty} \frac{A(n)}{n},$$

존재할 때, 이것을 A의 **밀도**라고 부른다. 예를 들어, 모든 짝수 집합의 밀도는 $1/2$이다 (연습문제 1.7). 모든 유한집합의 밀도는 0이고, 밀도가 0인 무한집합이 존재한다. (예를 들어, 모든 2의 거듭제곱 집합 $\{2^n \mid n \in N\}$ – 연습문제 1.8.)

A 그리고 B 가 자연수의 집합이라고 하자. 모든 n에 대해 $A \subseteq B$이면 $A(n) \leq B(n)$ 이고, 따라서 A 그리고 B 모두 밀도를 가지면 $d(A) \leq d(B)$이다. 특히, $d(B) = 0$이면 $d(A) = 0$이다.

또한, 모든 n에 대해, $(A \cup B)(n) \leqq A(n) + B(n)$이고, A 그리고 B 가 서로소이면 $(A \cup B)(n) = A(n) + B(n)$이다. 따라서(밀도가 존재하는 경우) $d(A \cup B) \leqq d(A) + d(B)$ 이고, A 그리고 B가 서로소이면 $d(A \cup B) = d(A) + d(B)$이다. $d(A)$ 그리고 $d(B)$ 모두 0이면, $d(A \cup B) = 0$이다.

이것은 N에 대한 아이디얼, 즉 밀도 0인 집합에 대한 아이디얼의 예를 보여준다 :

$$I_d = \{A \mid d(A) = 0\},$$

($d(N) = 1$이므로) $\varnothing \in I_d$ 그리고 $N \notin I_d$이다. 만일 $A \subseteq B$ 그리고 $B \in I_d$이면 $A \in I_d$ 이고, 둘 모두 $A \in I_d$ 그리고 $B \in I_d$이면 $A \cup B \in I_d$이다. 따라서 I_d는 아이디얼이다. 위에서 언급한 대로, I_d는 모든 유한집합을 포함하며, 또한 어떤 무한집합도 포함한다.

마지막 고려 사항으로, 모든 집합 $A \subset N$가 밀도를 갖지는 않는다. 극한 $\lim_{n \to \infty} A(n)/n$ 이 존재하지 않는 집합 A를 쉽게 생성할 수 있다(연습문제 1.9).

해석학 분야에서 많이 응용되는 중요한 개념을 소개하면서 이 절을 마무리한다 :

정의 1.10

집합 S 위 **측도measure**는 다음 조건을 만족하는, $P(S)$ 위에서 정의된 실수값 함수 m이다 :

(a) $m(\varnothing) = 0, \ m(S) > 0.$

(b) $A \subseteq B$이면 $m(A) \leqq m(B).$

(c) A 그리고 B가 서로소이면 $m(A \cup B) = m(A) + m(B).$

($P(N)$ 위 밀도함수가, N의 모든 부분집합에 대해 정의되지 않았다는 것을 제외하고, 이 조건을 만족함에 주목한다.)

정의에 따라 모든 A에 대해 $m(A) \geqq 0$이고, $m(S - A) = m(S) - m(A)$이다. 속성 (c)를 **유한 가법성finite additivity**이라 부르며, 임의의 서로소인 유한 모임 $\{A_1, \ldots, A_n\}$에 대해 명백하게 다음이 성립한다.

$$m(A_1 \cup \cdots \cup A_n) = m(A_1) + \cdots + m(A_n).$$

이 시점에서, 두 가지 자명한 측도의 예를 들 수 있다;

예제 1.11

S가 유한집합이고, $A \subseteq S$에 대해 $m(A) = |A|$라고 하자. 이것은 S 위 **셈측도 counting measure**이다.

예제 1.12

S가 공집합이 아닌 집합이고 $a \in S$라고 하자. $a \in A$이면 $m(A) = 1$이고, $a \notin A$이면 $m(A) = 0$으로 정한다. (**자명한** 측도.)

다음 절에서, N 위의 자명하지 않은 측도를 구성한다.

연습문제

1.1 S가 공집합이 아닌 유한집합이면, S 위의 모든 필터는 주필터이다.

1.2 S가 셀 수 없는 집합이고, I는 $|X| \leq \aleph_0$인 모든 $X \subset S$의 모임이라고 하자. I는 S 위의 주아이디얼이 아닌 아이디얼이다.

1.3 S가 무한집합이고 $Z \subseteq S$는 Z 그리고 $S - Z$ 모두 무한인 집합이라고 하자. 모임 $I = \{X \subseteq S \mid X - Z\text{는 유한}\}$은 주아이디얼이 아닌 아이디얼이다.

1.4 집합 $A \subseteq S$가 하나 이상의 원소를 포함하면, A로 생성한 주필터는 극대가 아니다.

1.5 $\mathcal{F}$가 S 위 공집합이 아닌 필터의 집합이면, $\bigcap\{F \mid F \in \mathcal{F}\}$는 S 위 필터이다.

1.6 보조정리 1.7 증명에서 구성한 필터는 모인 G를 포함하는, S 위 최소 필터이다.

1.7 A가 주어진 수 $p > 0$로 나누어지는 모든 자연수의 집합이라고 하자. $d(A) = 1/p$임을 보여라.

1.8 집합 $\{2^n \mid n \in N\}$의 밀도가 0임을 증명하라.

1.9 음을 만족하는 자연수의 집합 A를 구성하라.

$$\lim_{n\to\infty} \sup A(n)/n = 1 \text{ 그리고 } \lim_{n\to\infty} \inf A(n)/n = 0.$$

2. 초필터

정의 2.1

모든 $X \subseteq S$에 대해 $X \in U$ 이거나 $S - X \in U$인 S 위 필터 U는 **초필터ultrafilter**이다.

이것의 쌍대 개념은 **소아이디얼**이다 :

정의 2.2

모든 $X \subseteq S$에 대해, $X \in I$ 이거나 $S - X \in I$인 S 위 아이디얼 I는 **소아이디얼 prime ideal**이다.

보조정리 2.3

S 위 필터 F가 초필터이면 그리고 그때만 S 위 극대 필터이다.

증명

만일 F가 초필터이면, $F' \supset F$가 S 위 필터일 때 $F' - F$에 $X \subseteq S$가 존재하므로, F는 극대 필터이다. 그러나 F가 초필터이면, $S - X$는 F에 속하고, 따라서 $S - X$는 F'에 속하며, $\varnothing = X \cap (S - X) \in F'$이므로, 모순이다.

역으로, F를 초필터가 아닌 필터라고 하자. 그러면 X 그리고 $S - X$ 모두 F에 속하지 않는 $X \subseteq S$가 존재한다. $G = F \cup \{X\}$로 놓자. 그러면 G가 유한 교집합 속성을 갖는다.

만일 $X_1, \ldots, X_n$이 F에 속하면 $Y = X_1 \cap \cdots \cap X_n \in F$이고, $(S - X) \supset Y$이면 $S - X \in F$이고 이는 가정에 모순되므로, $Y \cap X \neq \varnothing$이다. 따라서 $X_1 \cap \cdots \cap X_n \cap X \neq \varnothing$이고, 이것은 $G = F \cup \{X\}$가 유한 교집합 속성을 만족한다는 의미이다.

따라서 $F' \supseteq F \cup \{X\}$인 S 위 필터 F'가 존재한다. 그러나 이는 F가 극대 필터가 아니라는 의미이다. □

앞에서 극대 주필터가 있다는 것을 알았다. 즉, 주초필터가 존재한다. 주필터가 아닌 초필터가 존재할까?

S가 무한집합이고, F가 S의 쌍대유한 부분집합의 필터라고 하자. 만일 U가 초필터이고 F의 확장이면, U는 주필터일 수 없다. 따라서, 주필터가 아닌 초필터를 찾으려면 쌍대유한집합의 필터를 확장한 초필터를 찾는 것으로 충분하다.

역으로, U가 주필터가 아닌 초필터이면, 모든 $X \in U$는 무한이므로, U는 쌍대유한집합의 필터를 확장한다(연습문제 2.2).

다음 정리는 모든 필터가 초필터로 확장될 수 있다고 주장한다. 그러나 이 증명은 선택 공리를 사용하며, 실제로 체르멜로–프렝켈 집합론만으로는 증명할 수 없다는 것이 알려져 있다.

정리 2.4

임의의 집합 S 위 모든 필터는 S 위 초필터로 확장될 수 있다.

증명은 조른 보조정리를 사용한다. 이것을 적용하기 위해서는 다음 사실을 확인해야 한다 :

보조정리 2.5

만일 C가 S 위 필터의 집합이고 모든 $F_1,\ F_2 \in C$에 대해, $F_1 \subseteq F_2$이거나 $F_2 \subseteq F_1$이면, C의 합집합 또한 S 위 필터이다.

증명

이것은 정의 1.1의 (a), (b), (c)에 대한 간단한 검증 문제이다. □

정리 2.4의 증명

F_0가 S 위 필터라고 하자; 극대 필터 $F \supseteq F_0$를 찾는다.

P를 $F \supseteq F_0$인 모든 S 위 필터 F의 집합으로 놓고, 부분 순서 집합 $(P,\ \subset)$에 대해 생각해 보자. 보조정리 2.5에 의해, P에 속하는 모든 체인 C는 $\bigcup C$라는 상계를 갖는다. 따라서 조른 보조정리를 사용할 수 있고, $(P,\ \subset)$는 극대원소 U를 갖는다. 명백하게, U는 S 위 극대 필터이고 $U \supseteq F_0$이다. 보조정리 2.3에 의해, U는 초필터이다. □

초필터와 측도는 자연스러운 관계에 있다. S 위 측도 m이 값 0과 1만 갖는 경우 **이치** 측도라고 부른다 : 모든 $A \subseteq S$에 대해, $m(A) = 0$ 이거나 $m(A) = 1$.

정리 2.6

(a) m이 S 위 이치 측도이면 $U = \{A \subseteq C \mid m(A) = 1\}$는 초필터이다.

(b) U가 S 위 초필터이면, $A \in U$이면 $m(A) = 1$이고 $A \notin U$이면 $m(A) = 0$으로 정의된 $P(S)$ 위 함수 m은 S 위 이치 측도이다.

증명

초필터와 측도의 정의를 비교해 본다. A 그리고 B가 서로소이면, 기껏해야 그중 하나만이 초필터에 속함(또는 측도 1)에 주목한다. □

이제 필터의 여러 응용 중 하나를 소개한다. 이 특별한 응용은 실수 수열의 극한 개념을 일반화한 것이다.

정의 2.7

U가 N 위 초필터이고, $\langle a_n \rangle_{n=0}^{\infty}$이 실수의 유계 수열이라고 하자. 다음과 같은 실수 a를 이 수열의 ***U*-극한**이라고 부른다.

$$a = \lim_{U} a_n, \text{ 모든 } \epsilon > 0 \text{에 대해 } \{n \mid |a_n - a| < \epsilon\} \in U.$$

먼저 $U-$극한이 존재하면 유일하다는 것을 확인한다. $a < b$이고 a 그리고 b 모두 $\langle a_n \rangle_{n=0}^{\infty}$의 $U-$극한이라고 가정하자. $\epsilon = (b-a)/2$로 놓는다. 그러면 집합 $\{n \mid |a_n - a| < \epsilon\}$ 그리고 $\{n \mid |a_n - b| < \epsilon\}$은 서로서이고 따라서 둘 다 U에 속할 수 없다.

만일 U가 주초필터이고, 어떤 n_0에 대해 $U = \{A \mid n_0 \in A\}$이면, 모든 $\epsilon > 0$에 대해 $\{n \mid |a_n - a_{n_0}| < \epsilon\} \supseteq \{n_0\} \in U$이므로, 임의의 수열 $\langle a_n \rangle_{n=0}^{\infty}$에 대해 $\lim_{U} a_n = a_{n_0}$이다.

만일 $\langle a_n \rangle_{n=0}^{\infty}$이 수렴하고 $\lim_{n \to \infty} a_n = a$이면, 모든 주필터가 아닌 초필터 U에 대해, $\lim_{U} a_n = a$이다. 이것 역시 모든 $\epsilon > 0$에 대해, $\{n \mid |a_n - a_{n_0}| < \epsilon\} \supseteq \{n \mid n \geq k\}$인 어떤 k가 존재하고, $\{n \mid n \geq k\} \in U$이기 때문이다.

초필터 극한의 중요한 속성은 모든 유계 수열에 대해 $U-$극한이 존재한다는 것이다 :

정리 2.8

U가 N 위 초필터이고 $\langle a_n \rangle_{n=0}^{\infty}$이 실수의 유계 수열이라고 하자. 그러면 $\lim_{U} a_n$이 존재한다.

증명

$\langle a_n \rangle_{n=0}^{\infty}$이 유계이므로, 모든 n에 대해 $a < a_n < b$인 a 그리고 b가 존재한다. 모든 $x \in [a,\ b]$에 대해, 다음으로 놓는다.

$$A_x = \{n \mid a_n < x\}.$$

명백하게, $x \leq y$이면 $A_a = \varnothing,\ A_b = N$, 그리고 $A_x \subseteq A_y$이다. 그러므로 $A_a \notin U,\ A_b \in U$이고, $A_x \in U$ 그리고 $x \leq y$이면 $A_y \in U$이다. 이제 다음으로 놓고

$$c = \sup\{x \mid A_x \notin U\};$$

$c = \lim\limits_{U} a_n$임을 증명한다. 모든 $\epsilon > 0$에 대해 $A_{c-\epsilon} \notin U,\ A_{c+\epsilon} \in U$이고, $Ac + \epsilon = A_{c-\frac{\epsilon}{2}} \cup \{n \mid c - \epsilon < a_n < c + \epsilon\}$이기 때문에, $\{n \mid |a_n - c| < \epsilon\} \in U$가 성립한다. □

초필터 극한의 응용으로, N 위의 자명하지 않은 측도를 구성한다.

정리 2.9

밀도를 갖는 모든 집합 A에 대해 $m(A) = d(A)$인 N 위 측도 m이 존재한다.

증명

U가 주필터가 아닌 N 위 초필터라고 하자. 모든 집합 $A \subseteq N$에 대해 다음으로 놓는다.

$$m(A) = \lim_{U} \frac{A(n)}{n}.$$

여기서 $A(n) = |A \cap n|$이다. 명백하게, A가 밀도를 가지면 $m(A) = d(A)$이다. 또한, $m(\varnothing) = 0$ 그리고 $m(N) = 1$임과 $A \subseteq B$ 이면 $m(A) \leq m(B)$임을 쉽게 증명할 수 있다. 만일 A 그리고 B가 서로소이면 $(A \cup B)(n) = A(n) + B(n)$이고, 초필터 극한의 속성에 의해 m의 가법성이 성립한다 :

$$\lim_{U}(a_n + b_n) = \lim_{U} a_n + \lim_{U} b_n.$$

증명은 일반적인 극한에 대한 증명과 유사하며 연습문제로(2.5) 남긴다. □

연습문제

2.1 U가 S 위 초필터이면, $P(S) - U$는 소아이디얼이다.

2.2 U가 주필터가 아닌 초필터이면, 모든 $X \in U$는 무한이다.

2.3 U가 S 위 초필터라고 하자. $X \in V$이면 그리고 그때만 집합 $\{a \in S \mid \{b \in S \mid (a,\ b) \in X\} \in U\} \in U$로 정의된 집합 $X \subseteq S \times S$의 모임 V는 $S \times S$ 위 초필터임을 보여라.

2.4 U가 S 위 초필터이고 $f : S \to T$라고 하자. $X \in V$이면 그리고 그때만 집합 $f^{-1}[X] \in U$로 정의된 집합 $X \subseteq T$의 모임 V는 T 위 초필터임을 보여라.

2.5 $\lim\limits_{U}(a_n + b_n) = \lim\limits_{U} a_n + \lim\limits_{U} b_n$를 증명하라.

3. 닫히고 유계가 아닌 집합과 정상 집합

이 절에서는 정칙인 셀 수 없는 기수 위의 중요한 필터, 즉 닫히고 유계가 아닌 집합에서 생성된 필터를 소개한다. 이 절의 결과는 임의의 정칙인 셀 수 없는 기수에 대해 형식화하고 증명할 수 있지만, 여기서는 가장 작은 셀 수 없는 기수 $\aleph_1$으로 제한한다. (연습문제 3.5–3.9 참조.)

정의 3.1

다음을 만족하는 집합 $C \subseteq \omega_1$는 **닫히고 유계가 아니다**.

(a) C는 ω_1에서 유계가 아니다. 즉, $\sup C = \omega_1$.

(b) C는 닫힌집합이다. 즉, C의 순서수의 모든 증가 수열

$$\alpha_0 < \alpha_1 < \cdots < \alpha_n < \cdots \ (n \in \omega)$$

은 최소상계 $\sup\{\alpha_n \mid n \in \omega\} \in C$를 갖는다.

간단하지만 중요한 사실로, 닫히고 유계가 아닌 집합은 유한 교집합 속성을 갖는다. 이 결과는 다음에 따른다.

보조정리 3.2

만일 C_1 그리고 C_2 가 ω_1 의 닫히고 유계가 아닌 집합이면, $C_1 \cap C_2$ 는 닫히고 유계가 아니다.

증명

$C_1 \cap C_2$ 가 닫힌집합임은 쉽게 보일 수 있다; 만일 $\alpha_0 < \alpha_1 < \cdots$ 가 C_1 그리고 C_2 모두의 수열이면, $\alpha = \sup\{\alpha_n \mid n \in \omega\} \in C_1 \cap C_2$ 이다.

$C_1 \cap C_2$ 가 유계가 아님을 보이기 위해, 임의의 $\gamma < \omega_1$ 에 대해 $\alpha > \gamma$ 인 $\alpha \in C_1 \cap C_2$ 를 찾는다. 셀 수 있는 순서수에 대한 아래의 증가 수열을

$$\alpha_0 < \beta_0 < \alpha_1 < \beta_1 < \cdots < \alpha_n < \beta_n < \cdots$$

다음처럼 구성한다 : α_0 를 γ 보다 큰 C_1 의 가장 작은 순서수로 놓는다. 다음으로 β_0 는 C_2 의 가장 작은 $\beta > \alpha_0$ 로 놓는다. 그러면 $\alpha_1 \in C_1$, $\beta_1 \in C_2$ 이고, 계속해서 그렇다.

α 가 $\{\alpha_n\}_{n\in\omega}$ 의 최소상계라고 하자; 이는 또한 $\{\beta_n\}_{n\in\omega}$ 의 최소상계이기도 하다.

순서수 α 는 C_1 그리고 C_2 에 모두 속하고 그러므로 $\alpha \in C_1 \cap C_2$ 이다. □

모든 셀 수 있는 순서수의 집합 ω_1 은 닫히고 유계가 아니다. (그러나, 여기서는 선택 공리의 결과, 즉 ω_1 의 정칙성을 사용한다 : 모든 셀 수 있는 순서수의 셀 수 있는 수열의 최소상계는 셀 수 있는 순서수이다.) 닫히고 유계가 아닌 집합의 또 다른 예는 모든 셀 수 있는 극한순서수의 집합이다(연습문제 3.2). 덜 명확한 다른 예는 연습문제 3.3과 3.4를 참조하라.

ω_1 의 닫히고 유계가 아닌 모든 부분집합의 모임은 유한 교집합 속성을 가지므로, ω_1 위 필터를 생성한다 :

(3.3) $$F = \{X \subseteq \omega_1 \mid X \supseteq C \text{ 어떤 닫히고 유계가 아닌 } C\}$$

(3.3)의 필터를 **닫히고 유계가 아닌 ω_1 위 필터**라고 부른다.

보조정리 3.4

만일 $\{C_n\}_{n\in\omega}$ 이 닫히고 유계가 아닌 집합의 셀 수 있는 모임이면, $\bigcap_{n=0}^{\infty} C_n$ 은 닫히고 유계가 아니다. 결과로, 만일 $\{X_n\}_{n\in\omega}$ 이 닫히고 유계가 아닌 필터 F 에 속하는 집합의 셀 수 있는 모임이면, $\bigcap_{n=0}^{\infty} X_n \in F$ 이다.

증명

교집합 $C = \bigcap_{n=0}^{\infty} C_n$가 닫힌집합임을 증명하기는 쉽다. C가 유계가 아님을 보이기 위해, $\gamma < \omega_1$으로 놓는다; γ보다 큰 $\alpha \in C$를 찾는다.

$C = \bigcap_{n=0}^{\infty} D_n$임에 주목하자. 여기서 각각의 n에 대해, $D_n = C_0 \cap \cdots \cap C_n$이다; 집합 D_n는 닫히고 유계가 아니며 감소수열을 형성한다 : $D_0 \supseteq D_1 \supseteq D_2 \supseteq \cdots$.

$\langle \alpha_n \mid n \in \omega \rangle$이 다음과 같은 셀 수 있는 순서수의 수열이라고 하자 : $\gamma < \alpha_0 < \alpha_1 < \cdots$이고 n에 대해 α_{n+1}은 α_n의 D_n에 속하는 최소 순서수이다. n이 $\{\alpha_n\}_{n \in \omega}$의 최소상계라고 하자. $\alpha \in C$임을 보이기 위해, 모든 n에 대해 $\alpha \in D_n$임을 증명한다. 그러나 임의의 n에 대해, α는 $\{\alpha_k \mid k \geq n+1\}$의 최소상계이고, $D_n \supseteq D_{n+1} \supseteq \cdots \supseteq D_k \supseteq \cdots$ $(k > n)$이므로, $k \geq n+1$에 대한 모든 α_k는 D_n에 속한다. □

닫히고 유계가 아닌 집합과 밀접한 관련이 있는 것이 정상 집합이다. **정상 집합**은 닫히고 유계가 아닌 필터에 대한 아이디얼 쌍대에 속하지 않는 집합 $S \subseteq \omega_1$이다. 이것을 다시 형식화면 다음과 같은 정의가 나온다.

정의 3.5

모든 닫히고 유계가 아닌 집합 C에 대해 $S \cap C$이 공집합이 아니면, 집합 $S \subseteq \omega_1$는 **정상stationary**이다.

명백하게, 모든 닫히고 유계가 아닌 집합은 정상이고, 만일 S가 정상이고 $S \subseteq T \subseteq \omega_1$이면, T도 정상이다. 이 절의 후반부에서 닫힌 유계가 아닌 부분집합이 없는 정상 집합의 예를 제시한다. 하지만 먼저 다음 정리를 증명한다.

정의역이 $S \subseteq \omega_1$인 함수 f가 모든 $\alpha \neq 0$에 대해 $f(\alpha) < \alpha$이면 **회귀regressive**이다.

정리 3.6

집합 $S \subseteq \omega_1$이 정상이면 그리고 그때만 모든 회귀 함수 $f : S \to \omega_1$는 유계가 아닌 집합 위의 상수이다. 사실, f는 정상 집합 위의 상수값을 갖는다.

이 정리는 $\aleph_1$ 같은 셀 수 없는 알레프가 $\aleph_0$과 상당하게 다르다는 걸 보여주는 좋은 예이다. 셀 수 없는 기수에는, 각 값을 유한한 횟수만 갖는, $n > 0$, $f(0) = 0$에 대해 $f(n) = n - 1$로 정의된 함수 $f : \omega \to \omega$와 유사한 함수가 없다. 정리 3.6의 결과는 ω_1에서 $f(\alpha) < \alpha$를 만족하는 함수가 f의 정의역이 "작지" 않은 경우, 즉 정상이 아닌 경우를 제외하고는 어떤 값을 셀 수 없이 자주 반복한다는 것이다.

정리의 한쪽 방향은 만일 $S \subseteq \omega_1$가 정상이 아니라면, 모든 $\alpha \neq 0$에 대해 $f(\alpha) < \alpha$인 S에 대한 함수가 존재하여, f가 각각의 값을 기껏해야 셀 수 있는 횟수만큼 취한다는 것을 나타낸다. 그러한 함수를 다음 예에서 구성한다.

예제 3.7

예제 $A \subseteq \omega_1$가 정상이 아닌 집합이라고 하자 : 따라서 $A \cap C = \varnothing$인 닫히고 유계가 아닌 C가 존재한다. $f : A \to \omega_1$를 다음처럼 정의하자 :

$$f(\alpha) = \sup(C \cap \alpha)(\alpha \in A).$$

$f(\alpha) \in C$(연습문제 3.1 참조)이고 $C \cap A = \varnothing$이므로, $f(\alpha) < \alpha$이다. 그리고 각각의 $\gamma < \omega_1$에 대해, $\alpha \in A$가 γ보다 큰 C의 최소원소보다 크면, $f(\alpha) > \gamma$이고 따라서 f는 셀 수 없이 많은 α에 대해서는 같은 값을 갖지 않는다.

정리의 다른 방향을 증명하려면 보조정리가 필요하다.

보조정리 3.8

$\{C_\xi \mid \xi < \omega_1\}$가 닫히고 유계가 아닌 집합의 모임이라고 하자. 다음처럼 정의된 집합 $C \subseteq \omega_1$는 닫히고 유계이다.

(3.9) $\alpha \in C$이면 그리고 그때만 $\alpha \in C_\xi$, 모든 $\xi < \alpha$ $(\alpha \in \omega_1)$.

C를 C_ξ의 **대각 교집합**이라 부른다.

증명

먼저 C가 닫혔음을 증명한다. 그러므로 $\alpha_0 < \alpha_1 < \cdots < \alpha_n < \cdots$이 C에 속하는 원소의 증가 수열이고 α가 이 수열의 최소상계라고 하자. α가 C에 속함을 증명하기 위해 모든 $\xi < \alpha$에 대해 $\alpha \in C_\xi$임을 보인다.

$\xi < \alpha$라고 해보자. 그러면 $\xi < \alpha_k$인 어떤 k가 존재하고, 따라서 모든 $n \geqq k$에 대해 $\xi < \alpha_n$이다. 각각의 α_n이 C에 속하기 때문에, (3.9)를 만족하고, 따라서 각각의 $n \geqq k$에 대해 $\alpha_n \in C_\xi$이다. 그러나 C_ξ는 닫혀있고 따라서 $\{\alpha_n\}_{n \geq k}$의 최소상계 α는 C_ξ에 속한다.

다음으로 C가 유계가 아님을 증명한다. $\gamma < \omega_1$로 놓고 γ보다 큰 $\alpha \in C$를 찾는다. 증가수열 $\alpha_0 < \alpha_1 < \alpha_2 \cdots$을 다음처럼 구성한다 :

$\alpha_0 = \gamma$라고 해보자. 집합 $\bigcap_{\xi<\alpha_0} C_\xi$은 닫히고 유계가 아니고(보조정리 3.4) 따라서 α_1은 α_0 보다 큰 최소원소이다. 다음으로 α_2를 α_1보다 큰 $\bigcap_{\xi<\alpha_1} C_\xi$의 최소원소로 놓고, 일반적으로 같은 방법으로,

$$\textbf{(3.10)} \qquad \alpha_n < \alpha_{n+1} \in \bigcap_{\xi<\alpha_n} C_\xi.$$

$\{\alpha_n\}_{n\in\omega}$의 최소상계를 α로 놓고, $\alpha \in C$임을 증명한다.

모든 $\xi < \alpha$에 대해 $\alpha \in C_\xi$임을 보일 차례다. 따라서 $\xi < \alpha$로 놓자. $\xi < \alpha_k$인 k가 존재하고 (3.10)에 의해 모든 $n \geq k$에 대해 $\alpha_{n+1} \in C_\xi$이다. 그러나 α가 $\{\alpha_n\}_{n>k}$의 최소상계이므로 C_ξ에 속한다. □

정리 3.6의 증명

S가 정상 집합이고 $f : S \to \omega_1$가 회귀 함수라고 하자. 각각의 $\gamma < \omega_1$에 대해, $A_\gamma = f^{-1}[\{\gamma\}]$로 놓는다; 어떤 γ에 대해 집합 A_γ가 정상임을 보인다.

A_γ가 정상 집합이 아니라고 가정하면, 각각의 $\gamma < \omega_1$에 대해 $A_\gamma \cap C_\gamma = \varnothing$인 닫히고 유계가 아닌 집합 C_γ가 존재한다. C를 C_γ의 대각 교집합으로 놓으면, 즉,

(3.11) $\alpha \in C$ 이면 그리고 그때만 모든 $\gamma < \alpha$에 대해 $\alpha \in C_\gamma$이다.

만일 $\alpha \in C_\gamma$이면 $\alpha \notin A_\gamma$이고, 결국 $f(\alpha) \neq \gamma$이다. 따라서 (3.11)은 만일 $\alpha \in C$이면, 모든 $\gamma < \alpha$에 대해 $f(\alpha) \neq \gamma$를 의미한다; 다른 말로, $f(\alpha)$는 α보다 작지않다. 그러나 C는 닫히고 유계가 아니므로 정상 집합 S와 교차한다. 하지만 모든 $\alpha \in S$에 대해, $f(\alpha)$는 α보다 작지않다. 즉, 모순이다. □

정리 3.6의 응용으로 여집합 역시 정상 집합인 어떤 정상 집합 $S \subseteq \omega_1$를 구성했다. 하지만 이 구성 과정에 선택 공리를 사용했다는 점을 주목하자. (이 경우에 선택 공리가 필수적이라는 것이 알려져 있다.)

예제 3.12

여집합이 정상 집합인 정상 집합의 사례.

C가 모든 셀 수 있는 극한순서수의 집합이라고 하자. 각각의 $\alpha \in C$에 대해 극한이 α인 증가 수열 $x_\alpha = \langle x_{\alpha n} \mid n \in \omega \rangle$가 존재한다. 각각의 n에 대해, 함수 $f_n : C \to \omega_1$이 $f_n(\alpha) = x_{\alpha n}$이라고 하자.

각각의 n에 대해, C에서 $f_n(\alpha) < \alpha$이므로, $S_n = \{\alpha \in C \mid f_n(\alpha) = \gamma_n\}$이 정상

집합이 되는 γ_n이 존재한다.

집합 S_n중 적어도 하나가 정상인 여집합을 갖는다는 것을 주장한다. 만일 아니라고 가정하면, 각각의 S_n은 닫히고 유계가 아닌 집합을 포함하고, 따라서 그것의 교집합도 역시 그렇다. 그러므로 $\bigcap_{n=0}^{\infty} S_n$은 집합 $\{\gamma_n\}_{n\in\omega}$의 최소상계보다 큰 순서수 α를 포함한다. 그러니 이 경우 수열 $x_\alpha = \langle x_{\alpha n} \mid n \in \omega\rangle = \langle f_n(\alpha) \mid n \in \omega\rangle = \langle \gamma_n \mid n \in \omega\rangle$은 α로 수렴하지 않으니, 모순이다.

정리 3.6의 또 다른 응용으로 △−보조정리로 알려진 조합론의 정리를 증명한다. △−보조정리를 직접 증명하는 것도 가능하지만, 여기서 제시하는 증명은 정리 3.6의 위력을 보여준다.

정리 3.13

$\{A_i \mid i \in I\}$이 유한집합의 셀 수 없는 모임이라고 하자. 그러면 모든 서로 다른 $i,\ j \in J$에 대해 $A_i \cap A_j = A$인 셀 수 없는 집합 $J \subseteq I$ 그리고 집합 A가 존재한다.

증명

$I = \omega_1$으로 가정할 수 있고, 유한집합의 $\aleph_1$ 교집합은 크기가 $\aleph_1$이므로, 모든 A_i가 ω_1의 부분집합인 것으로 가정할 수 있다. 명백하게, 셀 수 없이 많은 A_i가 같은 크기이고 따라서 어떤 고정된 수 n에 대해 각각의 크기가 n인 ω_1의 부분집합의 모임 $\{A_\alpha \mid \alpha < \omega_1\}$를 취할 수 있다.

C가 $\xi < \alpha$이면 $A_\xi < \alpha$인 모든 $\alpha < \omega_1$의 집합이라고 하자. 집합 C는 닫히고 유계가 아니다(연습문제 3.4와 비교). 각각의 $k \leq n$에 대해, $S_k = \{a \in C \mid |A_\alpha \cap \alpha| = k\}$로 놓자; S_k가 정상 집합인 적어도 하나의 k가 존재한다. 각각의 $m = 1,\ \ldots,\ k$에 대해, $f_m(\alpha) = A_\alpha$의 m번째 원소로 놓는다; S_k 위의 $f_m(\alpha) < \alpha$를 얻는다. 정리 3.6의 상수 k에 의해, 정상 집합 $T \subseteq S_k$와 모든 $\alpha \in T$에 대해 $A_\alpha \cap \alpha = A$인 집합 A(크기 k)를 얻는다.

이제 $\alpha < \beta$가 T에 속하면, ($\beta \in C$이므로) $A_\alpha \subset \beta$이고 $A_\alpha \cap \alpha = A_\beta \cap \beta = A$이며, 결과로(($A_\alpha - \alpha) \cap A_\beta = \varnothing$이므로) $A_\alpha \cap A_\beta = A$이다. 따라서 $\{A_\alpha \mid \alpha \in T\}$는 $\{A_\alpha \mid \alpha < \omega_1\}$의 셀 수 없는 부분 모임이고, 정리를 만족한다. □

연습문제

3.1 유계가 아닌 집합 $C \subseteq \omega_1$가 닫힌집합이면 그리고 그때만 모든 $X \subset C$에 대해, $\sup X < \omega_1$이면, $\sup X \in C$이다.

3.2 모든 셀 수 있는 극한순서수의 집합은 닫히고 유계가 아니다.

X가 순서수의 집합이면, 모든 $\gamma < \alpha$에 대해 $\gamma < \beta < \alpha$인 $\beta \in X$가 존재할 때 α는 X의 극한점이다. 셀 수 있는 α가 X의 극한점이면 그리고 그때만 $\sup\{\alpha_n \mid n \in \omega\} = \alpha$인 X의 수열 $\alpha_0 < \alpha_1 < \cdots$ 이 존재한다. 모든 닫히고 유계가 아닌 $C \subseteq \omega_1$는 자신의 모든 셀 수 있는 극한점을 포함한다.

3.3 X가 ω_1의 유계가 아닌 부분집합이면, X의 모든 셀 수 있는 극한점의 집합은 닫히고 유계가 아닌 집합이다.

$f : \omega_1 \to \omega_1$가 증가함수이면, $\xi < \alpha$이면 $f(\xi) < \alpha$일 때 $\alpha < \omega_1$는 f의 폐포점이다.

3.4 모든 증가함수 $f : \omega_1 \to \omega_1$의 모든 폐포점의 집합은 닫히고 유계가 아니다.

κ가 셀 수 없는 정규 기수라고 하자. 모든 $\alpha < \kappa$에 대해 $\sup C = \kappa$ 그리고 $\sup(C \cap \alpha) \in C$이면 집합 $C \subseteq \kappa$는 닫히고 유계가 아니다.

3.5 C_1 그리고 C_2 가 닫히고 유계가 아니면, $C_1 \cap C_2$ 닫히고 유계가 아니다.

닫히고 유계가 아닌 κ 위 필터는 닫히고 유계가 아닌 집합으로 생성되는 필터이다.

3.6 $\lambda < \kappa$이고 각각의 C_α, $\alpha < \lambda$가 닫히고 유계가 아니면, $\bigcap_{\alpha<\lambda} C_\alpha$는 닫히고 유계가 아니다.

모든 닫히고 유계가 아닌 집합 $C \subseteq \kappa$에 대해 $S \cap C \neq \varnothing$이면, 집합 $S \subseteq \kappa$는 **정상**이다.

3.7 집합 $\{\alpha < \kappa \mid \alpha$는 극한순서수이고 $\mathrm{cf}(\alpha) = \omega\}$는 정상이다. $\kappa > \aleph_1$이면, 집합 $\{\alpha < \kappa \mid \mathrm{cf}(\alpha) = \omega\}$는 정상이다.

3.8 각각의 C_α, $\alpha < \kappa$가 닫히고 유계가 아니면, 대각 교집합 $\{\alpha < \kappa \mid \alpha \in C_\xi$, 모든 $\xi < \alpha\}$는 닫히고 유계가 아니다.

$\mathrm{dom} f \subseteq \kappa$이고, 모든 $\alpha \in \mathrm{dom} f$, $\alpha \neq 0$에 대해 $f(\alpha) < \alpha$인 함수는 **회귀**이다.

3.9 집합 $S \subseteq \kappa$가 정상이면 그리고 그때만 S 위 모든 회귀 함수는 유계가 아닌 집합 위 상수이다.

4. 실버 정리

2, 3절에서 소개한 기술을 사용하여 이제 특이 기수에 대한 일반 연속체 가설에 대한 다음 결과를 증명한다.

4.1 실버Silver 정리

$\aleph_\lambda$를 $\mathrm{cf}\lambda > \omega$인 특이 기수라고 하자. 만일 모든 $\alpha < \lambda$에 대해 $2^{\aleph_\alpha} = \aleph_{\alpha+1}$이면, $2^{\aleph_\lambda} = \aleph_{\lambda+1}$이다.

$\aleph_1$의 정상 부분집합 이론을 사용해서, 특별한 경우 $\aleph_\lambda = \aleph_{\omega_1}$에 대한 실버 정리를 증명한다. $\kappa = \mathrm{cf}\lambda$의 정상 부분집합 일반 이론을 사용하면, 비슷한 방법으로 완전한 결과를 증명할 수 있다(연습문제 4.1 참조). 그러므로 모든 $\alpha < \omega_1$에 대해 $2^{\aleph_\alpha} = \aleph_{\alpha+1}$라고 가정하자. 이러한 가정에 따라 이 절에서 반복하여 사용할 한 가지 결과는, 모든 $\alpha < \omega_1$에 대해 $\aleph_\alpha^{\aleph_1} < \aleph_{\omega_1}$이다 (9장 정리 3.12 참조).

f 그리고 g를 ω_1에서 정의된 두 함수라고 하자. 모든 $\beta \geq \alpha$에 대해 $f(\beta) \neq g(\beta)$인 어떤 $\alpha < \omega_1$가 존재할 때, 함수 f와 g는 **거의 서로소almost disjoint**이다.

보조정리 4.2

$\{A_\alpha \mid \alpha < \omega_1\}$가 모든 $\alpha < \omega_1$에 대해 $|A_\alpha| \leq \aleph_\alpha$인 집합 시스템이고, F는 다음과 같은 거의 서로소인 함수 시스템이면,

$$F \subset \prod_{\alpha<\omega_1} A_\alpha$$

$|F| \leqq \aleph_{\omega_1}$이다.

증명

일반성을 잃지 않고 각각의 $\alpha < \omega_1$에 대해 $A_\alpha \subseteq \omega_\alpha$라고 가정할 수 있다. S_0가 모든 극한순서수 $0 < \alpha < \omega_1$의 집합이라고 하자. $f \in F$ 그리고 $\alpha \in S_0$에 대해, $f^*(\alpha)$가 $f(\alpha) < \omega_\beta$인 최소의 β를 나타내는 것으로 놓는다. 모든 $\alpha \in S_0$에 대해 $f^*(\alpha) < \alpha$이므로, 정리 3.6에 의해, f^*가 S 위 상수인 정상 집합 $S \subset S_0$가 존재한다. 그러므로 $f \restriction S$는 어떤 $\beta < \omega_1$에 대해 S에서 ω_β로의 함수이다, 이 함수 $f \restriction S$를 $\varphi(f)$로 나타낸다.

만일 f 그리고 g가 F의 서로 다른 함수이면 $\varphi(f)$ 그리고 $\varphi(g)$ 역시 다르다 : 그들의 정의역 예를 들어 S가 같아도, f 그리고 g가 거의 서로소이기 때문에 $f \restriction S \neq g \restriction S$

이다. 따라서 φ는 정의역이 F인 일대일 함수이다. φ의 값은 ω_1의 부분집합 S에서 어떤 $\omega_\beta < \omega_{\omega_1}$로 가는 함수로 정의된 범위를 취한다. 따라서 다음을 얻는다.

$$|F| \leqq 2^{\aleph_1} \cdot \sum_{\beta<\omega_1} \aleph_\beta^{\aleph_1} \leqq \aleph_{\omega_1}.$$

□

보조정리 4.2를 조금 수정하면 다음과 같다 :

보조정리 4.3

$F \subset \prod_{\alpha<\omega_1} A_\alpha$를, $T = \{\alpha < \omega_1 | \, |A_\alpha| \leq \aleph_\alpha\}$가 정상인 거의 서로소인 함수 시스템으로 놓으면, $|F| \leq \aleph_{\omega_1}$이다.

증명

보조정리 4.2의 증명에서, S_0를 정상 집합 $S_0 = \{\alpha \in T \mid \alpha$는 극한순서수$\}$로 놓는다. 증명의 나머지 부분은 같다. □

보조정리 4.3을 이용해서, 다음을 쉽게 얻을 수 있다 :

보조정리 4.4

ω_1 위 함수 f를 모든 $\alpha < \omega_1$에 대해 $f(\alpha) = \aleph_{\alpha+1}$로 놓는다. F를 ω_1 위 거의 서로소 함수 시스템으로 놓고, 다음과 같이 정의하면,

$$F_f = \{g \in F | \text{ 어떤 정상 집합 } T \subseteq \omega_1\text{에 대해, } g(\alpha) < f(\alpha) \text{ 모든 } \alpha \in T\}$$

$|F_f| \leq \aleph_{\omega_1}$이다.

증명

어떤 정해진 정상 집합 T에 대해, 보조정리 4.3에 의해, 집합 $\{g \in F \mid g(\alpha) < f(\alpha)$ 모든 $\alpha \in T\}$는 기수가 기껏해야 $\aleph_{\omega_1}$이다. 따라서 $|F| \leq 2^{\aleph_1} \cdot \aleph_{\omega_1} = \aleph_{\omega_1}$이다. □

이제 실버 정리를 위한 결정적인 보조정리를 증명한다 :

보조정리 4.5

$\{A_\alpha \mid \alpha < \omega_1\}$가 모든 $\alpha < \omega_1$에 대해 $|A_\alpha| \leq \aleph_{\alpha+1}$인 집합 시스템이고, F는 다음

같은 거의 서로소 함수 시스템으로 놓으면,

$$F \subset \prod_{\alpha<\omega_1} A_\alpha$$

$|F| \le \aleph_{\omega_1+1}$ 이다.

증명

U가 닫히고 유계가 아닌 필터를 확장하는 ω_1 위 초필터라고 하자. 그러면 모든 집합 $S \in U$는 정상이다.

일반성을 잃지 않고 각각의 $\alpha < \omega_1$에 대해 $A_\alpha \subseteq \omega_{\alpha+1}$라고 가정할 수 있다. 집합 F 위 관계 $<$를 다음처럼 정의한다 :

$$f < g\text{이면 그리고 그때만 } \{\alpha < \omega_1 \mid f(a) < g(\alpha)\} \in U.$$

$<$는 F의 선형 순서라고 주장한다. $f < g$ 그리고 $g < h$이면, 다음에 따라, $f < h$ 이다.

$$\{\alpha \mid f(\alpha) < h(\alpha)\} \supseteq \{\alpha \mid f(\alpha) < g(\alpha)\} \cap \{\alpha \mid g(\alpha) < h(\alpha)\} \in U.$$

만일 $f,\ g \in F$ 그리고 $f \ne g$이면, $\{\alpha \mid f(\alpha) = g(\alpha)\}$는 기껏해야 셀 수 있고 그러므로 U에 속하지 않고, 따라서 집합 $\{\alpha \mid f(\alpha) < g(\alpha)\}$ 그리고 $\{\alpha \mid g(\alpha) < f(\alpha)\}$중 하나는 U에 속한다. 그러므로 $f < g$ 이거나 $g < f$이다. 결국 $<$는 F의 선형 순서이다.

이제, 만일 $f,\ g \in F$ 그리고 $g < f$이면, $g \in F_f$이고 여기서

$$F_f = \{g \in F \mid \text{어떤 정상 } T\text{에 대해, } g(\alpha) < f(\alpha) \text{ 모든 } \alpha \in T\}\text{이고,}$$

보조정리 4.4에 의해, $|F_f| \le \aleph_{\omega_1}$ 이다. 따라서 모든 $f \in F$에 대해, $|\{g \in F|g < f\}| \le \aleph_{\omega_1}$ 이다.

$<$가 집합 F의 선형 순서이므로, 8장 정리 1.14에 의해 $|F| \le \aleph_{\omega_1+1}$이 성립한다. □

($\lambda = \omega_1$에 대한) 실버 정리는 이제 보조정리 4.5로부터 쉽게 증명된다 :

실버 정리의 증명

각각의 $\alpha < \omega_1$에 대해, $A_\alpha = P(\omega_\alpha)$로 놓는다; $2^{\aleph_\alpha} = \aleph_{\alpha+1}$이므로, $|A_\alpha| = \aleph_{\alpha+1}$를 얻는다. 모든 집합 $X \subseteq \omega_{\omega_1}$에 대해, $f_x \in \prod_{\alpha<\omega_1} A_\alpha$를 다음처럼 정의한다.

$$f_X(\alpha) = X \cap \omega_\alpha.$$

만일 $X \ne Y$이면 $f_X \ne f_Y$이고, 게다가, f_X 그리고 f_Y는 거의 서로소이다. 이는 모든 $\beta \geqq \alpha$에 대해 $X \cap \omega_\beta \ne Y \cap \omega_\beta$인 어떤 $\alpha < \omega_1$가 존재하기 때문이다. 따라서

$F = \{f_X \mid X \in P(\omega_{\omega_1})\}$는 거의 서로소인 함수 시스템이고, 보조정리 4.5에 의해, $|F| \le \aleph_{\omega_1+1}$이다. 그러므로, $2^{\aleph_{\omega_1}} = \aleph_{\omega_1+1}$이다. □

연습문제

4.1 셀 수 없는 공종도의 임의의 λ에 대한 실버 정리를 증명하라.
[힌트 : 4절 전반에 대해, ω_1을 $\kappa = \mathrm{cf}\lambda$로 대체하고, 수열 $\langle \aleph_\alpha \mid \alpha < \omega_1 \rangle$는 기수의 연속 증가 수열 $\langle \lambda_\alpha \mid \alpha < \kappa \rangle$로 대체한다. 연습문제 3.9를 사용한다.]

제 12 장

조합 집합론

1. 램지 정리

이 절에서 다루려고 하는 유형의 문제에 대한 잘 알려진 고전적인 퍼즐이 있다 : 6명으로 구성된 어떤 그룹에서 서로 아는 사람이 3명 있거나 서로 모르는 사람이 3명 있다는 것을 보여라. 묵시적으로 "x가 y를 안다"는 관계가 대칭적이라고 가정한다.

이 논증은 다음과 같이 진행된다. 이 사람 중 한 명, 예를 들어 Joe를 대상으로 생각해 보자. 나머지 5명 중에서 Joe를 아는 사람이 최소 3명 있거나 Joe를 모르는 사람이 최소 3명 있다. Peter, Paul, Mary가 Joe를 안다고 가정해 보자. Peter와 Paul이라는 두 사람이 서로를 안다면 서로를 아는 사람이 3명(Joe, Peter, Paul)이 된다. 그렇지 않으면 Peter, Paul, Mary는 서로 모르는 3명이다. Peter, Paul, Mary가 Joe를 모르는 3명이라고 가정해도 이 주장은 비슷하게 전개된다.

이제 이 문제를 일반화하기 쉽게 좀 더 추상적인 형태로 다시 서술한다.

S가 집합이라고 하자. $r \in N$, $r \neq 0$에 대해, $[S]^r = \{X \subseteq S \mid |X| = r\}$은 원소 r개인 S의 모든 부분집합의 모임이다. (4장 연습문제 3.5 참조.) $\{A_i\}_{i=0}^{s-1}$을 $[S]^r$을 s개의 클래스로 나눈 분할이라고 하자($s \in N - \{0\}$); 즉, $[S]^r = \bigcup_{i=0}^{s-1} A_i$이고, $i \neq j$에 대해 $A_i \cap A_j = \varnothing$. 만일 어떤 i에 대해 $[H]^r \subseteq A_i$이면 집합 $H \subseteq S$를 이 분할에 대한 **동형homogeneous**이라고 한다; 즉, 모든 원소 r개인 H의 부분집합이 분할의 같은 클래스 A_i에 속하는 경우.

다른 클래스의 원소가 서로 다른 색상으로 칠해져 있다고 생각하면 도움이 될 수 있다. 따라서 s개의 색상(번호 $0, 1, \ldots, s-1$이 매겨짐)이 있고 S의 원소 r개인 각각의 부분집합은 그중 하나로 칠해진다. 동형집합은 **단색monochromatic**이다. 즉, 원소 r개인 부분집합은 같은 색으로 칠해진다.

이런 용어 정의 아래에서, 기초적인 사례로, $|S| \geq 6$인 집합 S에 대해, $[S]^2$의 모든 두 클래스

분할은 크기 $|H| \geq 3$인 동형집합 H를 갖는다. (두 클래스는 $A_0 = \{\{x, y\} \in [S]^2 \mid x$ 그리고 y가 서로 안다$\}$ 그리고 $A_1 = \{\{x, y\} \in [S]^2 \mid x$ 그리고 y가 서로 모른다$\}$.)

다른 방식으로 생각하면 : 적어도 6개의 점으로 구성된 집합 S를 선택하고 각각의 점 쌍을 빨간색 또는 파란색(둘 중 하나) 선분으로 연결한다. 그러면 결과 그래프에 단색 삼각형이 포함된다(즉, 모두 빨간색 또는 모두 파란색). κ, λ를 기수라고 하자. 다음 명제를 $\kappa \to (\lambda)^r_s$로 줄여서 나타내기로 한다 : $|S| = \kappa$인 모든 S와 $[S]^r$을 s개의 클래스로 나누는 모든 분할에 대해, $|H| \geq \lambda$인 동형집합 H가 존재한다. 이 명제의 부정은 $\kappa \nrightarrow (\lambda)^r_s$로 나타낸다.

$6 \to (3)^2_2$는 이미 증명했다; $5 \nrightarrow (3)^2_2$를 보이는 건 쉬운 연습이다. (연습문제 1.1 참조.)

더 일반적으로, $\kappa \to (\lambda_1, \ldots, \lambda_s)^r_s$가 나타내는 바는 다음 같다 : $|S| = \kappa$인 모든 S와 $[S]^r$을 s개의 클래스로 나누는 모든 분할 $\{A_i\}^{s-1}_{i=0}$에 대해, $[H]^r \subseteq A_i$ 그리고 $|H_i| \geq \lambda_i$인 어떤 i와 집합 $H \subseteq S$가 존재한다. 연습문제 1.2와 1.3은 이러한 기호의 매우 간단한 속성을 보여준다.

유한집합의 분할에 대한 기본적인 결과가 유한 램지 정리이다. 이 정리는 S가 충분히 크면, 그 집합의 원소 r개인 부분집합의 모든 채색이 정해진 크기 k의 단색 집합을 가질 것이라고 주장한다.

1.1 유한 램지Ramsey 정리

임의의 양의 자연수 k, r, s에 대해 $n \to (k)^r_s$인 자연수 n이 존재한다.

무한집합에 주로 관심이 있다면 아무런 문제 없이 이 증명을 건너뛸 수 있다.

증명

먼저 $s = 2$로 놓고 모든 r, p, $q \in N - \{0\}$에 대해, r에 대한 귀납으로 $n \to (p, q)^r_2$인 $n \in N$이 존재함을 증명한다.

$r = 1$로 놓자. 그러면 $n = p + q - 1$으로 취하는 것으로 충분하다 : 만일 $|S| = n$ 그리고 $[S]^1 = S = A_0 \cup A_1$이면, $|A_0| \leq p - 1$이면서 동일에 $|A_1| \leq q - 1$일 수 없음은 분명하다. $|A_0| \geq p$이면 $H = A_0$로 놓고; 아니면, $H = A_1$로 놓는다.

r(그리고 임의의 p, q)에 대해 명제가 참이라고 가정하고 $r + 1$에 대해서도 성립함을 증명한다. $n \to (p, q)^r_2$인 최소의 n을 $R(p, q; r)$로 나타낸다. 이제 $(p + q)$에 대한 귀납으로 증명을 계속한다.

$|S| = n > 0$인(아직 지정하지 않은) 집합 S와 $A_0 \cap A_1 = \varnothing$인 분할 $[S]^{r+1} = A_0 \cup A_1$에 대해 생각해 보자. $p \leq r$ 또는 $q \leq r$이면 명제는 참이다; $p < r$(다음으로 $q < r$)이면 H를 $|H| = p$ (다음으로 $|H| = q$)인 S의 임의의 부분집합으로 취할 수 있다; $p = q = r$이면 $A_0 \neq 0$ 그리고 어떤 $H \in A_0$도 가능하거나, 아니면 $A_1 \neq \varnothing$ 그리고 어떤 $H \in A_1$

도 가능하다. 따라서 $p > r,\ q > r$로 가정하고 $p' + q' < p + q$이면 $p',\ q'$에 대해서 명제는 참이다.

$a \in S$이고, $S^a = S - \{a\}$로 놓고 $[S^a]^r$의 분할 $\{B_0,\ B_1\}$를 $X \in B_0$(다음으로 B_1) 이면 그리고 그때만(모든 $X \in [S^a]^r$에 대해) $\{a\} \cup X \in A_0$(다음으로 A_1).

(아직 지정하지 않은 $p',\ q'$에 대해) $n - 1 = R(p',\ q';\ r)$인 충분히 큰 n을 선택하면 집합 $H^\alpha \subseteq S^a$이 존재하고, 따라서

(i) $[H^a]^r \subseteq B_0$ 그리고 $|H^a| \geq p'$ 이거나

(ii) $[H^a]^r \subseteq B_1$ 그리고 $|H^a| \geq q'$ 이다.

어느 경우든, $\{a\} \cup X,\ X \in [H^a]^r$ 형태의 모든 원소 $(r+1)$ 집합은 확실하게 같은 색으로 칠해지고, 따라서 이제 남은 건 원소 $(r+1)$인 H^a의 부분집합이다.

(i)라고 가정하자. 귀납 가정에 의해, $n \to (p-1,\ q)_2^{r+1}$을 만족하는 n이 존재한다; 가장 작은 n을 $p' = R(p-1,\ q;\ r+1)$라고 하자. 그러면 $|H'| \geq p - 1$ 그리고 $[H']^{r+1} \subseteq A_0$인 $H' \subseteq H^a$가 존재하거나; 이 경우 $H = H' \cup \{a\}$로 놓고 $|H| \geq p$ 그리고 $[H]^{r+1} \subseteq A_0$임에 주목한다. 아닌 경우, $|H''| \geq q$ 그리고 $[H'']^{r+1} \subseteq A_1$인 $H'' \subseteq H^a$가 존재한다; 이 경우 $H = H''$로 놓고 $|H| \geq q$ 그리고 $[H]^{r+1} \subseteq A_1$ 임에 주목한다.

(ii)의 경우도 비슷해서, $n \to (p,\ q-1)_2^{r+1}$인 가장 작은 n을 $q' = R(p,\ q-1;\ r+1)$로 놓는다.

결론으로, $p' = R(p-1,\ q;\ r+1)$ 그리고 $q' = R(p,\ q-1;\ r+1)$에 대해 $n = R(p',\ q';\ r)$로 놓으면 $n \to (p,\ q)_2^{r+1}$이다.

이것으로 $s = 2$에 대해 증명되었다. 특히, $p = q = k$로 취하면 모든 $k,\ r$에 대해 $n \to (k)_2^r$를 얻는다. 이제 s에 대한 귀납으로 유한 램지 정리의 증명을 완료할 수 있다. $s = 1$인 경우는 자명하고 $s = 2$인 경우는 앞에서 증명했다.

m이 속성 $m \to (k)_s^r$을 만족한다고 가정하자. $[S]^r$의 $(s+1)$ 클래스 분할 $\{A_i\}_{i=0}^s$을 생각해 보자, 여기서 S는 기수 n인 아직 지정하지 않은 어떤 집합이다. 다음으로 $[S]^r$의 2 클래스 분할 $\{B_0,\ B_1\}$을 다음처럼 정의한다.

$$B_0 = \bigcup_{i=0}^{s-1} A_i,\ B_1 = A_s.$$

만일(아직 지정하지 않은 l에 대해) $n = R(l,\ l;\ r)$로 놓으면 $[H']^r \subseteq B_0$이거나 $[H']^r \subseteq B_1$인 $H' \subseteq S,\ |H'| \geq l$이 존재한다. $l = \max\{m,\ k\}$을 취한다. 첫 번째 경우, $\{A_i\}_{i=0}^{s-1}$는 $[H']^r$를 s개 클래스로 분할하므로, l의 선택은 어떤 $i \in \{0,\ \ldots,\ s-1\}$에

대한 $|H| \geq k$ 그리고 $[H]^r \subseteq A_i$를 만족하는 $H \subseteq H'$의 존재를 보장한다. 두 번째 경우, l의 선택에 의해 $H = H'$로 놓을 수 있고 결론으로 $|H| \geq k$, $[H]^r \subseteq A_s$이다. 어느 경우든 증명 끝이다. □

숫자 $R(p,\ q;\ r)$을 정확하게 결정하기가 어려워서 많은 사람이 크게 노력하고 광범위하게 컴퓨터를 활용했음에도 불구하고, 몇 개만 알려져 있다는 점에 주목할 필요가 있다. 현재 (1998년)까지 전체 목록은 다음과 같다 : $l = 3,\ 4,\ 5,\ 6,\ 7,\ 8,\ 9$에 대한 $R(3,\ l;\ 2)$은 각각 $6,\ 9,\ 14,\ 18,\ 23,\ 28,\ 36$; $R(4,\ 4;\ 2) = 18$, $R(4,\ 5;\ 2) = 25$, $R(3,\ 3,\ 3;\ 2) = 17$ 그리고 $R(4,\ 4;\ 3) = 13$. $(p+q)$ 그리고 r이 증가함에 따라 빠르게 커지는 경향이 있다. 이것은(유한) 조합론으로 알려진 수학 분야에서 큰 관심을 끄는 주제이지만, 여기서는 이제 무한기수에 대한 유사한 질문으로 넘어간다. 거기서 가장 중요한 결과는(무한) 램지 정리이다.

1.2 램지 정리

$\aleph_0 \to (\aleph_0)^r_s$, 모든 $r,\ s \in N - \{0\}$.

즉, 무한집합의 원소 r인 부분집합이 유한한 개수 s의 색으로 칠해지면, 모든 원소 r인 부분집합이 같은 색으로 칠해진 무한 부분집합이 존재한다는 뜻이다.

증명

$S = N$에 대해 생각하는 것으로 충분하다(연습문제 1.2 참조). r에 대한 귀납으로 증명한다.

$r = 1$: 만일 $[N]^1 = N = \bigcup_{i=0}^{s-1} A_i$이면, 집합 A_i 중 적어도 하나는 반드시 무한이어야 하므로(4장 정리 2.7) 바로 그 A_i를 H로 놓는다.

$r = 2$: 일반적인 귀납 단계를 위한 준비 과정이다. $[N]^2 = \bigcup_{i=0}^{s-1} A_i$으로 놓는다. 귀납으로 수열 $\langle a_n \rangle_{n=0}^{\infty}$, $\langle i_n \rangle_{n=0}^{\infty}$ 그리고 $\langle H_n \rangle_{n=0}^{\infty}$를 생성한다. $a_0 = 0$로 정하고 $B_i^0 = \{b \in N \mid b \neq a_0$ 그리고 $\{a_0,\ b\} \in A_i\}$로 놓는다. 그러면 $\{B_i^0\}_{i=0}^{s-1}$은 $N - \{a_0\}$의 분할이다; i_0를 B_i^0가 무한인 첫 번째 i로 놓고($r = 1$인 경우 참조) $H_0 = B_{i_0}^0$로 놓는다. 수열 $\langle a_n \rangle$의 모든 이어지는 항은 H_0에서 선택될 것이므로, 따라서 모든 $n > 0$에 대해 $\{a_0,\ a_n\} \in A_{i_0}$가 보장된다. a_1을 H_0의 첫 번째 원소로 선택하고 $B_i^1 = \{b \in H_0 \mid b \neq a_1$ 그리고 $\{a_0,\ b\} \in A_i\}$로 놓는다. 이번에도, $\{B_i^1\}_{i=0}^{s-1}$는 무한집합 $H_0 - \{a_1\}$의 분할이고 i_1을 B_i^1이 무한인 첫 번째 i로 놓고 $H_1 = B_{i_1}^1$로 놓는다. 이 과정을 계속해서 원하는 수열을 얻는다. 이러한 구성으로부터 $\langle a_n \rangle_{n=0}^{\infty}$는 증가수열이고 모든 $m > n$에 대해 $\{a_n,\ a_m\} \in A_{i_n}$임이 분명함을 알 수 있다. 수열 $\langle i_n \rangle_{n=0}^{\infty}$는 유한집

합 $\{0, \ldots, s-1\}$의 값을 취하고, 따라서 모든 $n \in M$에 대해 $i_n = j$인 j와 무한집합 M이 존재한다. 마지막으로 $H = \{a_n \mid n \in M\}$으로 놓는다. 그러면 H는 무한이고, 모든 $n, m \in M, n < m$에 대해 $\{a_n, a_m\} \in A_{i_n} = A_j$이므로 $[H]^2 \subseteq A_j$이다.

일반적인 경우도 비슷하다. r에 대해 정리가 참이라고 가정하고 $r+1$에 대해서 증명한다. 따라서 $[N]^{r+1} = \bigcup_{i=0}^{s-1} A_i$으로 놓자. 임의의 $a \in N$ 그리고 $a \notin S$인 임의의 무한집합 $S \subseteq N$에 대해 생각하자. $[S]^r$의 분할 $\{B_i^1\}_{i=0}^{s-1}$을 다음처럼 정의한다 : $X \in [S]^r$에 대해, $X \in B_i$ 이면 그리고 그때만 $\{a\} \cup X \in A_i$이다(즉, 원소 r개인 S의 부분집합 X를 원래대로 원소 $(r+1)$개인 집합 $\{a\} \cup X$과 같은 색으로 칠한다). 귀납 가정에 의해, 어떤 i에 대해 $[H]^r \subseteq B_i$인 무한집합 $H \subseteq S$가 존재한다. $i = i(a, S)$ 그리고 $H = H(a, S)$인 하나를 선택한다. (그러한 최소 i를 언제나 사용할 수 있지만, 특별한 H를 선택하려면 선택공리[$P(N)$ 은 순서$-$정렬 가능하다.]를 사용해야 한다. 복잡함이라는 추가 비용을 지급하면 선택공리의 사용을 피할 수 있다.) 모든 $\{a\} \cup X, X \in [H]^r$ 형태의 집합은 A_i에 속함에 주목한다.

증명의 나머지 부분은 $r = 2$인 경우와 매우 비슷하다. 귀납으로 수열 $\langle a_n \rangle_{n=0}^{\infty}$, $\langle i_n \rangle_{n=0}^{\infty}$ 그리고 $\langle H_n \rangle_{n=0}^{\infty}$를 구성한다. $a_0 = 0, i_0 = i(0, N - \{0\}), H_0 = H(0, N - \{0\})$로 놓자. a_n, i_n, 그리고 H_n을 구성한 후, a_{n+1}을 H_n의 최소원소로 놓고, $i_{n+1} = i(a_{n+1}, H_n - \{a_{n+1}\}), H_{n+1} = H(a_{n+1}, H_n - \{a_{n+1}\})$로 놓는다. 요점은 모든 $\{a_n, a_{k_1}, \ldots, a_{k_r}\}, n < k_1, \ldots, n < k_r$(그리고 $k_1, \ldots, k_r$은 서로 다름) 형태의 집합이 A_{i_n}에 속함을 보장하는 것이다.

마찬가지로, $M = \{m \in N \mid i_m = j\}$이 무한집합인 $j \in \{0, 1, \ldots, s-1\}$가 존재한다. $H = \{a_m \mid m \in M\}$으로 놓고 H가 무한이고 $[H]^{r+1} \subseteq A_j$임에 주목한다. □

램지 정리의 두 가지 간단한 응용과 함께 이 절을 마친다.

따름정리 1.3

모든 무한 순서 집합 $(P, \leq)$는 S의 임의의 서로 다른 두 원소가 비교 가능(즉, S는 체인) 하거나 아니면 S의 임의의 서로 다른 두 원소가 비교 불가능한 무한 부분집합 S를 포함한다.

증명

다음과 같은, $[P]^2$의 분할 $\{A_0,\ A_1\}$에 램지 정리를 적용한다.

$$A_0 = \{\{x,\ y\} \in [P]^2 \mid x \text{ 그리고 } y\text{가 비교 가능}\},$$
$$A_1 = \{\{x,\ y\} \in [P]^2 \mid x \text{ 그리고 } y\text{가 비교 불가능}\}.$$

□

따름정리 1.4

모든 무한 선형 순서 집합은 $(N,\ <)$ 또는 $(N,\ >)$과 닮은 부분집합을 포함한다.

증명

$(P,\ \preccurlyeq)$가 무한 선형 순서 집합이고 $\leq$가 P의 어떤 순서−정렬이라고 하자. $[P]^2$를 다음처럼 분할한다 :

$$A_0 = \{\{x,\ y\} \in [P]^2 \mid x < y,\ x < y\},$$
$$A_1 = \{\{x,\ y\} \in [P]^2 \mid x < y,\ x > y\}.$$

H를 램지 정리가 제공하는 무한 동형 집합이라고 하자. 관계 $<$는 H의 순위−정렬이다; $\widetilde{H}$를 순서형 ω의 H의 **앞절편**이라고 놓는다. $[H]^2 \subseteq A_0$이면 $(\widetilde{H},\ <)$은 $(N,\ <)$와 닮았다; $[H]^2 \subseteq A_1$이면 $(\widetilde{H},\ >)$는 $(N,\ <)$와 닮았다. □

연습문제

1.1 $5 \nrightarrow (3)^2_2$를 보여라.

1.2 $\kappa \to (\lambda)^r_s$의 정의에 나오는 "모든 집합 S"를 "어떤 집합 S"로 바꿀 수 있음을 증명하라.

1.3 $\kappa \to (\lambda)^r_s$이 성립한다. 다음을 증명하라.

(a) $\kappa' \geq \kappa$이면 $\kappa \to (\lambda)^r_s$.

(b) $\lambda' \leq \lambda$이면 $\kappa \to (\lambda')^r_s$.

(c) $s' \leq s$이면 $\kappa \to (\lambda)^r_s$.

(d) $r' \leq r$이면 $\kappa \to (\lambda)^r_s$.

증명은 $\kappa \to (\lambda_1,\ \ldots,\ \lambda_s)^r_s$에 대한 명제와 비슷하다. 또한 $\kappa \to (\lambda_1,\ \ldots,\ \lambda_s)^r_s$이 성립하면 그리고 그때만 $\kappa \to (\lambda_{\pi(1)},\ \ldots,\ \lambda_{\pi(s)})^r_s$이 성립함을 보인다. 여기서 π는 $\{1,\ \ldots,\ s\}$에서 정의된 임의의 일대일 대응 함수이다.

1.4 무한기수 κ에 대해, $\kappa \to (\lambda)^r_s$이 성립하면 그리고 그때만 $\lambda < \mathrm{cf}(\kappa)$가 성립함을 보여라.

1.5 $[S]^{<\omega} = \bigcup_{n=0}^{\infty} [S]^n$이라고 하자. 모든 무한집합 $H \subseteq N$에 대해 $[H]^{<\omega} \cap A_0 \neq \varnothing$ 그리고 $[H]^{<\omega} \cap A_1 \neq \varnothing$인 $[N]^{<\omega}$의 분할 $\{A_0,\ A_1\}$이 존재함을 보여라. [힌트 : $X \in A_0$이면 그리고 그때만 $|X| \in X$으로 놓아라.]

2. 셀 수 없는 기수에 대한 분할 계산법

램지의 정리는 무한집합 S를 원소 개수가 r인 부분집합으로, 유한한 수의 클래스로 나누면 그 분할은 모두 무한한 동형집합을 갖는다고 주장한다. 이어지는 자연스러운 질문은 모든 분할이 셀 수 없는 개수의 동형집합을 갖기 위해서는 S가 얼마나 커야 하는가이다. 램지 정리로 유추하면 $\aleph_1 \to (\aleph_1)^r_s$을 예상할 수 있다. 그러나 다음 정리가 보여주듯이 이는 거짓이다.

정리 2.1

$2^{\aleph_0} \nrightarrow (\aleph_1)^2_2$.

증명

이 논증은 따름정리 1.4를 도출하는 데 사용된 논증과 매우 유사하다. $\lambda = 2^{\aleph_0}$가 연속체의 기수라고 하자. 모든 실수의 집합 R은 $|R| = \lambda$이고 $\leq$으로 선형 정렬되었다. $\preccurlyeq$가 순서형 λ인 R의 어떤 순서$-$정렬이라고 하자. $[R]^2$를 다음처럼 분할한다 :

$$A_0 = \{\{x,\ y\} \in [R]^2 \mid x < y,\ x < y\},$$

$$A_1 = \{\{x,\ y\} \in [R]^2 \mid x < y,\ x > y\}.$$

H가 이 분할의 셀 수 없는 동형집합이라고 하자. 이것은 다음을 의미한다.

(i) 모든 $x,\ y \in H$에 대해, $x < y$이면 $x < y$ 이거나

(ii) 모든 $x,\ y \in H$에 대해, $x < y$이면 $x > y$.

그러나 이것이 불가능함을 보인다.

경우 (i)이 성립한다고 가정하자. $\varphi : \mu \to H$를 $(\mu,\ \in)$ 그리고 $(H,\ <)$의 동형사상으로 놓는데, 여기서 μ는 순서수이다(반드시, $\mu \leqq \lambda$이고 μ는 셀 수 없다). 만일 $\xi < \eta < \mu$이면 $\varphi(\xi) < \varphi(\eta)$이고 따라서 $\varphi(\xi) < \varphi(\eta)$임에 주목하자. 그러므로 $\{(\varphi(\xi),\ \varphi(\xi+1)) \mid \xi < \mu\}$는 R의 서로소인 열린구간의 셀 수 없는 모임이고, 10장 정리 3.2에 의해 불가능하다. 경우 (ii)도 비슷하다. □

조금 다른 증명은 연습문제 2.1을 참조하라. 약하지만 긍정적인 결과가 있다.

2.2 에르되시–더쉬니크–밀러Erdos–Dushnik–Miller 분할 정리

$\aleph_1 \to (\aleph_1,\ \aleph_0)^2_2$

즉, 셀 수 없는 집합을 원소 쌍으로 두 클래스로 나누는 모든 분할은, 한 클래스에 무한 동형 집합이 없으면 다른 클래스는 반드시 어떤 동형집합을 가져야 한다.

증명

$\{A,\ B\}$을 $[\omega_1]^2$의 분할이라고 하자. $\alpha \in \omega_1$에 대해 $B(\alpha) = \{\beta \in \omega_1 \mid \beta \neq \alpha$ 그리고 $\{\alpha,\ \beta\} \in B\}$로 놓는다. 두 가지 경우가 가능하다.

1. 모든 셀 수 없는 $X \subseteq \omega_1$에 대해 $|B(\alpha) \cap X| = \aleph_1$인 어떤 $a \in X$가 존재한다. 이 경우 순환으로 B에 대한 셀 수 있는 동형집합을 구성한다. $X_0 = \omega_1$으로 놓고 α_0를 $|B(\alpha_0) \cap X_0| = \aleph_1$인 X의 첫 번째 원소로 놓는다. 다음으로 $X_1 = B(\alpha_0) \cap X_0$이고 α_1을 $|B(\alpha_1) \cap X_1| = \aleph_1$인 X_1의 첫 번째 원소로 놓는다. 이를 일반화해서, $n+1$ 단계에는 $X_{n+1} = B(\alpha_n) \cap X_n \subset X_n$으로 놓고 α_{n+1}를 $|B(\alpha_{n+1}) \cap X_{n+1}| = \aleph_1$인 X_{n+1}의 첫 번째 원소로 놓는다. 분명하게 $H = \{\alpha_n \mid n \in N\}$는 셀 수 있는 집합이고 $[H]^2 \subseteq B$이다.
2. 반대의 경우, 모든 $\alpha \in X$에 대해 $|B(\alpha) \cap X| \leq \aleph_0$인 어떤 셀 수 없는 집합 $X \subseteq \omega_1$가 존재한다. 이번에는 길이 ω_1인 초한 순환으로 A에 대한 셀 수 없는 동형집합을 구성한다. 각각의 $\nu < \lambda < \omega_1$에 대해 $\alpha_\nu \in X$인 일대일 수열 $\langle \alpha_\nu \mid \nu < \lambda \rangle$을 구성하면, $\{\alpha_\nu,\ \beta\} \in B$(어떤 $\nu < \lambda$)인 어떤 $\beta \in X$에 대한 집합 $\bigcup_{\nu<\lambda} B(\alpha_\nu) \cap X$가 기껏해야 셀 수 있는 집합임을 알 수 있다(기껏해야 셀 수 있는 집합의 셀 수 있는 합집합). 그러므로, $X - \bigcup_{\nu<\lambda} (B(\alpha_\nu) \cup \{\alpha_\nu\})$는 셀 수 없는 집합이고, α^λ를 이 집합의 첫 번째 원소로 놓는다. 명백하게 $\alpha_\lambda \neq \alpha_\nu$이고 모든 $\nu < \lambda$에 대해 $\{\alpha_\lambda,\ \alpha_\nu\} \in A$이다. 집합 $H = \{\alpha_\nu \mid \nu < \omega_1\}$은 $|H| = \aleph_1$ 그리고 $[H]^2 \subseteq A$를 만족한다. □

실제로, 임의의 무한기수($\aleph_1$ 대신) κ에 대해 정리가 성립한다. 즉, $\kappa \to (\kappa,\ \aleph_0)^2_2$. 정칙 κ에 대한 증명은 방금 제시한 $\kappa = \aleph_1$을 수정하면 바로 얻을 수 있으니, 연습문제로 남겨둔다.

$[S]^2$의 모든 분할이 셀 수 없는 동형집합을 갖도록 보장하려면 기본 집합 S가 셀 수 없는 집합 이상이어야 한다.

2.3 에르되시–라도Erdos–Rado 분할 정리

$(2^{\aleph_0})^+ \to (\aleph_1)^2_{\aleph_0}$.

연속체 가설이 참이라고 가정하면, 이것은 $\aleph_2 \to (\aleph_1)^2_{\aleph_0}$ 으로 축약된다.

증명

$(2^{\aleph_0})^+$를 λ로 나타내고 $\{A_n\}_{n\in N}$을 $[\lambda]^2$의 분할로 놓는다. 임의의 쌍 $\{\alpha,\ \beta\} \in[\lambda]^2$에 대해 $n(\alpha,\ \beta)$를 $\{\alpha,\ \beta\} \in A_n$인 유일한 n으로 놓는다($n(\alpha,\ \beta)$는 $\{\alpha,\ \beta\}$의 "색"이다).

모든 $\alpha < \lambda$에 대해 다음처럼 순환으로 초한 수열 f_α를 구성한다 :

$$f_\alpha(0) = 0;$$

$\langle f_\alpha(\eta) \mid \eta < \xi\rangle$, $\xi < \alpha$가 정의되고 모든 $\eta < \xi$에 대해 $\sigma \neq f_\alpha(\eta)$ 그리고 $n(f_\alpha(\eta),\ \sigma) = n(f_\alpha(\eta),\ \alpha)$인 어떤 $\sigma < \alpha$가 존재하면 $f_\alpha(\xi)$를 그러한 σ의 최소로 놓는다; 그렇지 않으면 멈춘다.

$\mathrm{dom} f_\alpha$가 α의 초기 조각 (또는 α 자신)이고 f_α는 α의 원소로 된 증가 수열임에 주목한다.

어떤 $\alpha < \lambda$에 대해, $|\mathrm{dom} f_\alpha| \geq \aleph_1$임을 주장한다. 반대로, 모든 $\alpha < \lambda$에 대해 $|\mathrm{dom} f_\alpha| \leq \aleph_0$로 가정해 보자. 수열 $g_\alpha : \mathrm{dom}(f_\alpha) \to N$, $g_\alpha(\eta) = n(f_a(\eta),\ \alpha)$에 대해 생각해 보자. $g_\alpha = g_\beta$이면 $f_\alpha = f_\beta$임에 주목한다 : 명백하게 $\mathrm{dom} f_\alpha = \mathrm{dom} g_\alpha = \mathrm{dom} g_\beta = \mathrm{dom} f_\beta$이고, 만일 모든 $\eta < \xi$에 대해 $f_\alpha(\eta) = f_\beta(\eta)$이면 $n(f_\alpha(\eta),\ \sigma) = n(f_\alpha(\eta),\ \alpha)$가 성립하면 그리고 그때만 $\eta < \xi$에 대해 $n(f_\beta(\eta),\ \sigma) = n(f_\beta(\eta),\ \alpha)$이므로, f의 정의에 의해 $f_\alpha(\xi) = f_\beta(\xi)$이다. 가정으로부터 $\mathrm{dom} g_\alpha$는 셀 수 있는 순서수이다; 따라서 단지 $\aleph_1 \cdot (\aleph_0^{\aleph_0}) = 2^{\aleph_0}$개의 서로 다른 g_α가 가능하다. 그러므로 $g_\beta = g_\alpha$인 $\beta < \alpha < \gamma$가 존재하고 따라서 $f_\beta = f_\alpha$이다. 다음으로 모든 $\eta \in \gamma = \mathrm{dom} f_\alpha$에 대해 $n(f_\alpha(\eta),\ \beta) = n(f_\beta(\eta),\ \beta) = g_\beta(\eta) = g_\alpha(\eta) = n(f_\alpha(\eta),\ \alpha)$이고, $f_\alpha(\gamma)$가 (β로) 정의된다. 이것은 모순이고 주장이 증명된다.

이제 $|\mathrm{dom} f_\alpha| \geq \aleph_1$인 α를 고정하고 $X = \mathrm{ran} f_\alpha$로 놓는다. 그러면 $|X| \geq \aleph_1$이고 집합 X는 다음 속성을 갖는다, 임의의 $\sigma,\ \tau,\ \tau' \in X$에 대해, $\sigma < \tau,\ \sigma < \tau',\ n(\sigma,\ \tau) = n(\sigma,\ \tau')$; 즉, $\{\sigma,\ \tau\} \in A_n$이면 그리고 그때만 $\{\sigma,\ \tau'\} \in A_n$이다. $B_n = \{\sigma \in X \mid \{\sigma,\ \tau\} \in A_n$, 어떤(또는 모든) $\tau \in X,\ \sigma < \tau\}$으로 놓는다. 모임 $\{B_n\}$은 X의 분할이고 $|X| \geq \aleph_1$이면 어떤 $n \in N$에 대해, $|B_n| \geq \aleph_1$이다. 명백하게 $[B_n]^2 \subseteq A_n$이고, 따라서 $H = B_n$가 원하는 동형 집합이다. □

이 결과를 일반화하는 것은 그렇게 어렵지 않다. 먼저, 반복된 지수 연산으로 얻은 기수인 **베스beth**의 초한 수열을 정의한다.

정의 2.4

$\beth_0 = \aleph_o;$

$\beth_{\alpha+1} = 2^{\beth_\alpha};$

$\beth_\lambda = \sup\{\beth_\alpha \mid \alpha < \lambda\}$, 극한$\lambda \neq 0$.

에르되시–라도 분할 정리를 기술할 수 있다.

정리 2.5

모든 $n \in N$에 대해 $(\beth_n)^+ \to (\aleph_1)^{n+1}_{\aleph_0}$이 성립한다.

정리 2.3의 특수한 경우인 $n = 1$과 아주 유사하게 이 증명 역시 n에 대한 귀납을 사용한다. 임의의 무한한 기수 κ에 대한 유사한 결과도 있다– 연습문제 2.5 참조. 무한조합론으로 알려진 집합론의 영역에서 연구자들은 긍정적이든 부정적이든 유사한 성격의 많은 결과를 얻었다. 특히 한 가지 문제는 현대 집합론의 발전에 매우 중요한 역할을 했다. 그것은 램지의 정리와 유사한 것이 성립하는 어떤 셀 수 없는 기수 κ가 있는지에 대한 질문이다.

정의 2.6

모든 $r,\ s \in N - \{0\}$에 대해 $\kappa \to (\kappa)^r_s$이 성립하는 셀 수 없는 기수 κ를 **약하게 콤팩트weakly compact**하다고 부른다.

정리 2.7

약하게 콤팩트한 기수는 강하게 도달불가능하다.

증명

약하게 콤팩트한 기수 κ는 정칙이고 강한 극한기수임을 보여야 한다.

(i) 정칙성 : $\kappa = \bigcup_{\nu<\lambda} P_\nu$로 가정하고, 여기서 모든 $\nu < \lambda$에 대해 $\lambda < \kappa$ 그리고

$|P_\nu| < \kappa$이다. $[\kappa]^2$의 분할을 다음처럼 정의한다 :

$\{\alpha,\ \beta\} \in A_0$이면 그리고 그때만 $\alpha \in P_\nu$ 그리고 $\beta \in P_\nu$인 $\nu < \lambda$가 존재;

$\{\alpha,\ \beta\} \in A_1$ 아니면.

명백하게 $\{A_0,\ A_1\}$는 기수 κ인 동형집합을 갖지 않는다.

(ii) 강한 극한 속성 : $\lambda < \kappa < 2^\lambda$로 가정한다. 연습문제 2.1에 의해 $2^\lambda \nrightarrow (\lambda^+)^2_2$이고, 따라서 $\kappa \nrightarrow (\lambda^+)^2_2$이고 $\lambda^+ \leq \kappa$이므로, $\kappa \nrightarrow (\kappa)^2_2$. □

연습문제

2.1 임의의 무한 κ에 대해 $2^\kappa \nrightarrow (\kappa^+)^2_2$.

[힌트 : 정리 2.1의 증명을 따르는데, $(R,\ \leq)$를 사전식으로 정렬된 집합 $\{0,\ 1\}^\kappa$로 바꾼다 (4장, 4절 참조).]

2.2 모든 무한 정칙 κ에 대해 $\kappa \to (\kappa,\ \aleph_0)^2_2$가 성립함을 증명하라.

2.3 다음을 증명하라 : X가 무한집합이고 $\leq$ 그리고 $\preccurlyeq$가 X의 두 순서–정렬이면, $y_1 \leqq y_2$이면 그리고 그때만 모든 $y_1,\ y_2 \in Y$에 대해 $y_1 \preccurlyeq y_2$가 성립하는 $Y \subseteq X,\ |Y| = |X|$가 존재한다.

[힌트 : $A = \{\{x,\ y\} \in [X]^2 \mid x < y,\ x < y\}$ 그리고 $B = \{\{x,\ y\} \in [X]^2 \mid x < y,\ x > y\}$로 놓는다. 에르되시–더쉬니크–밀러 정리를 적용하고 B가 무한 동형집합을 갖지 않음을 보인다.]

2.4 $(\beth_n)^+ \to (\aleph_1)^{n+1}_{\aleph_0}$을 증명하라.

[힌트 : 귀납법.]

2.5 임의의 기수 κ에 대해 $\exp_0(\kappa) = \kappa,\ \exp_{n+1}(\kappa) = 2^{\exp_n(\kappa)}$로 정의한다. 다음을 증명하라 : 임의의 무한 κ에 대해, $(\exp_n(\kappa))^+ \to (\kappa^+)^{n+1}_\kappa$. 특히, $(2^\kappa)^+ \to (\kappa^+)^2_2$.

3. 트리

분할과 마찬가지로, 트리도 유한조합론에서 유래했지만, 집합론자에게도 큰 관심을 불러일으켰다.

정의 3.1

트리tree는 순서 집합 $(T, \leqq)$로서, 최소원소가 있고, 모든 $x \in T$에 대해, 집합 $\{y \in T \mid y < x\}$가 $\leq$로 순위-정렬되었다. 그림 1 참조.

T의 원소를 **노드**node라고 부른다. 만일 $x,\ y \in T$이고 $y < x$이면, y는 x의 **앞선원소**predecessor이고 x는 y의 **다음원소**successor이다. T의 유일한 최소원소는 **루트**이다. 6장 정리 3.1에 의해, x의 모든 앞선원소의 순위-정렬 집합 $\{y \in T \mid y < x\}$은 **높이** x인 유일한 순서수 $h(x)$와 동형이다. 집합 $T_\alpha = \{x \in T \mid h(x) = \alpha\}$는 T의 α**번째 레벨**이다. 만일 $h(x)$가 다음원소 순서수이면, x를 다음원소 노드라고 부르고, 아니면 **극한 노드**이다. $T_\alpha = \varnothing$에 대한 최소원소 α를 트리 T의 **높이**, $h(T)$라고 부른다.

T의 **가지**는 T의 최대 체인(즉, 선형으로 정렬된 부분집합)이다. 가지 b의 순서형은 **길이**라고 부르고 $l(b)$로 나타낸다. 길이는 항상 T의 높이보다 작거나 같은 순서수이다. 길이가 트리의 높이와 같은 가지를 **공종**cofinal이라고 한다.

모든 $x \in T',\ y \in T$에 대해, $y < x$이면 $y \in T'$일 때 T의 부분집합 T'를 T의 **부분트리**라고 한다. 그리고 T' 역시 ($\leq$로 정렬되었을 때) 트리이고 모든 $\alpha < h(T')$에 대해 $T'_\alpha = T_\alpha \cap T'$이다. 임의의 $\alpha \leq h(T)$에 대해 집합 $T^{(\alpha)} = \bigcup_{\beta<\alpha} T_\beta$는 T의 부분트리이고, $h(T^{(\alpha)}) = \alpha$이다. 만일 $x \in T_\alpha$이면 $\{y \in T \mid y < x\}$는 길이 α인 $T^{(\alpha)}$의 가지이다; 그러나, $T^{(\alpha)}$는 길이 α인 다른 가지를 가질 수 있다(α가 극한순서수인 경우).

마지막으로, A의 임의의 서로 다른 두 원소가 비교불가능일 때, 집합 $A \subseteq T$는 T에서 **반사슬**antichain이다 즉, $x,\ y \in A,\ x \neq y$이면 $x < y$도 아니고 $y < x$도 아니다. 이러한 개념의 몇 가지 간단한 속성이 전개되는 연습문제 3.1과 3.2를 풀어볼 것을 강력히 권한다.

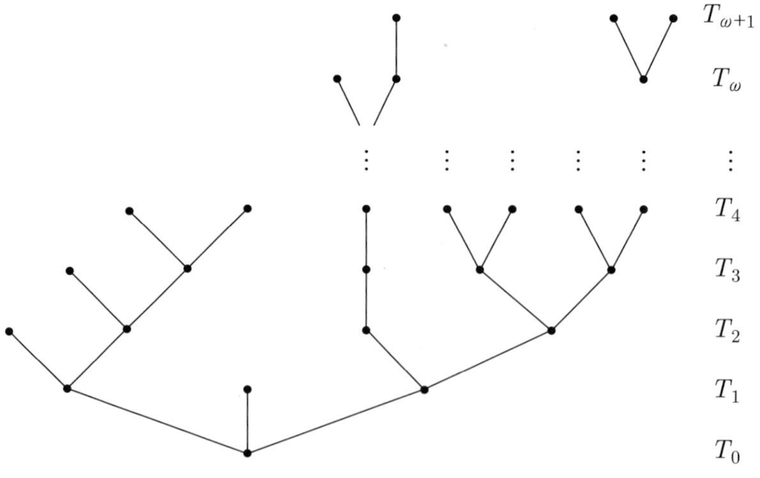

그림 1

몇 가지 트리의 사례를 살펴본다.

예제 3.2

(a) 모든 순위-정렬 집합 $(W, \leqq)$는 트리이다. 따라서 트리는 순서-정렬의 일반화로 볼 수 있다. $h(W)$가 W의 순서 정렬이다: W 자신이 유일한 가지이자, 공종이다.

(b) λ는 순서수이고 A는 공집합이 아닌 집합이라고 하자. 길이가 λ보다 작은 A의 원소로 된 모든 초한 수열의 집합 $A^{<\lambda} = \bigcup_{\alpha<\lambda} A^{\alpha}$를 정의한다. $T = A^{<\lambda}$로 놓고 $\subseteq$로 정렬한다; 따라서 $f, g \in T$에 대해 $f \leq g$는 $f \subseteq g$를 의미한다, 즉, $f = g \restriction \mathrm{dom} f$이다. T가 트리인 것은 쉽게 입증할 수 있다. $f \in T$에 대해 $h(f) = \alpha$이면 그리고 그때만 $f \in A_{\alpha}$; 즉, $T_{\alpha} = A^{\alpha}$. $\alpha = \beta + 1$ 그리고 $f \in A^{\alpha}$에 대해, $f \restriction \beta$는 f의 바로 앞선원소이고, 모든 $f \cup \{<\beta, a>\}$, $a \in A$는 f의 바로 다음원소이다. T의 가지는 λ에서 A로의 함수에 의해 일대일 대응 관계에 있다 : $F \in A^{\lambda}$이면 $\{F \restriction \alpha \mid n < \lambda\}$는 T의 가지이다. 역으로, B가 T의 가지이면 B는 양립하는 함수 시스템이고 $F = \bigcup B \in A^{\lambda}$이다. 모든 가지가 동종임에 주목하자.

(c) 더 일반적으로, 만일 $T \subseteq A^{<\lambda}$가 $(A^{<\lambda}, \subseteq)$의 부분트리이면, T의 가지는 함수 $F \in A^{<\lambda} \cup A^{\lambda}$에 의해 일대일 대응 관계에 있고, 모든 $\alpha \in \mathrm{dom} F$에 대해 $F \restriction \alpha \in T$이며, $F \notin T$ 이거나 $F \in T$이고, F는 T에서 다음원소를 갖지 않는다. 이 상황에서 종종 가지와 대응하는 함수를 구분한다.

(d) $A = N$, $\lambda = \omega$라고 하자. $T \subseteq N^{<\omega}$를 모든 유한 감소수열의 집합으로 놓는다 : 즉, $f \in T$이면 그리고 그때만 모든 $i < j < \mathrm{dom} f \in N$에 대해 $f(i) > f(j)$가 성립한다. 그러면 T는 $(N^{<\omega}, \subseteq)$의 부분트리이다. T는 높이 ω인 트리이고 동종 가지를 갖지 않는다(3장 연습문제 2.8 참조).

(e) $(R, \leqq)$이 선형 순서 집합이라고 하자. 트리 $(T, \preccurlyeq)$를 $(R, \leqq)$의 **구간**을 사용해서 일대일 함수 Φ로 **표현**할 수 있다. 이 함수는 각각의 $x \in T$를 $(R, \leqq)$의 구간 $\Phi(x)$에 할당한다. 즉, $x, y \in T$에 대해,

(i) $x \preccurlyeq y$이면 그리고 그때만 $\Phi(x) \supseteq \Phi(y)$;

(ii) x 그리고 y가 비교불가능이면 그리고 그때만 $\Phi(x) \cap \Phi(y) = \varnothing$.

이것은, 특히, $(\Phi[T], \supseteq)$이 $(T, \preccurlyeq)$와 동형인 트리임을 의미한다. 예를 들어, 10장 예제 3.18에서 구성한 시스템 $\langle D_s \mid s \in S\rangle$는($\subseteq$으로 정렬된) 트리 $S = \mathrm{Seq}(\{0, 1\}) = \{0, 1\}^{<\omega}$를 실선의 닫힌구간으로 표현한 것이다.

유한 트리에 대한 연구는 조합론의 핵심 관심사 중 하나이다. 여기서는 그것을 추구하지 않고

대신 무한 트리로 주의를 돌린다. 주로 어떤 상황에서 트리가 공종인 가지를 갖는지에 대한 질문에 관심을 둔다. 높이가 다음원소 순서수인 트리의 경우 답은 분명하다 : 만일 $h(T) = \alpha+1$ 이면 $T_\alpha \neq \varnothing$이고 임의의 $x \in T_\alpha$에 대해 $\{y \in T \mid y \leq x\}$는 T의 공종 가지이다. 따라서 극한 높이의 트리에 집중한다. 예제 3.2(d)는 유한한 가지만 가지는 높이 ω 인트리가 있음을 보여준다. 지금의 주제와 관련한 가장 기본적인 관찰 결과인 다음 정리는 트리가 충분히 "작으면" 이런 일이 일어날 수 없음을 보여준다.

3.3 쾨니그 보조정리

T가 높이 ω인 트리이고, 모든 레벨이 유한이면, T는 길이 ω인 가지를 갖는다.

마찬가지로, 각각의 노드가 유한한 개수의 바로 다음노드를 갖는 높이 ω인 모든 트리는 무한 가지를 갖는다.

증명

순환을 사용해서, 각각의 n, $\{a \in T \mid c_n \leq a\}$가 무한인, T의 노드들의 무한수열 $\langle c_n \rangle_{n=0}^{\infty}$을 구성한다.

c_0를 T의 루트로 놓고 $\{a \in T \mid c_0 \leq a\} = T$가 무한임에 주목한다. $\{a \in T \mid c_n \leq a\}$를 무한으로 하는 주어진 c_n에 대해 다음을 얻는다.

$$\{a \in T \mid c_n \leq a\} = \{c_n\} \cup \bigcup_{b \in S} \{a \in T \mid b \leq a\},$$

여기서 S는 c_n의 모든 바로 다음원소의 유한집합이다(연습문제 3.1(v)). 따라서, 적어도 하나의 $b \in S$에 대해, $\{a \in T \mid b \leq a\}$는 무한이므로, c_{n+1}을 그러한 b 중 하나로 놓는다. $\{a \in T \mid a \leq c_n$, 어떤 $n \in N\}$이 길이 ω인 T의 가지임을 쉽게 입증할 수 있다. □

이러한 순환을 이용한 구성과 앞으로 나올 많은 비슷한 구성에 대해 중요하게 언급할 점이 있다. 3장 3절에서 형식화한 순환 정리는 함수 g를 필요로 하는데, 그 함수의 용도는 c_n에서 c_{n+1}을 "계산"하는 것이다. 앞선 증명에서 그러한 g를 명시적으로 지정하지 않았고, 실제로 그렇게 하려면 어떤 형태의 선택공리가 필요하다. 예를 들어, k가 $P(T)$에 대한 선택 함수라고 하자. T에서 c의 모든 바로 다음원소의 집합을 S_c라고 놓자. $g(c,\ n) = k(\{b \in S_c \mid \{a \in T \mid b \leq a\}$는 무한$\})$로 놓으면, $c_{n+1} = g(c_n,\ n)$은 순환 정리에 부합하는 $\langle c_n \mid n \in N \rangle$을 정의한다.

이런 정도의 세밀한 정당화는 생략하는 것이 관례이며, 지금부터 그렇게 할 것이다. 연습문제로 제공한 순환 정리 또는 초한 순환 정리의 몇 가지 응용을 살펴볼 것을 권장한다.

쾨니그 보조정리로 돌아가서 : 그것을 일반화하는 몇 가지 흥미로운 방법이 있다. 예를 들어, 레벨이 유한한 높이 κ인 모든 트리가 길이 κ인 가지를 갖는다는 것을 꽤 쉽게 증명할 수 있다

(연습문제 3.3). 다음 질문에 대해 생각해 보자 : T가 높이 ω_1인 트리이고 각 레벨이 기껏해야 셀 수 있는 트리라고 하자; 이 트리가 길이 ω_1인 가지를 가져야만 할까? 답은 "아니다"로 판명되었다.

정의 3.4

높이 ω_1인 트리가, 그것의 모든 레벨이 기껏해야 셀 수 있고 길이 ω_1인 가지를 갖지 않을 때, 그 트리를 **아론샤인 트리Aronszajn tree**라고 부른다.

정리 3.5

높이 ω_1인 아론샤인 트리가 존재한다.

증명

다음처럼 초한 순환으로 어떤 아론샤인 트리의 레벨 $T_\alpha,\ \alpha < \omega_1$을 구성한다.

(i) $T_\alpha \subseteq \omega^\alpha$; $|T_\alpha| \le \aleph_0$;

(ii) $f \in T_\alpha$이면 f는 일대일이고 $(\omega - \mathrm{ran} f)$는 무한;

(iii) $f \in T_\alpha$이고 $\beta < \alpha$이면 $f \restriction \beta \in T_\beta$;

(iv) 임의의 $\beta < \alpha$, 임의의 $g \in T_\beta$, 그리고 임의의 유한집합 $X \subseteq \omega - \mathrm{ran} g$에 대해, $f \supseteq g$ 그리고 $\mathrm{ran} f \cap X = \varnothing$인 $f \in T_\alpha$가 존재한다.

이것을 수행했다고 가정하고, 그러면 $T = \bigcup_{\alpha<\omega_1} T_{\alpha''}$가 아론샤인 트리임을 보인다. 명백하게 T는 트리((iii)에 의해)이고, 각각의 레벨은 기껏해야 셀 수 있으며((i)에 의해), 높이는 ω_1((iv)에 의해, 각각의 $T_\alpha \neq \varnothing$)이다. 만일 B가 T의 길이 ω_1인 가지이면, $F = \bigcup B$는 ω_1에서 ω로의 일대일 함수이어야 하고 ((ii)에 의해), 모순이다.

T_α를 구성하는 일이 남았다. $T_0 = \{\varnothing\}$으로 놓는다. (i)–(iv)를 만족하는 T_α를 구성했다고 가정하고, $T_{\alpha+1} = \{g \cup \{\langle \alpha,\ a \rangle\} \mid g \in T_\alpha,\ a \in \omega - \mathrm{ran} g\}$라고 하자. $\alpha + 1$에 대해 쉽게 (i)–(iv)가 성립하는지 확인할 수 있다.

극한 α에 대한 T_α를 구성하는 일이 남았다. 임의의 $g \in T_\beta,\ \beta < \alpha$ 그리고 임의의 유한집합 $X \subseteq (\omega - \mathrm{ran} g)$에 대해 다음처럼 순환으로 특별한 $f = f(g,\ X)$를 구성한다. $\alpha_0 = \beta$이고 $\sup\{a_n \mid n \in N\} = \alpha$인 증가수열 $\langle \alpha_n \rangle_{n=0}^{\infty}$을 설정한다. $f_0 = g \in T_{\alpha_0}$ 그리고 $X_0 = X \subseteq \omega - \mathrm{ran} f_0$로 놓자. $f_n \in T_{\alpha_n}$과 유한집합 $X_n \subseteq \omega - \mathrm{ran} f_n$을 정의하고, 먼저 어떤 유한집합 $X_{n+1} \supset X_n,\ X_{n+1} \subseteq \omega - \mathrm{ran} f_n$을 취하고((ii)에 의해 마지막 집합이 무한이므로 가능하다) 다음으로 $f_{n+1} \supseteq f_n$ 그리고 $X_{n+1} \cap \mathrm{ran} f_{n+1} = \varnothing$인 어떤

$f_{n+1} \in T_{\alpha_{n+1}}$을 선택한다((iv)에 의해 가능하다). $f = \bigcup_{n=0}^{\infty} f_n$으로 놓는다. 명백하게 $f : \alpha \to \omega$, f는 일대일이고(모든 f_n이 일대일이기 때문에), $\mathrm{ran} f = \cap(\bigcup_{n=0}^{\infty} X_n) = \varnothing$ 이므로, 따라서 $\omega - \mathrm{ran} f$는 무한이고, $\mathrm{ran} f \cap X = \varnothing$이다. 따라서 f는 (ii)를 만족한다. $\beta < \alpha$에 대해, $\beta < \alpha_n$이면 $f \restriction \beta = f_n \restriction \beta$이므로, 따라서 (iii) 역시 만족한다.

각각의 $g \in \bigcup_{\beta<\alpha} T_\beta$와 각각의 유한집합 $X \subseteq \omega - \mathrm{ran} g$에 대해 함수 $f = f(g,\ X)$를 T_α에 넣는다. 따라서 (iv)가 만족된다. $|\bigcup_{\beta<\alpha} T_\beta| \le \sum_{\beta<\alpha} |T_\beta| \le \aleph_0$이고(귀납 가정 (i)에 의해) ω의 유한 부분집합의 개수는 셀 수 있으므로, 집합 T_α는 기껏해야 셀 수 있고 (i) 역시 만족한다. □

더 일반적으로, 높이 κ인 트리(κ는 셀 수 있는 기수)가, 모든 레벨이 κ보다 작은 기수를 갖고 길이 κ인 가지가 없을 때, 아론샤인 트리라고 한다. 이러한 트리의 존재에 대한 문제는 매우 복잡하고 아직 완전히 해결되지 않았다. κ가 특이일 때 이 트리가 항상 존재한다는 것을 쉽게 보일 수 있다(연습문제 3.4). 특히 흥미로운 것은, 쾨니그 보조정리와 유사한 게 성립하는 셀 수 없는 기수이다. 즉, 높이 κ인 아론샤인 트리는 존재하지 않는다; 그러한 기수는 **트리 속성tree property**을 가지고 있다고 말한다. 트리 속성을 가진 강하게 도달불가능한 기수가 2절에서 정의한 약하게 콤팩트한 기수라는 사실이 밝혀졌다.

연습문제

3.1 $(T,\ \le)$가 트리일 때, 다음을 증명하라.

(i) 루트는 $h(r) = 0$인 $r \in T$이다. 특히, $T_0 \ne \varnothing$.

(ii) $\alpha \ne \beta$이면 $T_\alpha \cap T_\beta = \varnothing$.

(iii) $T = T^{(h(T))} = \bigcup_{\alpha<h(T)} T_\alpha$.

(iv) $x \in T$가 다음원소 노드이면 그리고 그때만 $y \in T$가 존재해서 $y < x$이고 $y < z < x$인 $z \in T$는 존재하지 않는다. 만일 x가 다음원소 노드이면 그러한 y는 유일하다; 이것을 x의 **바로 앞선원소**라고 부르고, x는 y의 **바로 다음원소**라고 부른다. (각각의 노드는 기껏해야 하나의 바로 앞선원소를 갖는다, 하지만 여러개의 바로 다음원소를 가질 수 있다.)

(v) $x < y$이면 $x < z \le y$이고 z가 x의 바로다음 원소인 유일한 $z \in T$가 존재한다.

(vi) $h(T) = \sup\{\alpha + 1 \mid T_\alpha \ne \varnothing\} = \sup\{h(x) + 1 \mid x \in T\}$.

3.2 다음을 증명하라 :

(i) T의 모든 사슬은 순위–정렬이다.

(ii) b가 T의 가지일 때, $x \in b$ 그리고 $y < x$이면, $y \in b$이다.

(iii) b가 T의 가지일 때, $\alpha < l(b)$에 대해 $|b \cap T_\alpha| = 1$이고 $\alpha > l(b)$에 대해 $|b \cap T_\alpha| = 0$이다. 결론으로 $l(b) \le h(T)$이다.

(iv) $h(T) = \sup\{f(b) \mid b$는 T의 가지$\}$.

(v) 각각의 $T_\alpha(a < h(T))$는 T의 반사슬이다.

3.3 $(T, \le)$가 높이 κ인 트리이고(κ는 무한기수), 모든 레벨은 유한이라고 하자. T가 길이 κ인 가지를 갖는다는 것을 증명하라.

[힌트 : $U_\alpha = \{x \in T_\alpha \mid |\{y \in T \mid x \le y\}| = \kappa\}$로 놓는다. $\{|U_\alpha| \mid \alpha < \kappa\} \subseteq N$가 유계임을 증명한다; m을 극대로 놓는다($m \ge 1$). T가 정확하게 m개의 길이 κ인 가지를 갖는다는 것을 보인다.]

3.4 높이 $\aleph_\omega$인 아론샤인 트리를 구성하라. 임의의 특이 기수 κ로 일반화하라.

4. 수슬린 가설

4장 정리 5.7에서 일반적인 순서를 따르는 실수는, 셀 수 있는 조밀한 부분집합을 갖고 끝점이 없는(동형사상에 대해) 유일한 완전 선형 순서 집합임을 증명했다. 즉각적인 결과로, $(R, <)$의 서로소인 열린구간의 모든 모임은 기껏해야 셀 수 있다(10장 정리 3.2). 수슬린Suslin은 1920년에 실수의 순서가 이 약한 속성으로 유일하게 특징지어지는지 의문을 가졌다.

정의 4.1

수슬린 선은 끝점이 없는 완전 선형 순서 집합으로, 여기서 서로소인 열린구간의 모든 모음은 기껏해야 셀 수 있지만, 셀 수 있는 조밀한 부분집합은 존재하지 않는다.

수슬린 선이 존재하지 않는다는 유명한 주장이 수슬린 가설이다. 수슬린 가설은 선택공리를 포함한 체르멜로–프렝켈 집합론의 공리에서 증명되거나 반박될 수 없다는 것이 현재 알려져 있다. 이 절에서는 수슬린 선과 어떤 종류의 트리 사이의 관계를 설정한다. 다음 절에서는 수슬린 가설에 대한 답으로 이어지는 조합적 특성의 어떤 추가 공리를 다룬다.

정리 3.5는 셀 수 있는 레벨을 가진 높이 ω_1 인 트리가 항상 공종 분기를 가질 만큼 "충분히 작지" 않다는 것을 명확히 한다. 그러나 더 강력한 조건을 부과할 수 있다 : 모든 반사슬(레벨만이 아니라)은 셀 수 있다는 것을 요구할 수 있다.

정의 4.2

자신의 모든 반사슬이 기껏해야 셀 수 있고 길이 ω_1 인 가지를 갖지 않는 높이 ω_1 인 트리를 **수슬린 트리**라고 부른다.

명백히 수슬린 트리는 아론샤인 트리이지만, 그 반대는 참일 필요가 없다. 이름에서 알 수 있듯이 수슬린 트리와 수슬린 선 사이에는 밀접한 관계가 있다. 여기서 확립하려는 것이 바로 그 관계이다.

$(S, <)$가 수슬린 선이라고 하자; 정의에 의해 모든 완전 정렬이 조밀함을 기억하자. 트리 $T \subseteq N^{<\omega_1}$ 와 그것의 표현 Φ를 길이 ω_1 인 초한 순환을 이용해서 S의 열린구간으로 구성한다. 더 정확하게, 각각의 $\alpha < \omega_1$ 에 대해 다음과 같은, 레벨 $T_\alpha \subseteq N^\alpha$ 와 함수 Φ_α를 구성한다.

$$(*) \quad \begin{cases} |T_\alpha| \le \aleph_0, \ T^{(\alpha+1)} = \bigcup_{\beta \le \alpha} T_\beta \text{는 트리이고}, \\ \Phi^{(\alpha+1)} = \bigcup_{\beta \le \alpha} \Phi_\beta \text{는 } (S, <) \text{ 위 구간에 의한 } T^{(\alpha+1)} \text{의 표현}. \end{cases}$$

$T_0 = \{\varnothing\}, \ \Phi(\varnothing) = S$로 놓는다. $(*)$를 만족하는 $T_\alpha \subseteq N^\alpha$을 구성했다고 가정하자. 각각의 $f \in T_\alpha$ 그리고 $n \in N - \{0\}$에 대해 $f_n = f \cup \{\langle \alpha, n \rangle\}$을 $T_{\alpha+1}$에 넣는다. $\Phi_\alpha(f) = (a, b)$로 놓자; $(S, <)$의 밀도를 이용해서 증가 수열 $a = a_1 < a_2 < a_3 < \cdots < b$을 취하고 $n \ge 1$에 대해 $\Phi_{\alpha+1}(f_n) = (a_n, a_{n+1})$로 놓는다. 만일 $a_0 = \sup\{a_n\}_{n=1}^{\infty} < b$이면 $f_0 = f \cup \{\langle \alpha, 0 \rangle\}$를 $T_{\alpha+1}$에 넣고 $\Phi_{\alpha+1}(f_0) = (a_0, b)$로 놓는다. 명백하게 $\alpha + 1$에 대해 $(*)$가 성립한다.

이제 $\alpha < \omega_1$가 극한순서수라고 하자. 모든 $\beta < \alpha$에 대해 조건 $(*)$를 만족하는 T_β 그리고 Φ_β를 구성했다고 가정하자. 그러면 $T^{(\alpha)} = \bigcup_{\beta < \alpha} T_\beta$가 트리인 것이 분명하며, $|T^{(\alpha)}| \le \aleph_0$이고, $\Phi^{(\alpha)} = \bigcup_{\beta < \alpha} \Phi_\beta$는 S의 구간에 의한 $T^{(\alpha)}$의 표현이다.

f를 $T^{(\alpha)}$의 가지라고 하자; f를 N^α의 원소라고 생각할 수 있다. 그러면 $\Phi^{(\alpha)}(f \restriction \beta) = (a_\beta, b_\beta)$는 S의 구간이고 $\beta < \gamma < \alpha$이면 $a_\beta \le a_\gamma < b_\gamma \le b_\beta$이다. $a = \sup_{\beta<\alpha} a_\beta, \ b = \inf_{\beta<\alpha} b_\beta$ 로 놓으면(여기서 S의 완전성을 사용); 명백하게 $a \le b$이다. 사실 $a < b$이면, f를 T_α에 넣고 $\Phi_\alpha(f) = (a, b)$를 정의한다. $T^{(\alpha+1)} = T^{(\alpha)} \cup T_\alpha$가 트리이고 $\Phi^{(\alpha+1)} = \Phi^{(\alpha)} \cup \Phi_\alpha$가 표현임을 쉽게 입증할 수 있다(예를 들어, $f, \ g \in T_\alpha$가 비교불가능이면, $f(\beta) \ne g(\beta)$인 첫 번째 β를 고려하고; 그러면 $f \restriction (\beta+1) \ne g \restriction (\beta+1)$을 얻고, 따라서 귀납 가정에 의해 $\Phi^{(\alpha)}(f \restriction (\beta+1)) \cap \Phi^{(\alpha)}(g \restriction (\beta+1)) = \varnothing$을 얻고, 따라서 $\Phi(f) \cap \Phi(g) = \varnothing$이다). 집합 T_α는

기껏해야 셀 수 있다, 그렇지 않다면 $\{\Phi^{(\alpha)}(f) \mid f \in T_\alpha\}$는 S의 서로소인 구간의 셀 수 없는 모임이기 때문이다. 따라서 α 단계에 $(*)$가 만족된다.

이것으로 순환 구성이 완료된다. $T = \bigcup_{\alpha<\omega_1} T_\alpha$ 그리고 $\Phi = \bigcup_{\alpha<\omega_1} \Phi_\alpha$로 놓자. 명백하게 T는 트리이고 Φ는 $(S, <)$의 구간으로 그것을 표현한다. 이제 T가 수슬린 트리라고 주장한다. 분명하게, T는 셀 수 없는 반사슬을 갖지 않고, 일대일 함수 Φ에 의한 T의 어떤 반사슬의 상은 S의 서로소인 구간의 모임이고 따라서 기껏해야 셀 수 있다.

다음으로 T가 길이 ω_1인 가지를 갖지 않는다는 것을 보인다.

주장 4.3

$(T, \leq)$는 트리이고 각각의 노드가 적어도 두 개의 바로 다음원소를 갖는다고 하자. 만일 T가 셀 수 없는 반사슬을 갖지 않으면 T는 길이$\geq \omega_1$인 가지를 갖지 않는다.

증명

$\langle x_\alpha \mid \alpha < \omega_1\rangle$가 T의 사슬이고, $x_\alpha \in T_\alpha$라고 하자. x_α의 바로 다음원소의 집합은 적어도 두 원소를 가지므로, 따라서 $y_{\alpha+1}$을 $x_{\alpha+1}$와 다른 x_α의 바로 다음원소로 놓자. 그러면 $\{y_{\alpha+1} \mid \alpha < \omega_1\}$은 T의 반사슬이다. □

T의 높이가 ω_1임을 보이는 일이 남았다. 즉, 각각의 $T_\alpha \neq \varnothing$임을 보여야 한다. 귀류법을 사용한다. $\overline{\alpha} < \omega_1$가 $T_{\overline{\alpha}} = \varnothing$인 첫 번째 순서수라고 하자; 지금까지의 구성에 따라 분명하게 $\overline{\alpha}$는 극한순서수이다. C를 모든 구간 $\Phi(g)$, $g \in T^{(\overline{\alpha})}$의 모든 끝점의 집합이라고 하자; 그러면 C는 기껏해야 셀 수 있고, S에서 조밀할 수 없다. 다시 말해, C와 서로소인 구간 (c, d)가 존재한다. 이것을 사용해서 다음처럼 $T^{(\overline{\alpha})}$의 가지를 구성한다 : $F(0) = \varnothing$으로 놓고 $(c, d) \subseteq S = \Phi(F(0))$임에 주목한다. 주어진 $F(\alpha) \in T_\alpha$, $(c, d) \subseteq \Phi(F(\alpha)) = (a, b)$와 $\Phi_{\alpha+1}$을 구성하는 데 사용한 수열 $a = a_1 < a_2 < a_3 < \cdots < a_0 \leq b$에 대해, $C \cap (c, d) = \varnothing$이면 $(c, d) \subseteq (a_n, a_{n+1})$인 유일한 $n \in N$이 존재함에 주목한다(또는 $(c, d) \subseteq (a_0, b)$, $n = 0$인 경우); 모든 n에 대해 $F(\alpha+1) = F(\alpha) \cup \{\langle\alpha, n\rangle\}$로 놓는다. 극한 α에서, 귀납 가정으로 $\bigcap_{\beta<\alpha} \Phi(F(\beta)) \supseteq (c, d)$이고, 따라서 $g = \bigcup_{\beta<\alpha} F(\beta) \in T_\alpha$ 그리고 $\Phi(g) \supseteq (c, d)$이고, $F(\alpha) = g$로 놓는다.

결과로 얻은 가지 $f = \bigcup_{\alpha<\overline{\alpha}} F(\alpha)$는 명백하게 $\bigcap_{\alpha<\overline{\alpha}} \Phi(f \restriction \alpha) \supseteq (c, d)$를 포함하고, 따라서 $T_{\overline{\alpha}}$ 순환 구성의 극한 단계에 따라 $f \in T_{\overline{\alpha}}$ 이다. 결국 $T_{\overline{\alpha}} = \varnothing$이고, 모순이다.

지금 구성한 수슬린 트리는 두 가지 추가 속성을 갖는데, 모두 증명으로부터 명백하게 알 수 있다.

(i) 각 노드의 모든 바로 다음원소의 집합은 셀 수 있다.

(ii) 극한 $\alpha < h(T)$에 대해 $x,\ y \in T_\alpha$이고 $\{z \in T \mid z < x\{=\}z \in T \mid z < y\}$이면 $x = y$ 이다.

속성 (i) 그리고 (ii)를 만족하는 트리를 **정칙regular**이라고 부른다.

지금 완료한 논증으로 다음 정리를 증명할 수 있다.

정리 4.4

수슬린 선이 존재하면 정규 수슬린 트리가 존재한다.

이 정리의 역은 다음과 같다.

정리 4.5

정규 수슬린 트리가 존재하면 수슬린 선이 존재한다.

따라서 수슬린 선의 존재는 정규 수슬린 트리의 존재와 동치이다. 사실 수슬린 트리의 존재와도 동치이지만, 이 사실의 매력적이지 않은 증명은 생략한다.

증명

$(T,\ \preccurlyeq)$가 정규 수슬린 트리라고 하자; 일반성을 잃지 않고 어떤 집합 A에 대해 $T \subseteq A^{\omega_1}$이고, $\preccurlyeq$는 $\supseteq$라고 가정할 수 있다(연습문제 4.3). 각각의 $f \in T$에 대해 f의 바로 다음원소의 집합 S_f는 셀 수 있고, 끝점 없이, 그것의 조밀한 선형 순서 $<_f$를 정할 수 있다. T의 임의의 가지 b의 길이는(T가 수슬린이므로) ω_1보다 작은(T의 각 노드는 다음원소가 있으므로) 극한순서수임에 주목한다. B를 T의 모든 가지의 집합으로 놓고, 그것을 “사전식으로” 정렬한다. 더 정확하게, B를 $\bigcup\{T^\alpha \mid \alpha < \omega_1,$ 극한 $\alpha\}$의 부분집합으로 보고, $b,\ b' \in B,\ b \neq b'$에 대해, 다음으로 놓는다.

$$b < b'\text{이면 그리고 그때만 } b \restriction (\alpha+1) <_{b\restriction\alpha} b' \restriction (\alpha+1)$$

여기서 α는 $b(\alpha) \neq b'(\alpha)$인 최소원소이다. ($b \subset b'$ 또는 $b' \subset b$가 불가능함에 주목 : 가지는 극대 사슬이다.) 4장 정리 4.7의 증명에서 사용한 것과 비슷한 논증에 의하면 $<$는 선형 순서이다. 만일 $b < b'$이고 α가 위와 같다면, $b \restriction (\alpha+1) <_{b\restriction\alpha} g <_{b\restriction\alpha} b' \restriction (\alpha+1)$인 $g \in S_{b\restriction\alpha}$가 존재한다($<_{b\restriction\alpha}$의 밀도에 의해). 그러면 임의의 가지 $b \supseteq g$는 $b < b'' < b'$을 만족하므로, 따라서 $<$는 B에서 조밀하다. 비슷한 논증으로 B가 최소 또는 최대원소를 갖지 않음을 보일 수 있다.

B의 서로소인 구간의 모든 시스템은 기껏해야 셀 수 있다고 주장한다. 역으로

$\{(b_i,\ b'_i) \mid i < \omega_1\}$이 서로소인 시스템이라고 가정하자. α_i는 $b_i(\alpha_i) \neq b'_i(\alpha_i)$인 첫 번째 순서수이고, $g_i \in S_{b_i \upharpoonright \alpha_i}$는 $b_i \upharpoonright (\alpha_i + 1) < g_i < b'_i \upharpoonright (\alpha_i + 1)$을 만족한다고 하자. $\{g_i \mid i < \omega_1\}$이 T의 사슬임을 쉽게 확인할 수 있고, 모순이다.

마지막으로, B가 셀 수 있는 조밀한 부분집합을 갖지 않음을 보인다. $C = \{b_n \mid n \in N\}$로 놓자. $\alpha = \sup\{l(b_n) \mid n \in N\}$를 C에 속하는 가지 길이의 최소상계로 놓는다; $|C| \le \aleph_0$이고 각각의 길이가 $l(b_n) < \omega_1$이므로, ω_1의 정규성에 의해 $\alpha < \omega_1$이다. 그러나 $T_\alpha \neq \varnothing$이므로, 두 개의 바로 다음원소, 예를 들어 $f_1 <_f f_2$인 어떤 $f \in T_\alpha$와 어떤 가지 $b_1 \supseteq f_1,\ b_2 \supseteq f_2$를 취한다. 그러면 $b_1 < b_2$를 얻는데, 그러나 구간 $(b_1,\ b_2)$는 명백하게 C와 서로소이다.

요약해서, $(B,\ <)$는 완전성을 제외한 모든 수슬린 속성을 만족한다. $(\overline{B},\ <)$를 4장 5절에서 구성된 대로 $(B,\ <)$의 데데킨트 완비라고 하자. $(\overline{B},\ <)$가 수슬린 선임을 쉽게 보일 수 있다(연습문제 4.4). □

연습문제

4.1 $(S,\ <_1)$은 수슬린 선이고, $(\{a\},\ <_2)$는 유일한 순서를 갖는 원소 한 개짜리 집합이며, $(R,\ <_3)$는 실선이라고 하자. 순서 집합 $(S,\ <_1)$, $(\{a\},\ <_2)$, 그리고 $(R,\ <_3)$의 합이 수슬린 선임을 보여라.

4.2 $(S,\ <)$가 수슬린 선이라고 하자; $|S| \le 2^{\aleph_0}$임을 증명하라.

[힌트 : T 그리고 Φ가 정리 4.4의 증명에 나온 대로라고 하자 : T의 높이가 ω_1임을 보이는 논증에 $\overline{\alpha} = \omega_1$으로 놓으면 S에서 조밀한 집합 C, $|C| \le \aleph_1$를 얻는다. 각각의 $x \in S$가 C 원소로 된 수열의 극한임을 보인다; 그리고 9장 연습문제 3.1을 적용한다.]

4.3 어떤 트리가 정칙성 정의의 속성 (ii)를 만족하면 그리고 그때만 그 트리는 어떤 초한 수열의 트리와 동형임을 보여라(예제 3.2(c) 참조).

4.4 $(B,\ <)$가 끝점이 없는 조밀한 선형 순서이고 완전성을 제외한 모든 수슬린 선 속성을 갖는다고 하자. 이것의 데데킨트 완비 $(\overline{B},\ <)$가 수슬린 선임을 보여라.

[힌트 : $(\overline{B},\ <)$가 셀 수 있는 조밀한 부분집합을 가지면, 실선과 동형일 것이다. 그러나 R의 모든 무한 부분집합은 셀 수 있는 조밀한 부분집합을 갖는다; 따라서 B도 셀 수 있는 조밀한 부분집합을 가져야 한다.]

4.5 모든 $\alpha < \beta < \omega_1$ 그리고 모든 $x \in T_\alpha$에 대해, $x < y$인 $y \in T_\beta$가 존재하는 정칙

수슬린 트리 $(T, \leq)$는 **정규normal**이다. 수슬린 선 $(L, \leq)$이 L의 어떤 열린구간도 셀 수 있는 조밀한 부분집합을 갖지 않을 때 **고유proper**하다. 수슬린 트리가 정칙이면 그리고 그때만 정리 4.5의 증명에서 구성한 수슬린 선은 고유하다.

4.6 다음을 증명하라 : 수슬린 선이 존재하면, 고유 수슬린 선이 존재한다.

[힌트 : 수슬린 선 $(L, \leq)$ 위 동치관계를 다음처럼 정의한다; $x \sim y$이면 그리고 그때만 끝점 x, y를 갖는 구간이 셀 수 있는 조밀한 부분집합을 갖는다. 각각의 $[x]$가 셀 수 있는 조밀한 부분집합을 가짐을 보인다. $\widetilde{L} = \{[x] \mid x \in L\}$로 놓는다; $[x] \preccurlyeq [y]$ 이면 그리고 그때만 $x \leq y$로 놓고 $(\widetilde{L}, \preccurlyeq)$가 고유 수슬린 선임을 보인다.]

5. 조합 원리

수슬린 가설은 ZFC의 공리계에서 증명되거나 반박될 수 없다. 이는 60년대에 ZFC의 공리계에서 수슬린 가설이 거짓인 모델과 참인 모델을 동시에 구성함으로써 입증되었다. 집합론 모델을 연구하려면 형식 논리에 익숙해야 하는데, 15장의 간략한 소개를 제외하고는 이 책의 범위를 벗어난다. 그러나 이 주제에 관한 초기 연구 과정에서 연구자들은 ZFC의 어떤 모델 또는 다른 모델에서 성립하는 조합적 특성의 여러 일반 원리를 분리해 냈으며, 그 결과 수슬린 가설과 여러 다른 질문에 대한 명확한 답을 얻었다. 누군가 그러한 원리를 집합론의 추가 공리로 받아들일 의향이 있다면, 논리에 관한 깊은 연구 없이 순수하게 고전적인 방법으로 ZFC만으로 얻을 수 없는 결과를 증명할 수 있다. 이것은 일반 위상수학과 일부 추상 대수 분야에서 사용하는 방법이 되었다. 여기서는 두 가지 예를 통해 이 접근 방식을 보여준다. **젠슨의 원리 다이아몬드(◊)Jensen's Principle Diamond**와 **마틴의 공리Martin's Axiom**가 그것이다. 이러한 공리가 ZFC의 공리와 동일한 인식론적 지위를 가지고 있지 않다는 점을 강조하고 싶다. 집합론의 현재 상태에서는 그중 하나 또는 다른 것이 직관적으로 참이라고 믿을 만한 강력한 이유가 없다. ZFC를 가정하지 않고도 그것들이 모순으로 이어지지 않는다는 정도만 알려져 있다. 그들의 중요성은 집합론의 공리 모델 기법으로 얻은 결과의 일관성을 위해 궁지의 늪을 체계화하는 데 있다.

여기서 다룰 첫 번째 조합 원리는 젠슨의 원리 ◊이다.

원리 ◊

수열 $\langle W_\alpha \mid \alpha < \omega_1 \rangle$이 존재해서, 각각의 $\alpha < \omega_1$, $W_\alpha \subseteq P(\alpha)$에 대해, W_α는 기껏해야 셀 수 있고, 임의의 $X \subseteq \omega_1$에 대해 집합 $\{\alpha < \omega_1 \mid X \cap \alpha \in W_\alpha\}$는 정상이다.

원리 ◊는 구성 가능한 모델에서 성립하는 것으로 알려져 있다(15장 2절 참조). 여기서는 그 결과 중 두 가지를 증명한다; 다른 것들은 연습문제에 제시한다.

정리 5.1

$\diamondsuit$가 성립하면, $2^{\aleph_0} = \aleph_1$.

증명

$X \subseteq \omega \subseteq \omega_1$이면 $S_X = \{\alpha < \omega_1 \mid X \cap \alpha \in W_\alpha\}$는 정상이다. 이것으로부터 $a \in S_X,\ \alpha \geq \omega$에 대해 $X = X \cap \alpha \in W_\alpha$를 얻는다. 따라서 $P(\omega) \subseteq \bigcup_{\alpha<\omega_1} W_\alpha$ 인데, 마지막 집합의 기수는 기껏해야 $\sum_{\alpha<\omega_1} \aleph_0 = \aleph_0 \cdot \aleph_1 = \aleph_1$ 이다. □

정리 5.2

$\diamondsuit$가 성립하면, 수슬린 선이 존재한다.

증명의 핵심 아이디어는 다음과 같다. 보통, 초한 순환으로 $T = \bigcup_{\alpha<\omega_1} T_\alpha$를 구성한다. T가 셀 수 없는 반사슬을 갖지 않음을 확인해야 한다. $|T| = \aleph_1$ 이므로 T의 부분집합은 $2^{\aleph_1} > \aleph_1$ 개이고, 따라서 이 구성에는 반사슬이지 않을 $\aleph_1$ 개를 넘는 집합 $X \subseteq T$가 있다. $\aleph_1$ 개 이상의 집합을 $\aleph_1$ 단계로 처리할 수 있어야 한다는 것이 문제의 핵심이다. 바로 여기에 $\diamondsuit$가 사용된다. 대략, 단계 α 이전에 구성된 부분트리 $T^{(\alpha)}$에 있는 극대 반사슬인 $A \in W_\alpha$가 더 이상 성장할 수 없게 진행한다–T를 구성하는 나머지 단계에 극대 반사슬로 남아 있다. $\diamondsuit$는 X가 T의 극대 반사슬이면, $X \cap T^{(\alpha)}$는 $T^{(\alpha)}$의 극대 반사슬이고 어떤 $\alpha < \omega_1$에 대해 $X \cap T^{(\alpha)} \in W_\alpha$ 임을 함의한다. $X \cap T^{(\alpha)}$가 더 이상 커지지 않으므로, 반드시 $X = X \cap T^{(\alpha)}$ 이고, 따라서 특정한 X는 기껏해야 셀 수 있다.

이제 계속해서 세부 사항을 수행한다. $\diamondsuit$가 ω_1의 부분집합에 적용되는 반면, T는 $\omega^{<\omega_1}$의 부분집합으로 구성할 계획이므로 자명한 문제가 발생한다. 다음 보조정리가 이를 해결한다.

보조정리 5.3

$\diamondsuit$는, 각각의 $\alpha < \omega_1,\ Z_\alpha \subseteq \omega^{<\alpha}$에 대해 Z_α는 기껏해야 셀 수 있고, 임의의 $X \subseteq \omega^{<\omega_1}$에 대해 집합 $\{\alpha < \omega_1 \mid X \cap \omega^{<\alpha} \in Z_\alpha\}$가 정상인, 수열 $\langle Z_\alpha \mid \alpha < \omega_1 \rangle$의 존재를 함의한다.

증명

정리 5.1에 의해 $2^{\aleph_0} = \aleph_1$이므로 $|\omega^{<\omega_1}| = |\bigcup_{\alpha<\omega_1} \omega^\alpha| = \sum_{\alpha<\omega_1} 2^{\aleph_0} = \aleph_1$임에 주목한다. F를 ω^{ω_1}에서 ω_1으로의 일대일 대응 함수로 놓는다. $S_F = \{\alpha < \omega_1 \mid \sup F[\omega^{<\alpha}] = \alpha\}$는 닫히고 유계가 아님을 주장한다.

S_F는 분명히 닫힌집합이다. 주어진 $\beta < \omega_1$에 대해 순환으로 정의한다 : $\alpha_0 = \beta$, $\alpha_{n+1} = \sup F[\omega^{\alpha_n}]$이고, $\alpha = \sup\{\alpha_n \mid n < \omega\}$로 놓는다. 명백하게 $\beta \leq \alpha < \omega_1$이고 $\alpha \in S_F$이다.

이제 $\alpha \in S_F$이면 $Z_\alpha = \{F^{-1}[A] \cap \omega^{<\alpha} \mid A \in W_\alpha\}$, 아니면 $Z_\alpha = \varnothing$으로 놓는다. 명백하게 $Z_\alpha \subseteq \omega^{<\alpha}$이고 이것은 기껏해야 셀 수 있다. $X \subseteq \omega^{<\omega_1}$이면 $F[X] \subseteq \omega_1$이고, 따라서 $S = \{\alpha < \omega_1 \mid F[X] \cap \alpha \in W_\alpha\}$는 정상이다. 그러면 $S \cap S_F$ 또한 정상이고 $a \in S \cap S_F$이면 $Z_\alpha \ni F^{-1}[F[X] \cap \alpha] \cap \omega^{<\alpha} = X \cap \omega^{<\alpha}$이다. □

정리 5.2의 증명

아주 별나게 근사한 수슬린 트리를 구성한다. □

정의 5.4 (연습문제 4.5 참조)

모든 $\alpha < \beta < h(T)$ 그리고 모든 $x \in T_\alpha$에 대해 $x < y$인 $y \in T_\beta$가 존재하면 정규 트리 $(T, \leq)$는 **정규normal**이다.

초한 순환으로 T_α를 구성한다, 따라서 모든 $\alpha < \omega_1$에 대해 $|T_\alpha| \leq \aleph_0$ 그리고 $T^{(\alpha+1)} = \bigcup_{\beta\leq\alpha} T_\beta$는 정칙이다. $T_0 = \{\varnothing\} \subseteq \omega^0$로 놓는다. 주어진 $T_\alpha \subseteq \omega^\alpha$에 대해 $|T_\alpha| \leq \aleph_0$이고 $T^{(\alpha+1)}$은 정칙이며, $T_{\alpha+1} = \{f \cup \{\langle\alpha, n\rangle\} \mid f \in T_\alpha, n \in \omega\}$로 놓고 $|T_{\alpha+1}| \leq \aleph_0$이며 $T^{(\alpha+2)}$는 정칙임에 주목한다.

이제 α를 극한순서수로 놓는다. 귀납 가정에 의해, 모든 T_β에 대해, $\beta < \alpha$이고, 따라서 $T^{(\alpha)} = \bigcup_{\beta<\alpha} T_\beta$는 정칙이고 $|T^{(\alpha)}| \leq \sum_{\beta<\alpha} |T_\beta| \leq \aleph_0$이다.

$\{C_n \mid n \in N\}$을 Z_α에 속하는 원소의 기껏해야 셀 수 있는 모임으로 놓으면 이것은 뜻밖에도 $T^{(\alpha)}$의 극대 반사슬이다.

주장 5.5

각의 $f \in T^{(\alpha)}$에 대해 $f \subseteq b$를 만족하는 길이 α인 가지 b가 존재하고 각각의 $n \in N$에 대해, $b \supseteq g$를 만족하는 어떤 $g \in C_n$가 존재한다.

증명

$\alpha_0 = \mathrm{dom} f$ 그리고 $\sup_{n\in\omega}\alpha_n = \alpha$인, 순서수의 증가수열 $\langle \alpha_n \mid n \in \omega \rangle$을 정한다. 순환으로 b를 구성한다.

$b_0 = f$로 놓자. 주어진 b_n, $\mathrm{dom} b_n \geqq \alpha_n$에 대해, b_n과 비교가능한 어떤 $g \in C_n$이 존재한다; 그렇지 않으면 $C_n \cup \{b_n\}$은 $T^{(\alpha)}$에서 반사슬이고 C_n의 극대성과 모순이다. $\alpha_{n+1} \leq \mathrm{dom} g$이면 $b_{n+1} = g$로 놓고; 아니면 $b_{n+1} \supseteq g \cup b_n$인 어떤 $b_{n+1} \in T_{\alpha_{n+1}}$을 취한다($T^{(\alpha)}$의 정규성에 의해 그것이 존재한다). $b = \bigcup_{n\in\omega} b_n$으로 놓아서 $\mathrm{dom} b = \sup\{\alpha_n \mid n \in \omega\} = \alpha$를 얻고,주장이 요구하는 b의 다른 속성은 명백하게 만족한다. □

정리 5.2의 증명으로 돌아가서, 각각의 $f \in T^{(\alpha)}$에 대해 주장 5.5 대로 하나의 가지 b_f를 선택하고, $T^{(\alpha)} = \{b_f \mid f \in T^{(\alpha)}\}$로 놓는다. 분명하게 $T^{(\alpha+1)}$은 정규 트리이고 $|T^{(\alpha+1)}| \leq \aleph_0$이다. 주목할 것은 : 각각의 C_n은 $T^{(\alpha+1)}$에서 극대 반사슬로 남는다는 점이다. 이것은 각각의 $b \in T_\alpha$가 어떤 $g \in C_n$와 비교가능하기 때문이다(사실, $g \subseteq b$이다).

이것으로 순환 구성이 완료된다. $T = \bigcup_{\alpha<\omega_1} T_\alpha$로 놓고 T가 높이 ω_1인 정규 트리임에 주목한다. 주장 4.3의 관점에서, T가 기수 $\aleph_1$인 반사슬을 갖지 않음을 보이는 일이 남았다. X가 그러한 반사슬이라고 하자; X기 극대라고 가정할 수 있다.

주장 5.6

$S_X = \{\alpha < \omega_1 \mid X \cap T^{(\alpha)}$는 $T^{(\alpha)}$의 극대 반사슬$\}$는 닫히고 유계가 아니다.

증명

임의의 $\beta < \omega_1$라고 하자. 순환으로 수열 $\langle \alpha_n \mid n \in \omega \rangle$을 구성한다 : $\alpha_0 = \beta$. 주어진 α_n에 대해, 집합 $T^{(\alpha_n)}$은 기껏해야 셀 수 있고, 모든 $f \in T^{(\alpha_n)}$에 대해 f와 비교가능한 어떤 $g_f \in X$가 존재한다(아니면, X는 극대 반사슬이 아니다). $\alpha_{n+1} = \sup\left(\{(\mathrm{dom} g_f) + 1 \mid f \in T^{(\alpha_n)} \cup \{\alpha_n\}\right)$으로 놓자. 만일 $\alpha = \sup\{\alpha_n \mid n \in \omega\}$이면 $\beta \leqq \alpha < \omega_1$을 얻고 각각의 $f \in T^{(\alpha)}$가 $X \cap T^{(\alpha)}$의 어떤 원소와 비교가능하므로, 따라서 $X \cap T^{(\alpha)}$는 $T^{(\alpha)}$에서 극대 반사슬이다. 이것은 S_X가 유계가 아님을 의미한다. S_X가 닫힌집합임은 쉽게 알 수 있다. □

이제 정리 5.2의 증명을 끝낼 수 있다. 보조정리 5.3은 $X \cap \omega^{<\alpha} \in Z_\alpha$ 인 $\alpha \in S_X$, α 극한을 제공한다. 따라서 $X \cap T^{(\alpha)}$ 는 $T^{(\alpha)}$ 에서 극대 반사슬이고 Z_α 에 속한다. 앞에서 주목했듯이, 이 구성에서 $X \cap T^{(\alpha)}$ 는 $T^{(\alpha+1)}$ 에서 여전히 극대 반사슬로 남는다. 그러나 그러면 이것은 T 에서 극대 반사슬이다! 실제로, $f \in T - T^{(\alpha+1)}$ 이면 $f \restriction \alpha \in T^{(\alpha+1)}$ 이고, 따라서 어떤 $g \in X \cap T^{(\alpha)}$ 에 대해 $f \supseteq f \restriction \alpha \supseteq g$ 이다. 즉, f 는 어떤 $g \in X \cap T^{(\alpha)}$ 와 비교가능하다. 따라서 $X = X \cap T^{(\alpha)}$ 이고 특히, $|X| \le |T^{(\alpha)}| \le \aleph_0$ 이다. □

이 절에서 살펴보는 두 번째 조합 원리는 그것의 많은 결과 중 하나로 수슬린 선의 부재를 가지고 있다. 이것을 언급하기 전에 몇 가지 용어를 알아야 한다.

정의 5.7

$(P, \le)$ 가 순서 집합이라고 하자. 모든 $p \in P$ 에 대해 $p \le q$ 인 $q \in C$ 가 존재할 때, 집합 $C \subseteq P$ 를 P 에서 **공종cofinal**이라고 부른다. 모든 $d_1, d_2 \in D$ 에 대해 $d_1 \le d$, $d_2 \le d$ 인 $d \in D$ 가 존재할 때, 집합 $D \subseteq P$ 는 **유향directed**이다. 만일 $a \in A$, $p \in P$, $p \le a$ 이면 $p \in A$ 일 때, 집합 $A \subseteq P$ 는 **아래집합lower set**이다. $\mathfrak{C}$ 를 P 의 공종 부분집합의 모임으로 놓자. 각각의 $C \in \mathfrak{C}$ 에 대해 G 가 유향 아래집합이고 $G \cap C \ne \varnothing$ 일 때, 집합 $G \subseteq P$ 를 $\mathfrak{C}-$ **포괄generic**이라고 부른다.

예제 5.8

$(T, \le)$ 가 트리라고 하자. $D \subseteq T$ 가 유향이면 그리고 그때만 D 는 사슬이다. T 가 정칙이라고 가정하자. 그러면 각각의 $\alpha < h(T)$ 에 대해 $T(\alpha) = \bigcup_{\alpha \le \beta} T_\beta = \{y \in T \mid x \le y$ 인 $x \in T_\alpha$ 가 존재$\}T$ 에서 공종이다. 집합 $G \subseteq T$ 가 $\mathfrak{C} = \{T(\alpha) \mid \alpha < h(T)\}$ 에 대해 $\mathfrak{C}-$ 포괄이면 그리고 그때만 G 는 T 의 길이 $h(T)$ 인 가지이다.

포괄 집합에 대한 기본적인 사실로 다음과 같은 쉬운 정리가 있다.

정리 5.9

$\mathfrak{C}$, $|\mathfrak{C}| \le \aleph_0$ 를 P 의 공종 부분집합의 모임으로 놓자. 그러면 모든 $p \in P$ 에 대해 $p \in G$ 인 $\mathfrak{C}-$ 포괄 집합 G 가 존재한다.

증명

$\mathfrak{C} = \{C_n \mid n \in N\}$ 이라고 하자. 순환으로 수열 $\langle p_n \mid n \in N\rangle$ 을 구성한다. $p_0 = p$ 로 놓자; 주어진 p_n 에 대해, 어떤 $q \in C_n$ 에 대해 $p_n \le q$ 인 $p_{n+1} = q$ 로 놓는다. 마지막으로

$G = \{r \in P \mid r \leq p_n$, 어떤 $n \in N\}$으로 놓는다. 이것으로 G는 아래집합이고, G는 명백하게 유향이며 $\mathfrak{D}-$포괄이다. □

하나의 응용으로 R에 대한 특별한 경우인 **베르 범주Baire Category** 정리를 증명한다.

따름정리 5.10

임의의 R의 열린 조밀한 집합의 어떤 기껏해야 셀 수 있는 모임의 교집합은 조밀하다.

증명

$\mathcal{O}$가 R의 열린 조밀한 집합의 기껏해야 셀 수 있는 모임이라고 하자. (a, b)를 열린구간으로 놓는다. 모든 닫힌구간 $[\alpha, \beta] \subseteq (a, b)$, $\alpha, \beta \in R$, $\alpha < \beta$의 집합 P와 역방향 포함관계 $\supseteq$에 의한 순서 P에 대해 생각해 보자. 만일 $O \subseteq R$가 열리고 조밀하면 $C_O = \{[\alpha, \beta] \in P \mid [\alpha, \beta] \subseteq O\}$로 놓는다; 쉽게 C_O가 P에서 공종임을 보일 수 있다. $\mathfrak{D} = \{C_O \mid O \in \mathcal{O}\}$라고 하자; 정리 5.9에 의해, $\mathfrak{D}-$포괄 집합 G가 존재한다. 특히, G는 $\supseteq$에 의해 유향이다. 따라서 G는 유한 교집합 속성을 갖는 공집합이 아닌 닫히고 유계인 구간의 모임이다. 10장 정리 3.4에 의해 $\bigcap G \neq \varnothing$이다. 명백하게, 임의의 $x \in \bigcap G$가 $(a, b) \cap \mathcal{O}$에 속한다. □

셀 수 없는 $\mathfrak{D}$에 대해 $\mathfrak{D}-$포괄 집합이 존재하는지가 흥미로운 의문이다.
다음 예제는 일반적으로 그렇지 않다는 것을 보여준다.

예제 5.11

보통의 $\subseteq$로 정렬된 $T = \omega_1^{<\omega}$가 있다고 하자. 따라서 T는 셀 수 있는 기수의 모든 유한수열의 트리이다. 각각의 $\alpha < \omega_1$에 대해 $C_\alpha = \{f \in T \mid \alpha \in \mathrm{ran} f\}$로 놓는다. C_α는 T에서 공종이다 : $f \in T$, $\mathrm{dom} f = n$이면, $g = f \cup \{\langle n, \alpha\rangle\} \in C_\alpha$ 그리고 $f \subseteq g$이다. G를 $\mathfrak{D} = \{C_\alpha \mid \alpha < \omega_1\}$에 대해 $\mathfrak{D}-$포괄로 놓는다. G는 유한수열의 모임이고, 유향이며, G의 두 유한수열은 비교가능하다. 그러므로 $F = \bigcup G$는 ω의 부분집합에서 ω_1으로 가는 함수이다. $|\mathrm{ran} F| \leq \aleph_0$이므로, $\gamma \in \omega_1 - \mathrm{ran} F$가 존재하지만, 이것은 $C_\gamma \cap G \neq \varnothing$과 모순이다.

트리를 연구할 때와 마찬가지로, 긍정적인 결과를 기대하려면 충분히 "작은" 순서 집합으로 제한해야 한다.

정의 5.12

$(P, \le)$가 순서 집합이라고 하자. $p \le r$, $q \le r$인 $r \in P$이 존재할 때, $p, q \in P$가 **양립한다**compatible고 말한다; 그렇지 않으면 그들은 **양립하지 않는다**incompatible고 한다. P에서 **반사슬**antichain은 $p, q \in A$, $p \neq q$이면 p와 q가 양립하지않는 부분집합 $A \subseteq P$이다.

$(P, \le)$가 트리일 때, $p, q \in P$가 양립하면 그리고 그때만 비교가능이고, 따라서 앞선 트리를 위한 반사슬 정의와 일치함에 주목한다.

순서 집합 $(P, \le)$는, P의 모든 반사슬이 기껏해야 셀 수 있을 때, 셀 수 있는 반사슬 조건을 만족한다.

κ가 무한기수라고 하자. 이제 κ에 대한 마틴 공리를 설명할 수 있다.

마틴 공리Martin's Axiom MA_κ

$(P, \le)$가 셀 수 있는 반사슬 조건을 만족하는 순서 집합이면, P의 공종 부분집합의 모든 모임 $\mathcal{D}(|\mathcal{D}| \le \kappa)$에 대해 $\mathcal{D}-$ 포괄 집합이 존재한다.

정리 5.9에 의해 $MA_{\aleph_0}$는 참이므로 $MA_{\aleph_1}$가 첫 번째 흥미로운 사례라는 점을 주목하자. 여기서 그 결과 중 두 가지를 증명하고 연습문제에서 몇 가지 추가 사례를 생각해 본다.

정리 5.13

MA_κ는, R의 열린 조밀한 집합의 임의의 모임 $\mathcal{D}(|\mathcal{D}| \le \kappa)$의 교집합은 조밀하다.

증명

정리 5.9에 대한 언급을 MA_κ로 바꾸기만 하면 따름정리 5.10의 증명과 정확히 같다. P는 10장 정리 3.2에 의해 셀 수 있는 반사슬 조건을 만족한다. □

따름정리 5.14

MA_κ는 $2^{\aleph_0} > \kappa$를 함의한다.

증명

각각의 $x \in R$에 대해, $O_x = R - \{x\}$는 열린 조밀한 집합이다. $2^{\aleph_0} \le \kappa$이면 $\mathcal{O} = \{O_x \mid x \in R\}$는 R의 열린 조밀한 집합의 모임이고 $|\mathcal{O}| \le \kappa$이다, 그러나 $\bigcap \mathcal{O} = \varnothing$은 R의 조밀한 집합이 아니다. □

특히, $\mathrm{MA}_{\aleph_1}$는, 연속체 가설의 부정인 $2^{\aleph_0} > \aleph_1$을 함의한다.

정리 5.15

$\mathrm{MA}_{\aleph_1}$이 성립하면 수슬린 선이 존재하지 않는다.

증명

T가 높이 ω_1인 정규 수슬린 트리라고 하자. $\widetilde{T} = \{t \in T \mid \{r \in T \mid t \le r\}$는 셀 수 없다.$\}$로 놓는다. 명백하게 $\widetilde{T}$는 T의 부분트리이고 $\widetilde{T}$는 정의 5.4의 조건을 만족한다(비록 T가 정칙일 때조차, $\widetilde{T}$가 정칙일 필요는 없지만!) : 특히, $|\widetilde{T}| = \aleph_1$이다. 각각의 $\alpha < \omega_1$에 대해, $\widetilde{T}(\alpha) = \{y \in \widetilde{T} \mid x \le y$, 어떤 $x \in \widetilde{T_\alpha}\}$는 $\widetilde{T}$에서 공종이다. G를 $\mathcal{D} = \{\widetilde{T}(\alpha) \mid \alpha < \omega_1\}$에 대한 $\mathcal{D}-$포괄로 놓자. 그러면 G는 $\widetilde{T}$를 통한 공종이고, 따라서 T를 통해서도 공종인데, 이는 T가 수슬린이라는 가정과 모순이다. □

마틴 공리 MA는 MA_κ가 모든 무한 $\kappa < 2^{\aleph_0}$에 대해 성립한다는 명제이다. $2^{\aleph_0} = \aleph_1$이면, $\kappa < 2^{\aleph_0}$는 $\kappa = \aleph_0$를 함의하고 MA가 성립한다. 그러나 MA와 $2^{\aleph_0} > \aleph_1$를 받아들이는 것도 일관성이 있다. 따라서 MA는 연속체 가설의 일반화로 간주할 수 있다. 정리 5.13에서, MA가 성립하면 $|\mathcal{O}| < 2^{\aleph_0}$인 R의 열린 조밀한 부분집합의 임의의 모임 $\mathcal{O}$의 교집합이 조밀하다는 것을 즉시 알 수 있다. MA는 또한 르베그 측도 0인 $2^{\aleph_0}$개 미만 집합의 합집합이 측도 0을 갖고, 르베그 측도는 모든 $\kappa < 2^{\aleph_0}$에 대해 $\kappa-$가법적(단순히 셀 수 있게 가법적일 뿐만 아니라)이며, 실수 R, 위상 공간 그리고 일반적인 집합에 대한 다른 많은 결과를 함의한다.

연습문제

5.1 $\diamondsuit$가 다음 명제와 동치임을 보여라 : 수열 $\langle W'_\alpha \mid \alpha < \omega_1 \rangle$이 존재해서, 각각의 $\alpha < \omega_1$, $W'_\alpha \subseteq \alpha^\alpha$에 대해 W'_α이 기껏해야 셀 수 있고, 임의의 $f : \omega_1 \to \omega_1$에 대해 집합 $\{\alpha < \omega_1 \mid f \restriction \alpha \in W'_\alpha\}$이 정상이다.

5.2 $\diamondsuit$를 가정하고 $(T, \le)$의 유일한 자기동형사상이 항등함수인 수슬린 트리가 존재함을 보여라 (엄격한 수슬린 트리)

[힌트 : 정리 5.2의 증명을 따라한다 : 극한 단계 α에서 $h \in Z_\alpha$인 $T^{(\alpha)}$의 자기동형사상 h가 $T^{(\alpha+1)}$의 자기동형사상으로 확장될 수 없도록 한다.]

5.3 $\diamondsuit$를 가정하고 서로 동형이 아닌 정칙 수슬린 트리가 $2^{\aleph_1}$개 존재함을 보여라.

5.4 $\diamondsuit$를 가정하고 임의의 두 부분집합의 교집합이 기껏해야 셀 수 있는, ω_1의 정상 부분집합이 $2^{\aleph_1}$개 존재함을 보여라.

[힌트 : $S_X = \{\alpha < \omega_1 \mid X \cap \alpha \in W_\alpha\}$, 모든 $X \subseteq \omega_1$]

5.5 MA_κ가 다음 명제와 동치임을 보여라 : $(P, \le)$가 셀 수 있는 반사슬 조건을 만족하는 순서 집합이면, 극대 사슬의 모든 모음 $|\mathfrak{C}| \le \kappa$에 대해 유향집합 G가 존재해서 모든 $C \in \mathfrak{C}$에 대해, $c \leqq a$인 $c \in C$ 그리고 $a \in G$가 존재한다.

5.6 임의의 두 부분집합의 교집합이 유한인, ω의 부분집합이 $2^{\aleph_0}$개 존재함을 보여라.

[힌트 : $f \in \{0, 1\}^\omega$에 대해 $A_f = \{f \restriction n \mid n \in \omega\} \subseteq \omega^{<\omega}$로 놓는다. 물론 $|\omega^{<\omega}| = |\omega|$이다.]

5.7 $2^{\aleph_0} = \aleph_1$을 가정하고 임의의 두 부분집합의 교집합이 기껏해야 셀 수 있는, ω_1의 부분집합이 $2^{\aleph_1}$개 존재함을 보여라.

제 13 장

큰 기수

1. 측도 문제

8장의 정리 2.14는 모든 구간 $[a,\ b] \in R$에 대해 $\mu([a,\ b]) = b - a$인 R의 모든 부분집합의 $\sigma-$대수에서 $\sigma-$가법 변환 불변 측도 μ가 존재하지 않음을 보여준다. 이것은 $P(R)$ 위 $\sigma-$가법 측도 또는 임의의 무한집합 S에 대한 $P(S)$ 위 $\sigma-$가법 측도가 존재하는지에 대한 의문을 제기한다. 물론 $\mu(S) = \infty$ 값을 허용하는 셈측도는 자명한 예이므로, 문제를 다르게 형식화한다. 즉, 측도가 유한한 값만 갖도록 허용하고, 더해서 (일반성을 잃지 않고) $\mu(S) = 1$을 요구한다.

정의 1.1

S는 공집합이 아닌 집합이라고 하자. S 위(자명하지 않은 확률적 $\sigma-$가법) 측도는 다음을 만족하는 함수 $\mu : P(S) \to [0,\ 1]$이다.

(a) $\mu(\varnothing) = 0,\ \mu(S) = 1.$

(b) $X \subseteq Y$이면 $\mu(X) \leq \mu(Y).$

(c) X 그리고 Y가 서로소이면, $\mu(X \cup Y) = \mu(X) + \mu(Y).$

(d) $\mu(\{a\}) = 0$, 모든 $a \in S.$

(e) $\{X_n\}_{n=0}^{\infty}$가 S의 서로소인 부분집합의 모임이면,

$$\mu(\bigcup_{n=0}^{\infty X_n}) = \sum_{n=0}^{\infty} \mu(X_n)$$

이다.

(d)와 (e)의 결과로 S의 모든 기껏해야 셀 수 있는 부분집합의 측도는 0이다. 따라서 S

가 측도를 가지면 S는 셀 수 없다. S가 측도를 갖는지 아닌지는 S의 기수에만 의존한다는 것이 분명하다 : S가 측도를 가지고 있고 $|S'| = |S|$이면 S'도 측도를 갖는다. 11장 2절에서 정의 1.1의 (a)–(d)를 만족하는 함수인, N에 대한 자명하지 않은 유한 가법 측도를 구성했다. 측도 문제는 어떤 S에 대해 $\sigma-$가법인 어떤 함수가 존재하는지에 대한 질문이다. 또한 측도 문제는 르베그 측도가 모든 실수 집합으로 확장될 수 있는지에 대한 의문과 관련이 있다. 정확히 말해서 : 모든 르베그 가측 집합 X에 대해, $\mu(X)$가 X의 르베그 측도가 되는 $\sigma-$가법 측도 $\mu : P(R) \to [0,\ \infty) \cup \{\infty\}$가 존재하는가? 그러한 르베그 측도의 확장 μ가 존재하면 μ를 $P([0,\ 1])$로 제한한 것은 $S = [0,\ 1]$ 위 자명하지 않은 측도이다(정의 1.1의 (a)–(e)를 만족시킴). 반대로, 기수가 $2^{\aleph_0}$인 집합 S에 자명하지 않은 측도가 존재하면 르베그 측도를 $\sigma-$가번 측도 $\mu : P(R) \to [0,\ \infty) \cup \{\infty\}$로 확장할 수 있음을 증명할 수 있다.

측도 문제는 추상 실해석 분야에서 자연스럽게 발생하는 문제로, 연속체 문제와 깊이 관련되어 있으며, 놀랍게도 9장에서 다룬 주제(도달불가능한 기수)와도 관련이 있다. 이 문제는 큰 기수에 대한 연구의 시작점이 되었으며, 관련된 이론을 다음 절에서 더 자세히 살펴본다.

정리 1.2

$2^{\aleph_0}$의 측도가 있으면, 연속체 가설은 옳지 않다.

증명

$2^{\aleph_0} = \aleph_1$으로 가정하고 $S = \omega_1$ 위 측도 μ와 정의 1.1 (a)–(e)를 만족하는 $P(S)$ 위 함수가 존재한다고 있다고 가정하자. I은 측도 0인 집합의 아이디얼을 나타낸다 :

$$I = \{X \subseteq S \mid \mu(X) = 0\}.$$

이 아이디얼은 다음 속성을 갖는다 :

(1.3) 모든 $x \in S$에 대해 $\{x\} \in I$.

(1.4) 모든 $n \in N$에 대해 $X_n \in I$이면 $\bigcup_{n=0}^{\infty} X_n \in I$.

(1.5) 모든 $X \in S$에 대해 $X \neq I$인 셀 수 없는 서로소 모임 $S \subseteq P(S)$는 존재하지 않는다.

속성 (1.4)는 정의 1.1(e)의 직접적인 결과이고. (1.5)에 대해서는, S를 그러한 서로소의 모임으로 가정하자. 각각의 n에 대해, 다음으로 놓는다.

$$S_n = \{X \in S \mid \mu(X) \geq \frac{1}{n}\}.$$

$\mu(S) = 1$이므로, 각각의 S_n은 유한이어야하고, $S = \bigcup_{n=0}^{\infty} S_n$이므로, S는 기껏해야 셀 수 있다.

이제 S의 부분집합의 "행렬" $\langle A_{\alpha n} \mid \alpha \in \omega_1,\ n \in \omega \rangle$을 구성한다.

각각의 $\xi < \omega_1$에 대해, $\xi \subseteq \mathrm{ran} f_\xi$인 w 위 함수 f_ξ가 존재한다. 각각의 ξ에 대해 f_ξ 하나를 선택하고, 다음으로 놓는다.

$$A_{\alpha n} = \{\xi < \omega_1 \mid f_\xi(n) = \alpha\}\ (\alpha < \omega_1,\ n < \omega).$$

행렬 $\langle A_{\alpha n} \rangle$은 다음 속성을 만족한다 :

(1.6) 모든 n에 대해, $\alpha \neq \beta$이면 $A_{\alpha n} \cap A_{\beta n} = \varnothing$.

(1.7) 모든 α에 대해, $S - \bigcup_{n=0}^{\infty} A_{\alpha n}$은 기껏해야 셀 수 있다.

$\xi \in A_{\alpha n} \cap A_{\beta n}$이면 $f_\xi(n) = \alpha$ 그리고 $f_\xi(n) = \beta$이므로 (1.6)이 성립한다. (1.7)의 집합은 집합 $\alpha \cup \{\alpha\}$에 속하므로 기껏해야 셀 수 있다. 모든 n에 대해 $\xi \notin A_{\alpha n}$이면 $\alpha \notin \mathrm{ran} f_\xi$이고 따라서 $\xi \leq \alpha$이다.

$\alpha < \omega_1$로 놓자. (1.7) 그리고 (1.4)로부터 모든 집합 $A_{\alpha n}$ $(n \in \omega)$이 아이디얼 I에 속하지는 않는다고 결론내린다 : ω_1은 집합 $A_{\alpha n}$의 합집합이고 기껏해야 셀 수 있는 집합으로, (1.3) 그리고 (1.4)에 의해 I에 속한다.

따라서 각각의 $\alpha < \omega_1$에 대해 $A_{\alpha n} \notin I$인 어떤 $n_\alpha \in N$이 존재한다. 셀 수 없이 많은 $\alpha < \omega_1$가 존재하고 $n \in N$은 단지 셀 수 있을 만큼 많으니, 집합 $\{\alpha \mid n_\alpha = n\}$이 셀 수 없는 어떤 n이 반드시 존재한다. 다음으로 놓는다.

$$S = \{A_{\alpha n} \mid n_\alpha = n\}.$$

이 집합은 S의 부분집합의 셀 수 없는 모임이다. (1.6)에 의해, S에 속하는 집합은 서로소이고, 각각의 $A_{\alpha n} \in S$에 대해 $A_{\alpha n} n \in I$이다. (1.5)와 모순이다.

모순이 되었고 그러므로 가정 $2^{\aleph_0} = \aleph_1$이 틀렸다. 이것으로 정리가 증명된다. □

정리 1.2의 증명을 조금 수정해서 다음 결과를 얻을 수 있다.

정리 1.8

집합 S 위 측도가 존재하면, 어떤 기수 $\kappa \leqq |S|$는 약하게 도달가능이다.

따름정리 1.9

$2^{\aleph_0}$ 위 측도가 존재하면, 어떤 약하게 도달가능한 기수 κ에 대해 $2^{\aleph_0} \geq \kappa$이다.

정리 1.2의 증명을 면밀히 따라 해서 정리 1.8을 증명한다. 어떤 집합 S에 대해 정의 1.1을 만족하는 함수 $\mu : P(S) \to [0,\ 1]$가 존재한다고 가정한다. 그러면 (1.3). (1.4) 그리고 (1.5)를 만족하는 S 위 아이디얼 I가 존재함을 증명했다. 다음으로 놓자.

(1.10) $\kappa =$ 크기 κ인 어떤 S에 대해 속성 (1.3), (1.4) 그리고 (1.5)를 만족하는 S 위 아이디얼 I가 존재하는 가장 작은 기수이고

(1.11) I는 속성 (1.3), (1.4) 그리고 (1.5)를 만족하는 $S = \kappa$ 위 아이디얼.

(물론, 크기 κ인 어떤 S 위 아이디얼이 존재하면 κ 위 아이디얼도 존재한다.)

보조정리 1.12

모든 $\lambda < \kappa$에 대해, $\{X_\eta\}_{\eta<\lambda}$가 모든 $\eta < \lambda$에 대해 $X_\eta \in I$이면 $\bigcup\limits_{\eta<\lambda} X_\eta \in I$이다.

증명

아니라고 하면, 각각의 η에 대해 $X_\eta \in I$이지만 $\bigcup\limits_{\eta<\lambda} X_\eta \notin I$인 어떤 $\lambda < \kappa$ 그리고 $\{X_\eta\}_{\eta<\lambda}$가 존재한다. 각각의 X_η를 $X'_\eta = X_\eta - \bigcup\{X_\nu \mid \nu < \eta\}$로 치환할 수 있고, $\bigcup\limits_{\eta<\lambda} X'_\eta = \bigcup\limits_{\eta<\lambda} X_n$이므로 X_η는 서로소이다. 다음으로 놓는다.

$$J = \{Y \subseteq \lambda \mid \bigcup_{\eta\in Y} X_\eta \in I\}.$$

J가 λ 위 아이디얼임을 증명한다(예를 들어, $\bigcup\limits_{\eta\in\lambda} X_\eta \notin I$이므로 $\lambda \notin J$). $X_\eta \in I$이므로 각각의 $\eta < \lambda$에 대해 $\{\eta\} \in J$이다; 따라서 J는 (1.3)을 만족한다. 비슷하게. J가 (1.4) 그리고 (1.5) 역시 만족함을 증명할 수 있다. [(1.5)의 경우 X_η가 서로소임을 사용한다.]

따라서 J는 속성 (1.3), (1.4) 그리고 (1.5)를 만족하는 $\lambda < \kappa$ 위 아이디얼이고 가정 (1.10)에 모순이다. □

따름정리 1.13

$X \subseteq \kappa$ 그리고 $|X| < \kappa$이면 $X \in I$.

따름정리 1.14

κ는 셀 수 없는 정칙 기수이다.

증명

κ의 기껏해야 셀 수 있는 모든 부분집합은 I에 속하므로 κ는 셀 수 없다. 그리고 κ는(그렇지 않다면 크기 $< \kappa$인 κ개 미만 집합의 합집합이 되므로) 정칙이고, 그러므로 아이디얼에 속하고 이는 모순이다. □

이제 정리 1.8의 증명을 끝낸다.

정리 1.15

κ는 약하게 도달가능하다.

증명

따름정리 1.14 관점에서 κ가 극한기수임을 보이는 것으로 충분하다. 그러므로 κ를 어떤 다음원소 기수, $\kappa = \aleph_{\nu+1}$로 가정하자.

각각의 $\xi < \kappa$에 대해 $\xi \subseteq \operatorname{ran} f_\xi$인 ω_ν 위 함수 f_ξ를 선택하고 다음으로 놓는다.

$$A_{\alpha\eta} = \{\xi < \kappa \mid f_\xi(\eta) = \alpha\} \quad (\alpha < \omega_{\nu+1},\ \eta < \omega_\nu).$$

정리 1.2의 증명처럼, 행렬 $\langle A_{\alpha\eta} \rangle$가 다음 속성을 만족함을 보인다 :

(1.16) 모든 η에 대해, $\alpha \neq \beta$이면, $A_{\alpha\eta} \cap A_{\beta\eta} = \varnothing$,

(1.17) 모든 α에 대해, $|\kappa - \bigcup_{\eta<\omega_\nu} A_{\alpha\eta}| \leqq \aleph_\nu$.

정리 1.2의 증명을 따라 하되, (1.4) 대신 보조정리 1.12를 사용하고, 각각의 $\alpha < \omega_{\nu+1}$에 대해 $A_{\alpha\eta} n \in I$인 어떤 $\eta < \omega_\nu$가 존재함을 보인다. 앞서와 같은 논증으로 크기 $\aleph_{\nu+1}$이고(따라서 셀 수 없는) 서로소인 집합$n \in I$의 모임을 생성한다. 이것은 속성 (1.5)와 모순이고 그러므로 κ는 다음원소 기수일 수 없다. □

측도 μ가 0과 1의 두 값만 취하는 경우 2가 측도라고 한다. 다음 절에서 큰 기수 이론의 시작점으로 2가 측도로 다시 돌아간다.

정의 1.18

μ가 S 위 측도라고 하자. 집합 $A \subseteq S$가, $\mu(A) > 0$이고 모든 $X \subseteq A$에 대해 $\mu(X) = 0$이거나 $\mu(A - X) = 0$일 때, **원자atom**라고 한다. 측도 μ가 원자를 갖지 않으면 **원자없음atomless**이다.

스타니슬라프 울람Stanislaw Ulam의 다음과 같은 이분법을 증명하는 것으로 절을 마무리 한다.

정리 1.19

측도가 존재하면 2가 측도가 존재하거나 아니면 $2^{\aleph_0}$ 위 측도가 존재한다.

보조정리 1.20

μ가 S 위 원자없음 측도라고 하자.

(a) 모든 $\epsilon > 0$ 그리고 모든 $X \subseteq S$ $(\mu(X) > 0)$에 대해 $0 < \mu(Y) \leq \epsilon$인 $Y \subseteq X$가 존재한다.

(b) 모든 $X \subseteq S$에 대해 $\mu(Y) = \frac{1}{2}\mu(X)$인 $Y \subseteq X$가 존재한다.

증명

(a) $X_0 = X$로 놓고, 각각의 n에 대해, $0 < \mu(X_{n+1}) = \frac{1}{2}\mu(X_n)$인 $X_{n+1} \subseteq X_n$을 찾는다. X_n이 원자가 아니므로 가능하고 따라서 $\mu(X) > 0$이고 $\mu(X_n - X) > 0$인 $X \subset X_n$가 존재한다. $\mu(X_n) = \mu(X) + \mu(X_n - X)$이므로, $X_{n+1} = X$ 또는 $X_{n+1} = X_n - X$은 원하는 속성을 갖는다. 명백하게, 모든 n에 대해 $0 < \mu(X_n) \leq \frac{1}{2^n}\mu(X)$이고 (a)를 만족한다.

(b) $X \subseteq S$가 $\mu(X) = m > 0$를 만족한다고 하자. $\alpha < \omega_1$에 대한 초한 순환으로 다음처럼 X의 부분집합의 서로소인 집합 시스템 Y_α를 구성한다 : $Y_0 \subset X$, $0 < \mu(Y_0) \leq m/2$라고 하자; 만일 $\mu(\bigcup_{\beta<\alpha} Y_\beta) \leq m/2$이면, $0 < \mu(Y_0) \leq m/2 - \mu(\bigcup_{\beta<\alpha} Y_\beta)$인 $Y_\alpha \subset X - \bigcup_{\beta<\alpha} Y_\beta < m/2$를 선택한다. (1.5)에 의해 구성을 멈추는 어떤 α가 존재한다, 즉, $\mu(\bigcup_{\beta<\alpha} Y_\beta) \leq m/2$이다. □

정리 1.19의 증명

S 위 측도 μ가 존재한다고 하자. 원자 $A \subseteq S$가 존재하면, 다음처럼 A 위 2가 측도 ν를 정의한다 : $\nu(X) = \mu(X)/\mu(A)$, 모든 $X \subseteq A$.

만일 μ가 원자없음이면, 유한한 $0-1$ 수열 $s \in \mathrm{Seq} = \bigcup_{n=0}^{\infty}\{0,\ 1\}^n$로 색인된, S의 부분집합의 집합족 $\{X_s \mid s \in \mathrm{Seq}\}$를 정의한다. 집합 X_s는 s의 길이에 대한 순환으로 정의된다 : 공 수열 $\varnothing$에 대해. $X_\varnothing = S$로 놓자. 주어진 X_s에 대해, $X_{s^\frown 0}$ 그리고 $X_{s^\frown 1}$을 $X_{s^\frown 1} = X_s$ 그리고 $\mu(X_{s^\frown 0}) = \mu(X_{s^\frown 1}) = \dfrac{1}{2}\mu(X_s)$을 만족하는 X_s의 부분집합으로 놓는다. 따라서 $\mu(X_s) = 1/2^n$이고 여기서 n은 s의 길이이다.

그뿐만 아니라, 각각의 $f \in \{0,\ 1\}^\omega$에 대해, $X_f = \bigcap_{n=0}^{\infty} X_{f\restriction n}$으로 놓는다. $f \neq g$이면 $X_f \cap X_g = \varnothing$이고 각각의 f에 대해 $\mu(X_f) = 0$에 주목하자.

이제 집합 $\{0,\ 1\}^\omega$ 위 측도 ν를 다음처럼 정의한다 :

$$\nu(Z) = \mu(\bigcup\{X_f \mid f \in Z\}) \quad (Z \subseteq \{0,\ 1\}^\omega).$$

μ가 측도이므로 ν가 정의 1.1의 (a), (b), (c) 그리고 (e)의 속성을 갖는 것을 쉽게 검증할 수 있다. 각각의 $f \in \{0,\ 1\}^\omega$에 대해 $\mu(X_f) = 0$이라는 사실로부터 속성 (d)를 만족한다. □

따라서 측도가 존재한다면 $2^{\aleph_0}$에 대한 측도가 존재하여 어떤 약하게 도달불가능한 기수 κ에 대해 $2^{\aleph_0} \geq \kappa$이거나 그렇지 않으면 대신 다음 절에서 살펴볼 2가 측도가 존재한다.

2. 큰 기수

앞 절에서 자명하지 않은 $\sigma-$가법 측도가 존재한다면 약하게 도달불가능한 기수가 존재한다는 것을 증명했다. 이 결과는 큰 기수 이론으로 알려진 방대한 결과의 한 사례일 뿐이다. 이 절에서는 큰 기수에 대한 몇 가지 결과를 더 제공하고 가장 많이 연구된 큰 기수의 전형인 **가측 기수**를 소개한다.

보조정리 2.1

μ가 S 위 2가 측도이면 다음은

$$U = \{X \subseteq S \mid \mu(X) = 1\}$$

S 위 주필터가 아닌 초필터이고,

(2.2) 각각의 n에 대해 $X_n \in U$인 $\{X_n\}_{n=0}^{\infty}$은 $\bigcap_{n=0}^{\infty} X_n \in U$이 성립한다.

증명

쉬운 증명. μ가 자명하지 않으므로 U는 주필터가 아니고, μ가 $\sigma-$가법이므로 (2.2)가 성립한다. □

속성 (2.2)를 **$\sigma-$완전성completeness**이라고 부른다. 보조정리 2.1의 역 또한 참이다: U가 $\sigma-$완전 주필터가 아닌 S 위 초필터이면, 다음처럼 정의된 함수 $\mu : P(S) \to \{0.1\}$는 S 위 2가 측도이다.

$$\mu(X) = \begin{cases} 1 & X \in U, \\ 0 & X \notin U \end{cases}$$

따라서 2가 측도가 존재하는지 아닌지 문제는 주필터가 아닌 $\sigma-$완전 초필터의 존재 문제와 동치이다. 이제 이 질문을 탐구한다.

먼저 $\sigma-$완전 정의를 일반화한다.

정의 2.3

κ가 셀 수 없는 기수라고 하자. S 위 F는, 모든 기수 $\lambda < \kappa$에 대해 만일 모든 $\alpha < \lambda$에 대해 $X_\alpha \in F$이면 $\bigcap_{\alpha<\lambda} X_\alpha \in F$일 때, **$\kappa-$완전**이다.

S 위 아이디얼 I는, 모든 기수 $\lambda < \kappa$에 대해 만일 모든 $\alpha < \lambda$에 대해 $X_\alpha \in I$이면 $\bigcap_{\alpha<\lambda} X_\alpha \in I$일 때 **$\kappa-$완전**이다.

필터가 $\kappa-$완전이면 그리고 그때만 그것의 쌍대 아이디얼도 **$\kappa-$완전**이다. $\aleph_1-$완전 필터는 $\sigma-$**완전 또는 셀 수 있게 완전**이라고 부른다 : 이것은 모든 $X_n \in F$이면 $\bigcap_{n=0}^{\infty} X_n \in F$을 의미한다. 비슷하게 아이디얼에 대해서도 마찬가지이다.

보조정리 2.4

주필터가 아닌 $\sigma-$완전 초필터가 존재하면 셀 수 없는 기수 κ와 κ 위 주필터가 아닌 $\kappa-$완전 초필터가 존재한다.

증명

κ를 κ 위 주필터가 아닌 $\sigma-$완전 초필터가 존재하는 가장 작은 기수라고 하고, U가 그러한 초필터라고 하자. U가 $\kappa-$완전임을 보여야 한다. (U가 $\sigma-$완전이므로, κ는 반드시 셀 수 없음에 주목).

I가 $U : I = P(\kappa) - U$에 대한 아이디얼 쌍대라고 하자. I는 κ 위 주필터가 아닌 $\sigma-$완전 소아이디얼이다; I가 $\kappa-$완전임을 보인다. 만일 아니라면, 각각의 η에 대해 $X_\eta \in I$이지만 $\bigcup_{\eta<\lambda} X_\eta \notin I$인 $\lambda < \kappa$ 그리고 $\{X_\eta\}_{\eta<\lambda}$이 존재한다. X_η는 서로소라고 가정할 수 있다. 다음으로 놓는다.

$$J = \{Y \subseteq \lambda \mid \bigcup_{\eta \in Y} X_\eta \in I\}.$$

J는 λ 위 $\sigma-$완전 소아이디얼이다; 각각의 $\eta \in \lambda$에 대해 $X_\eta \in I$이므로 이것은 주필터가 아니다. J의 쌍대는 주필터가 아닌 λ 위 $\sigma-$완전 초필터이다.

그러나 $\lambda < \kappa$이고 κ가 주필터가아닌 $\sigma-$완전 초필터가 존재하는 가장 작은 기수라는 가정과 모순이다. 따라서 U는 $\kappa-$완전이다. □

정의 2.5

가측 기수measurable cardinals는 주필터가 아닌 $\kappa-$완전 초필터가 존재하는 셀 수 없는 카디널 κ이다.

정의 2.5로 이어지는 논의는 가측 기수가 1절에서 살펴본 측도 문제와 관련이 있음을 보여준다. 가측 기수의 존재는 자명하지 않은 2가 $\sigma-$가법 측도의 존재와 동치이다.

이 절의 나머지 부분에서 가측 기수에 전념한다.

정리 2.6

모든 가측 기수는 강하게 도달불가능이다.

증명

기수가 정칙이고 셀 수 없으며 강한 극한이면 강하게 도달불가능임을 기억하자. κ는 가측 기수이고 U는 주필터가 아닌 κ 위 $\kappa-$완전 초필터라고 놓자.

I를 초필터 U에 대한 소쌍대아이디얼이라고 하자. 모든 **한원소집합singleton**은 I에 속하고, $\kappa-$완전성에 의해서 기수 $< \kappa$인 모든 $X \subset \kappa$도 I에 속한다. 만일 κ가 한원소집합이라면 $\kappa-$완전성에 의해 집합 κ 역시 I에 속해야만 한다. 따라서 κ는 정칙이다.

이제 κ가 강한 극한이 아니라고 가정해 보자. 그렇다면, $2^\lambda \geq \kappa$인 $\lambda < \kappa$가 존재하고 따라서 기수 κ인 집합 $S \subseteq \{0,\ 1\}^\lambda$가 존재한다. 또한 S에 주필터가 아닌 $\kappa-$완전 초필터, 이를테면 V가 존재한다. 각각의 $\alpha < \lambda$에 대해, 다음 중

(2.7) $\{f \in S \mid f(\alpha) = 0\}$ 그리고 $\{f \in S \mid f(\alpha) = 1\}$

정확하게 하나는 V에 속한다; 그 집합을 X_α라고 하자. 따라서 각각의 $\alpha < \lambda$에 대해 $X_\alpha \in V$이고, $\kappa-$완전성에 의해, $X = \bigcap_{\alpha<\lambda} X_\alpha$ 또한 V에 속한다. 그러나 S에는 모든 X_α에 속하는 함수 f가 기껏해야 하나 존재한다 : α에서 f의 값은 (2.7)의 집합 중 하나를 선택하는 것으로 결정된다. 따라서 $|X| \leq 1$이고, V는 주필터가 아니므로 모순이다. 결국 κ는 강한 극한기수이고 따라서 강하게 도달불가능이다. □

가측 기수의 도달불가능성 이상을 증명할 수 있다. 기초적인 수단으로 얻을 수 있는 가측 기수의 속성에 대한 몇 가지 사례를 제공한다.

셀 수 없는 기수 κ는 높이 κ인 아론샤인 트리가 존재하지 않으면 트리 속성을 갖는다는 것을 기억하자 (12장 3절). 다음 정리는 모든 가측 기수는 트리 속성을 가지고 있음을 보여준다.

정리 2.8

κ가 가측 기수라고 하자. 높이 κ인 트리 T의 각각의 노드가 κ 미만의 바로 다음원소를 가지면, T는 길이 κ인 가지를 갖는다.

증명

각각의 $\alpha < \kappa$에 대해, T_α를 높이 α인 T의 모든 원소 s의 집합이라고 하자. κ가 강하게 도달불가능한 기수이므로, α에 대한 귀납으로, 모든 $\alpha < \kappa$에 대해 $|T_\alpha| < \kappa$을 얻는다. 따라서 $|T| \leqq \kappa$이고, 그러므로 $|T| = \kappa$이다. U를 주필터가 아닌 T 위 $\kappa-$완전 초필터라고 하자.

다음처럼 길이 κ인 가지를 찾는다. α에 대한 귀납으로 각각의 α에 대해 다음을 만족하는 유일한 $s_\alpha \in T_\alpha$가 존재함을 보이고

(2.9) $\{t \in T \mid s_\alpha \leq t\} \in U$

$\alpha < \beta$이면 $s_\alpha < s_\beta$임을 보인다. 먼저, s_0를 T의 루트라고 하자. 주어진 s_α와 가정 (2.9)에 따라, 집합 $\{t \in T \mid s_\alpha \leq t\}$는 $\{s_\alpha\}$와 집합 $\{t \in T \mid u \leq t\}$의 서로소인 합집합이고 여기서 u의 범위는 s_α의 모든 바로 다음원소임에 주목한다. U가 $\kappa-$완전 초필터이고 s_α는 κ 미만의 바로 다음원소를 가지므로, $\{t \in T \mid s_{\alpha+1} \leq t\} \in U$인 유일한 바로다음 원소 $u = s_{\alpha+1}$가 존재한다.

η가 κ보다 작은 극한순서수이고, $\{s_\alpha\}_{\alpha<\eta}$, $s_\alpha \in T_\alpha$에 대해 $\alpha < \beta$이면 $s_\alpha < s_\beta$이고, 모든 s_α가 (2.9)를 만족하면, U가 $\kappa-$완전이므로 다음을 얻는다.

(2.10)
$$S = \bigcap_{\alpha<\eta} \{t \in T \mid S_\alpha \le t\} \in U.$$

집합 $S_\eta = \{s \in T_\eta \mid s \le t,$ 어떤 $t \in S\}$는 공집합이 아니고 크기는 κ보다 작다; 따라서 $\{t \in T \mid s \le t\} \in U$인 유일한 $s \in S_n$가 존재하고, s_η를 바로 이 s로 놓는다. 명백하게, $b = \{s_\alpha \mid \alpha < \kappa\}$는 길이 κ인 T의 가지이다. □

12장 2절에서 약하게 콤팩트한 기수를 소개했다. 약하게 콤팩트한 기수의 다른 특성을 보여주는 다음과 같은 동치 명제를 증명하지 않고 제시한다.

정리 2.11

모든 셀 수 없는 기수 κ에 대해 다음은 동치이다.

(a) $\kappa \to (\kappa)^2_2$.

(b) $\kappa \to (\kappa)^r_s$, 모든 양의 정수 r 그리고 s에 대해.

(c) κ는 강하게 도달불가능하고 트리 속성을 갖는다.

가측 기수가 강하게 도달불가능하고 트리 속성을 만족하므로, 모든 가측 기수는 약하게 콤팩트하다. 이것은 $\kappa \to (\kappa)^r_s$를 보임으로써 직접 증명할 수도 있다. $r = s = 2$인 특별한 경우를 증명하는 것으로 큰 기수에 대한 소개를 마친다.

정리 2.12

κ가 가측 기수이면, 두 집합으로 나누는 모든 $[\kappa]^2$의 분할은 기수 κ인 동형 집합을 갖는다.

증명

$\{P_1,\ P_2\}$이 $[\kappa]^2$의 분할이라고 하자. 동형 집합을 찾기 위해, U가 주필터가 아닌 κ 위 $\kappa-$완전 초필터라고 하자.

각각의 $\alpha \in \kappa$에 대해, 다음으로 놓는다.

$$S^1_\alpha = \{\beta \in \kappa, \mid \beta \ne \alpha,\ \{\alpha,\ \beta\} \in P_1\},$$
$$S^2_\alpha = \{\beta \in \kappa, \mid \beta \ne \alpha,\ \{\alpha,\ \beta\} \in P_2\}.$$

$S^1_\alpha,\ S^2_\alpha$ 둘 중 하나만 U에 속한다. 다음으로 놓는다.

$$Z_1 = \{\alpha \mid S^1_\alpha \in U\}, \quad Z_2 = \{\alpha \mid S^2_\alpha \in U\}.$$

$Z_1 \cup Z_2 = \kappa$이므로, Z_1이나 Z_2가 U에 속한다. $Z_1 \in U$으로 가정하고 $[H]^2 \subseteq P_1$을

만족하는 기수 κ인 $H \subseteq \kappa$를 찾는다.

순환으로 $H = \{\alpha_\xi \mid \xi < \kappa\}$를 구성한다. 단계 γ에 Z_1의 원소로 된 다음의 증가수열을 구성하는데,

$$\langle \alpha_\xi \mid \xi < \gamma \rangle$$

여기서 각각의 $\xi < \eta < \gamma$에 대해 다음을 만족한다.

(2.13) $$\alpha_\eta \in S^1_{\alpha_\xi}.$$

모든 $\xi < \gamma$에 대해 $S^1_{\alpha_\xi} \in U$이므로, 다음 집합은

$$Z_1 \cap \bigcap_{\xi<\gamma} S^1_{\alpha_\xi}$$

($\kappa-$완전성에 의해) U에 속하고 그러므로 모든 α_ξ $(\xi < \gamma)$ 보다 큰 어떤 α를 포함한다. α_γ를 그러한 가장 작은 α로 놓는다. 그러면 모든 $\xi < \eta < \gamma + 1$에 대해 (2.13)이 성립한다.

$H = \{\alpha_\xi \mid \xi < \kappa\}$로 놓는다. $\xi < \gamma$이면 $\alpha_\eta \in S^1_{\alpha_\xi}$이고, 따라서 $\{\alpha_\xi, \alpha_\eta\} \in P_1$이다. $[H]^2 \subseteq P_1$이고 그러므로 H는 이 분할에 대해 동형이다. □

연습문제

모든 정칙 기수$< \kappa$의 집합이 정상 집합이면 강하게 도달불가능한 기수 κ는 **말로Mahlo 기수**이다.

2.1 κ가 말로이면, 모든 강하게 도달불가능한 기수$< \kappa$의 집합은 정상이다.

[힌트 : 모든 강한 극한 $\alpha < \kappa$의 집합은 닫히고 유계가 아니다.]

κ가 가측 기수라고 하자. $\mathrm{dom} f \in U$인 모든 회귀 함수 f가 어떤 집합 $A \in U$의 상수이면, 주필터가 아닌 κ 위 $\kappa-$완전 초필터 U는 정칙이다.

연습문제 2.2–2.5에 대해, U가 주필터가 아닌 κ 위 $\kappa-$완전 초필터라고 하자; κ^κ에 속하는 f 그리고 g에 대해 다음으로 놓는다.

$$\{\alpha < \kappa \mid f(\alpha) = g(\alpha)\} \in U \text{이면 } f \equiv g.$$

2.2 $\equiv$는 κ^κ 위 동치관계이다.

W를 κ^κ 위 $\equiv$의 모든 동치 클래스의 집합이라고 하자; $[f]$가 f의 동치 클래스를 나타낼

때, 다음으로 놓는다.

$$\{\alpha < \kappa \mid f(\alpha) = g(\alpha)\} \in U \text{이면 } [f] < [g].$$

2.3 $<$는 W의 선형 순서이다.

2.4 $<$는 W의 순서−정렬이다.

[힌트 : 그렇지 않으면, $[f_n] > [f_{n+1}]$인 수열 $\langle f_n \mid n \in N\rangle$이 존재한다. $X_n = \{\alpha \mid f_n(\alpha) > f_{n+1}(\alpha)\}$이고 $X = \bigcap_{n=0}^{\infty} X_n$으로 놓는다. $\alpha \in X$이면 $f_0(\alpha) > f_1(\alpha) > \cdots$이고, 모순이다.]

2.5 $h : \kappa \to \kappa$가 $(W, <)$에서 최소 함수이고, 모든 $\gamma < \kappa$에 대해 $\{\alpha < \kappa \mid h(\alpha) > \gamma\} \in U$를 만족한다고 하자. $V = \{X \subseteq \kappa \mid h^{-1}[X] \in U\}$로 놓는다. 그러면 V가 정규 초필터임을 보여라.

따라서 모든 가측 기수 κ에 대해, κ 위 정규 초필터가 존재한다.

연습문제 2.6−2.9에서, U는 κ 위 정규 초필터이다.

2.6 모든 집합 $A \in U$는 정상이다.

[힌트 : 11장 연습문제 3.9 그리고 정규성의 정의를 사용하라.]

2.7 $\lambda > \kappa$가 정칙 기수이고 $E_\lambda = \{\alpha < \kappa \mid \mathrm{cf}(\alpha) = \lambda\}$라고 하자. 집합 E_λ는 U에 속하지 않는다.

[힌트 : $E_\lambda \in U$라고 가정하자. 각각의 $\alpha \in E_\lambda$에 대해 $\{x_{\alpha\xi} \mid \xi < \lambda\}$를 극한 α에 대한 증가수열로 놓는다. 각각의 $\xi < \lambda$에 대해, 모든 $a \in A_\xi$에 대해 $X_{\alpha\xi} = y_\xi$인 y_ξ 그리고 $A_\xi \in U$가 존재한다. $A = \bigcap_{\xi<\lambda} A_\xi$로 놓는다. 그러면 $A \in U$이지만, 그러나 A는 원소 하나만 포함한다. 즉 $\sup\{y_\xi \mid \xi < \lambda\}$; 모순이다.]

2.8 모든 정칙 기수 $< \kappa$의 집합은 U에 속한다.

[힌트 : 그렇지 않으면, 집합 $S = \{\alpha < \kappa \mid \mathrm{cf}(\alpha) < \alpha\}$는 U에 속하고, cf가 S 위 회귀함수이므로, $\{\alpha < \kappa \mid \mathrm{cf}(\alpha) < \alpha\} \in U$인 $\lambda < \kappa$가 존재한다; 모순이다.]

2.9 모든 가측 기수는 말로 기수이다.

[힌트 : 연습문제 2.6 그리고 2.8.]

제 14 장

정규성 공리

1. 정초 관계

순서–정렬 개념은 집합론의 핵심 개념 중 하나이다. 이 개념은 3장에서 자연수를 소개할 때 등장했다; 자연수가 크기에 따라 순서–정렬된다는 사실은 본질적으로 귀납 원리와 동일하다. 6장에서 순서–정렬 전체를 일반적으로 연구했고, 이어지는 장에서 순서–정렬의 많은 응용 사례를 살펴보았다. 따라서 이 개념이 추가로 쓸만한 일반화가 가능한지 아닌지 생각해 보는 것은 매우 흥미로운 일이다. 많은 경우에 "순서" 혹은 "정렬" 규정은 중요하지 않은 것으로 밝혀졌다; 중요한 것은 순서–정렬의 영어 표현인 well–ordered에서 "well–" 부분, 즉 모든 공집합이 아닌 부분집합이 극소원소를 가져야 한다는 요구 사항이다. 이것이 이 절의 기본 정의로 이어진다.

정의 1.1

R을 A에서의 이항관계라고 하고, $X \subseteq A$로 놓자. $a \in X$가, xRa인 $x \in X$를 갖지 않을 때, a를 X의 ***R*–극소minimal**원소라고 한다. A의 모든 공집합이 아닌 부분집합이 R–극소원소를 가질 때 R을 A 위 **정초well–founded**라고 한다. 집합 $\{x \in A \mid xRa\}$를 A에서 a의 ***R*–확장extension**이라 부르고 $\mathrm{ext}_{R(a)}$로 나타낸다. 따라서 a가 X의 R–극소원소이면 그리고 그때만 $\mathrm{ext}_{R(a)} \cap X = \varnothing$이다.

예제 1.2

(a) 빈 관계 $R = \varnothing$은 공집합이거나 아니면 임의의 A 위 정초이다.

(b) A의 임의의 순서–정렬은 A 위 정초이다. 특히, $\in_\alpha$는 임의의 순서수 α에 대해

α 위 정초이다.

(c) $A = P(\omega)$이면; $\in_A$는 A 위 정초이다.

(d) $A = V_n$ $(n \in N)$ 또는 $A = V_\omega$이면 $\in_A$는 A 위 정초이다(6장 연습문제 3.3 참조).

(e) $(T, \leq)$가 트리이면(12장 3절) $<$는 T 위 정초이다.

다음 두 보조정리는 정초 관계의 몇 가지 간단한 속성을 나타낸다.

보조정리 1.3

R이 A 위 정초 관계라고 하자.

(a) R은 A에서 반반사적이다, 즉, 모든 $a \in A$에 대해 aRa가 성립하지 않는다.

(b) R은 A에서 비대칭적이다, 즉, aRb이면 bRa가 성립하지 않는다.

(c) $a_1Ra_0,\ a_2Ra_1,\ \ldots,\ a_nRa_{n-1},\ a_0Ra_n$ 인 유한수열 $\langle a_0,\ a_1,\ \ldots,\ a_n\rangle$이 존재하지 않는다.

(d) 모든 $i \in N$에 대해 $a_{i+1}Ra_i$ 인 A의 원소의 무한수열 $\langle a_i \mid i \in N\rangle$가 존재하지 않는다.

증명

(a) aRa이면 $X = \{a\} \neq \varnothing$는 $R-$극소원소를 갖지 않는다.

(b) aRb 그리고 bRa이면 $X = \{a,\ b\} \neq \varnothing$는 $R-$극소원소를 갖지 않는다.

(c) 그렇지 않으면, $X = \{a_0,\ a_1,\ \ldots,\ a_n\}$는 $R-$극소원소를 갖지 않는다.

(d) (d)가 거짓이면 $X = \{a_i \mid i \in N\}$는 $R-$극소원소를 갖지 않는다.

□

보조정리 1.4*

R이, 모든 $i \in N$에 대해 $a_{i+1}Ra_i$ 인 A의 원소의 무한수열 $\langle a_i \mid i \in N\rangle$이 존재하지 않는, A에서의 이항관계라고 하자. 그러면 R은 A 위 정초 관계이다.

이것은 보조정리 1.3(d)의 역이다. 이 장에서는 선택공리를 가정하지 않는다. 이 보조정리처럼 필요한 몇 가지 경우에만 별표로 표시한다. 선택공리를 가정하고, 관계 R이 정초이면 그리고 그때만 A의 원소의 무한 "$R-$감소" 수열이 존재하지 않는다.

증명

만일 R이 A 위 정초가 아니면 A는 다음 속성의 공집합이 아닌 부분집합 X를 갖는다; 모든 $a \in X$에 대해, bRa를 만족하는 어떤 $b \in X$가 존재. $a_0 \in X$를 선택한다. 다음으로 $a_1 R a_0$인 $a_1 \in X$을 선택한다. 주어진 $\langle a_0,\ a_1,\ \ldots,\ a_n \rangle$에 대해, $a_{i+1} R a_i$인 $a_{i+1} \in X$를 선택한다. 결과로 얻는 수열 $\langle a_i \mid i \in N \rangle$는 모든 $i \in N$에 대해 $a_{i+1} R a_i$를 만족한다. □

순서–정렬과 마찬가지로 귀납에 의한 증명과 재귀에 의한 함수의 구성이 가능하다는 사실에 정초 관계의 중요성이 있다.

1.5 귀납 원리Induction Principle

P가 어떤 속성이라고 하자. R이 A 위 어떤 정초 관계이고, 모든 $x \in A$에 대해 다음이 성립하면,

(∗) 모든 $y \in \mathrm{ext}_{R(x)}$에 대해 $\mathbf{P}(y)$가 성립하면, $\mathbf{P}(x)$이다.

그러면 모든 $x \in A$에 대해 $\mathbf{P}(x)$가 성립한다.

증명

그렇지 않다면, $X = \{x \in A \mid \mathbf{P}(x)$가 성립하지 않는다$\} = \varnothing$. a를 X의 R–극소원소로 놓자. 그러면 $P(a)$가 성립하지 않는다, 그러나 $P(y)$는 모든 yRa에 대해 성립하고, (∗)와 모순이다. □

순환 정리 1.6

G가 어떤 연산이라고 하자. R은 A 위 정초 관계로 놓는다. 그러면 모든 $x \in A$에 대해 다음과 같은 A 위 유일한 함수 f가 존재한다.

$$f(x) = G(f \restriction \mathrm{ext}_{R(x)}).$$

정리 1.6의 증명은 3장 2절의 원래 정리와 6장 정리 4.5와 같은 다른 순환 정리를 증명하는 데 사용된 것과 유사한 아이디어를 사용한다. 몇 가지 정의를 제시하고 먼저 간단한 보조정리를 증명하는 것이 편리하다.

정의 1.7

모든 $x \in B$에 대해 $\mathrm{ext}_{R(x)} \subseteq B$인 집합 $B \subseteq A$를 A에서 $\boldsymbol{R}$**−추이**라고한다. 다른 말로, B가, $x \in B$ 그리고 yRx이면 $y \in B$라는 속성을 가질 때 $R-$추이이다.

명백하게, A의 $R-$추이 부분집합의 어떤 모임의 합집합과 교집합은 $R-$추이이다.

보조정리 1.8

모든 $C \subseteq A$에 대해 $C \subseteq B$인 최소의 $R-$추이 $B \subseteq A$가 존재한다.

증명

$B_0 = C,\ B_{n+1} = \{y \in A \mid yRx,$ 어떤 $x \in B_n$에 대해$\},\ B = \bigcup_{n=0}^{\infty} B_n$로 놓는다. 명백하게 B는 $R-$추이이고 $C \subseteq B$이다. 더구나, 임의의 $R-$추이 B'에 대해, $C \subseteq B'$이면 귀납에 의해 각각의 $B_n \subseteq B'$이고, 따라서 $B \subseteq B'$이다. □

순환 정리의 증명

$T = \{g \mid g$는 함수, $\mathrm{dom}g$는 A에서 $R-$추이이고, 모든 $x \in \mathrm{dom}g$에 대해 $g(x) = G(g \restriction \mathrm{ext}_{R(x)})$가 성립$\}$으로 놓는다.
먼저 T가 함수의 양립하는 시스템임을 보인다.
$g_1,\ g_2 \in T$에 대해 $X = \{x \in \mathrm{dom}g_1 \cap \mathrm{dom}g_2 \mid g_1(x) \neq g_2(x)\} \neq \varnothing$으로 가정한다.
a를 X의 $R-$극소원소로 놓는다, 그러면 yRa일 때 $y \in \mathrm{dom}g_1,\ y \in \mathrm{dom}g_2$, 그리고 $g_1(y) = g_2(y)$이다. 따라서 $g_1(a) = g_1 \restriction \mathrm{ext}_{R(a)} = g_2 \restriction \mathrm{ext}_{R(a)} = g_2(a)$이고, $a \in X$에 대해 모순이다.
이제 $f = \bigcup T$로 놓는다. 명백하게 f는 함수이고, $\mathrm{dom}f = \bigcup\{\mathrm{dom}g \mid g \in T\}$는 $R-$추이이며, 만일 $x \in \mathrm{dom}f$이면, 어떤 $g \in T,\ g \subseteq f$에 대해 $x \in \mathrm{dom}g$이고 따라서 $f(x) = g(x) = G(g \restriction \mathrm{ext}_{R(x)}) = G(f \restriction \mathrm{ext}_{R(x)})$.
$\mathrm{dom}f = A$임을 보이는 일이 남았다. 만일 아니라면, $A - \mathrm{dom}f$의 $R-$극소원소 a가 존재한다. 그러면 $\mathrm{ext}_{R(a)} \subseteq \mathrm{dom}f$ 그리고 $D = \mathrm{dom}f \cup \{a\}$는 $R-$추이이다. g를 다음처럼 정의한다.

$$g(x) = f(x),\ x \in \mathrm{dom}f\text{에 대해};$$

$$g(a) = G(g \restriction \mathrm{ext}_{R(a)}).$$

명백하게 $g \in T$이고, 따라서 $g \subseteq f$ 그리고 $a \in \text{dom} f$이며, 모순이다. f의 유일성은 T가 양립하는 시스템임을 증명할 때와 같은 논증을 따른다. □

6장에서 초한 귀납과 순환을 사용하여 모든 순서–정렬이 유일한 순서수($\in$로 정렬)와 동형임을 보였다. 이 절의 나머지 부분에서는 이 중요한 결과를 정초 관계로 일반화한다. 6장의 정의 2.1을 떠올려 보자 : 집합 T는 T의 모든 원소가 T의 부분집합일 때 **추이**이다.

정의 1.9

추이 집합 T가 **정초**이면 그리고 그때만 T 위 관계 $\in_T$는 정초이다, 즉 $X \subseteq T$, $X \neq \varnothing$에 대해, $a \cap X = \varnothing$인 $a \in X$가 존재한다.

순서수 $P(\omega)$, $V_n(n \in N)$, 그리고 V_ω가 추이인 정초 집합의 사례이다(연습문제 1.2). 다음 정의는 주요한 생각을 포함한다.

정리 1.10

R을 A 위 정초 관계라고 하자. 모든 $x \in A$에 대해 다음을 만족하는 A 위 함수 f가 존재한다.

$$f(x) = \{f(y) \mid y \in A,\ yRx\} = f[\text{ext}_{R(x)}]$$

집합 $T = \text{ran} f$는 추이이고 정초이다.

증명

f의 존재와 유일성은 순환 정리로 바로 알 수 있다; 다음을 취하는 것으로 충분하다.

$$G(z) = \begin{cases} \text{ran} z & z\text{는 함수;} \\ \varnothing & \text{그외.} \end{cases}$$

$T = \text{ran} f$는 추이이다. 다음은 명백하다 : $t \in T$이면 어떤 $x \in A$에 대해 $t = f(x)$이고, 따라서 $s \in t = \{f(y) \mid yRx\}$이면 어떤 $y \in A$에 대해 $s = f(y)$이므로, 따라서 $s \in T$이다.

T는 정초이다. 만일 아니라고 놓으면, 모든 $t \in S$에 대해 $s \in t$인 $s \in S$가 존재한다는 속성을 갖는 $S \subseteq T$, $S = \varnothing$가 존재한다. $B = f^{-1}[S]$로 놓자; f는 T로 전사이므로 $B \neq \varnothing$이다. 만일 $x \in B$이면 $f(x) \in S$이므로 $s \in f(x) = \{f(y) \mid yRx\}$인 $s \in S$가 존재한다. 따라서 어떤 yRx에 대해 $s = f(y)$이고 $y \in f^{-1}[S] = B$이다. 모든 $x \in B$

에 대해 yRx인 어떤 $y \in B$가 존재함을 보였고, R의 정초성과 모순이다. □

함수 f는 일반적으로 일대일이 아니다. 예를 들어, x가 A의 $R-$극소원소이면 $f(x) = \varnothing$이다(즉, $\mathrm{ext}_{R(x)} = \varnothing$). 비슷하게, $\mathrm{ext}_{R(x)} \neq \varnothing$의 모든 원소가 $R-$극소원소이면 $f(x) = \{\varnothing\}$이다.

정의 1.11

모든 $x,\ y \in A$에 대해 $x \neq y$이면 $\mathrm{ext}_{R(x)} \neq \mathrm{ext}_{R(y)}$일 때 R은 A 위 **확장형 extensional**이다. 다르게 말하자면, 모든 $z \in A$에 대해, zRx이면 그리고 그때만 zRy이면, $x = y$이다는 속성을 가질 때 R은 A 위 확장형이다.

정리 1.12

정리 1.10의 함수 f가 일대일이면 그리고 그때만 R은 A 위 확장형이다. f가 일대일이면, $(A,\ R)$ 그리고 $(T,\ \in_T)$ 사이의 동형사상이다.

증명

R이 A 위 확장형이지만 f가 일대일이 아니라고 가정하자. 그러면 $X = \{x \in A \mid f(x) = f(y)$인 $y \in A,\ y \neq x$가 존재$\} \neq \varnothing$. a를 X의 $R-$극소원소로 놓고 $b \neq a$가 $f(a) = f(b)$를 만족한다고 하자. R의 확장성에 의해, cRa이지만 cRb는 아니거나 cRb이지만 cRa는 아닌 $c \in A$가 존재한다. 첫 번째 경우만 생각해 보자; 두 번째 경우도 비슷하다. cRa이므로 $f(c) \in f(a) = f(b)$이고, $f(b) = \{f(z) \mid zRb\}$이므로, $f(c) = J(d)$인 어떤 dRb가 존재한다. cRb가 아니므로 $c \neq d$를 얻는다. 그러나 이는 $c \in X$를 의미하고, a를 X의 $R-$극소원소로 선택한 것에 모순이다.

R이 A 위 확장형이 아니라고 하자. 그러면 $\mathrm{ext}_{R(a)} = \mathrm{ext}_{R(b)}$인 $a,\ b \in A,\ a \neq b$가 존재한다. 그러면 $f(a) = f[\mathrm{ext}_{R(a)}] = f[\mathrm{ext}_{R(b)}] = f(b)$이고 f가 일대일이 아니라는 의미이다.

마지막으로 f가 일대일이면 f가 동형사상임을 보인다. 물론 aRb이면 f의 정의에 의해 $f(a) \in f(b)$이다. 역으로, $f(a) \in f(b)$이면 어떤 xRb에 대해 $f(a) \in f(x)$이다. f가 일대일이므로 $a = x$이고 따라서, aRb이다. □

A 위 모든 확장형 정초 관계 R이 유일하게 결정된 추이 정초 집합 T 위 포함관계와 동형이라고 주장하는 정리 1.10과 1.12의 따름정리는 **모스토프스키Mostowski 붕괴** 보조정리라고 알려져있다. 이것은 서로 동형인 확장형 정초 관계의 각 클래스에 대한 유일한 대표를 정의하는 방법을 보여주므로 6장 정리 3.1(연습문제 1.5)을 일반화한다.

연습문제

1.1 주어진 $(A,\ R)$ 그리고 $X \subseteq A$에 대해, $a \in X$가 X의 $R-$극소원소이고 모든 $b \in X,\ b \neq a$에 대해 aRb가 성립하면, a를 X의 **$\boldsymbol{R}-$ 최소원소**라고 부른다. 다음을 보여라 : A의 모든 공집합이 아닌 부분집합이 $R-$ 최소원소를 가지면 $(A,\ R)$은 순서$-$정렬이다.

1.2 $n \in N$ 그리고 $A = V_\omega$에 대해 $A = P(\omega),\ A = V_n$이면 $\in_A$는 A 위 정초임을 증명하라.

1.3 $(A,\ R)$이 정초라고 하자. A에서 정의되고 모든 $x \in A$에 대해 $\rho(x) = \sup\{\rho(y)+1 \mid yRx\}$를 만족하는 순서수를 값으로 하는 유일한 함수 ρ가 존재함을 보여라. $\rho(x)$를 $(A,\ R)$에서 x의 **차수rank**라고 부른다.

1.4 (a) $A = \alpha,\ R = \in_\alpha$라고 하자, 여기서 α는 순서수이다. 모든 $x \in A$에 대해 $\rho(x) = x$임을 증명하라.

(b) $A = V_\omega,\ R = \in_A$라고 하자. 다음을 증명하라; $\rho(x) = x \in V_{n+1}$인 최소 n 즉, $V_n = \{x \in V_\omega \mid \rho(x) < n\}$.

1.5 $(A,\ R)$은 순서$-$정렬이고 $f : A \to T$는 정리 1.10의 함수라고 하자. $T = \alpha$가 순서수이고 $f = \rho$는 $(A,\ R)$에서 $(\alpha,\ \in_\alpha)$로의 동형사상임을 증명하라.

1.6 (a) A는 추이 정초 집합이고 $R = \in_A$로 놓자. $f : A \to T$가 정리 1.10의 함수이면 모든 $x \in A$에 대해 $T = \alpha$ 그리고 $f(x) = x$이다.

(b) A 그리고 B가 추이 정초 집합이고 $A \neq B$이면 $(A,\ \in_A)$ 그리고 $(B,\ \in_B)$는 동형이 아니다.

2. 정초 집합

1장 1절 러셀의 역설에 대한 논의에서 집합이 자기 자신의 원소가 될 수 있는지에 대한 질문을 다루었다. 이 질문에 대해 답하지 않았었는데, 사실 답은 전혀 필요하지 않다 : 지금까지 증명한 모든 결과는 그러한 집합이 존재하든 그렇지 않든 성립한다. 그럼에도 이 질문은 철학적으로 흥미롭고 집합론에 대한 보다 진보된 연구에 중요하다. 이제 이 질문을 자세히 연구하는 데 필요한 기술적 도구를 갖추었다.

간단하지만 기본적인 사실을 확인하는 것으로 시작한다.

보조정리 2.1

임의의 집합 X에 대해 X를 부분집합으로 포함하는 가장 작은 추이 집합이 존재한다; 이 집합을 X의 **추이 폐포transitive closure**라 부르고 $TC(X)$로 나타낸다.

증명

$X_0 = X$, $X_{n+1} = \bigcup X_n = \{y \mid y \in x$, 어떤 $x \in X_n$에 대해$\}$로 놓고 $TC(X) = \bigcup\{X_n \mid n \in N\}$로 놓는다. 명백하게 $X \subseteq TC(X)$이고 $TC(X)$는 추이이다.

T가 임의의 $X \subseteq T$인 추이 집합이면 귀납으로, 모든 $n \in N$에 대해 $X_n \subseteq T$이고, 따라서 $TC(X) \subseteq T$이다. □

보조정리 2.2

$y \in TC(X)$이면 그리고 그때만 $i = 0, 1, \ldots, n-1$에 대해 $x_0 = X$, $x_{i+1} \in x_i$이고 $x_n = y$인 유한수열 $\langle x_0, x_1, \ldots, x_n \rangle$이 존재한다.

증명

$y \in TC(X) = \bigcup_{n=0}^{\infty} X_n$으로 가정하고 귀납을 계속한다. 만일 $y \in X_0$이면 수열 $\langle X, y \rangle$를 취하는 것으로 충분하다. 만일 $y \in X_{n+1}$이면 어떤 x에 대해 $y \in x \in X_n$이다. 귀납 가정에 의해, $i = 0, 1, \ldots, n-1$에 대해 $x_0 = X$, $x_{i+1} \in x_i$이고 $x_n = x$인 유한수열 $\langle x_0, \ldots, x_n \rangle$이 존재한다. $x_{n+1} = y$로 놓고 $\langle x_0, \ldots, x_n, x_{n+1} \rangle$를 생각해 보라.

역으로, 주어진 $\langle x_0, \ldots, x_n, x_{n+1} \rangle$를 생각하자, 여기서 $i = 0, 1, \ldots, n-1$에 대해 $x_0 = X$, $x_{i+1} \in x_i$이고, 귀납으로, 쉽게 모든 $i \leq n$에 대해 $x_i \in X \subseteq TC(X)$임을 알 수 있다. □

정의 2.3

$TC(X)$가 추이 정초 집합일 때 집합 X를 **정초well-founded**라고 부른다.

추이 집합에 대해, X가 추이일 때 $TC(X) = X$이므로, 이 정의는 정의 1.9와 일치한다.

정리 2.4

(a) X가 정초이면 $X_0 = X$이고 모든 $n \in N$에 대해 $X_{n+1} \in X_n$인 수열 $\langle X_n \mid n \in N \rangle$이 존재하지 않는다.

*(b) $X_0 = X$이고 모든 $n \in N$에 대해 $X_{n+1} \in X_n$인 수열 $\langle X_n \mid n \in N \rangle$이 존재하지 않으면 X는 정초이다.

특히, 어떤 정초 집합 X는 자신의 원소일 수 없고 (모든 n에 대해 $X_n = X$로 놓는다) 임의의 Y에 대해 $X \in Y$ 그리고 $Y \in X$일 수 없거나(수열 $\langle X, Y, X, Y, X, Y, \ldots, \rangle$을 고려하라) 또는 다른 "순환" 상황이다.

증명

(a) X가 정초이고 $\langle X_n \mid n \in N \rangle$는 모든 $n \in N$에 대해 $X_0 = X$ 그리고 $X_{n+1} \in X_n$이라고 가정하자. $x_0 \in X \subseteq TC(X)$이고, 귀납으로, 모든 $n \geqq 1$에 대해 $X_n \in TC(X)$이다. 집합 $\{X_n \mid n \geqq 1\} \subseteq TC(X)$은 $\in$ −극소원소를 갖지 않고, $TC(X)$의 정초성과 모순이다.

(b) X가 정초가 아니라고 가정하자, 그러면 $TC(X)$는 1.9에서 정의한 추이 정초 집합이 아니다. 이것은 $Y \subseteq TC(X)$, $Y \neq \varnothing$이 존재하고, 모든 $y \in Y$에 대해 $z \in y$인 $z \in Y$가 성립한다는 의미이다. 어떤 $y \in Y$를 선택한다. 그러면 보조정리 2.2에 의해, $i = 0, 1, \ldots, n-1$에 대해 $x_0 = X$, $X_{i+1} \in X_i$이고 $X_n = y$인 유한수열 $\langle X_0, \ldots, X_n \rangle$이 존재한다. 선택공리를 사용해서 순환으로 이것을 무한수열로 확장한다. $z \in y = X_n$인 어떤 $z \in Y$가 되는 X_{n+1}을 선택한다(따라서 $X_{n+1} \in X_n \cap Y$이 된다). 비슷하게 주어진 $X_{n+k} \in Y$에 대해 $X_{n+k+1} \in X_{n+k} \cap Y$를 선택한다. 결과 수열 $\langle X_n \mid n \in N \rangle$이 정리가 요구하는 것이다. □

집합에 대한 직관적 이해를 다시 생각해 볼 때가 되었다. 칸토어의 원래 설명을 떠올려 보자 : 집합은 직관이나 사고 속의 확실하고 구별되는 대상 전체로 이루어진 모임이다. 이 말은 대상들이 집합으로 모이기 전에(마음속에) 존재해야 한다는 의미로 해석하는 것이 타당해 보인다. 이 입장을 받아들이고(3절에서 볼 수 있듯이 이것이 유일한 선택은 아니다), 집합이 유일한 관심의 대상이라는 점을 떠올려 본다. "처음으로" 집합을 구성한다고 가정해 보자. 즉, 아직 마음속에 적합한 객체(집합)가 없으므로 구성할 수 있는 유일한 모임은 공집합인 $\varnothing$이 된다. 하지만 이제 무언가를 얻었다! $\varnothing$은 이제 마음속에 있는 명확한 객체이므로 집합 $\{\varnothing\}$을 구성할 수 있다. 이 단계에서 마음속에는 $\varnothing$과 $\{\varnothing\}$이라는 두 가지 객체가 있으며, 이것들을 모아서 다양한 집합을 구성할 수 있다. 사실, 네 가지가 있다 : $\varnothing$, $\{\varnothing\}$, $\{\{\varnothing\}\}$, 그리고 $\{\varnothing, \{\varnothing\}\}$. 다음으로 이 네 가지 객체로 구성된 집합(8개)를 구성하고, 이 과정을 계속할 수 있다. 아래에서 이 절차를 엄격하게 설명하고, 이를 통해 엄밀하게 모든 정초 집합을 얻는다는 것을 보인다.

정의 2.5 정초 집합의 누적적 계층

$$\begin{aligned} V_0 &= \varnothing; \\ V_{\alpha+1} &= P(V_\alpha), \text{ 모든 } \alpha; \\ V_\alpha &= \bigcup_{\beta<\alpha} V_\beta, \text{ 모든 극한 } \alpha \neq 0. \end{aligned}$$

$V_1 = \{\varnothing\}$, $V_2 = \{\varnothing, \{\varnothing\}\}$, $V_3 = \{\varnothing, \{\varnothing\}, \{\{\varnothing\}\}, \{\varnothing, \{\varnothing\}\}\}$ 그리고 $n \leq \omega$에 대한 V_n은 6장 연습문제 3.3에서 정의했고, 그것의 일부 속성은 6장 연습문제 3.4 그리고 3.5에 기술했다 (또한 이 장의 연습문제 1.2 그리고 1.4(b)를 참조하라).

보조정리 2.6

(a) $x \in V_\alpha$ 그리고 $y \in x$이면 어떤 $\beta < \alpha$에 대해 $y \in V_\beta$.

(b) $\beta < \alpha$이면 $V_\beta \subseteq V_\alpha$.

(c) 모든 α에 대해, V_α는 추이이고 정초.

증명

(a) α에 대한 초한 귀납을 진행한다. $\alpha = 0$ 또는 $\alpha \neq 0$ 극한일 때는 명백하다. 만일 $x \in V_{\alpha+1}$이면 $x \subseteq V_\alpha$이고, 따라서 $y \in x$이면 $y \in V_\alpha$이고 $\beta = \alpha$로 놓는다.

(b) 마찬가지로 α에 대한 초한 귀납을 사용한다. 귀납 기초 단계는 자명하다. $V_\alpha \subseteq V_{\alpha+1}$임만 보인다. (a)에 의해, $x \in V_\alpha$이면 $x \subseteq \bigcup_{\beta<\alpha} V_\beta$이다. 귀납 가정에 의해 $\bigcup_{\beta<\alpha} V_\beta \subseteq V_\alpha$이다. 결론으로 $x \subseteq V_\alpha$이고 $x \in V_{\alpha+1}$이다. 따라서 모든 $\beta \leq \alpha$에 대해 $V_\beta \subseteq V_\alpha \subseteq V_{\alpha+1}$이 성립한다.

(c) (a) 그리고 (b)를 묶으면, $x \in V_\alpha$이면 $x \subseteq \bigcup_{\beta<\alpha} V_\beta \subseteq V_\alpha$이고, V_α가 추이임을 보여준다. 다음으로 각각의 V_α가 정초임을 보인다. $Y \subseteq V_\alpha$, $Y \neq \varnothing$으로 놓는다. β를 $Y \cap V_\beta \neq \varnothing$인 최소 순서수로 놓자; 명백하게 $\beta \leq \alpha$이다. 어떤 $x \in Y \cap V_\beta$를 취한다; 보조정리 2.6(a)에 의해, 어떤 $\gamma < \beta$에 대해 $y \in x$이면 $y \in V_\gamma$이고, 따라서 $y \notin Y$이다. 이것은 x가 Y의 $\in -$극소원소임을 보여준다. V_α가 추이이므로 정초이다. □

정리 2.7

집합 X가 정초이면 그리고 그때만 어떤 순서수 α에 대해 $X \in V_\alpha$이다.

증명

1) X가 정초라고 가정하자. $TC(X) \cup \{X\} = TC(X)$가 추이 정초 집합임은 쉽게 확인할 수 있다. $Y = \{x \in TC(\{X\}) \mid x \in V_\alpha,$ 어떤 α에 대해$\}$; $Y = TC(\{X\})$를 보이는 것으로 충분하다. 만일 아니라면, $TC(\{X\}) - Y$의 어떤 $\in-$극소원소 a가 존재한다. 그러면 각각의 $y \in a$에 대해 $y \in Y$이다; $f(y)$가 $y \in V_\alpha$를 만족하는 최소라고 하자. 치환 공리 스키마에 의해 f가 a 위 잘 정의된 함수임이 보장된다. $\gamma = \sup f[a]$로 놓는다. 그러면 각각의 $y \in a$에 대해 $y \in V_{f(y)} \subseteq V_\gamma$가 성립하고, 따라서 $a \subseteq V_\gamma$ 그리고 $a \in V_{\gamma+1}$이고, $a \notin Y$와 모순이다.
2) 만일 $X \in V_\alpha$이면, V_α의 추이성에 의해 $X \subseteq V_\alpha$이고, 따라서 또한 $TC(X) \subseteq V_\alpha$이다. V_α가 추이이고 정초이므로 임의의 $Y \subseteq TC(X)$, $Y \neq \varnothing$는 $\in-$극소원소를 갖는다. 결론으로 $TC(X)$는 정초이고, 정의에 의해, X도 정초이다. □

앞에서 모이는 객체가 "이미" 존재한다고 가정하는 "모임"이라는 단어에 대한 직관적 이해를 제안했다. 따라서 누적 계층 V_α로 엄격하게 기술할 수 있는, 점점 더 복잡한 집합을 단계적으로 모으는 절차로 모든 정초 집합을 생성했다. 반면에 정초가 아닌 집합은, $X_0 \ni X_1 \ni X_2 \ni \cdots$가 시간상으로 무한히 회귀하는 수열 $\langle X_n \mid n \in N \rangle$의 존재 때문에 집합에 대한 이러한 이해에 맞지 않는다. 이러한 생각은, 현재 상황에서, 정초 집합만이 "참"인 집합임을 시사한다. 모든 곳에서 "집합"이라는 단어를 "정초 집합"이라는 단어로 대체하더라도(지금까지) 고려한 모든 집합론의 공리가 참인 것을 관찰함으로써 이러한 태도가 합리적임을 더욱 확신할 수 있다. 몇 가지 사례를 설명하고 나머지 공리는 연습문제로 남긴다.

예제 2.8

(a) **외연 공리**. 정초 집합의 모든 원소는 정초이다($X \in V_\alpha$이면 $X \subseteq V_\alpha$이다). 그러므로, 정초 집합 X 그리고 Y가 같은 정초 원소를 가지면 $X = Y$이다.

(b) **멱집합 공리**. 정초 집합 S의 멱집합 $P(S)$는 정초이다. ($S \in V_\alpha$이면 $S \subseteq V_\alpha$이고, 따라서 $P(S) \subseteq P(V_\alpha) = V_{\alpha+1}$이고 $P(S) \in V_{\alpha+2}$는 정초.) 따라서 임의의 정초 집합 S에 대해 정초 집합 $P(= P(S))$가 존재해서, 임의의 정초 X에 대해 $X \in P$이면 그리고 그때만 $X \subseteq S$를 만족한다.

(c) **구성 공리 스키마**. $\mathbf{P}(x)$를 x에 대한 어떤 속성이라하자(여기서 "집합"은 모두

"정초 (집합)"으로 대체되었다). 만일 A가 정초이면, $\{x \in A \mid \mathbf{P}(x)\} \subseteq A$ 또한 정초이다.

이러한 주장과 다른 유사한 주장은 지금까지 채택한 모든 집합론의 공리가 오직 정초 집합만 존재한다는 하나의 가정과 일치한다는 사실에 대한 엄격한 증명으로 전환될 수 있다. 그렇게 하려면 속성이 의미하는 바에 대한 엄격한 형식적 분석이 필요한데, 이는 여기서 추구할 수 없는 수리 논리학의 주제이다. 그럼에도, 위에서 설명한 대로 단계적으로 모아서 집합을 구성하는 방법에 대한 예리한 직관적 이해와 수학에서 사용하는 모든 특정한 집합은 정초라는 관찰(연습문제 2.3 참조)로 인해 대부분의 집합론자는 모든 집합은 정초라는 명제를 집합론에 대한 공리 중 하나로 포함한다.

정초 공리The Axiom of Foundation

(정규성 공리The Axiom of Regularity라고도 한다.) 모든 집합은 정초.

정초 공리를 받아들이든 받아들이지 않든 집합론에서 보통의 수학 이론을 개발하는 데는 차이가 없다는 점을 강조해야 한다. 자연수, 정수, 실수 및 이에 대한 함수, 심지어 기수 및 순서수도 정의하였고, 정초 공리를 사용하지 않고도 그 속성을 증명했다. 그것에 관한 한, 정초가 아닌 집합이 있든 없든 아무런 차이가 없다. 그러나 정초 공리는 집합론의 모델을 연구하는 데는 매우 유용하다(15장 참조).

연습문제

2.1 임의의 집합 X에 대해, $TC(\{X\})$는 X를 원소로 포함하는 최소 추이 집합이다.

2.2 (a) $V_\alpha \in V_{\alpha+1} - V_\alpha$.

(b) $\beta < \alpha$이면 $V_\beta \subset V_\alpha$.

(c) 모든 순서수에 대해 $\alpha \in V_{\alpha+1} - V_\alpha$.

2.3 X 그리고 Y가 정초 집합이라고 하자. $\{X, Y\}$, (X, Y), $X \cup Y$, $X \cap Y$, $X - Y$, $X \times Y$, X^Y, $\bigcup X$, dom$X$, 그리고 ran$X$ 모두 정초임을 증명하라. N, Z, Q, 그리고 R이 정초임도 증명하라.

2.4 존재, 쌍, 합집합, 무한, 선택공리와 대체 공리 스키마에 대해 "집합"을 모든 곳에서 "정초

(집합)"이라는 단어로 대체하더라도 참임을 보여라.

[힌트 : 연습문제 2.3 사용.]

2.5 귀납 원리. **P**가 어떤 속성이라고 하자. 모든 정초 집합 x에 대해 다음을 가정한다.

$$(*) \qquad \text{모든 } y \in x \text{에 대해 } \mathbf{P}(y) \text{가 성립하면 } \mathbf{P}(x) \text{이다.}$$

결론으로 모든 정초 x에 대해 $\mathbf{P}(y)$가 성립한다.

2.6 순환 정리. G가 어떤 연산이라고 하자. 모든 정초 x에 대해 $F(x) = G(F \restriction x)$이고 모든 정초가 아닌 x에 대해 $F(x) = \varnothing$인 유일한 연산 F가 존재한다.

2.7 연습문제 2.6을 사용해서 정초 x에 대해 $\rho(x) = \sup\{\rho(y) + 1 \mid y \in x\}$이고 아니면 $\rho(x) = \{\{\varnothing\}\}$인 유일한 연산 ρ (순위) 함수가 존재함을 보여라. 모든 순서수 α에 대해 $V_\alpha = \{x \mid \rho(x) \in \alpha\}$가 성립함을 증명하라.

2.8 정초 공리는 선형 정렬의 순서형을 엄격하게 정의하는데 사용할 수 있다(4장 4절). 만일 $\mathfrak{A} = (A, <)$가 선형 정렬이면, α를 $\mathfrak{A}$와 동형이고 순위 $\rho(\mathfrak{A}') = \alpha$인 선형 정렬 $\mathfrak{A}' = (A', <')$가 존재하는 최소 순서수로 놓는다(연습문제 2.7과 비교). $\tau(\mathfrak{A}) = \{\mathfrak{A}' \mid \mathfrak{A}'$는 $\mathfrak{A}$와 동형이고 $\rho(\mathfrak{A}') = \alpha\}$를 정의한다. $\tau(\mathfrak{A}) \subseteq V_{\alpha+1}$이므로 이것은 집합이다. $\mathfrak{A}$가 $\mathfrak{B} = (B, <)$와 동형이면 그리고 그때만 $\tau(\mathfrak{A}) = \tau(\mathfrak{B})$임을 증명하라. 임의의 구조의 **동형사상 유형**을 같은 방법으로 정의할 수 있다.

3. 정초가 아닌 집합

앞 절에서 논의한 이유로, 대부분의 집합론자는 정초 공리를 집합론에 대한 공리체계의 일부로 받아들인다. 그럼에도, 정초가 아닌 집합을 허용하는 대안 역시 논리적으로 일관성이 있고, 어느 정도 직관적인 매력을 가지고 있으며, 최근에 몇 가지 응용 사례를 찾았다. 이 절에서는 그러한 두 가지 "반–정초" 공리에 대해 논의한다.

집합에 대한 또 다른 직관적 시각은 집합을 구성하는 객체가 집합이 "완성"될 때 명확하고 구별되어야 하지만, 그전에는 그렇지 않다는 것이다. 모아서 집합으로 종결되는 동일한 절차의 일부분으로 구성될 수 있다. 선험적으로, 이는 집합이 자기 원소 중 하나, 심지어 유일한 원소일 가능성을 배제하지 않는다.

어떻게 그런 집합을 얻을 수 있을까? 1, 2절 특히 1.10과 1.12의 결과에 대한 자연스러운 일반화가 정초가 아닌 집합으로 이어진다는 것이 밝혀졌다. 새로운 용어를 사용하여 이러한 결과를 다시 설명하는 것이 편리하다.

정의 3.1

R이 A에서 이항관계일 때, 구조 $(A,\ R)$을 **그래프graph**라고 한다. $(A,\ R)$이 그래프이고 $p \in A \neq \varnothing$일 때 $(A,\ R,\ p)$를 **점이 있는 그래프pointed graph**라고 한다. $(A,\ R)$ 또는 $(A,\ R,\ p)$의 **장식decoration**은 모든 $x \in A$에 대해 다음을 만족하는 $\mathrm{dom} f = A$인 함수 f이다.

$$f(x) = \{f(y) \mid yRx\}.$$

만일 f가 점이있는 그래프 $(A,\ R,\ p)$의 장식이면, 집합 $f(p)$는 **값**을 갖는다.

이러한 용어의 정의 아래에서 정리 1.10 그리고 1.12는 각각 다음을 함의한다 :

- 모든 정초 그래프는 유일한 장식을 갖는다.
- 모든 정초 확장형 그래프는 단사 (일대일) 장식을 갖는다.
- 게다가, 어떤 집합이 정초이면 그리고 그때만 그 집합은 어떤 정초 그래프 장식의 값이다.

마지막에 언급한 것을 증명하기 위해, $(A,\ R,\ p)$가 정초 그래프이고 f가 장식이면 정리 1.10에 의해 $f(p) \in \mathrm{ran} f = T$이고, 여기서 T는 추이이고 정초이며, 따라서 $f(p) \subseteq T$는 정초임에 주목한다. 역으로, 주어진 정초 집합 X에 대해, $A = TC(\{X\})$, $R = \in_A$, $p = X$, 그리고 $f = \mathrm{Id}_A$로 놓는다. $(A,\ R,\ p)$가 정초 확장형 점이있는 그래프이고, f는 이 그래프의 전사인 장식이며, $f(p) = X$임을 쉽게 입증할 수 있다. (연습문제 2.1 참조.)

이제 정초가 아닌 그래프의 장식에 대해 생각해 보자. $(A,\ R,\ p)$를 그림으로 나타낼 때, A의 원소는 점으로 나타내고, aRb는 b에서 a로 가는 화살표로 나타내며, "점" p는 원으로 나타낸다.

예제 3.2

(a) 그림 1(a)를 보자. $A = \{a\}$를 원소가 하나인 집합으로 놓고, $R = \{(a,\ a)\}$, 그리고 $p = a$로 놓는다. S가 $(A,\ R,\ p)$의 어떤 장식 f의 값이라고 하자. 그러면 $S = \{S\}$이다.

(b) 그림 1(b)를 보자. $A = \{a,\ b\}$, $a \neq b$, $R = \{(a,\ b),\ (b,\ a)\}$ 그리고 $p = a$로 놓는다. T가 $(A,\ R,\ p)$의 어떤 장식의 값이면 $T = \{\{T\}\}$이다.

(c) 정초가 아닌 집합의 더 복잡한 예와 가능한 응용에 대한 힌트를 제공하기 위해 프로그래밍 언어 연구 분야에서 일어나는 문제에 대해 다루어 본다. "데이터"의 집합 D와 "프로그램"의 집합 P가 있다. 프로그램 $\pi \in P$는 데이터를 "입력"으로 받아들이고 데이터를 "출력"으로 반환한다; 수학적으로 프로그램은 D에서

D로의 함수일 뿐이다. $D \cap P = \varnothing$일 때는 간단하지만, 프로그래밍에서 꽤 흔한 상황으로, 프로그램이 다른 프로그램(또는 자신)을 입력으로 받아들이는 경우 흥미로운 문제가 발생한다.

간단하면서 구체적인 사례로, $P = \{\pi\}$, $D = \{\varnothing, \pi\}$로 놓고 프로그램 π가 D로부터 임의의 입력을 받아서 아무런 수정 없이 출력으로 반환한다고 가정하자; 즉, $\pi(\varnothing) = \varnothing$, $\pi(\pi) = \pi$이다. 그러면 $\pi = \{(\varnothing, \varnothing), (\pi, \pi)\} = \{\{\{\varnothing\}\}, \{\{\pi\}\}\}$를 얻는다. 이러한 집합은 그림 1(c)에 나타난 그래프의 장식 값으로 얻을 수 있다.

이러한 예는(적어도 어떤) 정초가 아닌 그래프가 장식을 가진다고 가정하면 정초가 아닌 집합을 얻는다는 것을 보여준다. 하지만 먼저 고려해야 할 흥미로운 질문이 있다: 정초가 아닌 집합에 대한 동치는 어떤 의미인가?

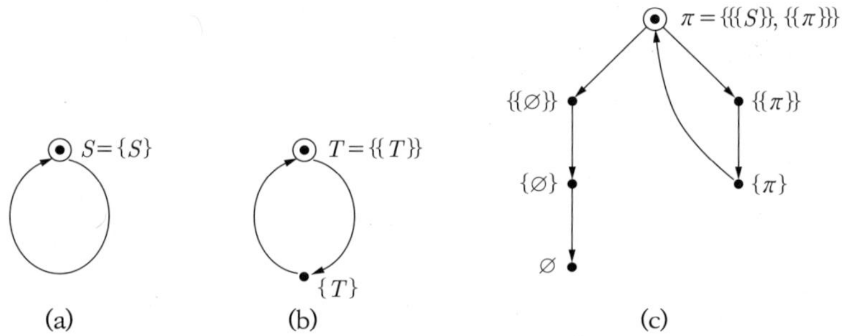

그림 1

집합론에 없어서는 안 되는 필수 불가결한sine qua non 외연 공리에 의하면, 임의의 집합 X 그리고 Y에 대해 $X = Y$임을 보이기 위해서는 X 그리고 Y가 같은 원소를 갖는다는 것을 확인하는 것으로 충분하다. 정초 집합의 경우 X 그리고 Y의 원소가 "미리" 구성되었기 때문에 직관적으로 효과적인 절차이다. 그러나 예를 들어 $X = \{X\}$ 그리고 $Y = \{Y\}$ 경우 외연 공리를 사용하여 $X = Y$인지 여부를 결정하려면 문제가 발생한다. 결정을 내리려면(물론 외연 공리와 양립하는) 더 강력한 원리가 필요하다. 아래에서 고려하는 공리는 이들의 동일성을 결정하는 원리뿐 아니라 많은 정초가 아닌 집합의 존재를 함의한다. 이는 R이 정초라는 가정을 제거해서 얻은 정리 1.10의 자연스러운 일반화이다.

3.3 반-정초 공리

모든 그래프는 유일한 장식을 갖는다.

이 공리가 체르멜로-프렝켈 집합론과 일치한다는 것이 알려졌다(정초 공리 없이).

정의 3.4

$X = \{X\}$이면 집합 X는 **반사**이다.

정리 3.5

반–정초 공리는 유일한 반사 집합의 존재를 함의한다.

증명

(A, R, p)가 예제 3.2(a)의 점이있는 그래프라고 하자. 이 그래프는 반–정초 공리에 의해 장식 f를 갖는다; $X = f(p)$는 반사 집합이다. 만일 Y 역시 반사 집합이면, A 위 함수 g를 $g(a) = Y$로 정의한다. 명백하게 g 또한 장식이다. 유일성에 의해, $f = g$이 따라서 $X = Y$이다. □

다음으로 두 장식의 값이 같은지를 결정하기 위한 일반적인 기준을 개발한다. 여기에는 하나의(무한한) 절차가 다른 절차를 모방하는 방법에 관한 연구에서 시작된 중요한 이중시뮬레이션 개념이 포함된다.

정의 3.6

(A_1, R_1) 그리고 (A_2, R_2)가 그래프라고 하자. $B \subseteq A_1 \times A_2$에 대해 $B^+ \subseteq A_1 \times A_2$를 다음처럼 정의한다 : 모든 $x_1 \in \mathrm{ext}_{R_1}(a_1)$에 대해 $x_2 \in \mathbf{ext}_{R_2}(a_2)$가 존재하면 $(a_1, a_2) \in B^+$이고, 모든 $x_2 \in \mathbf{ext}_{R_2}(a_2)$ 에 대해 $x_1 \in \mathbf{ext}_{R_1}(a_1)$이면 $(x_1, x_2) \in B$.

$B^+ \subseteq B$일 때 B를 (A_1, R_1) 그리고 (A_2, R_2) 사이의 **이중시뮬레이션bisimulation**이라고 한다.

보조정리 3.7

(i) $B \subseteq C \subseteq A_1 \times A_2$이면 $B^+ \subseteq C^+$.

(ii) $\varnothing$은 이중시뮬레이션이다.

(iii) 임의의 이중시뮬레이션 모임의 합집합은 이중시뮬레이션이다.

증명

(i) 그리고 (ii)는 명백하다.

(iii) $B = \bigcup_{i \in I} B_i$ 이고 모든 $i \in I$에 대해 $B_i \subseteq B_i^+$ 이면 (i)에 의해 모든 $i \in I$에 대해 $B_i^+ \subseteq B^+$ 이므로, 따라서 $B = \bigcup_{i \in I} B_i \subseteq \bigcup_{i \in I} B_i^+ \subseteq B^+$ 이다. □

임의의 주어진 (A_1, R_1), (A_2, R_2)에 대해, **최대 이중시뮬레이션**이 존재함을 바로 알 수 있다.

$$\widetilde{B} = \bigcup \{B \subseteq A_1 \times A_2 \mid B\text{는 이중시뮬레이션}\}.$$

다음 보조정리는 이 개념과 장식을 연결한다.

보조정리 3.8

f_1, f_2가 각각 (A_1, R_1), (A_2, R_2)의 장식이라고 하자. $B = \{(a_1, a_2) \in A_1 \times A_2 \mid f_1(a_1) = f_2(a_2)\}$로 놓는다. 그러면 B는 이중시뮬레이션이다.

증명

$B = B^+$를 증명한다. 다음을 얻는다.

$$(a_1, a_2) \in B\text{이면 그리고 그때만 } f_1(a_1) = f_2(a_2)$$

이면 그리고 그때만 모든 $x_1 \in \text{ext}_{R_1}(a_1)$에 대해, $f_1(a_1) = f_2(a_2)$

그리고 반대도 마찬가지

이면 그리고 그때만 모든 $x_1 \in \text{ext}_{R_1}(a_1)$에 대해 다음을 따르는 $x_2 \in \text{ext}_{R_2}(a_2)$가 존재하고

$$f_1(x_1) = f_2(x_2) \text{ 반대도 마찬가지}$$

이면 그리고 그때만 모든 $x_1 \in \text{ext}_{R_1}(a_1)$에 대해 다음을 따르는 $x_2 \in \text{ext}_{R_2}(a_2)$가 존재하고

$$(x_1, x_2) \in B \text{ 반대도 마찬가지}$$

이면 그리고 그때만 $(a_1, a_2) \in B^+$. □

정의 3.9

점이있는 그래프 (A_1, R_1, p_1) 그리고 (A_2, R_2, p_2)는, $(p_1, p_2) \in B$인(대등하게 $(p_1, p_2) \in \widetilde{B}$인) (A_1, R_1) 그리고 (A_2, R_2) 사이의 이중시뮬레이션이 존재할 때, **이중**

시뮬레이션 동치이다.

다음 정리는 약속된 동일성 기준을 제공한다.

정리 3.10

f_1은 $(A_1,\ R_1,\ p_1)$의 장식이고 f_2는 $(A_2,\ R_2,\ p_2)$의 장식이라고 하자. 반−정초 공리는 f_1 그리고 f_2가 같은 값이면 그리고 그때만 $(A_1,\ R_1,\ p_1)$ 그리고 $(A_2,\ R_2,\ p_2)$는 **이중시뮬레이션 동치이다.**

따름정리 3.11

반−정초 공리를 가정하고, $X = Y$ 이면 그리고 그때만 점이있는 그래프 $(TC(\{X\}),\ \in,\ X)$ 그리고 $(TC(\{Y\}),\ \in,\ Y)$는 이중시뮬레이션 동치이다.

정리 3.10을 증명하기 전에 기술적인 보조정리가 필요하다.

보조정리 3.12

(a) $i = 1,\ 2$에 대해 f_i가 $(A_i,\ R_i,\ p_i)$의 장식이라고 하자. $\overline{A_i}$를 $p_i \in A_i$ 인 A_i의 최소 R_i-추이 부분집합이라고 놓는다. $\overline{R_i} = R_i \cap (\overline{A_i} \times \overline{A_i})$ 그리고 $\overline{f_i} = f_i \restriction \overline{A_i}$로 놓자. 그러면 $\overline{f_i}$는 $(\overline{A_i},\ \overline{R_i},\ p_i)$의 장식이다.

(b) B를 $(A_1,\ R_1,\ p_1)$ 그리고 $(A_2,\ R_2,\ p_2)$ 사이의 이중시뮬레이션이라고 하자. 그러면 $\overline{B} = B \cap (\overline{A_1} \times \overline{A_2})$는 $(\overline{A_1},\ \overline{R_1})$ 그리고 $(\overline{A_2},\ \overline{R_2})$ 사이의 이중시뮬레이션이다. 만일 $(p_1,\ p_2) \in B$이면 $\mathrm{dom}\overline{B} = \overline{A_1}$ 그리고 $\mathrm{ran}\overline{B} = \overline{A_2}$이다.

증명

보조정리 1.8의 증명으로부터 $\overline{A_i} = \bigcup_{n=0}^{\infty} C_{i,\ n}$ 임을 다시 기억하자, 여기서 $C_{i,\ 0} = \{p_i\}$, $C_{i,\ n+1} = \{y \in A_i \mid yR_ix,\ \text{어떤 } x \in C_{i,\ n} \text{에 대해}\} = \bigcup\{\mathrm{ext}_{R_i}(x) \mid x \in C_{i,\ n}\}$. 특히, $x \in \overline{A_i}$에 대해 $\mathrm{ext}_{R_i}(x) = \mathrm{ext}_{\overline{R_i}}(x)$이다. 그러므로 $\overline{f_i}$가 장식이고 $\overline{B}$가 이중시뮬레이션임을 바로 알 수 있다. 마지막 명제는 $\mathrm{dom}\overline{B}$가 $\overline{A_1}$의 $\overline{R_1}-$추이 부분집합임을 의미하며, 따라서 또한 A_1의 R_1-추이 부분집합이다. 만일 $(p_1,\ p_2) \in B$이면 $p_1 \in \mathrm{dom}\overline{B}$이고, 결론으로 $\overline{A_1} \subseteq \mathrm{dom}\overline{B}$이다. 비슷하게, $\overline{A_2} \subseteq \mathrm{ran}\overline{B}$이다. □

정리 3.10의 증명

$f_1(p_1) = f_2(p_2)$라고 가정하자. 그러면 $B = \{(a_1, a_2) \in A_1 \times A_2 \mid f_1(p_1) = f_2(p_2)\}$은 보조정리 3.8에 의해 이중시뮬레이션이고 $(p_1, p_2) \in B$이다. 따라서 (A_1, R_1, p_1) 그리고 (A_2, R_2, p_2)은 이중시뮬레이션 동치이다.

역으로, B가 $(p_1, p_2) \in B$를 만족하는 이중시뮬레이션이라고 하자. 보조정리 3.12에 의해 $(\overline{A_1}, \overline{R_1})$ 그리고 $(\overline{A_2}, \overline{R_2})$ 사이의 이중시뮬레이션 $\overline{B}$와 장식 f_1 그리고 f_2를 얻는다. 이제 그래프 (A, R)을 다음처럼 정의한다 :

$$A = \overline{B} = \{(a_1, a_2) \mid a1 \in \overline{A_1}, a_2 \in \overline{A_2}, (a_1, a_2) \in \overline{B}\};$$

$$R = \{((b_1, b_2), (a_1, a_2)) \in A \times A \mid (b_1, a_1) \in \overline{R_1}, (b_2, a_2) \in \overline{R_2}\}$$

A 위 함수 F_1 그리고 F_2를 다음처럼 정의한다 :

$$F_1((a_1, a_2)) = \overline{f_1}(a_1)$$

$$F_2((a_1, a_2)) = \overline{f_2}(a_2)$$

$$\begin{aligned} F_1((a_1, a_2)) &= \overline{f_1}(a_1) = \{\overline{f_1}(a_1) \mid b_1\overline{R_1}a_1\} \\ &= i\{F_1((b_1, b_2)) \mid b_1\overline{R_1}a_1, b_2\overline{R_2}a_2, (b_1, b_2) \in \overline{B}\} \\ &= \{F_1((b_1, b_2)) \mid (b_1, b_2)R(a_1, a_2)\} \end{aligned}$$

에 주목하면, F_1은 (A, R) 위 장식이다. 비슷하게, F_2도 (A, R) 위 장식이다. 반–정초 공리에 의해 $F_1 = F_2$이고, 따라서 특히

$$f_1(p_1) = \overline{f_1}(p_1) = F_1((p_1, p_2)) = F_2((p_1, p_2)) = \overline{f_2}(p_2) = f_2(p_2)$$

이다.

다른 "반–정초" 공리도 고려되었다. 예를 들어, 정리 1.12를 일반화하여 다음을 얻을 수 있다.

보편 공리The Axiom of Universality

모든 확장형 그래프는 단사인 장식을 갖는다.

보편 공리 역시 모순이 아닌 듯 보이지만, 반–정초 공리와 양립하지 않는다 : 다음 정리가 보여주듯이 이것은 더 많은 정초가 아닌 집합을 제공한다.

정리 3.13

보편 공리는 임의의 기수를 갖는 반사 집합의 존재를 함의한다.

증명

A가 임의의 집합이고, $R = \{(a,\ a) \mid a \in A\}$은 A 위 항등관계라고 하자. 만일 $a \neq b$이면 $\mathrm{ext}_{R(a)} = \{a\} \neq \{b\} = \mathrm{ext}_{R(a)}$이므로, 따라서 $(A,\ R)$은 확장형이다. f가 $(A,\ R)$의 어떤 단사인 장식이면 각각의 $a \in A$에 대해 $f(a) = \{f(a)\}$가 성립하고, f가 단사함수이므로 $a \neq b$이면 $f(a) \neq f(b)$이다. 따라서 $\{f(a) \mid a \in A\}$는 A와 같은 기수의 반사 집합의 모임이다. □

이런 종류의 더 강력한 결과가 연습문제에 있다.

연습문제

3.1 값 S가 다음 속성을 만족하는 점이있는 그래프를 생성하라.

(a) $S = \{\varnothing,\ S\}$;　　(b) $S = (\varnothing,\ S)$;　　(c) $S = N \cup \{S\}$.

3.2 최대 이중시뮬레이션 $\widetilde{B}$에 대해 $\widetilde{B}^{+} = \widetilde{B}$가 성립함을 보여라.

3.3 주어진 그래프 $(A_1,\ R_1)$, $(A_2,\ R_2)$, $(A_3,\ R_3)$에 대해 다음을 보여라.

(i) Id_{A_1}은 $(A_1,\ R_1)$ 그리고 $(A_1,\ R_1)$ 사이의 이중시뮬레이션이다.

(ii) B가 $(A_1,\ R_1)$ 그리고 $(A_2,\ R_2)$ 사이의 이중시뮬레이션이면 B^{-1}는 $(A_2,\ R_2)$ 그리고$(A_1,\ R_1)$ 사이의 이중시뮬레이션이다.

(iii) B가 $(A_1,\ R_1)$ 그리고 $(A_2,\ R_2)$ 사이의 이중시뮬레이션이고, C가 $(A_2,\ R_2)$ 그리고 $(A_3,\ R_3)$ 사이의 이중시뮬레이션이면, $C \circ B$는 $(A_1,\ R_1)$ 그리고 $(A_3,\ R_3)$ 사이의 이중시뮬레이션이다.

결론으로 이중시뮬레이션 동치 개념은 반사, 대칭, 추이이다.

3.4 다음의 점이있는 그래프에 대해 어떤 두 개도 이중시뮬레이션 동치임을 보여라.

(i) 예제 3.2(a);　　(iii) $(N,\ \{(n+1,\ n) \mid n \in N\},\ 0)$;

(ii) 예제 3.2(b),　　(iv) $(N,\ >,\ 0)$.

3.5 $(A,\ R)$이 그래프라고 하자. 초한 순환으로 다음처럼 정의한다 :

$$W_0 = \varnothing;$$
$$W_{\alpha+1} = \{a \in A \mid \mathrm{ext}_{R(a)} \subseteq W_\alpha\};$$
$$W_\alpha = \bigcup_{\beta<\alpha} W_\beta \text{ 모든 극한 } \alpha \neq 0.$$

$W_\lambda = W_{\lambda+1}$ 인 λ가 존재함을 보여라. $(W_\lambda,\ R \cap W_\lambda^2)$가 정초임을 증명하라. W_λ를 $(A,\ R)$의 정초 부분이라고 부른다.

3.6 W가 $(A,\ R)$의 정초 부분이고 $f_1,\ f_2$가 $(A,\ R)$의 장식이면 $f_1 \restriction W = f_2 \restriction W$이다.

3.7 $(A,\ R,\ p)$가 확장형 점이있는 그래프이고 W는 정초 부분이며 $p \notin W$라고 하자. 보편 공리를 가정하고, 모든 원소가 이 그래프의 값인 임의로 큰 기수 집합이 있음을 보여라. [힌트 : $(A,\ R)$의 서로소인 복사본의 임의의 모임의 합집합을 취한다. 정초 부분을 식별하고, 결과 구조가 확장형임을 보이고, 단사인 장식에 대해 생각하라.)

제 15 장

공리론적 집합론

1. 선택공리가 있는 체르멜로–프렝켈 집합론

앞선 14개 장에서 공리를 소개했는데, 이 공리들을 합치면 선택공리가 있는 체르멜로–프렝켈 집합론(ZFC)이 된다. 편의를 위해 여기에 모든 공리를 나열한다.

존재 공리The Axiom of Existence

원소가 없는 집합이 존재한다.

외연 공리The Axiom of Extensionality

X 의 모든 원소가 Y 의 원소이고 Y 의 모든 원소가 X 의 원소이면, $X = Y$.

구성 공리 스키마The Axiom Schema of Comprehension

$\mathbf{P}(x)$를 x의 속성이라 하자. 임의의 A에 대해, $x \in B$이면 그리고 그때만 $x \in A$ 그리고 $\mathbf{P}(x)$ 가 성립하는 B가 존재한다.

쌍 공리The Axiom of Pair

임의의 A 그리고 B에 대해, $x \in C$이면 그리고 그때만 $x = A$ 또는 $x = B$인 C가 존재한다.

합집합 공리The Axiom of Union

임의의 S에 대해, $x \in U$이면 그리고 그때만 어떤 $A \in S$에 대해 $x \in A$인 U가 존재한다.

멱집합 공리The Axiom of Power Set

임의의 S에 대해, $X \in P$이면 그리고 그때만 $X \subseteq S$인 P가 존재한다.

무한 공리The Axiom of Infinity

귀납 집합이 존재한다.

치환 공리 스키마The Axiom Schema of Replacement

$\mathbf{P}(x,\ y)$를 모든 x에 대해 $\mathbf{P}(x,\ y)$를 만족하는 유일한 y가 존재하는 속성이라고 하자. 모든 A에 대해, 모든 $x \in A$에 대해 $\mathbf{P}(x,\ y)$를 만족하는 $y \in B$가 존재하는, B가 존재한다.

정초 공리The Axiom of Foundation

모든 집합은 정초이다.

선택공리The Axiom of Choice

모든 집합 시스템은 선택 함수를 갖는다.

(일부 공리가 중복된다는 것을 알아차릴 수 있다. 예를 들어, 존재 공리와 쌍 공리는 나머지 공리로부터 증명될 수 있다.)

이 책에서 실해석 분야의 잘 알려진 개념이(실수와 실수에 대한 산술 연산, 수열의 극한, 연속 함수 등) 집합론에서 정의될 수 있고, 그 기본 속성이 선택공리가 있는 체르멜로–프렝켈 공리에서 증명될 수 있음을 보여주었다. 현대 수학의 다른 분야에(범주론 제외) 대해서도 비슷한 주장을 할 수 있다. 위상수학, 대수학 또는 함수 해석의 기초 대상은(예를 들어 위상 공간, 벡터 공간, 군, 링, 바나흐 공간) 분야에 맞는 특정한 종류의 집합으로 정의된다. 그런 다음 이러한 대상의 위상적, 대수적, 해석학적 속성은 집합의 다양한 속성으로부터 유도되며, 이는 차례로 ZFC 공리의 결과로 얻을 수 있다. 경험에 따르면 수학자들이 직관에 근거해서 증명을 받아들이는 모든 정리는 원칙적으로 ZFC 공리계에서 증명될 수 있다. 이런 의미에서 공리적 집합론은 수학을 위한 만족스러운 통일된 기초 역할을 한다.

ZFC가 현재의 수학을 완전히 체계화했다는 것을 확인했으니, 이것이 미래의 수학에도 해당할 수 있는지 궁금해할 수 있다. 질문을 다르게 표현하면, 모든 참인 수학적 정리를(아직 참인지 증명되지 않은 정리 포함) 선택공리가 있는 체르멜로–프렝켈 집합론에서 증명할 수 있을까? 답이 "예"라면, 지금까지 풀리지 않은 모든 수학적 질문은 적어도 원칙적으로 ZFC의 공리만으로 결정(증명 또는 반증)될 수 있다는 것을 알게 될 것이다. 그러나 상황은 다르게 전개되었다.

수학자들은 비교적 쉽게 형식화된 그러나 증명하거나 반증할 수 없는 집합론적 문제에 수십 년 동안 당혹감을 느꼈다. 이런 종류의 전형적인 문제가 연속체 가설 CH이다 : 모든 실수의 집합은 기껏해야 셀 수 있거나 연속체 기수를 갖는다. 9장에서 CH가 명제 $2^{\aleph_0} = \aleph_1$와 동치임을 보였지만, $2^{\aleph_0} = \aleph_1$도 $2^{\aleph_0} \neq \aleph_1$도 증명하지 못했다. 비슷한 또 다른 문제는 수슬린 가설이고, 다른 문제는 위상수학과 측도 이론에서 발생했다(3절 참조). 이러한 문제를 풀려는 모든 시도가 지속해서 실패하면서 일부 수학자들은 현재 수준의 수학적 기술 수준에서는 결국 풀 수 없다고 의심하게 되었다. 집합론에 대한 공리적 접근 방식은 이러한 의심을 엄격하고 수학적으로 검증이 가능한 추측으로 형식화할 수 있게 하는데, 예를 들어 연속체 가설은 ZFC 공리에서 (앞에서 말했듯이 현재의 수학적 기술 상태를 체계화) 결정할 수 없다는 추측을 할 수 있다. 이 추측은 쿠르트 괴델과 폴 코헨의 연구에서 옳다는 것이 증명되었다.

먼저, 괴델은 1939년에 연속체 가설이 ZFC에서는 반증 될 수 없음을 보였다(즉, $2^{\aleph_0} \neq \aleph_1$을 증명할 수 없음). 24년 후, 코헨도 연속체 가설이 증명될 수 없음을 보였다. 이들이 사용한 증명 기법은 이후에 다른 연구자들이 수슬린 가설과 다른 많은 문제도 ZFC에서 결정불가능하다는 것을 보이는 데 사용하였다. 2절에서 괴델과 코헨의 아이디어 중 일부를 간략하게 설명하려고 하지만, 이 문제에 더 관심이 있다면 더 높은 수준의 집합론 책을 참고해야 한다.

앞서 언급한 결과는 집합론의 고전적 미해결 문제를 새로운 관점에서 볼 수 있게 한다. ZFC 공리를 반영한 집합에 대한 현재의 이해에 기초한 연속체 가설의 결정불가능성은 집합의 어떤 근본적인 속성이 아직 알려지지 않았다는 것을 의미한다. 이제 과제는 이 속성을 찾아 ZFC에 추가하면 CH를 어떤 식으로든 결정할 새로운 공리로 형식화하는 것이다.

어떤 수준에서, 그러한 공리는 매우 쉽게 찾을 수 있다. 예를 들어, ZFC에 다음 공리를 추가할 수 있다.

$$2^{\aleph_0} = \aleph_1.$$

불행히도, 다른 사람은 대신 다음 공리를 추가 할 수도 있다.

$$2^{\aleph_0} = \aleph_2$$

결국, 양립할 수 없는 다른 집합론을 얻는다. 아니면 공리 "$2^{\aleph_0} = \aleph_{\omega+17}$"은 어떨까? 코헨은 이것이 이전의 두 개와 양립할 수 없는 모순이 아닌 집합론을 생성한다는 것을 보여주었다. 더 나아가, 이 세 집합 이론 각각에 수슬린의 가설이 성립한다는 공리나 가설이 성립하지 않는다는 공리를 추가한 두 개의 하위 변형을 생성할 수 있다. 일부 연구자의 의견에 따르면, 문제는 지금 바로 그 지점에 있다. 고전적 유클리드 기하학 외에 다양한 비유클리드 기하학(타원, 쌍곡선 등)이 있는 기하학 분야와 마찬가지로, $2^{\aleph_0} = \aleph_1$을 공리로 하는 칸토리안 집합론과 그 외에 다양한 비칸토리안 집합론이 있을 수 있고, 어느 이론을 더 선호할 만한 논리적 이유도 없다.

이런 방식은 전혀 만족스러울 수 없다. 임의로 $2^{\aleph_0} = \aleph_{\omega+17}$을 공리로 더해서 연속체 문제를 해결하는 것은 분명하게 반칙이다. 이것은 확실히 앞선 장에서 해온 방식이 아니다. 공리를 받아들이는 경우 :

(a) 우리가 이해하기로, 집합이 공리에서 가정한 속성을 갖는다는 것은 직관적으로 명백했다 (선택공리의 경우 몇 가지 의심이 제기되었지만, 그것은 자세하게 논의되었다).

(b) 공리는 집합론과 다른 수학 분야 모두에서 중요한 결과를 낳는다; 이러한 결과 중 일부는 실제로 공리와 동치이다.

지금까지 공리 $2^{\aleph_0} = \aleph_{\omega+17}$이(또는 $2^{\aleph_0} = \aleph_\alpha$ 형태의 다른 공리가) (a) 또는 (b)를 만족한다는 증거는 거의 없는 것으로 보인다.

사실, ZFC 공리와 같은 정도로 직관적으로 명백한 공리는 제안되지 않았다. 아마도 이러한 문제에 대한 인간의 직관은 한계에 도달한 것 같다. 그러나 최근 몇 년 동안, 특히 기술적 descriptive 또는 서술적 집합론이라고 하는 분야에서, 많은 미해결 문제가 9장과 13장에서 언급한 것과 같은 다양한 큰 기수와 밀접한 관련이 있다는 사실이 발견되었다. 이러한 문제는 적절하게 큰 기수가 존재한다고 가정할 때 한 가지 방식으로 답할 수 있고, 그렇지 않다고 가정할 때 반대로 답할 수 있으며, 큰 기수를 가정한 답변이 훨씬 더 "자연스럽거나," "심오하거나," "아름답다"는 의미에서 더 선호된다. 지난 40년 동안 이러한 문제에 대한 방대한 연구가 수행되어 매우 풍부하고 때로 매우 미묘하고 어려운 큰 기수 이론이 탄생했으며, 그 미학적 매력으로 인해 이론의 보편성에 대한 진정한 양상을 설명한다고 믿지 않을 수 없게 되었다. 이러한 결과 중 일부를 3절에서 매우 간략하게 논의한다.

2. 무모순성과 독립성

집합론의 체르멜로–프렝켈 공리에 대한 연속체 가설의 무모순성과 독립성을 보여주는 방법을 이해하기 위해 먼저 비슷하지만, 훨씬 더 간단한 문제를 탐구해 보겠다. 2장에서(엄격하게) 정렬된 집합을 쌍 $(A, <)$으로 정의했다. 여기서 A는 집합이고 $<$는 A에서 비대칭이고 추이인 이항관계이다. 마찬가지로, 정렬된 순서 집합은 다음 공리를 만족하는 구조 $(A, <)$라고 말할 수 있다.

비대칭 공리The Axiom of Asymmetry

$a < b$ 그리고 $b < a$인 a 그리고 b는 존재하지 않는다.

추이 공리The Axiom of Transitivity

모든 a, b 그리고 c에 대해, $a < b$ 그리고 $b < c$이면 $a < c$이다.

또한 비대칭 공리와 추이 공리가 순서의 공리론적 이론을 구성하고, 순서 집합은 이 공리론적 이론의 **모델model**이라고 말할 수 있다. 마지막으로, 또 다른 공리를 형식화한다.

선형 공리The Axiom of Linearity

모든 a, b, 그리고 c에 대해, $a < b$ 이거나 $a = b$ 이거나 $b < a$이다.

이제 선형 공리가 순서의 공리론적 이론에서 증명되거나 반증될 수 있는지 알아본다.

먼저, 선형 공리가 순서 이론에서 증명될 수 있다고 가정해 보자. 그러면 모든 순서 이론 모델은 그 이론의 논리적 결과인 선형 공리도 만족해야 한다. 더 친숙한 용어로 말하자면, 모든 순서는 선형 순서여야 한다. 하지만 이는 거짓이다; 선형 공리가 성립하지 않는 순서 이론 모델의 사례가 그림 1(a)에 있다.

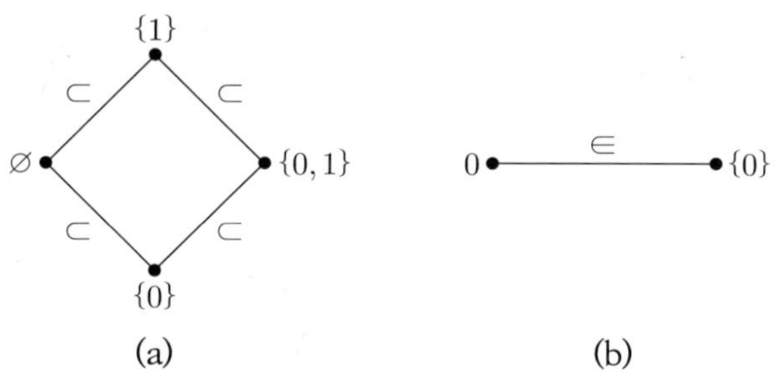

그림 1 : (a) $(P(\{0,\ 1\}),\ \in)$; (b) $(\{0,\ \{0\}\},\ \in)$

다음으로, 선형 공리가 순서 이론에서 반증될 수 있다고 가정해 보자. 그러면 모든 순서 이론 모델은 선형 공리의 부정도 만족해야 한다. 다시 말해서, 모든 순서는 비선형이어야 한다. 하지만 이것 역시 거짓이다. 선형 공리가 성립하는 순서 이론 모델의 사례가 그림 1(b)이다.

이제 선형 공리가 순서 이론에서 결정불가능하다는 결론을 내렸다.

이제 ZFC에서 연속체 가설의 결정불가능성 문제로 돌아가 보자. 앞의 사례에서 유추해 보면, 연속체 가설이 ZFC에서 증명될 수 없음을 보이기 위해서는 연속체 가설을 부정하는 ZFC 모델을 구성해야 하며, 비슷하게 마찬가지로 연속체 가설이 ZFC에서 반증될 수 없음을 보이기 위해서는 연속체 가설을 만족하는 ZFC 모델을 구성해야 한다. 이 절의 나머지 부분에서는 바로 그러한 모델의 대략적 구성을 설명한다. 하지만 먼저 기술적인 요점을 명확하게 해야 한다. 순서 이론, 즉 순서 집합에 대한 모델을 서술하려면 (집합 A를 선택해서) 모델의 구성원과 (A에서 이항관계 $<$를 선택해서) "보다 작다" 관계의 의미를 설정해야 한다. 마찬가지로 집합론에 대한 모델을 서술하려면 모델의 구성원과 모델에서 "속한다"는 관계의 의미를 지정해야 한다. 하지만 집합론의 역설 관점에서, 집합론 모델의 구성원이 자신의 집합으로 모일 수 있다고 기대하는 것은 너무 낙관적이다. (사실, 그러한 모델이 전적으로 불가능한 것은 아니다. ZFC에서 그 존재를 증명할 수는 없지만 ZFC를 큰 기수 공리로 확장하면 증명할 수 있다. 3절 참조).

이러한 어려움을 피하려면 집합론 모델은 $\mathbf{M}(x)$와 $\mathbf{E}(x,\ y)$라는 속성 쌍으로 서술되어야 한다. 여기서 $\mathbf{M}(x)$는 "x는 모델의 집합이다"라고 읽고 $\mathbf{E}(x,\ y)$는 "모델의 의미에서 x는 y에 속한다"라고 읽는다. 집합론에 대한 모델의 자명한 사례는 $\mathbf{M}(x)$를 "x는 집합이다"라는 속성으로 선택하고 $\mathbf{E}(x,\ y)$를 "$x \in y$"라는 속성으로 선택하면 얻을 수 있다. 이 모델은 일반적인 포함관계를 갖는 모든 집합으로 구성된다.

집합론에 대한 최초의 자명하지 않은 모델은 1939년 쿠르트 괴델이 구성했으며 **구성 가능한 모델constructible model**로 알려졌다. 괴델은 연속체 가설이 성립하는 모델, 즉 $2^{\aleph_0} = \aleph_1$인 모델을 찾고자 했다. 칸토어 정리는 $2^{\aleph_0} \geq \aleph_1$이라고 주장한다; 즉 $\aleph_1$이 연속체의 기수와 같을 수 있는 가장 작은 기수이다. 이러한 생각은 가능한 한 적은 집합을 포함하는 모델을 찾을 것을 시사한다. 괴델은 이러한 모델을 단계적으로 초한 순환을 통해 구성했다. 각 단계에서 집합은 ZFC의 공리 중 하나에 의해 존재가 보장되는 경우에만 모델에 추가된다.

우선, 무한 공리와 구성 공리 스키마는 자연수 집합의 존재를 보장하므로 다음처럼 놓는다.

$$L_0 = \omega.$$

다음으로, $\mathbf{P}(n)$이 ω에 속하는 매개변수를 갖는 임의의 속성이면, 구성의 공리 스키마는 집합 $\{n \in \omega \mid (\omega,\ \in)$에서 $\mathbf{P}(n)$ 성립$\}$의 존재를 가정하고, 따라서 이것을 모델에 넣어야 한다. 그러므로, 다음으로 놓는다.

$$L_1 = \{X \subseteq L_0 \mid X = \{n \in L_0 \mid (L_0,\ \in)\text{에서 } \mathbf{P}(n) \text{ 성립}\},\ L_0\text{에 속하는 매개변수를 갖는 어떤 속성 } \mathbf{P}\text{에 대해}\}.$$

L_1이 존재한다는 것을 보이기 위해서는, 먼저 집합론에서 "속성"과 "에서 성립" 같은 논리적 개념에 대한 형식적인 정의를 제공해야 한다. 이러한 정의는 대부분의 수리 논리 교과서에서 찾을 수 있는 것으로, 이 간략한 개요의 범위를 벗어난다. L_1 자체의 존재는 멱집합 공리와 구성 공리 스키마에 따르므로, L_1 자체가 모델에 포함되어야 한다. $L_0 \subseteq L_1$에 주목하자 : 속성 $\mathbf{P}(n)$을 "$n \in k$"로 취함으로써 모든 $k \in L_0$에 대해 $X = k$를 얻을 수 있다.

다음으로 L_0 대신 L_1을 사용해서 이전 문단의 논증을 반복한다. L_1이 모델에 포함되어 있으므로 $(L_1,\ \in)$에서 어떤 속성 $\mathbf{P}$로 정의할 수 있는 모든 L_1의 부분집합과 모든 그러한 부분집합의 집합 L_2를 모델에 넣어야 한다.

이런 식으로 계속해서 L_3, L_4, $\ldots$를 정의한다. 단계 ω에, 다음처럼 단순하게 앞서 구성한 L_n의 합집합을 취한다 :

$$L_\omega = \bigcup_{n\in\omega} L_n$$

(이것의 존재는 치환 공리 스키마와 합집합 공리에 따르며), 그런 다음 이전과 같이 계속한다.

따라서 연산 L의 순환 정의는 다음과 같다 :

$L_0 = \omega;$

$L_{\alpha+1} = \{X \subseteq L_\alpha \mid X$는 $(L_\alpha,\ \in)$ 에서,

L_α에 속하는 매개변수를 갖는 어떤 속성 $\mathbf{P}$로 정의할 수 있다$\}$;

$W_\alpha = \bigcup_{\beta<\alpha} W_\beta$, α는 극한순서수, $\alpha > 0$.

쉽게 $\alpha < \beta$이면 $L_\alpha \subseteq L_\beta$임을 알 수 있다. 집합 A가 어떤 순서수 α에 대해 L_α에 속할 때, 구성가능하다고 부른다.

이제 구성 가능한 모델을 서술할 준비가 되었다. 모델의 집합은 정확하게 구성 가능한 집합일 것이다. [즉, $\mathbf{M}(x)$는 속성 "x는 구성가능하다"이다]. 모델의 포함관계는 일반적인 것이다 : x 그리고 y가 모델의 집합이면, 모델에서 x가 y에 속하면 그리고 그때만 $x \in y$ [즉, $\mathbf{E}(x,\ y)$는 속성 "$x \in y$"].

물론, 구성 가능한 모델이 실제로 ZFC에 대한 모델인지, 즉 ZFC의 모든 공리를 충족하는지 검증해야 한다. 예를 들어, 구성 가능한 모델에서 쌍 공리가 성립함을 보인다 : 모델에 있는 모든 A 그리고 B에 대해 모델에 C가 있어서, 모델에 있는 모든 x에 대해 x가 모델에 있는 C에 속하면 그리고 그때만 $x = A$ 또는 $x = B$이다.

구성 가능한 모델의 정의를 고려하면 이는 다음을 나타낸다 : 모든 구성 가능한 집합 A 그리고 B에 대해 구성 가능한 C가 있어서, 모든 구성 가능한 x에 대해 $x \in C$이면 그리고 그때만 $x = A$ 또는 $x = B$이다.

구성 가능한 집합 A 그리고 B가 주어졌다고 하자; 먼저 $\{A,\ B\}$ 역시 구성 가능한 집합임을 보인다. 실제로, $A \in L_\alpha$, $B \in L_\beta$이고 $\gamma = \max\{\alpha,\ \beta\}$이면 $A,\ B \in L_\gamma$이고, 집합 $\{A,\ B\}$는 $(L_\gamma,\ \in)$에서 $\{x \in L_\gamma \mid x = A$ 또는 $x = B\}$로 정의할 수 있다. 결론으로 $\{A,\ B\} \in L_{\gamma+1}$이고, 그러므로 구성가능하다. 이제 $C = \{A,\ B\}$로 놓으면, C는 명백하게 요구되는 속성을 갖는 구성 가능한 집합이다.

실제로 바로 앞의 증명은 구성 가능한 모델에서 쌍 공리가 단순하게 타당하다는 이상의 강력한 결과를 확립한다; 이 증명은 모델에서 순서없는 쌍의 연산이 모델에 속하는 두 집합에 대해 수행될 때 결과가 이 두 집합의 일반적인 순서없는 쌍이라는 것을 보여준다. 그러므로 순서없는

쌍의 연산이 **절대적**이라고 말한다. 관련된 집합론적 개념에 대한 유사한 자세한 분석 결과 ZFC의 나머지 모든 공리가 구성 가능한 모델에서 성립되고 많은 일반적인 집합론적 연산과 개념이 절대적임을 보여준다. 자연수 개념은 절대적이고(즉, 구성 가능한 모델이면 그리고 그때만 그것은 실제로 자연수라는 의미에서 구성 가능한 집합은 자연수이다), 순서수 개념도 마찬가지이다. 그러나 일부 개념은 절대적이지 않다. 가장 중요한 사례는 멱집합 연산과 기수 개념이다. 그 이유는 예를 들어 구성 가능한 모델의 의미에서 ω의 멱집합은 ω의 모든 **구성 가능한** 부분집합으로 구성되는 반면, ω의 실제 멱집합은 ω의 모든 부분집합으로 구성되기 때문이다. 따라서 모델에서 ω의 멱집합은 ω의 실제 멱집합의 부분집합이지만, 반드시 그 반대인 것은 아니다. 실제로 이러한 현상 때문에 구성 가능한 모델에서 연속체의 크기를 "줄일" 수 있다. 마지막으로 구성가능성의 개념 자체가 절대적이다 : 구성 가능한 모델이면 그리고 그때만 그것은 구성가능하다는 의미에서 집합은 구성가능하다. 하지만 모델의 모든 집합은 구성가능하다! 모델의 의미에서 모델의 모든 집합은 구성가능하다는 결론을 내릴 수 있다. 이 논증은 다음 명제가 구성 가능한 모델에서 성립한다는 것을 증명한다.

구성가능성 공리The Axiom of Constructibility

모든 집합은 구성가능하다.

요약하자면, 구성 가능한 모델은 ZFC의 모든 공리와, 더해서 구성가능성 공리를 만족한다. 결과적으로 구성가능성 공리는 ZFC에서 반증될 수 없으며, 모순을 일으킬 위험 없이 추가할 수 있다. 구성가능성 공리에 의해 강화된 ZFC에서 증명할 수 있는 주목할 만한 정리가 많이 있다는 것이 밝혀졌다; 그러면 그러한 모든 정리가 구성 가능한 모델에서도 성립하므로 ZFC에서 반증될 수 없다. 괴델 자신은 구성가능성 공리가 일반화된 연속체 가설을 함의한다는 것을 보여주었다 :

$$2^{\aleph_\alpha} = \aleph_{\alpha+1}, \text{ 모든 순서수 } \alpha\text{에 대해.}$$

로널드 젠슨Ronald Jensen은 구성가능성 공리를 사용해서, 서로소인 구간의 모든 시스템이 기껏해야 셀 수 있지만 기껏해야 셀 수 있는 조밀한 부분집합은 갖지 않는 끝점이 없는 선형 순서 집합을 구성했고, 따라서 이 모델에서 수슬린 가설이 성립하지 않음을 보여주었다. 그 이후로 비슷한 특성의 많은 다른 심오한 결과가 얻어졌다. 여기서는 구성가능성 공리를 사용해서 $2^{\aleph_0} = \aleph_1$ 임을 보여주는 방법을 간단하게 보여준다.

이 증명은 **스콜렘–로벤하임Skolem–Lowenheim** 정리라는 수리 논리학의 근본적인 결과에 기초하고 있다. 이 정리는 임의의 구조 $(A;\ R,\ \ldots,\ F,\ \ldots)$(여기서 R은 이항관계, F는 단항 함수, 등등)에 대해, B의 매개변수를 갖는 모든 속성이 $(B;\ R\cap B^2,\ \ldots,\ F\restriction B,\ \ldots)$에서 성립할 때 정확하게 $(A;\ R,\ \ldots,\ F,\ \ldots)$에서도 성립하는 기껏해야 셀 수 있는 $B \subseteq A$

가 존재한다. (이것은 "모든 군은 기껏해야 셀 수 있는 부분군을 갖는다" 등과 같은 정리의 추상적이고 일반화된 버전이다. 또한 4장의 정리 3.14를 일반화한다.)

이제 $X \subseteq \omega$로 놓자. 구성의 공리는 어떤 아마도 셀 수 없는 순서수 α에 대해 $X \in L_{\alpha+1}$을 보장한다. 이것은 $n \in X$이면 그리고 그때만 $(L_\alpha, \in)$에서 $\mathbf{P}(n)$이 성립하는 어떤 속성 $\mathbf{P}$가 있다는 의미이다. 스콜렘–로벤하임 정리에 의해, $(B, \in)$가 $(L_\alpha, \in)$와 같은 명제를 만족하는 **기껏해야 셀 수 있는** 집합 $B \subseteq L_\alpha$가 존재한다. 특히, $n \in X$이면 그리고 그때만 $(B, \in)$에서 $\mathbf{P}(n)$이 성립한다. 더구나, 어떤 순서수 β에 대한 $(L_\beta, \in)$ 형태의 구조 자체를, $(L_\alpha, \in)$에서 성립하고 따라서 $(B, \in)$에서도 성립하는 적절한 명제로 표현할 수 있다. 이 모든 것에서 $(B, \in)$는 어떤 반드시 기껏해야 셀 수 있는 순서수 β에 대해 $(L_\beta, \in)$ 형태의(동형인) 구조라는 결론을 내릴 수 있다. X는 $(B, \in)$에서 정의할 수 있으므로, $X \in L_{\beta+1}$을 얻는다.

모든 자연수 집합이 어떤 기껏해야 셀 수 있는 단계, 즉 $P(\omega) \subseteq \bigcup_{\beta<\omega_1} L_{\beta+1}$ 단계에서 구성된다는 결론을 내릴 수 있다. 증명 $2^{\aleph_0} = \aleph_1$을 끝내기 위해서, 단계를 나타내는 집합의 기수가 $\aleph_1$임을 보이기만 하면 된다. 이것은 다시 모든 $\gamma < \omega_1$에 대해 L_γ이 셀 수 있음을 보이는 일이다. 명백하게, $L_0 = \omega$은 셀 수 있다. 집합 L_1은 $(L_0, \in)$에서 정의할 수 있는 L_0의 모든 부분집합으로 구성되지만, 가능한 정리는 셀 수 있을 만큼만 있고 (각 정의는 어떤 형식화된 언어의 유한 알파벳에서 나온 유한한 문자 수열과 셀 수 있는 집합 L_0에서 나온 유한한 매개변수 수열이다), 따라서 L_0의 정의 가능한 부분집합은 셀 수 있을 만큼만 존재한다. L_1이 셀 수 있다고 결론을 내린 다음, 모든 후속 단계에서 같은 논리와 함께 셀 수 있을 만큼의 셀 수 있는 집합의 합집합은 극한 단계에서 셀 수 있다는 사실을 사용해서 귀납을 진행한다.

연속체 가설이 ZFC의 공리로부터 독립된 문제인지(즉, ZFC에서 증명할 수 없음을 보여주기)는 훨씬 더 오랫동안 미해결 상태로 남았다. 마침내 1963년 폴 코헨은 연속체 가설이 성립하지 않는 ZFC 모델을 구성할 방법을 발견했다고 발표했다. 이 절의 나머지 부분은 그의 아이디어 중 일부를 간략하게 설명하는 데 할애한다.

선택공리가 있는 체르멜로–프렝켈 공리에 의해 기술된 모든 집합의 우주를 다시 생각해 보자. 우리가 도출할 수 있었던 $2^{\aleph_0}$에 대한 유일한 정보는 칸토어의 정리에 따라 제공된다 : $2^{\aleph_0} > \aleph_0$ (더 일반적으로, $\mathrm{cf}(2^{\aleph_0}) > \aleph_0$, 9장의 보조정리 3.3 참조). 특히, $2^{\aleph_0} > \aleph_1$는 상당히 그럴듯하다 (구성가능성 공리를 가정하면 증명할 수 있는 사실이다). 따라서 일반적으로 그렇듯이, $2^{\aleph_0} > \aleph_1$에 대한 모델을 얻기 위해, 그 우주에 **"새로운" 집합을 추가**해야 한다.

여기서는 자연수 X라는 "새로운" 집합을 하나만 더하는 일에 주의를 집중한다. 당장 X는 내용이 없는 기호일 뿐이며, 아직 서술되지 않은 집합의 이름이다. 그것에 대해 무엇을 말할 수 있는지 살펴보자.

문제의 핵심은 X에 대한 **완전한** 정보를 기대할 수 없다는 깨달음이다. X에 속하는 자연수가 정확히 무엇인지 알려주는 속성 $\mathbf{P}$를 찾았다면, 집합 $X = \{n \in \omega \mid \mathbf{P}(n)\}$를 설정할 수 있고 구성 공리 스키마에 근거해서 X가 우주에 존재하므로 "새로운" 집합이 아니라는 결론을 내릴 수 있다. 코헨의 기본 아이디어는 X에 대한 부분적인 서술로 충분하다는 것이다. 그는 무리수가 유리수로 근사 될 수 있는 것과 거의 같은 방식으로 "근사" 모임으로 집합 X를 서술했다.

구체적으로 0 그리고 1의 유한수열을 **조건**이라고 부른다; 예를 들어 $\varnothing$, $\langle 1\rangle$, $\langle 1,\ 0,\ 1\rangle$, $\langle 1,\ 1,\ 0\rangle$, $\langle 1,\ 1,\ 0,\ 1\rangle$은 조건이다. 이러한 조건이 다음과 같은 의미에서 X에 대한 부분적인 정보를 제공한다고 본다. 조건의 k번째 항목이 1이면 해당 조건은 $k \in X$를 결정한다. 0이면 해당 조건은 $k \notin X$를 결정한다. 예를 들어 $\langle 1,\ 1,\ 0,\ 1\rangle$은 $0 \in X,\ 1 \in X,\ 2 \notin X,\ 3 \in X$를 결정한다(하지만 $4 \in X$는 결정하지 않는다).

다음으로, 우주에 하나의 집합 X를 추가하면 원래 우주에 없었던 다른 많은 집합이 즉시 생겨난다는 점에 주목해야 한다. 예를 들어, $\omega - X,\ \omega \times X,\ X^2,\ P(X)$ 등이다. 각각의 조건은 X에 대한 정보를 제공함으로써 이러한 다른 집합과 확장된 전체 우주에 대한 어떤 결론을 내릴 수 있게 한다. 코헨은 조건 p가 제공한 정보가 속성 $\mathbf{P}$가 성립된다는 것을 결정한다는 것을 나타내기 위해 $p \Vdash \mathbf{P}$(p가 $\mathbf{P}$를 강제함)를 사용한다. 예를 들어, 다음이 분명하다.

$$\langle 1,\ 1,\ 0,\ 1\rangle \Vdash (5,\ 3) \in \omega \times X$$

(왜냐하면, 앞에서 말했듯이, $\langle 1,\ 1,\ 0,\ 1\rangle \Vdash 3 \in X$, 그리고 $5 \in \omega$는 참) 또는

$$\langle 1,\ 1,\ 0,\ 1\rangle \Vdash \{2,\ 3\} \notin P(X)$$

(왜냐하면 $\langle 1,\ 1,\ 0,\ 1\rangle \Vdash 2 \notin X$).

조건이 종종 충돌한다는 점에 유의하자 : 예를 들어,

$$\langle 1,\ 1,\ 0\rangle \Vdash (0,\ 1) \in X^2,$$

반면에

$$\langle 1,\ 0,\ 1\rangle \Vdash (0,\ 1) \notin X^2.$$

이 현상을 이해하려면 $p \Vdash \mathbf{P}(X)$를 조건명제로 생각해야 한다 : 만약 X가 조건 p에 의해 기술된 대로라면 X는 속성 $\mathbf{P}$를 갖는다. 따라서 $\langle 1,\ 1,\ 0\rangle \Vdash (0,\ 1) \in X^2$의 의미는 : $0 \in X,\ 1 \in X,\ 2 \notin X$이면 $(0,\ 1) \in X^2$이고, 반면에 $\langle 1,\ 0,\ 1\rangle \Vdash (0,\ 1) \notin X^2$의 의미는 : $0 \in X,\ 1 \notin X,\ 2 \in X$이면 $(0,\ 1) \notin X^2$이다. 집합 X를 알았다면 당연히 조건 $\langle 1,\ 1,\ 0\rangle$ 또는 조건 $\langle 1,\ 0,\ 1\rangle$ 또는 나머지 6개 조건 중 길이 3인 다른 조건에 의해 서술된 대로인지 판단할 수 있을 것이다. 집합 X를 알 수 없으므로, 이러한 조건 중 어느 것이 "참"인지 결코 알 수 없다; 따라서 $(0,\ 1) \in X^2$인지 아닌지 결코 판단할 수 없다. 그럼에도 X의 속성은 어느 조건이 "참"이든 성립되어야 하므로 결정할 수 있는 속성이 매우 많다는 것이 밝혀졌다. 예를 들어, 모든 조건이 X가 무한임을 강제한다는 것을 보이자. 그렇지 않다면, $p \Vdash$ "X는 k개의 원소를 갖는다"를 만족하는 조건 p 그리고 자연수 k가 존재한다. 예를 들어, $p = \langle 1,\ 0,\ 1\rangle$ 그리고

$k = 5$라고 놓자 : $\langle 1,\ 0,\ 1\rangle \Vdash$ "X는 5개의 원소를 갖는다"는 것이 불가능함을 보인다. 조건 $q = \langle 1,\ 0,\ 1,\ 1,\ 1,\ 1,\ 1\rangle$을 생각해 보자. 먼저, 조건 q에는 $p : 0 \in X,\ 1 \notin X,\ 2 \in X$가 제공하는 모든 정보가 포함된다. X가 5개의 원소를 갖는다는 결론이 p에서 도출될 수 있다면, q에서도 도출될 수 있다. 하지만 이것은 터무니없는데, $q \Vdash$ "X는 최소한 6개의 원소를 가지고 있다"이기 때문이다; 즉, $q \Vdash 0 \in X,\ 2 \in X,\ 3 \in X,\ 4 \in X,\ 5 \in X,\ 6 \in X$. 같은 유형의 논증이 모든 p와 k에 대해 모순을 초래한다.

두 번째이자 마지막 예제로, 모든 조건이 X가 "새로운" 자연수의 집합이 되도록 강제한다는 것을 보여준다. 더 정확하게, A가 (X를 더하기 전의) "원래" 우주로부터의 어떤 자연수의 집합이라면 모든 조건이 $X \neq A$가 되도록 강제한다. 그렇지 않다면, $p \Vdash X = A$인 조건 p가 존재한다. 다시 $p = \langle 1,\ 0,\ 1\rangle$라고 가정해 보자; 그러면 $p \Vdash 0 \in X,\ 1 \notin X,\ 2 \in X$이다. 이제 두 가지 가능성이 있다. 만일 $3 \in A$이면 $q_1 = \langle 1,\ 0,\ 1,\ 0\rangle$으로 놓는다. q_1에는 p가 제공한 모든 정보가 포함되어 있으므로 $q_1 \Vdash X = A$이다. 하지만 $q_1 \Vdash 3 \notin X$인 반면 $3 \in A$이므로 불가능하다. 만일 $3 \notin A$이면 $q_2 = \langle 1,\ 0,\ 1,\ 1\rangle$로 놓는다. 다시 $q_2 \Vdash X = A$라고 결론 내릴 수 있고 $q_2 \Vdash 3 \in X$ 그리고 $3 \notin A$에서 모순을 얻는다. 다시, 비슷한 논증이 모든 p에 적용된다.

이제 코헨의 구성으로 무엇을 얻었는지 살펴보자. 집합론의 우주는 "새로운" "가상의" 집합 X(및 집합론적 연산으로 X에서 얻을 수 있는 다양한 다른 집합)를 추가하여 확장되었다. 조건에 따른 X의 부분적 서술이 가능하다. 이러한 서술은 주어진 자연수가 X에 속하는지 아닌지를 결정하기에는 충분하지 않지만, 그럼에도 X가 무한하고 원래 우주에 속한 모든 집합과 다르다는 것과 같은, X에 대한 어떤 명제를 보여줄 수 있다. 코헨은 조건에 따른 서술이, 확장된 우주에서, 선택공리가 있는 체르멜로–프렝켈 집합론의 모든 공리의 타당성을 보여주기에 충분하다는 것을 확립했다.

우주에 자연수의 집합 하나를 더해도 연속체의 기수가 증가하지는 않지만, 다음으로 확장된 우주를 취하고, 전체 구성을 반복해서 또 다른 "새로운" 자연수의 집합 Y를 추가할 수 있다. 이 절차를 $\aleph_2$번 반복하면 결과는 최소한 $\aleph_2$개의 자연수의 집합이 있는 모델이다, 즉 $2^{\aleph_0} \geq \aleph_2$이다. 또는 약간 수정된 조건을 사용해서 간단히 $\aleph_2$개의 자연수 집합을 한 번에 추가할 수 있다.

코헨의 방법은 임의의 $\aleph_\alpha$ $(\mathrm{cf}(\aleph_\alpha) > \aleph_\alpha)$에 대해 $2^{\aleph_0} = \aleph_\alpha$인 모델을 구성하는 데 사용되었다. 또한 수슬린 가설이 성립하거나 성립하지 않는 모델, 마틴 공리 MA_κ에 대한 모델, 집합론의 다른 많은 결정불가능한 명제에 대한 모델을 구축하는 데 사용할 수도 있다.

이 절에서 설명한 방법은 선택 공리가 체르멜로–프렝켈 집합론의 다른 공리에서 증명 가능하지도 반증 가능하지도 않음을 보여주는 데에도 적용할 수 있다. 구성 가능한 모델을 정의하고 선택공리 없이 체르멜로–프렝켈 집합론의 공리만을 사용해서 그것이 ZFC 모델임을 증명할 수 있기 때문에 반박할 수 없다. [구성 가능한 집합의 모든 시스템 X에 대한 선택 함수는 대략 다음처럼 정의할 수 있다 : 각각의 $A \in S(A \neq \varnothing)$에서 가장 빠른 단계에 구성된 원소 – 즉 L_0

또는 가능한 가장 작은 α에 대한 $L_{\alpha+1}$에 속하는 원소를 선택한다. 여러 개가 있는 경우에는 L의 $\in-$최소원소 또는 $(L_\alpha, \in)$에서 모든 가능한 정의 중 알파벳 순서로 가장 먼저 나오는 원소를 선택한다.] 다른 한편, 선택 공리는 체르멜로–프렝켈 집합론에서도 증명할 수 없는데, 코헨이 보여준 것처럼, 어떤 순서–정렬을 추가하지 않은 "새로운" 실수의 집합을 추가하여 집합론의 우주를 확장할 수 있고, 따라서 잘 정렬될 수 없는 실수의 집합 이론 모델을 얻을 수 있기 때문이다. 정초 공리와 ZFC의 나머지 공리의 일관성 역시 집합 이론 모델 방법을 통해 확립된다. 정초 공리를 갖는 집합 이론 모델은 $\mathbf{M}(x)$를 속성 "x는 정초 집합"으로 하고, $\mathbf{E}(x, y)$를 "$x \in y$."로 놓아서 얻을 수 있다. 이것이 실제로 정초 공리를 만족하는 모델이라는 증명은 14장 2절의 예제 2.8을 따른다.

3. 집합론의 우주

이 마지막 절에서는 공리를 추가해서 선택공리가 있는 체르멜로–프렝켈 집합론을 확장할 가능성에 대해 생각해 본다. 참인 것으로 간주할 어느 정도 정당성이 있는 공리가 있다는 것이 여기서 흥미로운 점이다.

가능한 새로운 공리 후보 중 하나가 2절에 소개되었다; 구성가능성 공리이다. 거기에서 구성가능성 공리가 집합론에 중요한 결과를 가져온다는 것을 보았다; 예를 들어, 그것은 일반화된 연속체 가설과 수슬린의 가설에 대한 반례의 존재를 함의한다. 최근 몇 년 동안 구성가능성 공리가 다른 추상 수학 분야에 강력한 도구가 될 수 있다는 것이 알려졌고, 매우 우아하고 직관적으로 호소력이 있는 몇 가지를 포함한 일련의 중요한 결과가 모델 이론, 일반 위상수학 및 군 이론에서 도출되었다. 다른 한편 모든 집합이 구성가능하다고 믿을 만한 좋은 직관적 이유는 없는 듯하다; 2절의 강제 방법이 구성불가능한 집합의 존재 가능성을 확립할 때 보인 용이성은 오히려 그 반대를 시사할 수도 있다. 게다가 앞서 언급한 모든 결과는 다른 공리에서도 똑같이 잘 증명될 수 있으며, 그중 일부는 구성가능성 공리보다 약하고 다른 일부는 실제로 그것과 모순된다.

그러나 ZFC 계열의 공리와 동일한 수준으로 구성가능성 공리를 수용하는 것에 대한 가장 심각한 반대는 실수 집합의 복잡성에 대한 세세한 연구와 관련된 수학의 한 분야인, 기술적 집합론에서 다소 부자연스러운 결과를 낳는다는 사실에서 비롯된다. 기술적 집합론이 집합론의 기초에 대한 가장 중요한 통찰력을 제공하므로, 그 기본적인 문제와 결과 중 몇 가지를 다음에 요약한다.

10장 5절에서 특히 단순한 실수의 집합인 보렐집합을 소개했다. 자세한 연구로 보렐집합이 특히 근사한 행태를 보인다는 것을 보여줌으로써 단순함을 확인할 수 있다 : 모든 보렐집합은 기껏해야 셀 수 있거나 완전 부분집합을 포함하므로, 연속체 가설에 따라, 기수 $\leq \aleph_0$ 또는

$2^{\aleph_0}$를 갖는다. 비슷하게, 모든 보렐집합은 르베그 가측이며 다른 많은 좋은 속성을 갖는다. 기술 집합론은 이러한 결과를 더 복잡한 집합에 대해 확장하려고 시도한다. 그러한 집합을 어떻게 얻을까? 보렐집합의 셀 수 있는 합집합과 교집합은 보렐이므로, “새로운” 집합을 얻는데 사용할 수 없다. 연속 함수는 잘 이해되는 간단한 함수이지만 연속 함수에 의한 보렐집합의 이미지(여전히 충분히 “간단”하길 희망하지만)가 보렐집합일 필요가 없는 것으로 밝혀졌다. 연속 함수에 의한 보렐집합의 이미지를 **해석적** 집합으로, 해석적 집합의 R에서의 여집합을 **공해석적**coanalytic 집합으로 정의한다. 일반적인 표기법은 모든 해석적 집합의 모임은 $\sum^1_1$로, 모든 공해석적 집합의 모임은 $\prod^1_1$로 나타낸다. 그런 다음 계속해서 $\sum^1_{n+1}$을 $\prod^1_n$ 집합의 모든 연속인 이미지의 모임으로, $\prod^1_{n+1}$을 $\sum^1_{n+1}$의 집합의 모든 여집합의 모임으로 순환으로 정의할 수 있다. 이것이 **사영 계층projective hierarchy**이며, 어떤 $\sum^1_n$(또는 $\prod^1_n$)에 속하는 집합은 **사영 집합**이다. 사영 집합은 여전히 다소 간단하므로 멋지게 작동할 것으로 예상되며, 니콜라이 루진Nikolai Luzin과 그의 학생들이 개발한 고전적 기술 집합론은 이 예상을 어느 정도 확인한다. 예를 들어, 모든 해석적 및 공해석적 집합은 르베그 가측이고 모든 셀 수 없는 해석적 집합은 완전 부분집합을 포함한다는 것이 알려져 있다. 더 나아가자면, 구성가능성 공리를 포함하는 ZFC에서는 실망스러운 결과를 얻는다 : 르베그 가측이 아닌 $\sum^1_2$(또는 $\prod^1_2$) 집합이 존재하고 완전 부분집합이 없는 셀 수 없는 공해석적 ($\prod^1_1$) 집합이 존재한다.

또 다른 중요한 고전적 결과는 $\prod^1_1$ 그리고 $\sum^1_2$ 집합은 소위 축소 속성을 가지나, $\sum^1_1$ 그리고 $\prod^1_2$ 집합은 이를 가지고 있지 않다는 것이다. (집합 클래스 γ가 **축소 속성reduction property**을 가지고 있다는 것은, 모든 $A,\ B \in \gamma$에 대해 $A',\ B' \in \gamma$가 존재해서 $A' \subseteq A,\ B' \subseteq B,\ A' \cup B' = A \cup B$ 그리고 $A' \cap B' = \varnothing$을 만족할 때이다.) 아마도 $\prod^1_3, \prod^1_4, \prod^1_5$, 등의 집합은 축소 속성을 가지나, $\prod^1_3, \prod^1_4, \prod^1_5$, 등은 갖지 못할 것으로 기대할 수 있다. 그러나 구성가능성 공리는 $n = 1$인 경우를 이상한 예외로 남기고, 대신 $n \geq 2$에 대해 모든 $\sum^1_n$ 집합은 축소 속성을 가지고, $n \geq 2$에 대해 모든 $\prod^1_n$ 집합은 갖지 못한다는 것을 증명한다.

놀랍게도, 소위 **큰 기수 공리** 중 일부를 사용하면 더 만족스러운 답을 얻을 수 있다. 9장에서 정의된 도달불가능한 기수는 큰 기수의 가장 간단한 예를 제공한다. 기수 $\kappa > \aleph_0$가 정규이고 더 작은 기수의 극한일 때 **도달불가능inaccessible**하다고 했다. 9장 2절에서 첫 번째 도달불가능한 기수(존재한다고 가정)는 $\aleph_1$ $\aleph_2$, ..., $\aleph_\omega$, ..., $\aleph_{\aleph_1}$, ..., $\aleph_{\aleph_{\aleph_1}}$, ..., $\aleph_{\aleph_{\aleph_\omega}}$, ... 등보다 커야함을 보였고, 그래서 "큰"이라는 형용사가 있다. 도달불가능한 기수의 존재는 ZFC에서 증명될 수 없다는 것이 알려져 있다; 사실, 도달불가능한 기수가 없는 ZFC 모델을 구성하는 것은 다소 간단하다. 구성 가능한 우주 L에 도달불가능한 기수(L의 의미에서)가 없으면 바로 그러한 모델이다. 그렇지 않으면, L에서 가장 작은 도달불가능한 기수 ϑ를 취하고, 그 집합이 정확히 L_ϑ의 원소이고, 포함관계가 일반적인 관계인 모델을 고려한다. 아주 쉽게 ϑ의 도달불가능성을 사용해서 ZFC의 모든 공리가 이 모델에서 만족한다는 것을 증명할 수 있다. ϑ가 L에서 가장 작은 도달불가능한 기수라는 사실은 이 모델에 도달불가능한 기수가 없다는 것을 보장한다. 따라서 도달불가능한 기수의 존재는 ZFC와 독립이다. 그러나 연속체 가설이나 수슬린의 문제와 달리, 적절한 모델을 구성하는 방식으로 도달불가능한 기수가 ZFC와 무모순하다는 것을 증명할 수 없다. (그렇게 하면 괴델의 그 유명한 제2 불완전성 정리와 모순된다.) 즉, 도달불가능한 기수가 있는 집합론은 본질적으로 평범한 ZFC보다 강력하다는 의미이다. 도달불가능한 기수의 존재를 가정하려면(무한 공리를 수용하는데 필요한 것과 유사한) "신념의 도약"이 필요하지만, 그럴 가능성이 있다는 직관적인 근거를 제시할 수는 있다. 그것은 대략 다음과 같다.

수학자들은 일반적으로 자연수의 집합이나 실수의 집합과 같은 무한 모임을 완성된 완전한 전체로 간주한다. 다른 한편으로 일반 수학자는 모든 집합의 모임을 완성된 전체, 즉 하나의 집합으로 간주할 능력이 없다. 모순이 발생하기 때문이다. 수학자들이 일반적으로 완성된 것으로 보는 집합을 **1차first order 집합**이라고 부른다; 그것이 지금까지 다루어 온 집합이다. 이제 1차 집합의 우주를 조사한 다음 모든 그러한 집합을 새로운 완성된 전체, **2차second order 집합** V로 모으는 비범하고 더 추상적인 수학자의 입장에 서 보자. V를 얻은 그는 물론 $1\sim14$장의 방법을 사용해서 $V-\omega$, $\aleph_1\times V$, $P(P(V))$, $O=\{\alpha\in V\mid\alpha$는 어떤 순서수$\}$, $O+1$, $O+O+\omega$, 등의 다양한 다른 2차 집합을 형성할 수 있다. [O는 모든 1차 순서수의 (2차) 집합이다.] 1차 수학자에게 ZFC의 공리를 정당화하는 직관적 주장은 2차 수학자에게도 "2차" 집합론 우주에서 이러한 공리의 타당성을 확신시킨다. (러셀의 역설은 이 관점에 의해 회피된다 : 2차 수학자는 자기 자신의 원소가 아닌 모든 1차 집합의 집합 R을 구성할 수 있지만, R은 1차 집합이 아니므로 명백히 $R\notin R$이고 모순이 나타나지 않는다. 물론, 2차 수학자는 여전히 자기 자신의 원소가 아닌 모든 2차 집합의 "집합"을 구성할 수 없다; 이것은 3차 수학자의 과제이다.) 이제 최소 2차 순서수인 O가 2차 우주에서 도달불가능한 기수라고 주장한다. 확실히 $O>\aleph_0$와 O (1차) 기수의 극한이다. $\langle\kappa_\iota\mid\iota<\alpha\rangle$가 O보다 작고 길이가 $\alpha<O$인 순서수의 수열이면, α와 모든 κ_ι 모두 1차 순서수이고, 치환 공리 스키마를 정당화하는 데 사용한 주장은 1차 수학자가 $\{\kappa_\iota\mid\iota<\alpha\}$를 1차 집합으로 모을 수 있어야 한다는 것을 다시 한번 확신시켜 준다. 하지만 그러면 $\sup_{\iota<\alpha}\kappa_\iota$는 1차 순서수이므로 $\sup_{\iota<\alpha}\kappa_\iota<O$ 그리고 O는 정칙이다. 결론으로 2차

수학자의 집합론적 우주는 "도달불가능한 기수가 존재한다"는 공리를 만족한다.

이제 기술 집합론으로 돌아가서, 특히 모든 셀 수 있는 공해석적 집합이 완전 부분집합을 가지는지에 대한 질문에 답해보자. 로버트 솔로베이Robert Solovay는 이것과 도달불가능한 기수 사이의 심오한 연관성을 발견했다 : 모든 셀 수 없는 공해석적 집합이 완전 부분집합을 가지고 있다면, $\aleph_1$은 구성 가능한 우주 L에서 도달불가능한 기수이다. (2절에서 기수 개념이 절대적이지 않다고 지적했다, 따라서 모든 집합이 L에 속하지 않는다면, "실제" 기수 $\aleph_1$은 "모델 L의 의미에서 $\aleph_1$"일 필요가 없다.) 사실, 이 이상이 참이다 :

$$(*) \quad \text{임의의 실수 } a\text{에 대해, } \aleph_1\text{은 } L[a]\text{에서 도달불가능하다,}$$

여기서 $L[a]$는 L처럼 구성된 모델이지만 $L_0[a] = \omega \cup \{a\}$에서 시작해 보자 (이것은 모든 순서수와 실수 a를 포함하는 집합론의 최소 모델이다). 역으로, "큰 기수 공리" (*)에서 모든 셀 수 없는 $\prod_1^1$ 집합은 완전 부분집합을 갖는다는 것이 성립한다. 또한 (*)는 모든 셀 수 없는 $\sum_2^1$ 집합이 완전 부분집합을 갖고 (따라서 기수는 $2^{\aleph_0}$), 모든 $\sum_2^1$ 그리고 $\prod_2^1$ 집합이 르베그 가측이라는 것을 함미한다. (그러나 셀 수 없는 $\prod_2^1$ 집합의 완전 부분집합의 존재나 $\sum_3^1$ 집합의 가측성을 함의하지는 않는다). 전반적으로 공리 (*)는 구성가능성 공리에서 얻을 수 있는 결과에 비해 약간의 개선을 가져온다. 더 나은 결과를 얻으려면, 단순히 도달불가능한 것보다 훨씬 큰 기수의 존재를 가정해야 한다. 하지만 그중 일부를 개략적으로 설명하기 전에 또 다른 여담을 해야 한다.

현대 기술 집합론에서 매우 중요한 역할은 어떤 종류의 무한 게임으로 수행된다. 다음 규칙으로 서술된 두 플레이어 I과 II 사이의 게임을 생각해 보자. 가능한 이동을 포함하는 유한집합 M이 주어진다. 플레이어는 차례대로 이동을 선택하고, 각각 n번 이동한다. 즉, 플레이어 I 이동 $p_1 \in M$으로 시작하고; 플레이어 II는 이동 $q_1 \in M$으로 대응한다. 그런 다음 I의 차례가 되어 이동 $p_2 \in M$를 하고, II는 이에 대응하여 $q_2 \in M$를 한다. 이동의 결과 수열 $\langle p_1, q_1, p_2, q_2, \ldots, p_n, q_n \rangle$을 **게임play**이라고 한다. 게임의 집합 S는 미리 지정되고 두 플레이어가 모두 알고 있다. 플레이어 I은 $\langle p_1, \ldots, q_n \rangle \in S$이면 승리하고, 플레이어 II는 $\langle p_1, \ldots, q_n \rangle \notin S$이면 승리한다. 체커, 체스, 바둑을 포함한 두 플레이어 사이의 많은 지적 게임은 적절한 M, n, S를 선택하여 이 추상적 형태로 수학적으로 표현할 수 있다. (일부 인위적인 규칙을 채택하기도 한다. 예를 들어, 무승부를 허용하기 위한 규칙).

게임 이론의 기본 개념은 전략이다. 플레이어 I의 **전략**은 두 플레이어가 이전에 한 이동에 따라 자기 차례에서 어떻게 이동해야 하는지 알려주는 규칙이다. 플레이어 I의 전략이 그것을 따르면 I이 항상 이기는 속성을 가지고 있다면, 그것을 I의 **승리 전략**이라고 한다. 비슷하게 II

의 승리 전략에 대해서도 말할 수 있다.

이런 유형의 게임에 대한 기본적인 사실은 플레이어 중 한 명이 항상 승리 전략을 가지고 있다는 것이다; 다시 말해, 게임은 **결정**된다. 그 이유는 매우 간단하다 :

- 어떤 이동 p_1이 있어서 모든 q_1에 대해 다음을 만족하면
- 어떤 이동 p_2이 있어서 모든 q_2에 대해 다음을 만족하면 $\cdots$
- 어떤 이동 p_n이 있어서 모든 q_n에 대해 게임 $\langle p_1, q_1, p_2, q_2, \ldots, p_n, q_n\rangle \in S$,

그러면 명백하게 I이 승리 전략을 갖는다. 반대가 성립하는 경우라면 다음과 같다.

- 어떤 이동 p_1이 있어서 모든 q_1에 대해 다음을 만족하면
- 어떤 이동 p_2이 있어서 모든 q_2에 대해 다음을 만족하면 $\cdots$
- 어떤 이동 p_n이 있어서 모든 q_n에 대해 게임 $\langle p_1, q_1, p_2, q_2, \ldots, p_n, q_n\rangle \notin S$.

이 경우는, II가 승리 전략을 가진 플레이어다.

이제 각 플레이어에게 무한히 많은 차례를 허용하도록 게임을 수정할 수 있다. 게임은 이제 이동의 무한수열이다 : $\langle p_1, q_1, p_2, q_2, \ldots\rangle$. 보상 집합 S는 M의 원소로 이루어진 무한수열의 집합이고, I가 승자이면 그리고 그때만 $\langle p_1, q_1, p_2, q_2, \ldots\rangle \in S$이다. 이러한 규칙에 따라 진행되는 게임을 G_S라고 한다. 이러한 게임이 결정된다는 것은 더 이상 명확하지 않으며, 사실 그럴 필요도 없다. 선택공리를 사용하면 $|M| \geq 2$인 모든 M에 대해 어느 플레이어도 게임 G_S에서 승리 전략이 없는 보상 집합 $S \subseteq M^N$을 구성할 수 있다. (이 논증은 10장 예제 4.11에서 완전 부분집합이 없는 셀 수 없는 집합을 구성하는 데 사용한 논증과 매우 유사하다.) 흥미로운 질문은 게임 G_S가 "단순한" 집합 S에 대해 결정되는지이다. 이 의문을 연구하기 위해 유한집합 M을 자연수 m으로 간주한다; 그러면 m의 원소로 이루어진 무한수열은 기수 m에서 실수의 확장으로 볼 수 있고, 보수 집합 S는 R의 부분집합으로 볼 수 있다. 이런 식으로 보수 집합을 보렐, 해석적 등으로 말할 수 있다.

D. 앤서니 마틴D. Anthony Martin의 심오한 정리에 따르면 보렐 보상 집합이 있는 모든 게임은 결정되어 있다. 사영 계층의 상위 레벨에서 상황은 완전 부분집합의 존재에 대한 질문과 관련하여 논의한 상황과 유사하지만, 관련된 큰 기수는 훨씬 더 크다. 구체적으로 말해서, 구성가능성 공리는 결정되지 않은 해석적($\sum_1^1$) 보상 집합이 있는 게임을 구성하는 데 사용할 수 있다. 마틴과 레오 해링턴Leo Harrington의 연구는 $\sum_1^1$(또는 동등하게 $\prod_1^1$) 보상 집합이 있는 모든 게임의 결정성이 특정 큰 기수 공리와 동일함을 보여주었다. 여기서 이 공리를 기술하려면 너무 멀리 가야 한다(기술적으로 "모든 실수 x에 대해, $x^\sharp$이 존재한다"라고 알려져 있다);

여기서의 목적을 위해서는 이 공리가 솔로베이의 가정 (*)과 훨씬 더 많은 것을 함축한다고 말하는 것으로 충분하며(예를 들어, 구성 가능한 우주 L에서 말로 기수와 약하게 콤팩트한 기수의 존재를 함축), 가측 기수가 존재한다는 결과 자체이다. 따라서 가측 기수가 존재하면 모든 해석적 게임과 공해석적 게임이 결정된다. 가측 기수의 존재는 $\sum^1_2$ (또는 $\prod^1_2$) 보상 집합이 있는 모든 게임의 결정성을 증명하기에 충분하지 않다. 1990년대 초 마틴, 존 스틸John Steel, 휴 우딘Hugh Woodin의 연구는 첫 번째 가측 기수보다 훨씬 더 큰 큰 기수가 존재하여 **사영 결정 공리The Axiom of Projective Determinacy**를 함의한다는 것을 보여주었다 : 사영 보상 집합이 있는 모든 게임이 결정된다. 역으로, 사영 결정 공리는 이러한 큰 기수를 가진 집합론 모델의 존재를 함의한다.

사영 결정 공리와 같은 것이 참이라는 믿음에는 어떤 이유가 있을까? 자체가 갖는 내재적 타당성 외에도, 사영 계층의 어떤 레벨에서 무한 게임의 결정성은 그 레벨에 있거나 그 근처에 있는 집합이 가질 것으로 예상되는 모든 멋진 기술 집합론적 속성을 함의한다는 사실에 있어 보인다. 예를 들어, $\sum^1_1$ 게임의 결정성은 모든 셀 수 없는 $\prod^1_1$ 그리고 $\sum^1_2$ 집합이 완전 부분집합을 가지고 있고, 모든 $\sum^1_2$ 그리고 $\prod^1_2$ 집합이 르베그 가측이라는 것을 의미한다. $\sum^1_2$ 게임의 결정성은 모든 셀 수 없는 $\prod^1_2$ 그리고 $\sum^1_3$ 집합이 완전 부분집합을 가지고 있고, 모든 $\sum^1_3$ 그리고 $\prod^1_3$ 집합이 르베그 가측이라는 것을 의미한다. 게다가, 그것은 또한 축소 속성을 사영 계층의 세 번째 레벨로 올바르게 일반화한다; 즉, $\prod^1_3$ 집합은 축소 속성을 가지지만 $\sum^1_3$ 집합은 그렇지 않다는 것을 의미한다. 완전한 사영 결정 공리는 모든 사영 집합의 르베그 가측성, 모든 셀 수 없는 사영 집합이 완전 부분집합을 갖는다는 사실, 그리고 축소 속성($\prod^1_1$, $\sum^1_2$, $\prod^1_3$, $\sum^1_3$, … 집합은 갖고, $\sum^1_1$, $\prod^1_2$, $\sum^1_3$, $\prod^1_3$, … 집합은 갖지 않는)의 "올바른" 행태를 비롯한 많은 다른 결과를 낳는다. 이와 같은 결과들은 서술집합론의 연구자들에게 PD가 참이어야 한다는 것을 확신시키고 있다.

위와 같은 생각에서 나타나는 것은 계층적으로 점점 더 큰 기수의 존재를 가정해서 집합의 우주에 대한 궁극적인 진실에 대한 점점 더 나은 근사치를 제공하자는 것이다. 이러한 큰 그림을 지지하는 것이 산술 분야의 결정불가능한 명제에 관한 연구에서 나왔다. 산술이란 3장에서 공리를 제시한 **페아노 산술** 이론을 의미한다; 페아노 산술이 유한집합론과 동등하다는 것은 쉽게 확립할 수 있다; **유한집합론**은 ZFC에서 무한 공리를 생략한 이론이다(결과로 유한집합만 존재한다는 것을 증명할 수 있다). 1931년 쿠르트 괴델의 근본적인 작업 이후로 페아노 산술(또는 유한집합론)의 공리에서 결정할 수 없는(증명되거나 반증 될 수 없는) 자연수(또는 유한집합)에 대한 참인 명제가 있다는 것이 알려졌다. 이러한 명제는 ZFC에서 증명될 수 있기 때문에 참이지만, 증명에 최소한 어떤 무한집합을 사용하는 것이 필수적이다. 그러나 괴델의 이러한 명제에 대한 예는(러셀의 역설과 유사한) 논리적 사고에 기반을 두고 있으며 투명한 수학적 의미를 갖지 않는다. 1977년 제프리 패리스Jeffrey Paris는 이러한 명제의 첫 번째 간단한 수학적 예를 발견했고, 그 후 다른 예가 발견되었다. 가장 흥미로운 하나는 6장의 정리 6.7로, 모든 굿스타인 수열은 유한한 단계를 거친 후 0으로 끝난다는 주장이다. 거기서 증명에 무한 순서수를 사용했다; 패리스의 연구는 어떤 무한을 사용해야만 함을 보여주었다. 또 다른 예는 12장 1절에서 논의한 유한 램지 정리의 한 버전이다. 특정한 명제를 증명하는 데 필요한 무한집합의 크기를 결정하는 것이 가능하며, 여기서도 점점 더 큰 무한집합의 존재를 가정하고 자연수(또는 유한집합)에 관한 진실과 더 가까운 근사치를 제공하는 이론의 계층이 있음이 밝혀졌다. 대부분 이러한 이론은 ZFC의 하위이론이다(그래서 이것이 참이라는 것을 의심하는 수학자는 거의 없다). 하지만 ZFC에서도 결정할 수 없는(다소 복잡한) 산술 명제의 예가 있다(하지만 예를 들어 도달불가능한 기수가 있는 ZFC에서는 결정할 수 있다), 따라서 증명하기 어려운 산술 명제의 연구에서 얻은 계층은 기술 집합론에서 발생하는 증명하기 어려운 실수에 관한 명제의 연구에 필요한 큰 기수의 계층으로 합쳐지며, ZFC는 그중 한 단계에 불과하다. 산술에 관한 결과를 증명하는 데 사용된 기법조차도 큰 기수를 연구하는 데 사용된 기술과 밀접한 관련이 있다; 이러한 기법은 분할, 트리, 게임과 같은 개념에 크게 의존한다.

이 절에서 논의한 내용 대부분은 비교적 최근의 것이며 결코 완성된 것이 아니다. 큰 기수 이론과 결정불가능한 산술 명제에 관한 연구는 모두 새로운 통찰력과 분야 사이의 관련성이 계속해서 발견되는 매우 활발한 연구 분야이다. 괴델이 그의 불완전성 정리에서 확신하듯이, 어떤 공리적 이론도 산술이나 집합론의 모든 진술을 결정할 수 없다. 따라서 수학적 우주에 대한 궁극적 진실에 점점 더 가까이 다가가려는 노력이 무한정 계속될 것이라고 확신할 수 있다.

참고문헌

[1] Peter Aczel. Non-well−founded sets. Stanford University Center for the Study of Language and Information, Stanford, CA, 1988. With a foreword by Jon Barwise [K. Jon Barwise].

[2] Keith Devlin. The joy of sets. Springer-Verlag, New York, second edition, 1993. Fundamentals of contemporary set theory.

[3] F. R. Drake and D. Singh. Intermediate set theory. John Wiley & Sons Ltd., Chichester, 1996.

[4] Herbert B. Enderton. Elements of set theory. Academic Press [Harcourt Brace Jovanovich Publishers], New York, 1977.

[5] Paul Erdos, Andras Hajnal, Attila Mate, and Richard Rado. Combinatorial set theory: partition relations for cardinals. North-Holland Publishing Co., Amsterdam, 1984.

[6] Ronald L. Graham, Bruce L. Rothschild, and Joel H. Spencer. Ramsey theory. John Wiley & Sons Inc., New York, second edition, 1990. A Wiley Interscience Publication.

[7] Paul R. Halmos. Naive set theory. Springer-Verlag, New York, 1974. Reprint of the 1960 edition, Undergraduate Texts in Mathematics.

[8] James M. Henle. An outline of set theory. Springer-Verlag, New York, 1986.

[9] Thomas Jech. Set theory. Springer-Verlag, Berlin, second edition, 1997.

[10] Winfried Just and Martin Weese. Discovering modern set theory. I. American Mathematical Society, Providence, RI, 1996. The basics.

[11] Akihiro Kanamori. The higher infinite. Springer-Verlag, Berlin, 1994. Large cardinals in set theory from their beginnings.

[12] Alexander S. Kechris. Classical descriptive set theory. Springer-Verlag, New York, 1995.

[13] Kenneth Kunen. Set theory. North-Holland Publishing Co., Amsterdam, 1983. An introduction to independence proofs, Reprint of the 1980 original.

[14] Yiannis N. Moschovakis. Descriptive set theory. North-Holland Publishing Co., Amsterdam, 1980.

[15] Yiannis N. Moschovakis. Notes on set theory. Springer-Verlag, New York, 1994.

[16] Judith Roitman. Introduction to modem set theory. John Wiley & Sons Inc., New York, 1990. A Wiley-Interscience Publication.

[17] Robert L. Vaught. Set theory. Birkhauser Boston Inc., Boston, MA, second edition, 1995. An introduction.

찾아보기

【ㄱ】
가법 측도additive measure 200
가법additive 195
가역함수invertible function 32
가측 기수measurable cardinals 319, 321
가측measurable 집합 200
감소decreasing 190
강한 극한기수 220
거의 서로소almost disjoint 279
게임 이론 363
게임play 363
결과적으로 일정eventually constant 104
결과적으로 주기적eventually periodic 104
결합법칙 16, 81
계승적 유한집합hereditarily finite sets ... 152
고립점isolated point 240
고유proper 304
곱셈 224
공종cofinal 189, 294, 308
공종도cofinality 214
공집합 9
공해석적coanalytic 집합 361
교집합 8
교환법칙 16, 81
구성 가능한 모델constructible model 354
구성 공리 53
구성 공리 스키마 9, 150, 173, 337, 349
구성가능성 공리 356
구조structure 74
굿스타인 수열 167
귀납적inductive 53
그래프graph 340
극대원소 44
극소minimal 327
극소원소 44
극한 노드 294
극한기수 212
극한순서수limit ordinal 143, 213
기수cardinal number 89, 172
길이 n인 유한수열 61
끝점endpoint 110

【ㄴ】
나눗셈 231
노드node 294

【ㄷ】
다음수successor 52
다음원소successor 294
단색monochromatic 283
단조monotone 90
단조성monotonicity 199
단항관계unary relation 28

단항연산 73
닫힌집합 237
대각 교집합 275
대등equipotent 85
대수적algebraic 134
대응correspondence 30, 43
대칭차집합 16
대표representative 집합 40
덧셈 224
데데킨트 무한Dedekind infinite 129
데데킨트 유한Dedekind finite 129
데데킨트 컷Dedekind cut 117
도달불가능inaccessible 214, 362
독립 194
동치 37
동형homogeneous 283
동형사상 77
동형사상isomorphism 47
드 모르간De Morgan 법칙 17, 238
등차수열arithmetic progression 104

【 ㄹ 】

루트 294
르베그Lebesgue 가측 집합 200
르베그Lebesgue 측도 200

【 ㅁ 】

마틴의 공리Martin's Axiom 304, 310
말로Mahlo 기수 324
매핑 30
멱집합 13
멱집합 공리 13, 337, 350
명제 6
모델model 353
모든 자연수의 집합 53
모든 정수의 집합 224
모스토프스키Mostowski 붕괴 332
무순서 삼중쌍 12
무순서쌍 집합 11
무한 공리The Axiom of Infinity 350
무한 연산 259
무한수열 61

【 ㅂ 】

바로 뒤 순서수successor ordinal 143
바로 뒤successor 212
반-정초 공리 341
반대칭antisysmetric 41
반사 37
반사슬antichain 294, 310
베르 범주Baire Category 정리 309
베르Baire 함수 262
베스beth 292
벡터공간의 기저 193
변수 4
변환 불변성translation invarience 199
보렐Borel집합 254
보수opposite 225
보편 공리 345
부분집합 6
부분트리 294
분배법칙 17, 81, 209
분수fractions 225
분할partition 39
분해decomposition 251
불가결한sine qua non 외연 공리 341
브라우어르-클레이니Brouwer-Kleene ... 113
비감소 수열 235
비교가능 43
비교불가능 43
비대칭 공리 353
비대칭asymmetric 42
비대칭성 107

빈 수열 61, 75
빈틈gap 114

【ㅅ】

사영 결정 공리 365
사영 계층projective hierarchy 361
사영 집합 361
사전식 순서lexicographic ordering 108
삼항관계ternary relation 28
삼항연산 73
상image 25
상계upper bound 45
상수 7
상한supremum 45
색인된indexed 34
서로소 18
서로소인 집합 시스템 18
서수 143
선순서preordering 48
선택공리 350
선택함수choice function 182
선형 공리 353
선형 순서 44
선형 순서 집합 44
선형성 108
셀 수 있는 선택 공리 191, 201, 258
셈측도counting measure 202, 267
소속 4
소수전개decimal expansion 114
소아이디얼prime ideal 268
속성 4
수렴 191
수슬린 선 299
수슬린 트리 300
수열sequence 61
순서 기저pure base 169
순서 집합 42
순서–정렬 집합 142
순서–정렬 집합well–ordered set 59, 138
순서–정렬well–ordering 59
순서수ordinal numbers 137, 142
순서쌍 21, 76
순서체ordered field 231
순서형order type 105
스콜렘–로벤하임Skolem–Lowenheim 정리356
스테판 바나흐Stefan Banach 196
쌍 공리 349
쌍대dual 264
쌍대유한cofinite 264
쌓인점accumulation point 240

【ㅇ】

아래끝lower 극한 243
아래로 유계 114, 235
아래집합lower set 308
아론샤인 트리Aronszajn tree 297
아이디얼ideal 264
알레프alephs 174
알레프alephs–널 103
알레프alephs–제로 103
앞 절편initial segment 138
앞선원소predecessor 294
약하게 콤팩트weakly compact 292
약한 굿스타인 수열 167
약한 멱집합 공리 15
약한 무순서쌍 공리 15
약한 존재 공리 14
약한 합집합 공리 15
양립가능compatible 33
양립가능compatible 시스템 33
양립하지 않는다incompatible 310
양립한다compatible 310

엄격한strict 42
역(관계) 25
역상inverse image 25
연산 8
연속체continuum 121
연속체의 기수 121
열린집합 237
완비completion 115
완비순서체complete ordered field 231
완전 집합perfect sets 241
완전complete 115
완전성completeness 320
외연 공리 12, 337, 349
원자atom 318
원자없음atomless 318
위 필터 273
위끝upper 극한 243
위로 유계 114, 235
유계 114, 210
유도집합derived set 250
유리수 225
유일성 156
유한 가법성finite additivity 267
유한 교집합 속성 234, 265
유한 특성finite character 190
유한finite 91
유한집합론 365
유향directed 308
응집점condensation point 248
이웃 필터 265
이중시뮬레이션 동치 344
이중시뮬레이션bisimulation 342
이진 유리수dyadic rationals 119
이치 측도 269
이항관계 23
이항연산 73
일대일 32
일차 범함수linear functional 196
일차독립 193
일차이하sublinear 196

【 ㅈ 】

자기동형사상automorphism 79
자명한 측도 267
자연수 53
장식decoration 340
전사 32
전순서 44
점이 있는 그래프pointed graph 340
정규normal 304, 306
정규성 공리 338
정사영 82
정상stationary 274
정상stationary 집합 274
정수 224
정의역universe 24, 76
정초 공리The Axiom of Foundation 338, 350
정초well–founded 327, 331, 334
정칙regular 210, 302
젠슨의 원리 다이아몬드 304
조밀dense 110
존재 공리 8, 349
존재성 155
종속 194
종속 선택의 원리 191
주아이디얼 264
주필터principal filter 264
증가 수열 235
지름 246
진부분집합 16
진수base 227
진수의 전개 227

집합 1
집합시스템 11, 34
집합의 구성원 1
집합의 원소 1

【 ㅊ 】
차수rank 333
체르멜로–프렝켈 공리체계 14
초기 순서수initial ordinal 171
초필터ultrafilter 268
초한 수열transfinite sequence 154
초한적transcendental 134
최대원소 44
최대하계least upper bound 45
최소상계greatest lower bound 45, 146
최소원소 44
추이 공리 353
추이 폐포transitive closure 334
추이transitive 37, 142
추이성 107
축소 속성reduction property 361
측도measure 200, 266
측도measure 문제 198, 314
치역 24
치환 공리 스키마 149, 173, 252, 337, 350

【 ㅋ 】
카디널 수 89
카테시안 곱Cartesian product 27
칸토어 집합Cantor set 241
컷cut 116
코시Cauchy 수열 235

【 ㅌ 】
터키 보조정리Tukey's Lemma 190
트리 속성tree property 298
트리tree 294
특이singular 210

【 ㅍ 】
페아노 산술 365
폐포closure 79
폐포점 191, 244
포괄generic 308
포함관계membership relation 27
필터filter 263

【 ㅎ 】
하계lower bound 45
하르톡스 수Hartogs number 172
하멜 기저 194
하한infimum 45
한스 한Hans Hahn 196
한원소집합singleton 321
한정 수량사 5
함수 30
함수의 연속성 192
합 107
합성composition 26
합집합 11
합집합 공리 11, 350
항등관계identity relation 27
해석적 집합 361
확장extension 327
확장형extensional 332
회귀regressive 274

【 기호 】
$\prod$의 결합성 209
$\sum$의 결합성 209
△–보조정리 277
κ–완전 320
σ–완전 320
R–극소원소 327

R–최소원소 ... 333
R–추이 ... 330
R_i–추이 부분집합 ... 344
U–극한 ... 270
X의 기수 ... 89
X의 카디널리티 ... 89
m–단계 계산 ... 63
n개의 원소 ... 91
n–튜플 ... 158
1차first order 집합 ... 362
2차second order 집합 ... 362

【 J 】

Jensen's Principle Diamond ... 304

【 P 】

Principle of Dependent Choices ... 191

【 T 】

The Axiom of Asymmetry ... 353
The Axiom of Choice ... 350
The Axiom of Constructibility ... 356
The Axiom of Countable Choice .. 191, 201, 258
The Axiom of Existence ... 8, 349
The Axiom of Extensionality ... 12, 337, 349
The Axiom of Linearity ... 353
The Axiom of Pair ... 349
The Axiom of Power Set ... 13, 337, 350
The Axiom of Regularity ... 338
The Axiom of Transitivity ... 353
The Axiom of Union ... 11, 350
The Axiom of Universality ... 345
The Axiom Schema of Comprehension ... 9, 150, 173, 337, 349
The Axiom Schema of Replacement ... 149, 173, 252, 337, 350
The Axioms of Projective Determinacy . 365

【 W 】

Weak Axiom of Pair ... 15
Weak Axiom of Power Set ... 15
Weak Axiom of Union ... 15